1+X职业技能等级证书（可编程控制器系统应用编程）配套教材

可编程控制器系统应用编程

（中级）

组　编　无锡信捷电气股份有限公司
　　　　全国机械行业工业机器人与智能装备职业教育集团

主　编　周　斌　王正堂　蒋庆斌

副主编　马成俊　杨红霞　李海波

参　编　张　晖　郭小进　何　进　邱振彬　丁金林　张　伟
　　　　黄晓伟　陈宝华　马仕麟　高春伟　郑巨上　赵振鲁

机械工业出版社

本书以可编程控制器应用编程职业技能等级证书技能要求（中级）为开发依据，结合企业生产实际需求，以典型项目为载体、以工作任务为中心、以行业案例为拓展，学生可以在仓储系统、温度控制系统、分拣系统、输送系统及龙门搬运系统项目实施过程中学习到可编程控制器的编程思路、逻辑控制、运动控制、过程控制、网络通信、智能视觉、PID 控制等内容，掌握项目实施必备的理论知识和实践方法，自主完成相关任务，具备承担自动化生产线系统的设计、编程和调试能力。

本书适合作为中高职院校装备制造类相关专业的教材，也可作为从事可编程控制器系统开发相关工程技术人员的参考资料和培训用书。

为方便教学，本书有多媒体课件、模拟试卷及答案等教学资源，凡选用本书作为授课教材的老师，均可通过 QQ（3045474130）咨询。

图书在版编目（CIP）数据

可编程控制器系统应用编程：中级 / 无锡信捷电气股份有限公司，全国机械行业工业机器人与智能装备职业教育集团组编；周斌，王正堂，蒋庆斌主编．—北京：机械工业出版社，2023.7（2025.1 重印）

1+X 职业技能等级证书（可编程控制器系统应用编程）配套教材

ISBN 978-7-111-73481-9

Ⅰ．①可…　Ⅱ．①无…②全…③周…④王…⑤蒋…　Ⅲ．①可编程序控制器－应用程序－程序设计－职业技能－鉴定－教材　Ⅳ．①TP332.3

中国国家版本馆 CIP 数据核字（2023）第 125899 号

机械工业出版社（北京市百万庄大街 22 号　邮政编码 100037）

策划编辑：曲世海　　责任编辑：曲世海　苑文环

责任校对：樊钟英　张昕妍　韩雪清　　封面设计：鞠　杨

责任印制：郜　敏

中煤（北京）印务有限公司印刷

2025 年 1 月第 1 版第 5 次印刷

184mm×260mm · 19.25 印张 · 486 千字

标准书号：ISBN 978-7-111-73481-9

定价：59.80 元

电话服务　　网络服务

客服电话：010-88361066　机　工　官　网：www.cmpbook.com

010-88379833　机　工　官　博：weibo.com/cmp1952

010-68326294　金　　书　　网：www.golden-book.com

封底无防伪标均为盗版　机工教育服务网：www.cmpedu.com

前言

本书是“1+X”职业技能等级证书——可编程控制器系统应用编程（中级）的配套教材。

本书根据可编程控制器应用编程职业技能等级证书技能要求（中级），按照“项目载体、技术主线、任务驱动”的指导思路编写。全书包括可编程控制器系统应用编程基础知识学习、仓储系统设计与调试、温度控制系统设计与调试、分拣系统设计与调试、输送系统设计与调试、龙门搬运系统的设计与调试六个项目，涵盖了标准中涉及的技术技能点，项目结合典型生产案例，由易到难，深入浅出。通过项目载体，整合理论知识和实践知识，培养职业技能，实现教学内容和岗位职业能力的对接；通过技术主线，抓住职教课程的技术本质，解决项目课程存在的覆盖面窄、技术丢失等问题；通过任务驱动，促进教学目标的达成，满足集中教学和分组教学相结合、过程评价和结果评价相结合的教学实施过程。

本书由无锡信捷电气股份有限公司协同全国机械行业工业机器人与智能装备职业教育集团、常州机电职业技术学院、亚龙智能装备集团股份有限公司等单位共同组编。周斌、王正堂、蒋庆斌担任主编，马成俊、杨红霞、李海波担任副主编，张晖、郭小进、何进、邱振彬、丁金林、张伟、黄晓伟、陈宝华、马仕麟、高春伟、郑巨上、赵振鲁参与编写。

由于编者水平有限，书中如有不足之处，恳请各使用单位和个人提出宝贵意见和建议。

编者

二维码索引

序号	图形	页码	序号	图形	页码
1		19	9		57
2		20	10		58
3		33	11		99
4		34	12		146
5		38	13		168
6		42	14		173
7		56	15		179
8		57	16		189

（续）

序号	图形	页码	序号	图形	页码
17		200	22		270
18		223	23		273
19		230	24		279
20		232	25		282
21		240	26		297

目 录

项目 1 可编程控制器系统应用编程基础知识学习

证书技能要求

可编程控制器应用编程职业技能等级证书技能要求（中级）	
序号	职业技能要求
2.1.1	能够根据要求完成上位机的参数配置
4.1.1	能够完成 PLC 的通信调试
4.2.1	能够完成 PLC 程序的调试

项目导入

智能制造离不开自动化技术，而 PLC 已经成为工业自动化系统的核心组成部分。在产业转型升级的智能化时代，PLC 除满足控制功能外，还具备数据分析、流程优化、网络安全防护、故障预测等功能，完成了从经典控制到智能控制的升级和转变。

本项目首先从整体上介绍了 PLC 的历史发展、结构外观、型号分类等基础知识，并针对 1+X 设备中使用到的信捷、西门子两种 PLC 的编程软件使用、硬件线路的连接、基本指令的应用等方面进行了简单的介绍。

学习目标

本项目通过学习 PLC 基础知识，培养学习者对相关 PLC 软硬件的掌握能力。

知识目标	了解 PLC 的组成 理解 PLC 输入 / 输出的原理和接线方式 掌握 PLC 软件的使用 掌握 PLC 基础指令的应用
技能目标	能够熟练使用 PLC 软件 能够编写简易的 PLC 程序
素养目标	培养学生的职业素养以及职业道德，培养学生按 6S（整理、整顿、清扫、清洁、素养、安全）标准工作的良好习惯 对从事 PLC 应用设计工作充满热情，有较强的求知欲，善于通过自主学习解决生产实际问题，具有克服困难的信心和决心

培训条件

分类	名称	实物图 / 型号	数量
硬件准备	XD 系列信捷 PLC		1 台
	S7-1200 系列西门子 PLC		1 台
软件准备	信捷 PLC 编程软件	XDPPro_3.7.4a	
	西门子 PLC 编程软件	TIA PORTAL	

一、产业背景

随着新一轮技术革命的到来，人工智能、机器人和数字化制造三大技术为智能制造提供了技术基础，其数字化、网络化、智能化的特征已构成新一轮工业革命的核心技术。中国制造业发展的当务之急是鼓励加快发展智能制造装备和产品，从而推进制造过程的智能化，包括在重点领域试点建设智能工厂、数字化车间，促进制造工艺的仿真优化、数字化控制、状态信息实时监测和自适应控制。不管是数字化车间还是智能工厂，智能柔性产线是其核心单元。可编程控制器是制造系统各层之间实现数据互联互通的重要桥梁，主要承担对现场的逻辑控制、运动控制、数据通信和视觉分析等任务。可编程控制器系统应用编程培训设备是基于多品种、小批量的智能化生产需求开发的柔性生产线，包括旋转供料模块、分拣模块、龙门搬运模块、温控模块等，根据生产需求可以组成新形态智能产线，其核心技术包括智能控制、工业网络、机器视觉、运动控制等技术。样例设备整体示意图如图 1-1 所示。

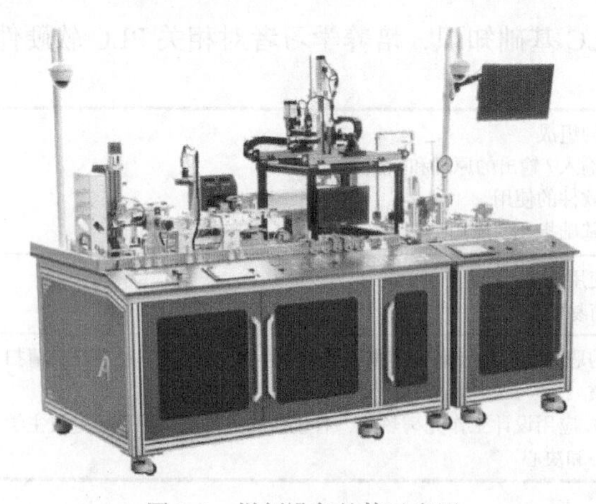

图 1-1　样例设备整体示意图

二、认识PLC

1. PLC系统简介

1969年，美国数字设备公司（DEC）研制出了第一台可编程控制器，也称为PLC（Programmable Logical Controller），型号为PDP-14，用它取代传统的继电器—接触器控制系统，在美国通用汽车公司的汽车自动装配线上使用，取得了巨大成功。这种新型的工业控制装置以其简单易懂、操作方便、可靠性高、通用灵活、体积小、使用寿命长等一系列优点，很快在美国其他工业领域推广应用。

随着PLC应用领域的不断拓宽，PLC的定义也在不断完善。国际电工委员会（IEC）在1987年2月颁布的可编程控制器标准草案的第三稿中将PLC定义为“可编程控制器是一种数字运算操作的电子系统，专为在工业环境下应用而设计。它采用可编程序的存储器，用来在其内部存储执行逻辑运算、顺序控制、定时、计数和算术运算等操作的指令，并通过数字式、模拟式的输入和输出，控制各种类型的机械或生产过程。可编程控制器及其有关设备，都应按易于与工业控制器系统连成一个整体、易于扩充其功能的原则设计。”

实际上，现在PLC的功能早已超出了它的定义范围。其功能具体可以归纳为以下几类：

（1）开关量的逻辑控制　这是PLC最基本，也是最广泛的应用领域，它取代了传统的继电器电路，实现逻辑控制、顺序控制；既可用于单台设备的控制，也可用于多机群控及自动化流水线，如注塑机、印刷机、订书机械、组合机床、磨床、包装生产线及电镀流水线等。

（2）模拟量控制　在工业生产过程当中，有许多连续变化的量，如温度、压力、流量、液位和速度等都是模拟量。为了使PLC处理模拟量，必须实现模拟量和数字量之间的转换，即A/D转换和D/A转换。PLC厂家都生产配套的A/D和D/A转换模块，用于PLC对模拟量的控制。

（3）运动控制　PLC可以用于圆周运动或直线运动的控制。从控制机构配置来说，早期直接用于开关量I/O模块连接位置传感器和执行机构，现在一般使用专用的运动控制模块，可驱动步进电动机或伺服电动机的单轴或多轴位置控制模块。世界上各主要PLC生产厂家的产品几乎都具有运动控制功能，广泛用于各种机械、机床、机器人、电梯等场合。

（4）过程控制　过程控制是指对温度、压力、流量等模拟量的闭环控制，在冶金、化工、热处理、锅炉控制等场合具有非常广泛的应用。作为工业控制计算机，PLC能编制各种各样的控制算法程序，以完成闭环控制。PID调节是一般闭环控制系统中用得较多的调节方法，大中型PLC都有PID模块，目前许多小型PLC也具有此功能模块。PID处理一般是运行专用的PID子程序。

（5）数据处理　现代PLC具有数学运算（含矩阵运算、函数运算、逻辑运算）、数据传送、数据转换、排序、查表及位操作等功能，可以完成数据的采集、分析及处理。这些数据可以与存储在存储器中的参考值比较，进而完成一定的控制操作；也可以利用通信功能传送到别的智能装置，或将它们打印制表。数据处理一般用于大型控制系统，如无人控制的柔性制造系统；也可用于过程控制系统，如造纸、冶金、食品工业中的一些大型控制系统。

（6）通信及联网　PLC通信含PLC间的通信及PLC与其他智能设备间的通信。随着计算机控制的发展，工厂自动化网络发展得很快，各 PLC 生产厂商都十分重视 PLC 的通信功能，纷纷推出各自的网络系统。随着通信技术及互联网技术的发展，目前新的 PLC 都具有不同类型的通信接口，通信非常方便。

2. PLC 的基本结构

PLC 的结构多种多样，但其组成的一般原理基本相同，都是以微处理器为核心的结构。PLC 通常由中央处理单元（CPU）、存储器（ROM、PROM、EPROM、EEPROM、RAM）、输入 / 输出单元（I/O）、电源和编程器、外设接口等几个部分组成。对于整体式 PLC，这些部件都在同一个机壳内。而对于模块式 PLC，各部件独立封装，称为模块，各模块通过机架和电缆连接在一起。主机内的各个部分均通过电源总线、控制总线、地址总线和数据总线连接，根据实际控制对象的需要配备一定的外部设备，构成不同的 PLC 控制系统。另外，PLC 可以配置通信模块与上位机及其他的 PLC 进行通信，构成 PLC 的分布式控制系统。

（1）中央处理单元（CPU） CPU 是 PLC 的控制中枢，PLC 在 CPU 的控制下有条不紊地协调工作，从而实现对现场的各个设备进行控制。CPU 由微处理器和控制器组成，可以实现逻辑运算和数学运算，协调控制系统内部各部分的工作。

（2）存储器（ROM、PROM、EPROM、EEPROM、RAM） 存储器主要用于存放系统程序、用户程序及工作数据。存放系统软件的存储器称为系统程序存储器，存放应用软件的存储器称为用户程序存储器，存放工作数据的存储器称为数据存储器。

常用的存储器有 RAM、EPROM 和 EEPROM。RAM 是一种可进行读写操作的随机存储器，用于存放用户程序，生成用户数据区，存放在 RAM 中的用户程序可方便地修改。RAM 是一种高密度、低功耗、价格便宜的半导体存储器，可用锂电池做备用电源。掉电时，可有效地保持存储的信息。EPROM、EEPROM 都是只读存储器。用这些类型存储器可以固化系统管理程序和应用程序。

（3）输入 / 输出单元（I/O 单元） I/O 单元实际上是 PLC 与被控对象间传递输入 / 输出信号的接口部件。I/O 单元具有良好的光电隔离和滤波作用；接到 PLC 输入接口的输入器件通常是各种开关、按钮、传感器等输入设备，与 PLC 输出接口对接的输出控制器件往往是电磁阀、接触器、继电器等输出设备，而这些输出设备有交流型和直流型、高电压型和低电压型、电压型和电流型等。因此，PLC 的输出模块往往需要具备将 CPU 执行用户程序所输出的 TTL 电平的控制信号转化为生产现场所需的，能驱动特定设备信号的功能。

（4）编程器　编程器是 PLC 重要的外部设备，利用编程器可将用户程序送入 PLC 的用户程序存储器，调试程序，监控程序的执行过程。编程器一般具有简易编程器、图形编程器和通用计算机编程器。

（5）电源　电源单元的作用是把外部电源（AC 220V）转换成内部工作电压。外部连接的电源通过 PLC 内部配有的一个专用开关式稳压电源将交流 / 直流供电电源转换为 PLC 内部电路需要的工作电源（DC 5V、± 12V、24V）。

（6）外设接口　外设接口电路用于连接手持编程器或其他图形编程器、文本显示器、触摸屏、计算机等，并能通过外设接口组成 PLC 的控制网络，实现编程、监控、联网等功能。

3. 西门子与信捷 PLC 硬件概述

目前，全世界 PLC 生产厂家约 200 家，生产 300 多个品种。主要的国外生产厂家包括 Siemens、Modicon、A–B、OMRON、三菱、GE、富士、日立、光洋等；国内主要生产厂家包括信捷、台达、和利时、汇川等，本教材使用了西门子和信捷 PLC。

（1）西门子 PLC　德国西门子公司是欧洲最大的电子和电气设备制造商之一，其生产的 SIMATIC（Siemens Automatic，西门子自动化）系列可编程控制器也是一直处于世界一流水平。本书使用的 S7–1200 PLC 是西门子在 2009 年推出的紧凑型 PLC，与其他类型的 PLC 相比具有以下主要特点：

① 集成了 PROFINET 接口，用于编程、HMI 和 PLC 间的通信，还通过以太网协议支持与第三方设备的通信，该接口带一个具有自动交叉网线功能的 RJ–45 连接器，提供 10/100Mbit/s 的数据传输速率，支持 TCP/IP、ISO–on–TCP 和 S7 通信等协议。

② 集成了工艺功能。S7–1200 PLC 带有多达 6 个高速输入计数器，其中 3 个输入为 100kHz，3 个输入为 30kHz。还集成了 4 个 100kHz 的高速脉冲输出，用于步进或伺服的速度和位置控制。S7–1200 PLC 还提供了多达 16 个带自动调节功能的 PID 控制回路，用于简单的闭环过程控制。

③ 在 PLC 本体上新添加了板卡拓展接口，该接口可以连接信号板卡、通信板卡、电池板卡等。

④ 在 PLC 上可以选择插入一张 SD 卡，用于传递程序，传递固件升级包，为其 CPU 内部载入程序拓展等。

1）S7–1200 CPU 模块的规格及含义。S7–1200 PLC 的 CPU 模块目前有 5 类：CPU 1211C、CPU 1212C、CPU 1214C、CPU 1215C 和 CPU1217C。每类 CPU 模块又细分为三种规格：DC/DC/DC、DC/DC/RLY 和 AC/DC/RLY，印刷在 CPU 模块的外壳上。其含义如图 1-2 所示。

AC/DC/RLY 的含义是：CPU 模块的供电电压是交流电，范围为 AC 120 ～ 240V；输入电压是直流电，范围为 DC 20.4 ～ 28.8V；输出形式是继电器输出。

2）S7–1200 PLC 的外形结构。S7–1200 PLC 的外形结构如图 1-3 所示。

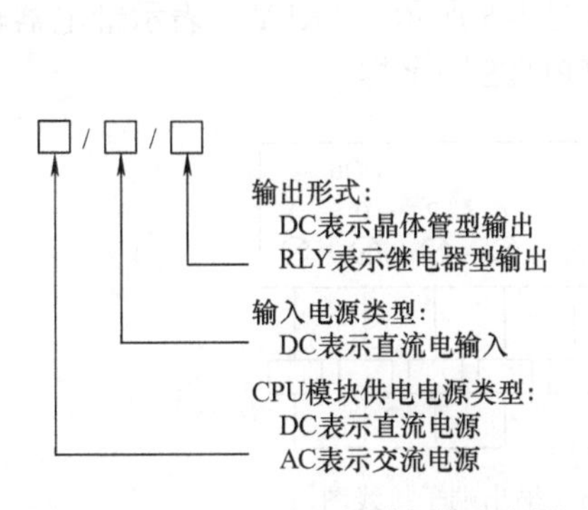

图 1-2　S7–1200 CPU 细分规格含义图

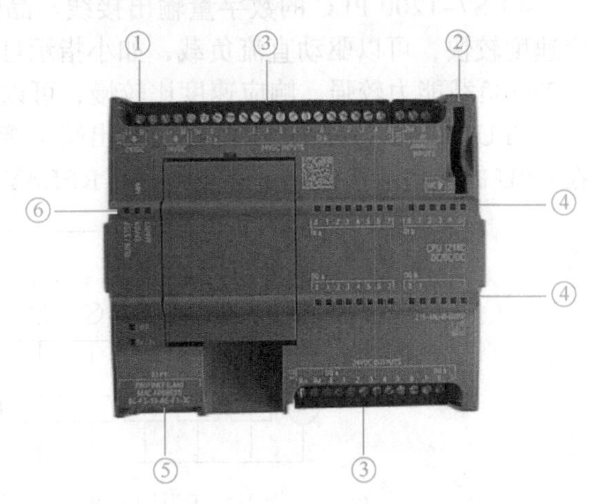

图 1-3　S7–1200 PLC 的外形结构

① 电源接口：用于向 CPU 模块供电的接口，有交流和直流两种供电方式。

② 存储卡插槽：位于上部保护盖下面，用于安装 SIMATIC 存储卡。

③ 接线连接器：也称为接线端子，位于保护盖下面，具有可拆卸的优点，便于 CPU

模块的安装和维护。

④ 板载 I/O 的状态 LED：可以指示输入或输出的状态，有信号时指示灯点亮（绿色）。

⑤ 集成以太网口（PROFINET 连接器）：位于 CPU 的底部，用于程序下载、设备组网。

⑥ 运行状态 LED：用于显示 CPU 的工作状态，如运行状态、停止状态等。

3）S7–1200 PLC 的数字量输入接线。S7–1200 PLC 的规格比较多，但接线方法类似，下面以 CPU 1215C（AC/DC/RLY）为例介绍数字量输入端的接线。“1M”是输入端的公共端子，与 DC 24V 电源相连，电源有两种连接方法，对应 PLC 的 NPN 型和 PNP 型接法，S7–1200 PLC 集成的输入点既支持 PNP 型又支持 NPN 型。

图 1-4 所示为 CPU 1215C（AC/DC/RLY）输入端子接线图。“L1”和“N”为交流电的电源接入端子，为 PLC 提供电源。“L+”和“M”为 PLC 自带的 DC 24V 电源输出端子，可向外围传感器提供 24V 直流电源。DC 24V 的负极与公共端子“1M”相连，PLC 输入端接入的有效信号为高电平信号，这是一种 PNP 型接法。图中接近开关棕色线接 DC 24V 正极，蓝色线接 DC 24V 负极，黑色线接 PLC 的输入。

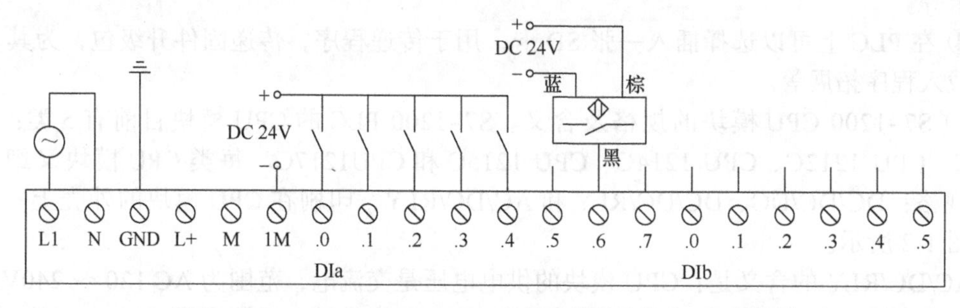

图 1-4　CPU 1215C（AC/DC/RLY）输入端子接线（PNP 型）图

4）S7–1200 PLC 的数字量输出接线。晶体管输出型的 DO 负载能力比较弱，但是响应速度较快，可以驱动直流负载，如小指示灯、小型直流继电器线圈等。继电器输出形式的 DO 负载能力较强，响应速度比较慢，可以驱动交直流负载。

CPU 1215C（AC/DC/RLY）的输出端子接线如图 1-5 所示，“RLY”表示继电器输出，在 CPU 的输出点接线端子旁边印有“RELAY OUTPUTS”字样。

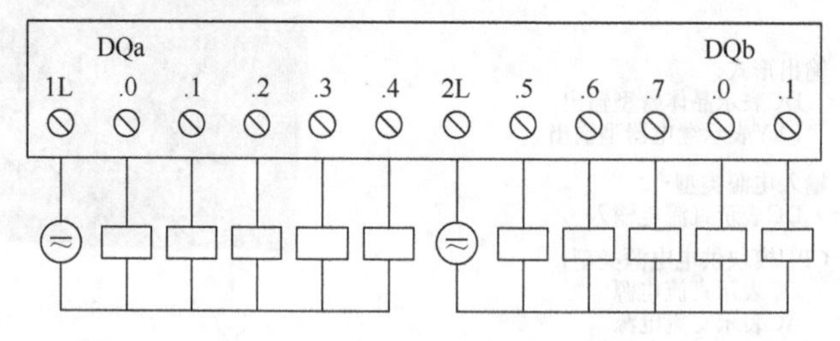

图 1-5　CPU 1215C（AC/DC/RLY）输出端子接线图

对于 CPU 1215C（DC/DC/DC）的数字量输出端子接线，目前 24V 直流输出只有一种形式，即 PNP 型输出，也就是常说的高电平输出，在利用 PLC 进行运动控制（如控制步进电动机）时，必须考虑这一点。CPU 1215C 输出端子的接线（晶体管输出）如图 1-6 所示，负载电源只能是直流电源，且输出高电平信号有效。

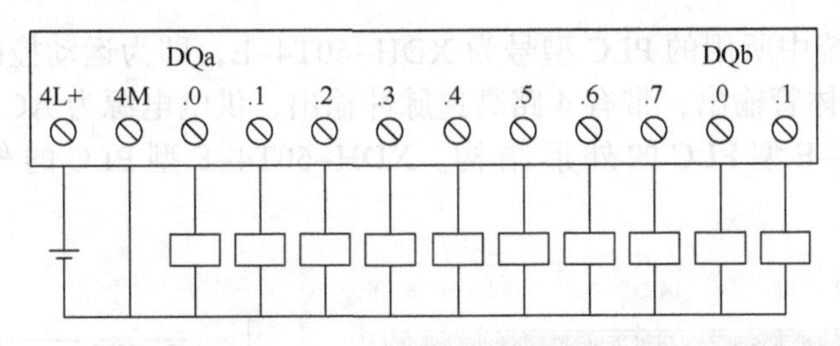

图 1-6　CPU 1215C（DC/DC/DC）的数字量输出端子接线图

（2）信捷 PLC　由于信捷 XD 系列的 PLC 不仅机型丰富，支持自由组合，而且具备许多基本功能和多种特殊功能。例如，在运动控制方面，XD 系列的 PLC 不仅支持多路高速脉冲输入和输出功能，同时还支持 X-NET 现场总线、X-NET 以及 EtherCAT 运动总线功能；还支持 I/O 点的自由转换功能、C 语言编辑程序块等特殊功能。为此，这里结合 1+X 可编程控制器系统应用编程职业技能等级证书考核要点，重点给大家介绍信捷 XD 系列 PLC。

① XD5E（以太网型）包含 24、30、48、60 点规格，兼容 XD5 的大部分功能，支持以太网通信，支持 2 ～ 10 轴高速脉冲输出，可接扩展模块、扩展 ED、扩展 BD。

② XDH（运动控制、以太网型）包含 60 点规格，兼容 XD 的大部分功能，支持以太网通信、EtherCAT 总线，支持插补、随动等运动控制指令，支持 4 轴高速脉冲输出，可接扩展模块。

1）XD 系列基本单元型号的含义。XD 系列 PLC 型号图如图 1-7 所示。

图 1-7　XD 系列 PLC 型号图

对图 1-7 所示型号图的说明如下：

① 产品系列——XD：XD 系列可编程控制器。

② 系列分类——1：XD1 系列，经济型；2：XD2 系列，基本型；3：XD3 系列，标准型；5：XD5 系列，增强型；M：XDM 系列，运动控制型；C：XDC 系列，运动总线控制型；H：XDH 系列，运动控制升级型。

③ 以太网功能——E：支持以太网通信；无：不支持（XDH 系列除外）。

④ 输入 / 输出点数——10：5 输入 /5 输出；16：8 输入 /8 输出；24：14 输入 /10 输出（或者 12 输入 /12 输出）；30：16 输入 /14 输出；32：18 输入 /14 输出（或者 16 输入 /16 输出）；48：28 输入 /20 输出；60：36 输入 /24 输出。

⑤ 信号类型——D：差分；无：不支持差分。

⑥ 差分脉冲路数——4：4 路差分高速脉冲输出。

⑦ 输入点类型——无：NPN 型输入；P：PNP 型输入。

⑧ 输出点类型——R：继电器输出；T：晶体管输出；RT：继电器晶体管混合输出。

⑨ 晶体管脉冲路数——无：T/RT 时表示两路脉冲输出（XD1 系列不支持）；4：表示 4 路脉冲输出；6：表示 6 路脉冲输出；10：表示 10 路脉冲输出。

⑩ 程序容量——无：标准型；L：扩容型。

⑪ 供电电源——E：供电电源为 AC 220V；C：供电电源为 DC 24V。

举例：仓储系统中所用的 PLC 型号为 XDH-60T4-E，即为运动控制升级型 PLC，其输入点数为 60，晶体管输出，带有 4 路高速脉冲输出，供电电源为 AC 220V。

2）XDH-60T4-E 型 PLC 的外形结构。XDH-60T4-E 型 PLC 的外形结构如图 1-8 所示。

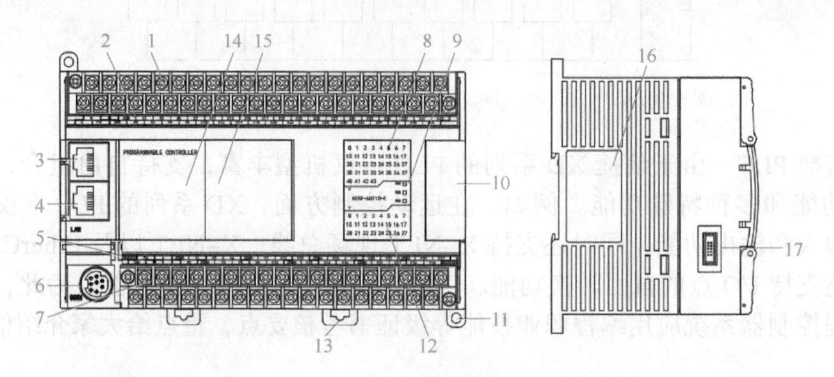

图 1-8　XDH-60T4-E 型 PLC 的外形结构

1—输入端子、电源接入端子　2—输入标签　3—RJ45 口 1　4—RJ45 口 2　5—输出标签
6—RS232 口（COM1）　7—输出端子、RS485 口（COM2）　8—输入动作指示灯
9—系统指示灯：PWR：电源指示灯；RUN：运行指示灯；ERR：错误指示灯　10—扩展模块接入口
11—安装孔（2 个）　12—输出动作指示灯　13—导轨安装挂钩（2 个）　14—扩展 BD（COM4）
15—扩展 BD（COM5）　16—产品标签　17—扩展 ED（COM3）。

注：*XDH 系列支持扩展 BD 及扩展 ED 模块。*

其中，COM1 对应的 RS232 通信口（引脚见图 1-9）用于程序上下载和通信，支持 MODBUS 和 X-NET 两种通信模式。

COM2 对应的 RS485 通信口引脚如图 1-10 所示，其引脚引出至输出端子排上的 A、B 端子，A 为 RS485+，B 为 RS485-。

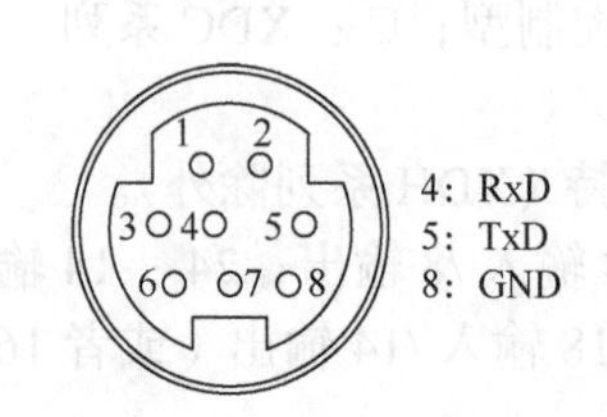

图 1-9　RS232 通信口引脚定义图

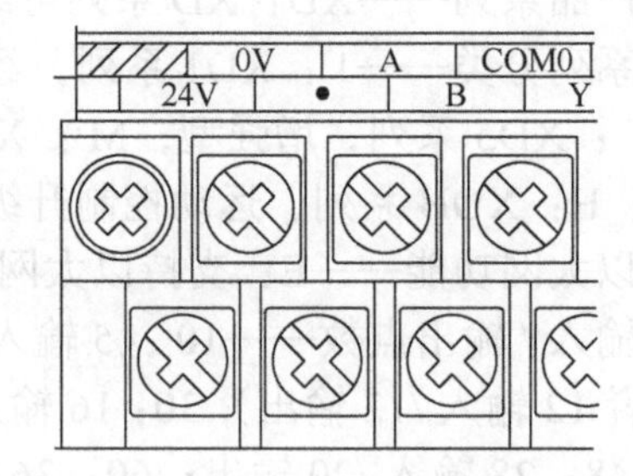

图 1-10　RS485 通信口引脚定义图

3）XDH-60T4-E 型 PLC 的输入 / 输出单元。

① 开关量输入单元。X 输入单元一般分为 NPN、PNP、差分三种模式。这里针对仓储系统重点介绍 NPN 型及 PNP 型输入单元的性能指标及外界输入设备与该输入单元的接线。

a）NPN 型及 PNP 型输入单元的性能指标。NPN 型及 PNP 型输入单元的性能指标见表 1-1。

表 1-1　NPN 型及 PNP 型输入单元的性能指标

参数名称	指标	
	NPN 型	PNP 型
输入信号电压	DC 24V ± 10%	DC 24V ± 10%
输入信号电流	7mA/DC 24V	7mA/DC 24V
输入 ON 电流	4.5mA 以上	4.5mA 以上
输入 OFF 电流	1.5mA 以下	1.5mA 以下
输入响应时间	约 10ms	约 10ms
输入信号形式	接点输入或 NPN 型开集电极晶体管	接点输入或 PNP 型开集电极晶体管
电路绝缘	光电耦合绝缘	光电耦合绝缘
输入动作显示	输入 ON 时 LED 灯亮	输入 ON 时 LED 灯亮

b）NPN 型输入单元的内部结构。NPN 型输入单元的内部结构如图 1-11 所示。假设外部输入设备分别为普通开关（或按钮）、两线式 NPN 型接近开关、三线式 NPN 型接近开关，其与该 NPN 型输入单元之间的接线示意分别如图 1-11 ～图 1-14 所示。

c）PNP 型输入单元的内部结构。PNP 型输入单元的内部结构如图 1-15 所示。假设外部输入设备分别为普通开关（或按钮）、两线式 PNP 型接近开关、三线式 PNP 型接近开关，其与该 PNP 型输入单元之间的接线示意分别如图 1-15 ～图 1-18 所示。

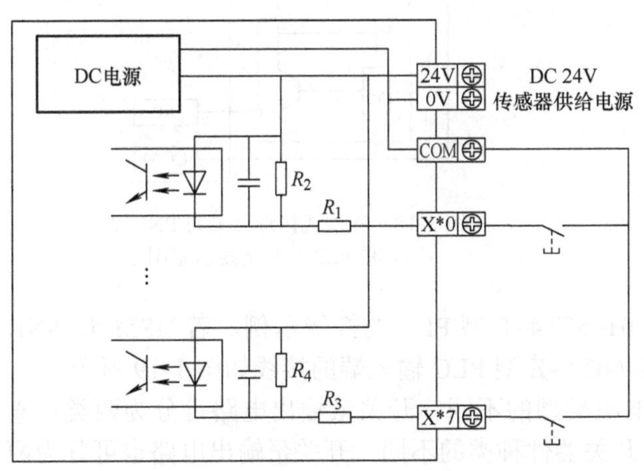

图 1-11　NPN 型输入单元内部结构示意图

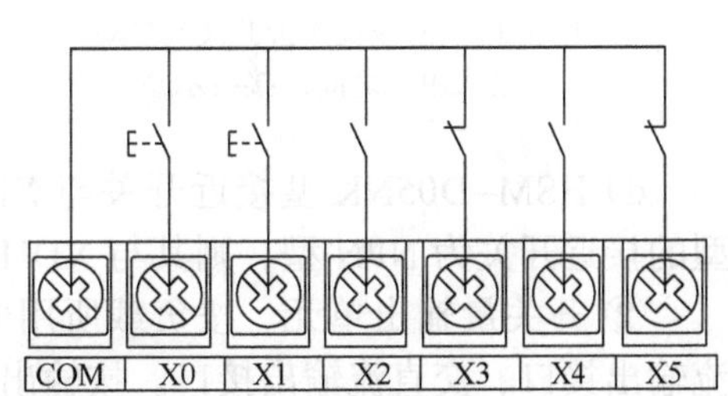

图 1-12　普通开关（或按钮）与 NPN 型输入单元之间的接线示意图

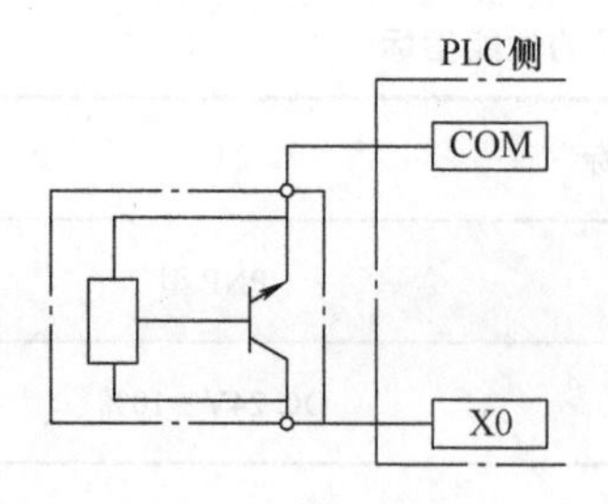

图 1-13　两线式接近开关与 NPN 型输入单元之间的接线示意图

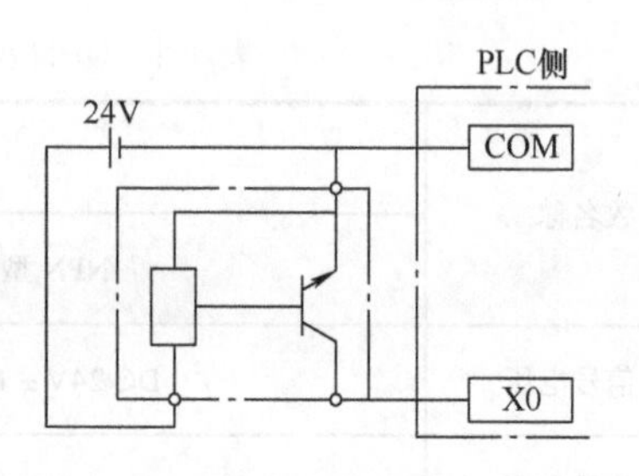

图 1-14　三线式接近开关与 NPN 型输入单元之间的接线示意图

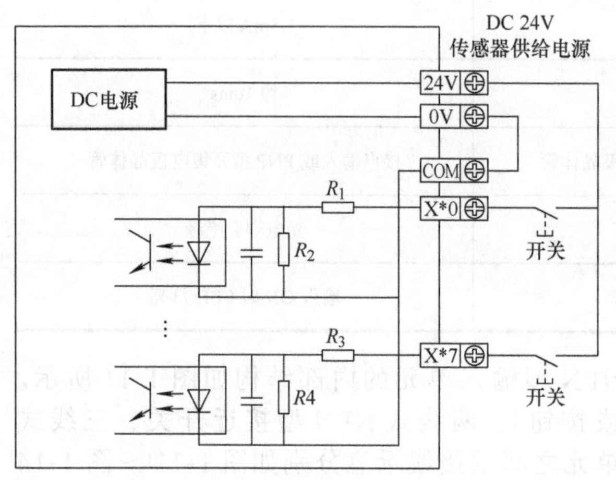

图 1-15　PNP 型输入单元内部结构示意图

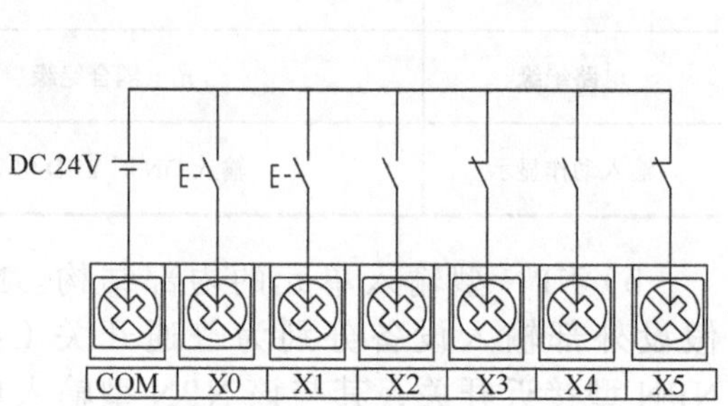

图 1-16　普通开关（或按钮）与 PNP 型输入单元之间的接线示意图

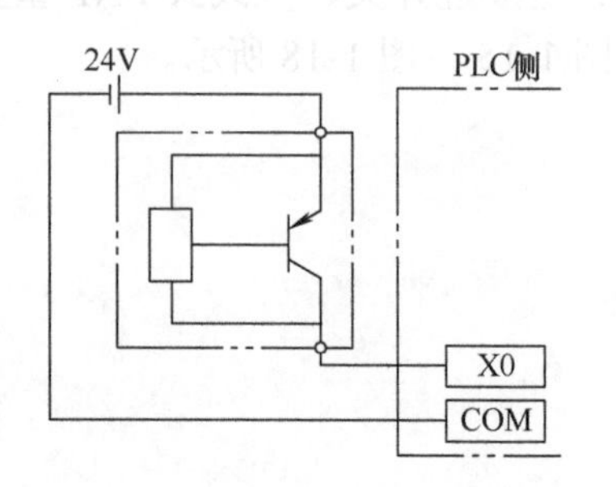

图 1-17　两线式接近开关与 PNP 型输入单元之间的接线示意图

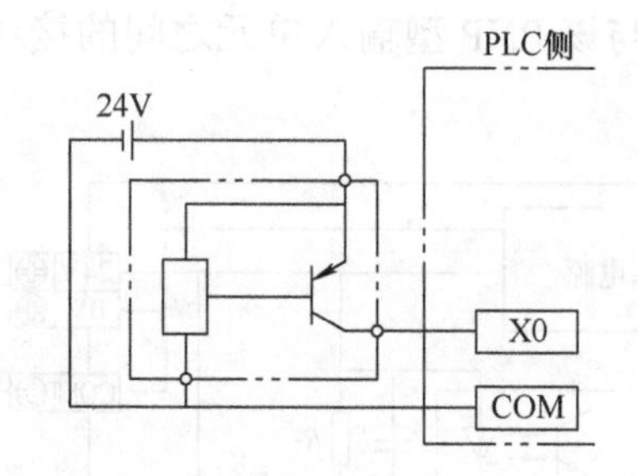

图 1-18　三线式接近开关与 PNP 型输入单元之间的接线示意图

d）HSM-D05NK 型接近开关与 XDH-60T4-E 型 PLC 的接线示例。若 HSM-D05NK 型的接近开关为 NPN 型，则其与 XDH-60T4-E 型 PLC 输入端的接线如图 1-19 所示。

② 开关量输出单元。按负载所用电源类型的不同，开关量输出电路可分为两类：直流输出接口、交直流输出接口。按输出开关器件种类的不同，开关量输出电路也可分为两类：晶体管型和继电器型。其中，晶体管型输出电路的接口只能接直流负载，为直流输出接口；继电器型输出电路的接口可接直流负载和交流负载，为交直流输出接口。

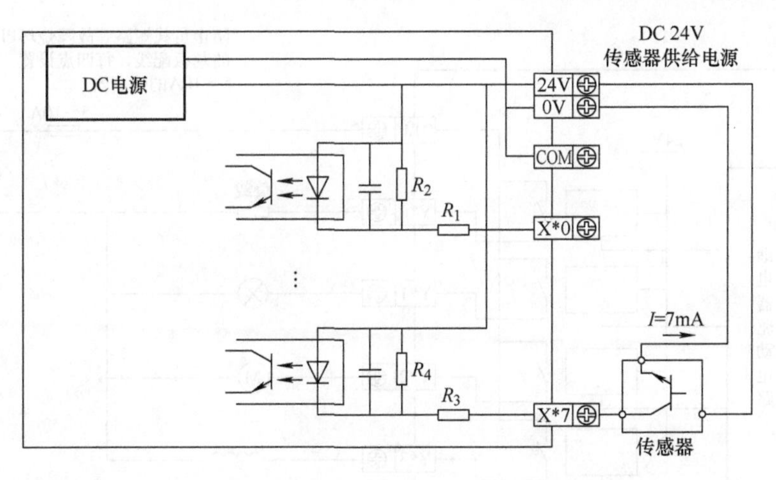

图 1-19　HSM-D05NK 型接近开关与 XDH-60T4-E 型 PLC 的接线示意图

a）继电器型输出单元。继电器型输出单元的内部结构如图 1-20 所示。输出单元带有 2 ～ 4 个公共端子，因此各公共端块单元可以驱动不同电源电压系统（例如，AC 200V、AC 100V、DC 24V 等）的负载。当输出继电器的线圈通电时，LED 灯亮，输出接点为 ON。

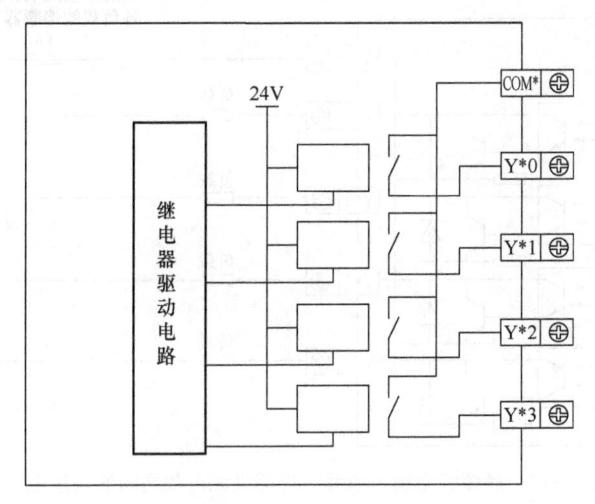

图 1-20　继电器型输出单元的内部结构

继电器型输出单元与外部输出设备连接电路如图 1-21 所示。

若驱动的是直流电感性负载，请并联续流二极管。如果不接续流二极管，接点寿命会显著降低。在进行选型时，请注意选用允许反向耐压超过负载电压 5 ～ 10 倍、顺向电流超过负载电流的续流二极管。

若驱动的是交流电感性负载，请并联浪涌吸收器。这样会减少噪声，延长输出继电器使用寿命。

b）晶体管型输出单元。晶体管型输出单元与外部直流负载之间的连接电路如图 1-22 所示。

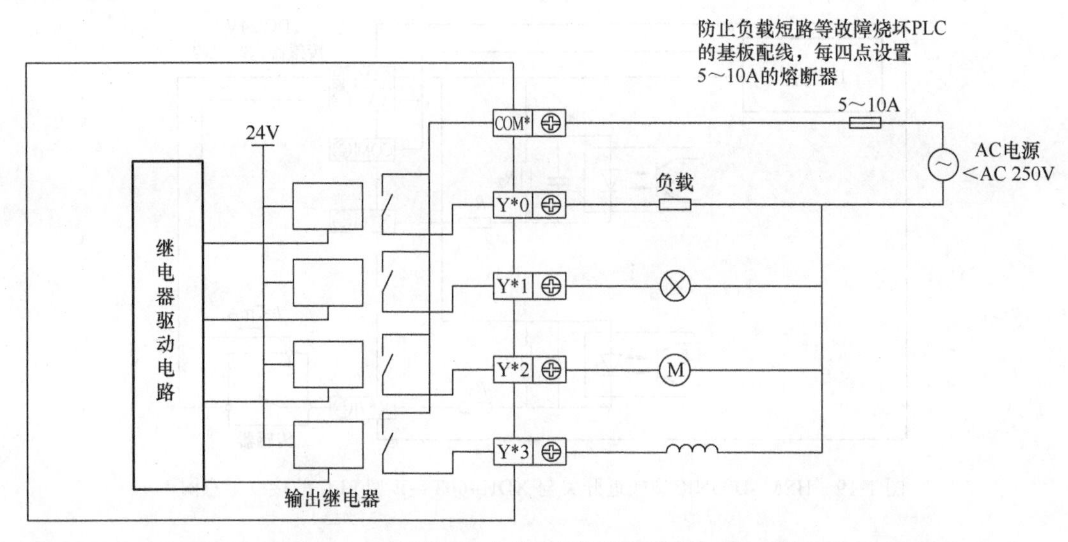

图 1-21　继电器型输出单元与外部输出设备连接电路

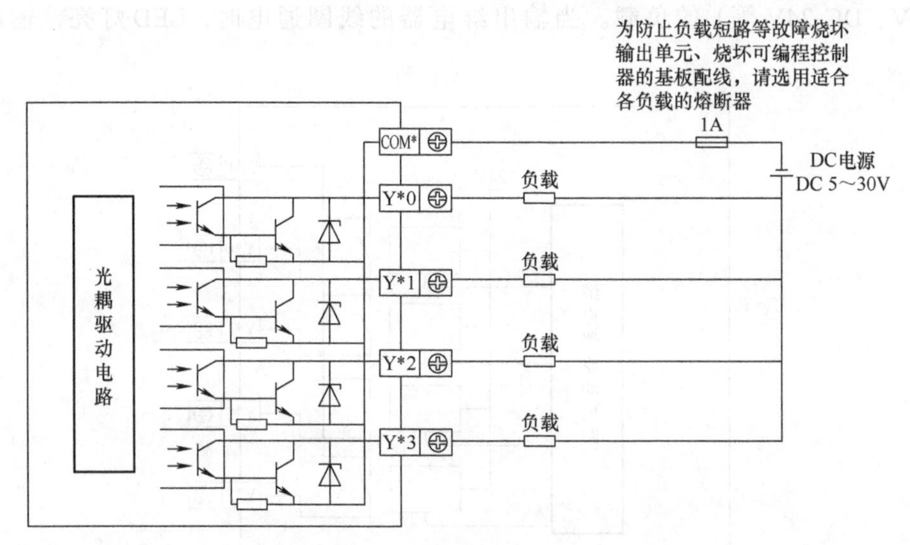

图 1-22　晶体管型输出单元与外部直流负载之间的连接电路

三、了解西门子博途软件的使用

TIA 博途（Portal）软件是西门子公司推出的，面向工业自动化领域的一个工程软件平台。TIA 是 Totally Integrated Automation 的缩写，意思是全集成自动化，主要包括三个部分：SIMATIC STEP7、SIMATIC WinCC 和 SINAMICS StartDrive。其中，SIMATIC STEP7 产品用于组态和调试 PLC 硬件及编辑和调试 PLC 程序，STEP7 产品有 Professional 和 Basic 两个版本，Basic 版本只能组态 S7-1200，Professional 版本可以组态 S7-300/400、S7-1200、S7-1500 和 WinAC。

1. TIA Portal 的启动和退出

启动 TIA Portal 时，可以双击桌面图标进行启动，也可以在 Windows 中选择“开始”→“程序”→“ Siemens Automation”→“ TIA Portal V15.1”进行启动。TIA Portal 打开时会使用上一次的设置。

退出 TIA Portal 时，要在“项目”菜单中选择“退出”命令，如果该项目包含任何尚未保存的更改，系统将询问是否要保存这些更改。如果选择“是”，更改会保存在当前项目中，然后关闭 TIA Portal；如果选择“否”，则仅关闭 TIA Portal 而不在项目中保存最近的更改；如果选择“取消”，则取消关闭过程，TIA Portal 将仍保持打开状态。

2. TIA Portal 用户界面的视图

在 TIA Portal 构建的自动化项目中，可以使用 3 种不同的视图，即 Portal 视图、项目视图和库视图，可以在 Portal 视图和项目视图之间进行切换，库视图将显示项目库和打开的全局库元素。

（1）TIA Portal 视图　TIA Portal 视图提供的是面向任务的工具视图。使用 TIA Portal 可以快速确定要执行什么操作并为当前任务调用工具。TIA Portal 视图可以快速浏览项目任务和数据，并能通过 TIA Portal 视图访问处理关键任务所需的应用程序功能。TIA Portal 视图的布局如图 1-23 所示。

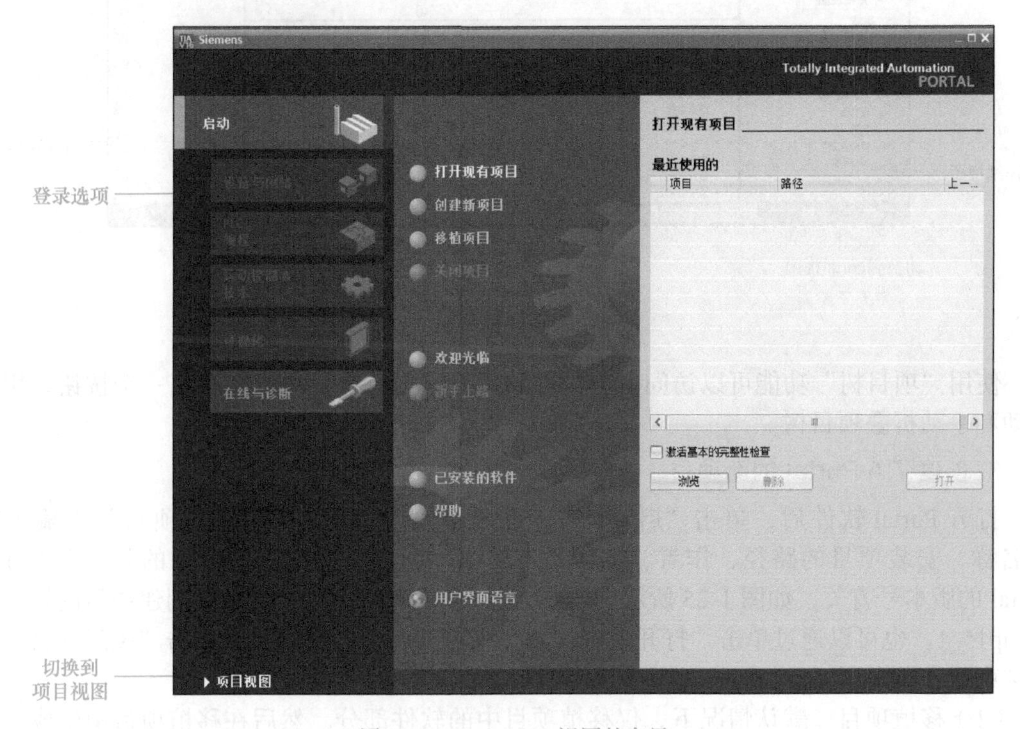

图 1-23　TIA Portal 视图的布局

登录选项为每个任务区提供了基本功能，在 TIA Portal 视图中的登录选项和所安装的产品相关。所选登录选项的操作在中间部分，如“打开现有项目”“创建新项目”“移植项目”“关闭项目”“欢迎光临”“新手上路”“已安装的软件”“帮助”“用户界面语言”等。左下角的“项目视图”，用户单击后可以切换到项目视图中。

（2）项目视图　TIA Portal 的项目视图功能区域包括标题栏、工具栏、菜单栏、工作区、巡视窗口、项目树、硬件目录、切换到 Portal 视图、编辑器栏带有进度条的状态栏等，项目视图的布局如图 1-24 所示。

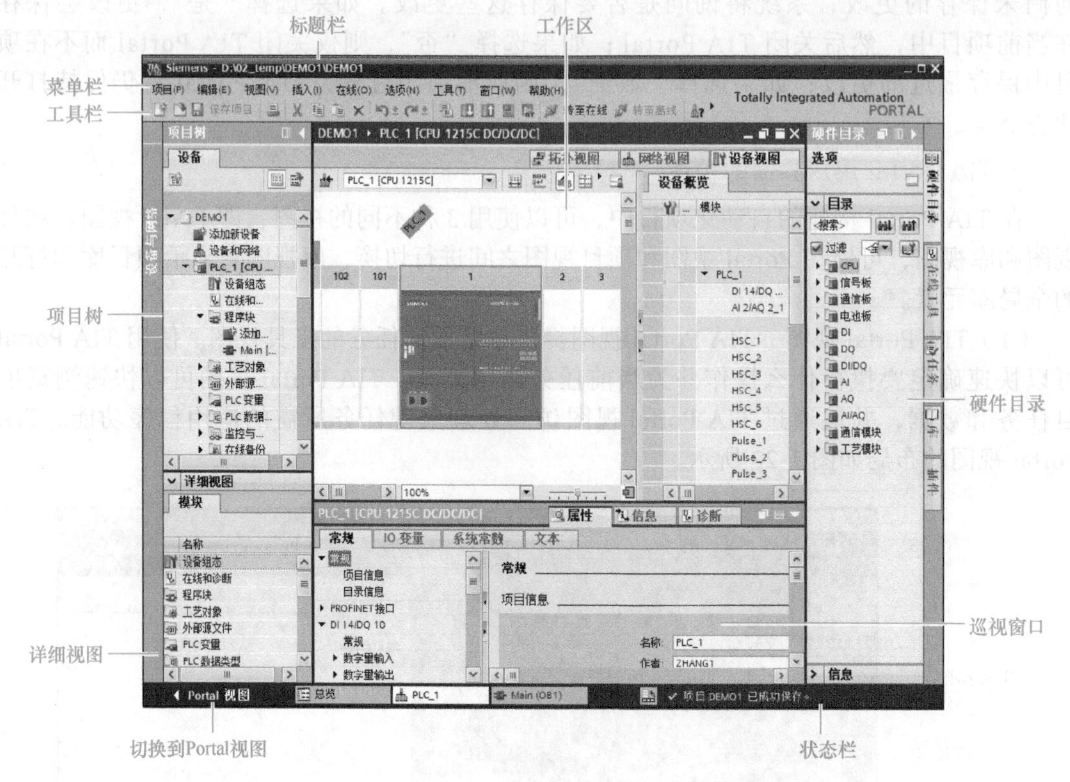

图 1-24　项目视图布局

使用“项目树”功能可以访问所有组件和项目数据。项目树标题栏有一个按钮，用于自动和手动折叠项目树。

3. 创建 TIA Portal 的新项目

打开 Portal 软件后，单击“启动”→“创建新项目”，在“创建新项目”中输入项目名称、安装项目的路径、作者、注释后，单击“创建”按钮，创建好的新项目与 TIA Portal 的版本号有关，如图 1-25 所示。若 TIA Portal 的版本为 V15.1，则创建项目的扩展名为 .ap15_1。也可以通过单击“打开现有项目”来打开一个已有项目，单击“关闭项目”可以结束现有操作。

（1）移植项目　默认情况下，仅移植项目中的软件部分。然后在移植项目中生成一个未指定的设备，与初始项目中包含的设备相对应。硬件和网络组态以及连接不会被移植。移植后，可以将未指定的设备转换为相应的设备，然后手动创建网络组态和连接。

如果确定初始项目中使用的硬件在 TIA Portal 中具有对应的设备，则可在移植过程中包含硬件组态。此时，将移植硬件组态和软件程序。

若要进行移植，应满足安装在原始 PG/PC 上的软件的各种要求以及初始项目要求。

单击“项目”→“移植项目”，在“移植项目”页面可以选择“源路径”，选择要移植的项目，单击“移植”按钮，即可打开一个旧项目。

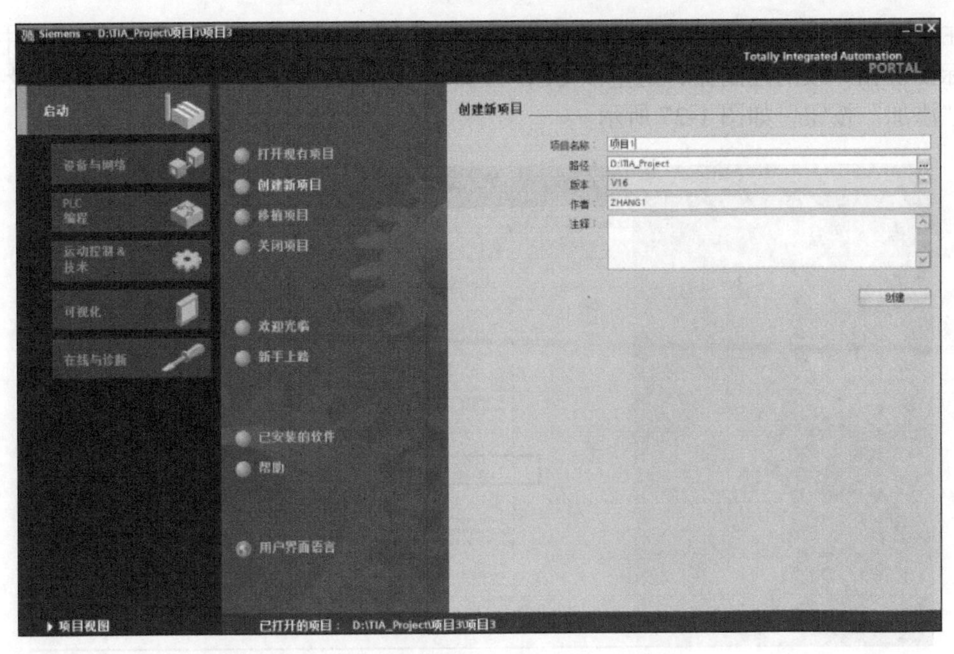

图 1-25　创建新项目

（2）保存项目　创建完成的新项目要进行项目的保存，即在“项目”菜单中选择“保存”。保存项目是对项目的所有更改都以当前项目的名称进行保存。如果要编辑 TIA Portal 较早版本的旧项目，则保存项目的文件扩展名还是会保持之前已有的扩展名称，故还能在 TIA Portal 的较早版本中编辑这个项目。

4. S7-1200 PLC 项目硬件组态

创建项目后，在“新手上路”页选择“组态设备”，进入设备组态界面，如图 1-26 所示。

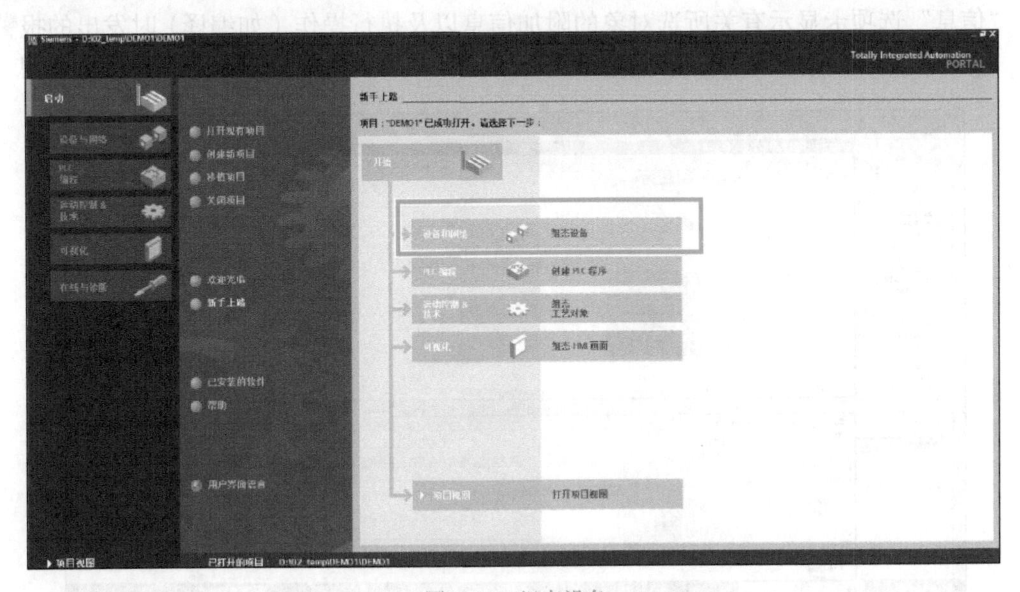

图 1-26　组态设备

在“设备与网络”→“添加新设备”→“控制器”→“SIMATIC S7-1200”中找到与实际设备相一致的控制器，这里以 CPU 1215C（DC/DC/DC）为例，选中所需的设备后，单击“添加”按钮，如图 1-27 所示。

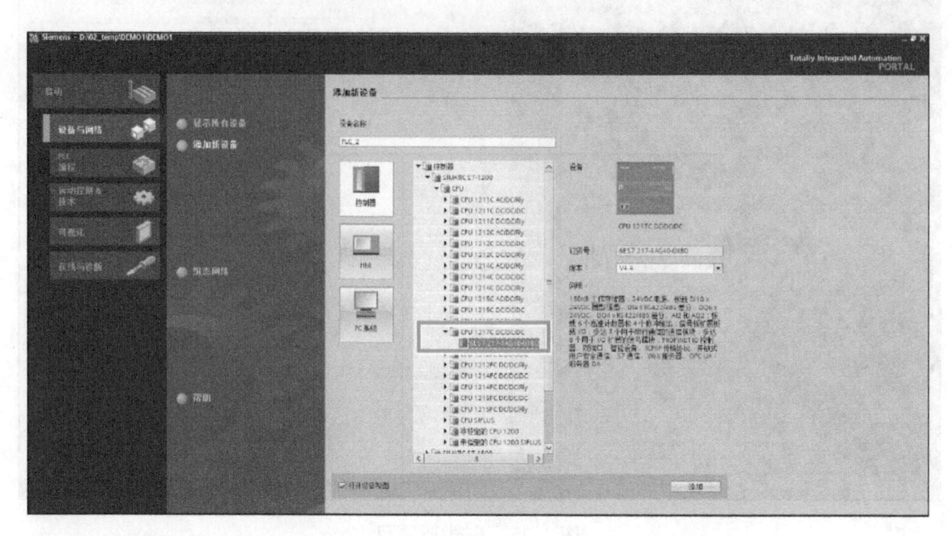

图 1-27　选择控制器

双击“项目树”选择“设备组态”，在组态区域，可以使用切换开关来实现设备视图、网络视图和拓扑视图的转换，这里单击“设备视图”，在设备视图里能看到 S7-1200 PLC 可添加的模块数量，CPU 左侧可以添加 3 个扩展模块，右侧可以添加 8 个扩展模块，设备视图如图 1-28 所示。

设备视图下方的巡视窗口有“属性”“信息”和“诊断”三个选项卡。

“属性”选项卡显示所选对象的属性，用户可以在此处更改可编辑的属性，如 CPU 的 IP 地址、数字量输入 / 输出的 I/O 地址等。

“信息”选项卡显示有关所选对象的附加信息以及执行操作（如编译）时发出的报警。

“诊断”选项卡中将提供有关系统诊断事件、已组态消息事件以及连接诊断的信息。

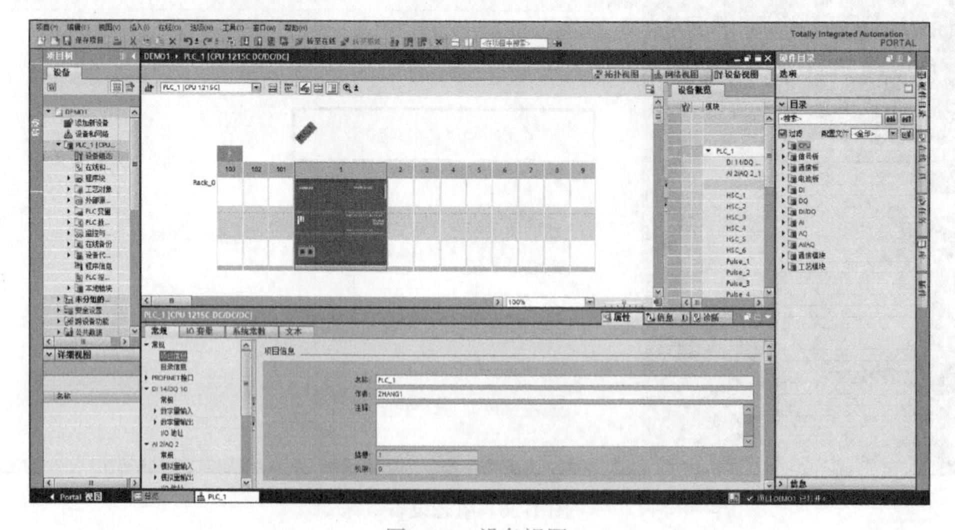

图 1-28　设备视图

如果在项目进行的过程中需要更改 CPU，可以在“项目树”中找到控制器名称右击，在弹出的选项卡里选择“更改设备”，根据弹出的对话框依次操作即可，如图 1-29 所示。

许多 CPU 会有比较多的版本号，如果组态过程中选择的版本号与实际设备的版本号不符，将导致在“转至在线”时出现“下位组件错误”，若确定 CPU 型号和订货号正确的情况下，则需要考虑是否是版本不相符的原因，此时可以使用“更改设备”来进行新版本的替换。

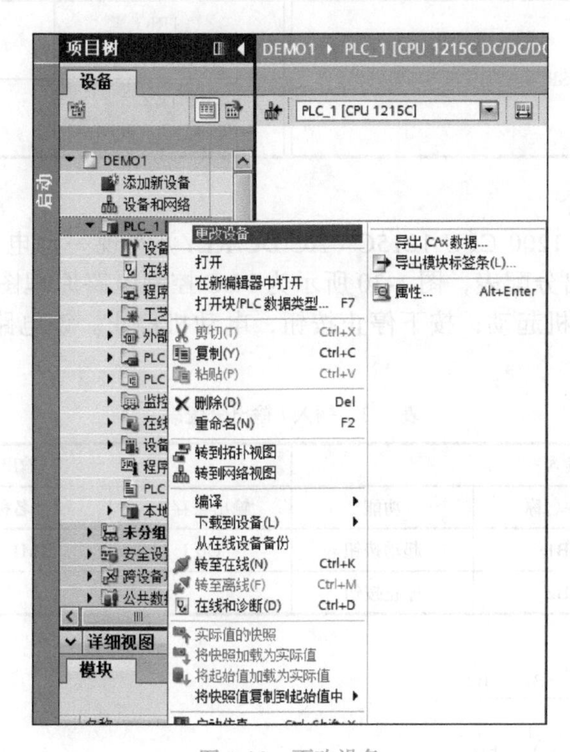

图 1-29　更改设备

四、西门子 PLC 的相关基础指令介绍

1. 位逻辑运算指令

位逻辑指令使用 1 和 0 两个数字，将 1 和 0 两个数字称为二进制数字或位。在触点和线圈中，1 表示激活状态，0 表示未激活状态。位逻辑指令是 PLC 中最基本的指令，见表 1-2。

表 1-2　常用的位逻辑指令

图形符号	功能	图形符号	功能
—| |—	常开触点	—(S)—	置位线圈
—|/|—	常闭触点	—(R)—	复位线圈
—( )—	输出线圈	—(SET_BF)—	置位域
—(/)—	反向输出线圈	—(RESET_BF)—	复位域
—|NOT|—	取反	—|P|—	P 触点，上升沿检测

（续）

图形符号	功能	图形符号	功能
RS —R　Q— …—S1	RS 置位优先型 RS 触发器	—|N|—	N 触点，下降沿检测
		—(P)—	P 线圈，上升沿
		—(N)—	N 线圈，下降沿
SR —S　Q— …—R1	SR 复位优先型 SR 触发器	P_TRIG —CLK　Q—	P_Trig，上升沿
		N_TRIG —CLK　Q—	N_Trig，下降沿

（1）基本逻辑指令

例 1-1　使用S7–1200 CPU 1215C（AC/DC/RLY）实现一台电动机起保停的控制。表 1-3 为其输入 / 输出分配表，图 1-30 所示为 PLC 控制电路原理图。电路实现的功能：按下起动按钮，电动机起动；按下停止按钮，电动机停止。该电路的 PLC 控制程序如图 1-31 所示。

表 1-3　输入 / 输出分配表

输入			输出		
输入寄存器	硬件名称	功能	输出寄存器	硬件名称	功能
I0.1	SB1	起动按钮	Q0.1	KM1	电动机控制接触器
I0.2	SB2	停止按钮			

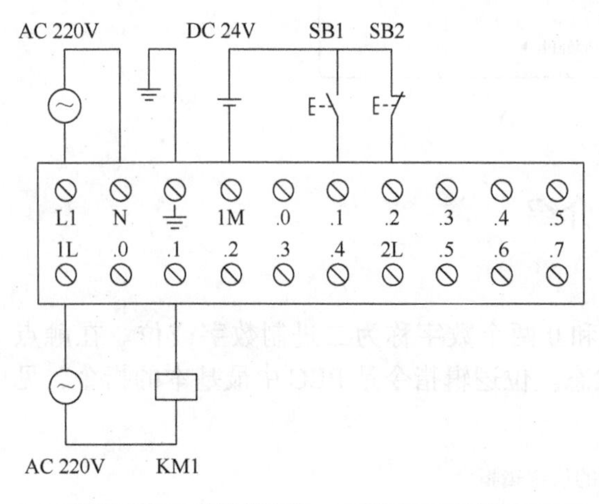

图 1-30　电动机起保停 PLC 控制电路原理图

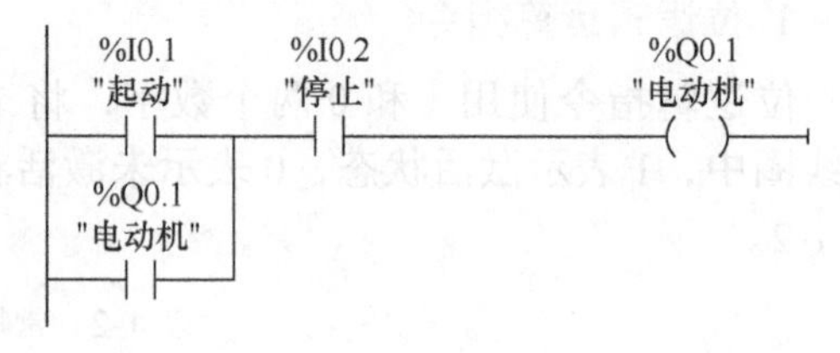

图 1-31　电动机起保停 PLC 控制程序

（2）置位 / 复位指令　置位输出 S（置位）激活时，OUT 地址处的数据值设置为 1；S 未激活时，OUT 不变。

复位输出 R（复位）激活时，OUT 地址处的数据值设置为 0；R 未激活时，OUT 不变。

对同一元件可以多次使用 S/R 指令，由于是由上至下循环扫描的工作方式，当置位、复位指令同时有效时，写在后面的指令具有优先权。置位 / 复位指令通常成对使用，也可单独使用或与指令盒配合使用，数据类型为布尔（Bool）。

例 1-1 电动机起保停控制电路中，若使用置位 / 复位指令，则可以写成如图 1-32 所示的形式。

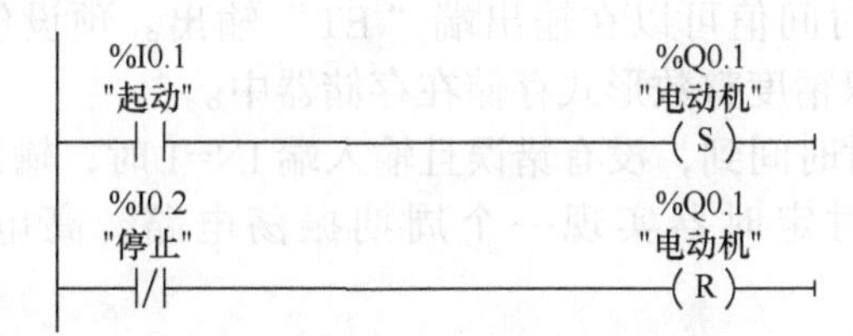

图 1-32　置位 / 复位指令程序

2. 定时器

S7–1200 PLC 提供了 4 种类型的定时器，见表 1-4。

表 1-4　S7–1200 的定时器类型

类型	描述
TP	脉冲定时器，可生成具有预设宽度时间的脉冲
TON	接通延时定时器，输出 Q 在预设的延时过后设置为 ON
TOF	关断延时定时器，输出 Q 在预设的延时过后重置为 OFF
TONR	保持型接通延时定时器，输出在预设的延时过后设置为 ON

使用 S7–1200 的定时器时需要注意的是，每个定时器都使用一个存储在数据块中的结构来保存定时器数据，在程序编辑器中放置定时器指令时即可分配该数据块，可以采用默认设置，也可以手动自行设置。在功能块中放置定时器指令后，可以选择多重背景数据块选项，各数据结构的定时器结构名称可以不同。

接通延时定时器如图 1-33 所示，起动按钮 I0.1 接通后 10s，电动机开始运行。在图 1-33a 中，“% DB1”表示定时器的背景数据块，图 1-33b 为其时序图。

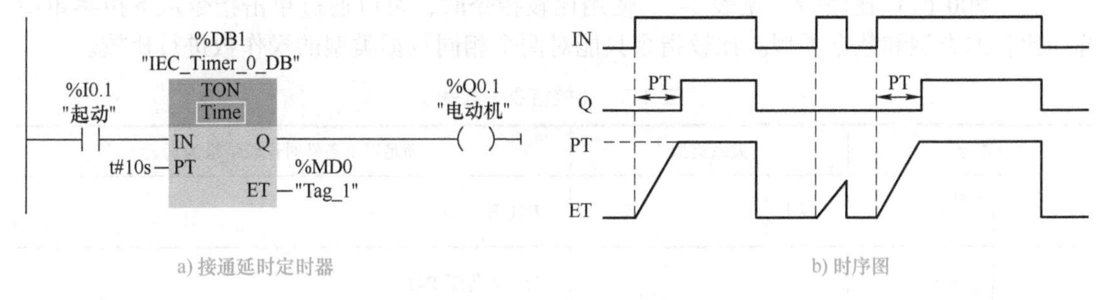

a) 接通延时定时器　　b) 时序图

图 1-33　接通延时定时器及其时序图

启动：当定时器的输入端“IN”由“0”变为“1”时，定时器启动，进行由 0 开始的加定时，到达预设值后，定时器停止计时且保持为预设值。只要输入端 IN=1，定时器就一直起作用。如果计时时间没有到达且启动信号断开，则定时器的计时值回到 0。

预设值：在输入端“PT”输入格式如“t#10s”的定时时间，表示定时时间为

10s。Time数据使用t#标识符，可以采用简单时间单元“t#10s”或复合时间单元“t#10s_500ms”的形式输入。

定时器的当前计时时间值可以在输出端“ET”输出。预设值PT和计时时间ET以表示毫秒时间的有符号双精度整数形式存储在存储器中。

输出：当定时器定时时间到，没有错误且输入端IN=1时，输出端Q置位变为1。

例1-2 用接通延时定时器实现一个周期振荡电路，高电平2s，低电平1s，如图1-34所示。

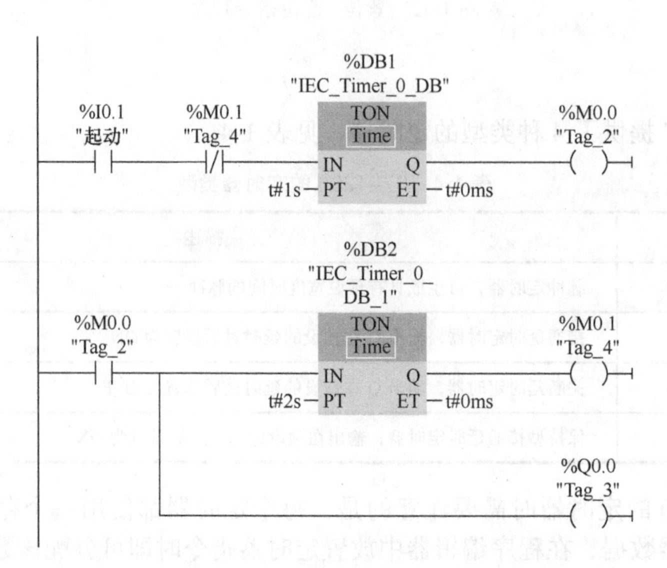

图1-34 周期振荡电路程序

3. 比较指令

S7-1200 PLC比较指令见表1-5。使用比较指令时，可以通过单击指令从下拉菜单中选择比较的类型和数据类型。比较指令只能对两个相同数据类型的操作数进行比较。

表1-5 比较指令一览表

指令	关系类型	满足以下条件时比较结果为真
== ???	等于	IN1 等于 IN2
<> ???	不等于	IN1 不等于 IN2
>= ???	大于或等于	IN1 大于或等于 IN2
<= ???	小于或等于	IN1 小于或等于 IN2
> ???	大于	IN1 大于 IN2

（续）

指令	关系类型	满足以下条件时比较结果为真
< ???	小于	IN1 小于 IN2
IN_RANGE ??? MIN VAL MAX	值在范围内	MIN <=VAL <=MAX
OUT_RANGE ??? MIN VAL MAX	值在范围外	VAL<MIN 或 VAL >MAX
OK	检查有效性	输入值为有效 REAL 数
NOT_OK	检查无效性	输入值不是有效 REAL 数

例 1-3　用接通延时定时器和比较指令实现一个周期振荡电路，高电平 2s，低电平 1s，如图 1-35 所示。

注意：Time 的数据类型是 32 位，以 DInt 数据的形式存储，定时器的范围是 t#–24d_20h_31m_23s_648ms 到 t#24d_20h_31m_23s_647ms，以 –2,147,483,648ms ～ +2,147,483,647ms 的形式存储。

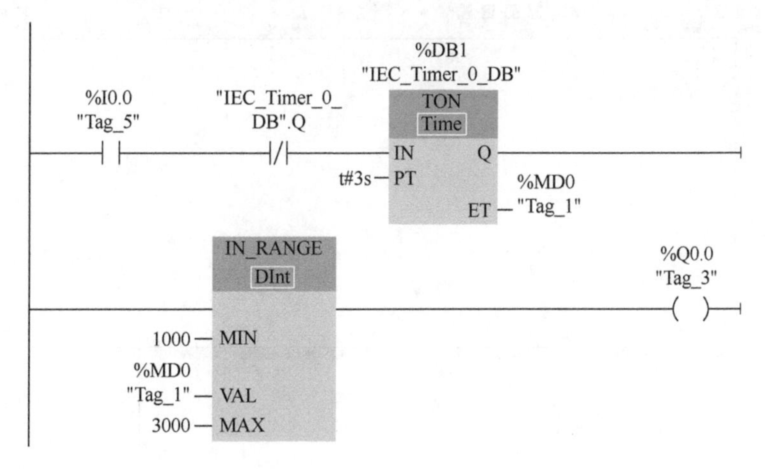

图 1-35　定时器和比较指令的周期振荡电路程序

4. 移动指令

使用移动指令可以将数据元素复制到新的存储器地址，并从一种数据类型转换为另一种数据类型。移动过程不会更改源数据。S7-1200 PLC 的移动指令见表 1-6。

表 1-6 常用移动指令

指令	功能
MOVE EN ENO IN OUT1	移动值指令 将 IN 输入处操作数中的内容传送给 OUT1 输出的操作数中。始终沿地址升序方向进行传送
MOVE_BLK EN ENO IN OUT COUNT	块移动指令 将一个存储区（源范围）的数据移动到另一个存储区（目标范围）中。使用输入 COUNT 可以指定将移动到目标范围中的元素个数。可通过输入 IN 中元素的宽度来定义元素待移动的宽度
UMOVE_BLK EN ENO IN OUT COUNT	不可中断的存储区移动指令 指令将一个存储区（源范围）的数据移动到另一个存储区（目标范围）中。该指令不可中断。使用参数 COUNT 可以指定将移动到目标范围中的元素个数。可通过输入 IN 中元素的宽度来定义元素待移动的宽度
SWAP ??? EN ENO IN OUT	交换指令 用于调换二字节和四字节数据元素的字节顺序，但不改变每个字节中的位顺序，需要指定数据类型

五、了解信捷 XD 型 PLC 的软件使用

1. XD 型 PLC 的编程软件 XDPPro 概述

编程软件 XDPPro 的界面如图 1-36 所示。在编程软件中，可实现对 PLC 写入或上传程序，实时监控 PLC 的运行，配置 PLC 等功能。

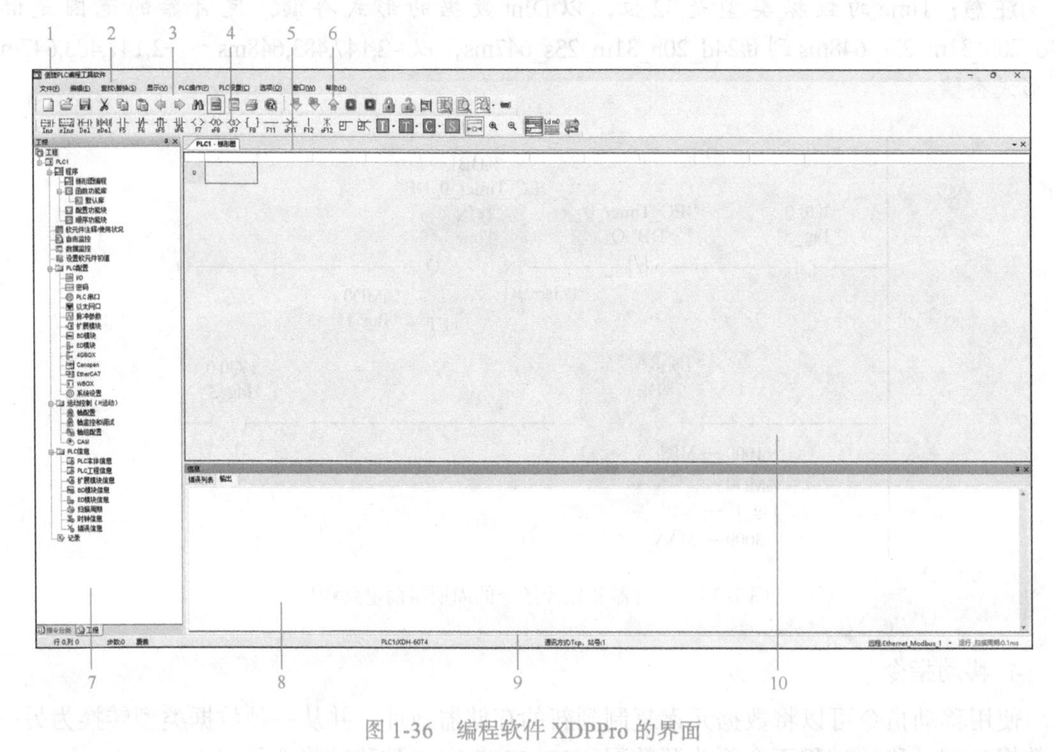

图 1-36 编程软件 XDPPro 的界面

1—文件标题 2—菜单栏 3—常规工具栏 4—梯形图输入栏 5—窗口切换栏 6—PLC 操作栏 7—工程栏 / 指令栏 8—信息栏 9—状态栏 10—编辑区

对图 1-36 的说明如下：

① 文件标题：显示工程文件名称及保存路径。

② 菜单栏：可编程控制器编程应用的菜单功能选择。

③ 常规工具栏：包含新建、保存等常用功能。

④ 梯形图输入栏：包含梯形图编程所需的常用指令。

⑤ 窗口切换栏：软件可新建多个窗口，在此进行切换。

⑥ PLC 操作栏：包含上传、下载等功能。

⑦ 工程栏 / 指令栏：显示工程列表和指令功能列表。

⑧ 信息栏：显示错误信息及输出数据内容。

⑨ 状态栏：显示 PLC 型号、通信方式及 PLC 运行状态。

⑩ 编辑区：程序编写区域。

2. XD 型 PLC 软件的使用

（1）创建新工程

1）选择“文件”→“创建新工程”，弹出“机型选择”对话框。如果当前已连接 PLC，软件将自动检测出机型，如图 1-37 所示。

2）在“机型选择”对话框中，按照实际连接机型选择工程机型，然后单击“确定”按钮，则完成一个新工程的建立。

（2）连接 PLCXD/XL/XG 系列 PLC　可以使用 RS232 口、USB 口、RJ45 口联机，RS232 口联机使用 XVP 线连接 PLC 与计算机，USB 口联机使用打印机线连接 PLC 与计算机，RJ45 口使用网线连接 PLC 与计算机。

1）通过 USB 口连接。

① 单击“选项”菜单，选择“软件串口设置”命令，或单击串口图标，软件串口设置如图 1-38 所示。

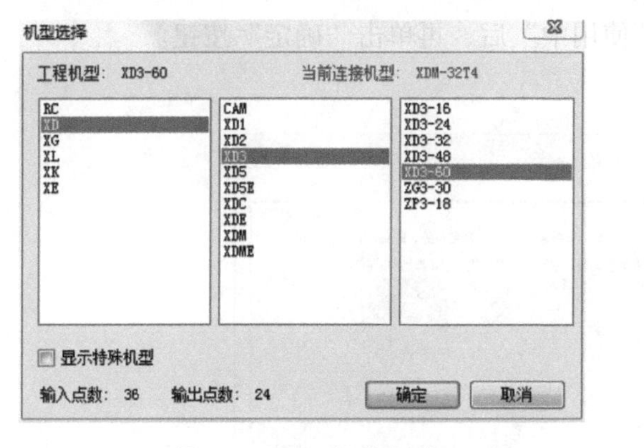

图 1-37　PLC 机型选择

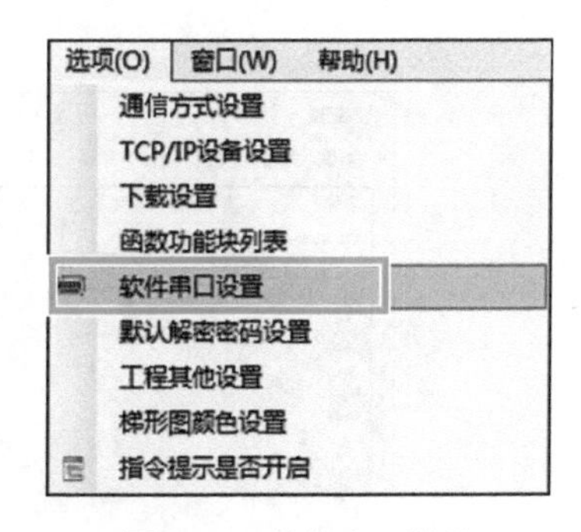

图 1-38　软件串口设置

② 弹出图 1-39 所示的“通信设置”窗口，选择“新建”命令。

③ 如图 1-40 所示，通信接口选为 USB，通信协议为 Xnet，查找方式为设备类型，单击“确定”按钮。

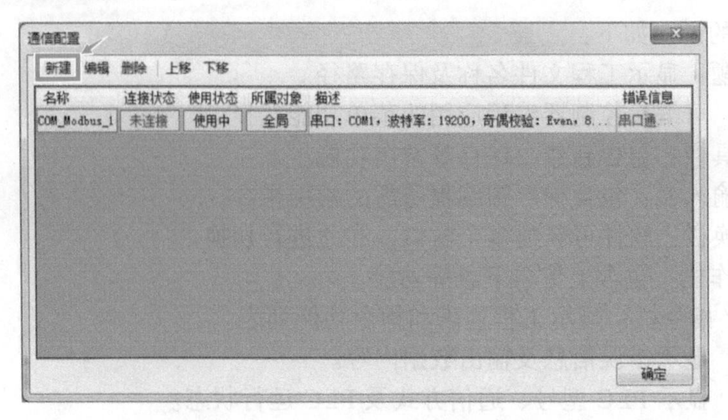

图 1-39 通信配置

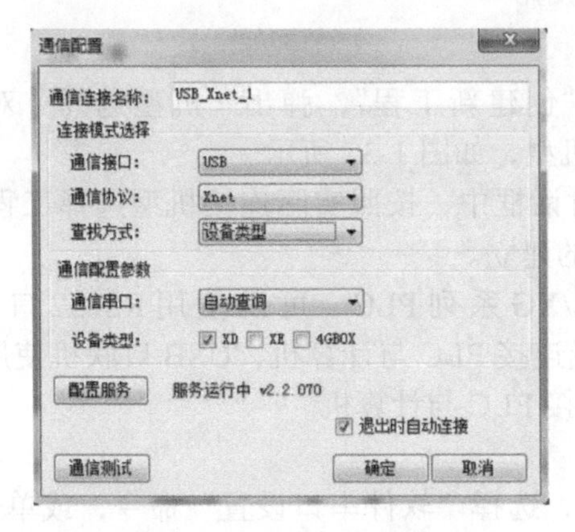

图 1-40 通信配置服务选择

④ 如图 1-41 所示，将使用状态改为“使用中”后，再单击“确定”按钮。

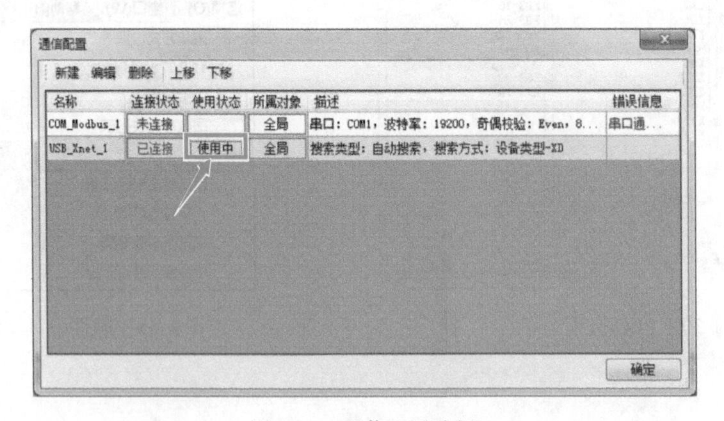

图 1-41 通信配置选择

⑤ 提示“成功连接到本地 PLC”，表示连接成功，如图 1-42 所示。

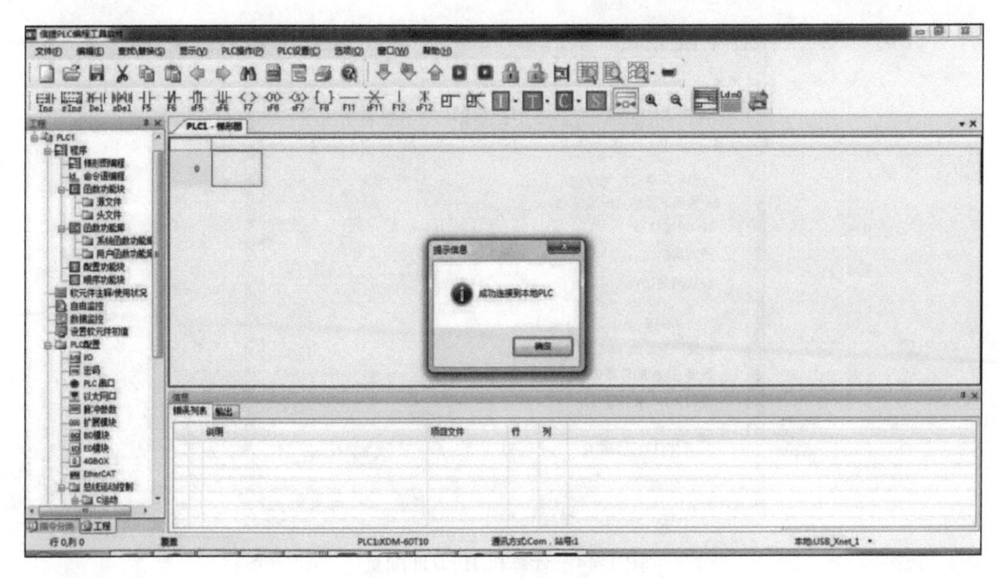

图 1-42　PLC 连接成功展示

2）通过网口连接。

① 设置网口 PLC 的 IP 地址。网口 PLC 默认 IP 为 192.168.6.6，可通过编程软件对其修改。

打开 XDPPro 软件，在软件左侧工程一栏中找到“PLC 配置”→“以太网口”，如图 1-43 所示。

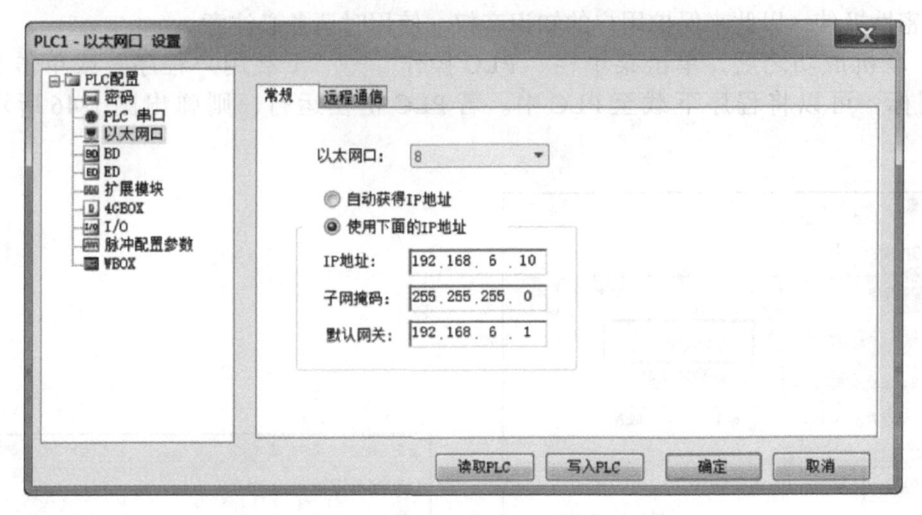

图 1-43　PLC 以太网口配置

② 设置计算机的 IP 地址。

a）在计算机桌面右下角找到网络图标，右击选择打开“网络和 Internet”设置。

b）在网络和共享中心的界面双击“本地连接”，打开网卡状态信息，再双击“属性”按钮，在菜单栏中找到 IPv4 设置选项并双击打开 IP 地址配置界面。

c）如图 1-44 所示，在 IP 地址配置界面填入对应参数，单击“确定”按钮完成配置。

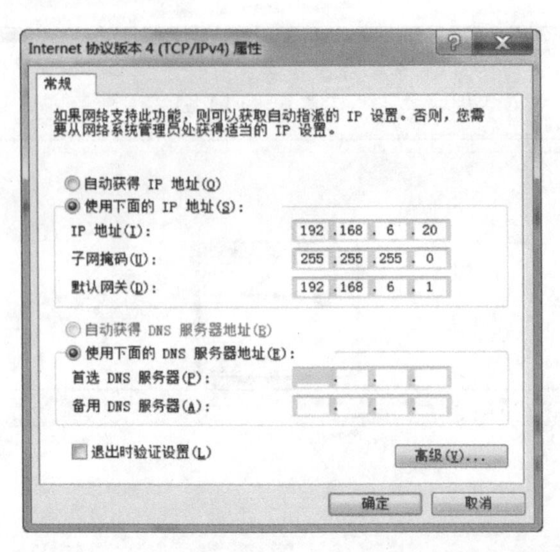

图 1-44　计算机 IP 地址配置

③ 连接 PLC。如图 1-45 所示，打开编程软件，选择“软件串口设置”，选择任意一个通信口，进入配置界面；通信接口选“Ethernet”；选择 Xnet 协议，设备 IP 地址选择网口配置的 IP，再单击“配置服务”→“重启服务”，参数填写完成后单击“确定”按钮即可完成连接。

（3）下载程序　下载分为“下载用户程序”和“保密下载用户程序”。两者的区别是一旦使用“保密下载用户程序”到 PLC，则该 PLC 中的程序和数据将永远无法上传，程序的保密性极佳，以此来保护用户的知识产权，使用时请务必注意。

1）联机成功之后，单击菜单栏“PLC 操作”→“下载用户程序”或单击工具栏下载图标，可以将程序下载至 PLC 中。若 PLC 正在运行，则弹出图 1-46 所示提示窗口。

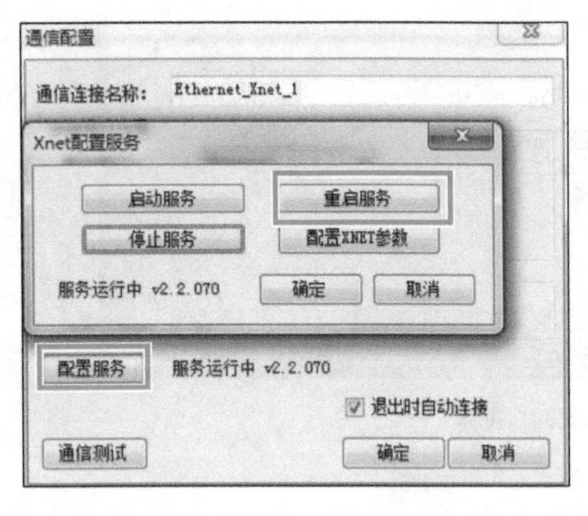

图 1-45　Xnet 配置服务

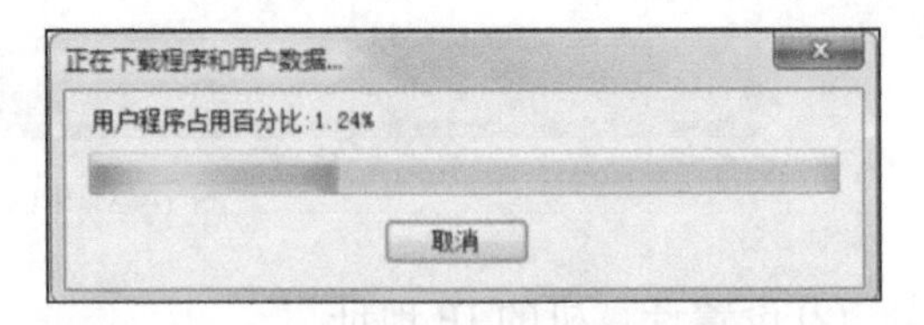

图 1-46　PLC 程序下载示意图

2）程序下载过程中会自动计算当前程序占用百分比。

3）程序下载结束时，将弹出“下载用户数据”窗口，用户可根据需要勾选要下载的数据类型，默认为全选，如图 1-47 所示。

4）下载程序前，还可以设置是否移除软元件注释、是否对 C 语言加密，以增强保密性。单击“PLC 设置”→“下载设置”，如图 1-48 所示。

图 1-47　下载用户数据

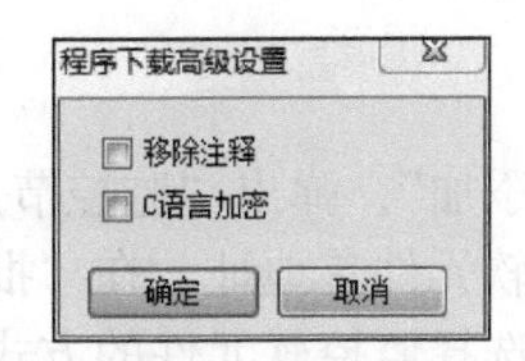

图 1-48　PLC 下载设置

XD/XL 系列 PLC 具有三种程序下载模式，分别为普通下载模式、密码下载模式和保密下载模式。

① 普通下载模式。在此模式下，用户可以方便自由地将计算机上的程序下载到 PLC 或将 PLC 中的程序上传到计算机，一般在设备调试时使用此模式将会很方便。

② 密码下载模式。用户可以给 PLC 设定一个密码，当将 PLC 中的程序上传到计算机时，需要输入正确的密码，在密码高级选项中还可以勾选“下载程序需要先解密”功能（**注意：**此操作危险，如遗忘口令，PLC 将被锁！），此下载模式适合用户需要对设备程序进行保密且自己可以随时调出设备程序时使用。

③ 保密下载模式。在此模式下将计算机上的程序下载到 PLC 中，用户不管通过什么方法都无法将 PLC 中的程序上传到计算机；同时保密下载用户程序，可以占用更少的 PLC 内部资源，使 PLC 的程序容量大大增加，能够拥有更快的下载速度；使用此下载模式后，程序将彻底无法恢复。

注：联机之后，单击▣按钮运行 PLC；单击▣按钮停止 PLC。

（4）软元件监控

1）软元件的注释 / 使用情况。如图 1-49 所示，软元件的注释用于显示 PLC 中的全部软元件注释情况，无论是系统内部用软元件还是用户程序中自己添加的注释都可显示出来。双击注释栏，可以对注释进行编辑。单击“已使用”，可显示程序中用到的软元件及注释；单击“已使用”和“全部”，列出全部已使用软元件及注释；单击“已使用”和“X”“Y”“M”等单类标签，则列出该类别下已使用的软元件及注释。

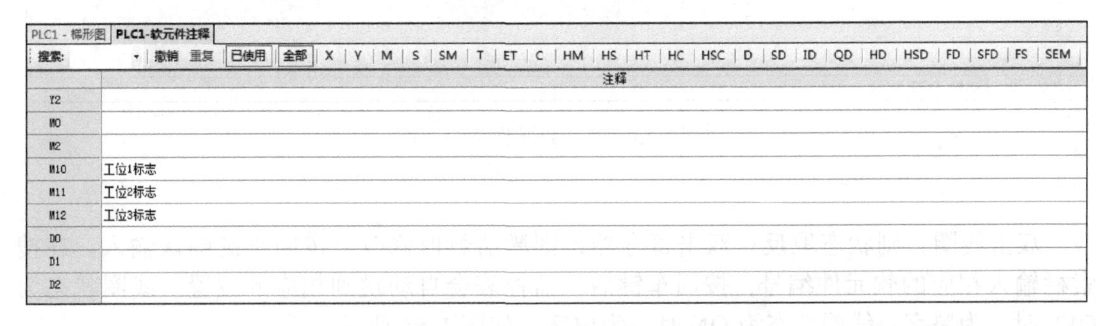

图 1-49　PLC 软元件注释

2）自由监控。如图 1-50 所示，联机状态下，单击 PLC 操作栏中的“自由监控”，弹出自由监控对话框。

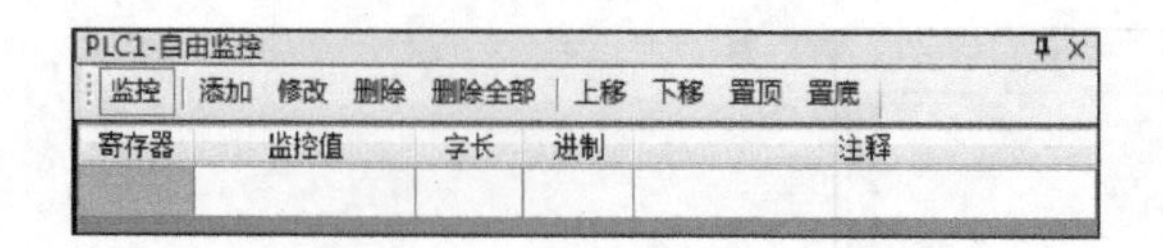

图 1-50　PLC 自由监控状态

单击“添加”，弹出“监控节点输入”对话框，如图 1-51 所示。在“监控节点”栏输入要监控的软元件首地址，在“批量监控个数”栏设置要连续监控的软元件个数，在“监控模式”栏选择监控软元件的方式，在“显示模式”栏选择软元件的显示模式。

如图 1-52 所示，添加完成之后，在监控窗口中列出了相应软件的编号、数值、字长、进制和注释，双击相应的位置可以编辑其属性。

3）数据监控。联机状态下，单击 PLC 操作栏中的“数据监控”，弹出数据监控对话框。数据监控以列表的形式监视线圈状态、数据寄存器的值，还能直接修改寄存器数值或线圈状态，如图 1-53 所示。

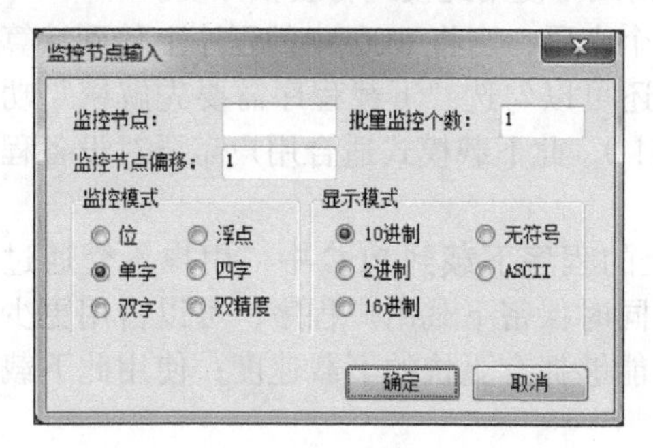

图 1-51　PLC 监控节点选择

PLC1-自由监控

监控 | 添加 修改 删除 删除全部 | 上移 下移 置顶 置底

寄存器	监控值	字长	进制	注释
HSD0	3606	单字	十进制	Y0 累计脉冲量低16位(脉冲个数为...
M10	OFF	位	-	
M11	OFF	位	-	
M12	OFF	位	-	

图 1-52　PLC 数据编辑

PLC1-数据监控

监控 | 搜索: | X | Y | M | S | SM | T | ET | C | HM | HS | HT | HC | HSC | D | SD | ID | QD | HD | HSD | FD | SFD | FS | SEM

	+0	+1	+2	+3	+4	+5	+6	+7	+8	+9
D0	0	0	0	0	0	0	0	0	0	0
D10	0	0	0	0	0	0	0	0	0	0
D20	0	0	0	0	0	0	0	0	0	0
D30	0	0	0	0	0	0	0	0	0	0
D40	0	0	0	0	0	0	0	0	0	0
D50	0	0	0	0	0	0	0	0	0	0
D60	0	0	0	0	0	0	0	0	0	0
D70	0	0	0	0	0	0	0	0	0	0
D80	0	0	0	0	0	0	0	0	0	0
D90	0	0	0	0	0	0	0	0	0	0

10进制 2进制 16进制 无符号 ASCII

图 1-53　PLC 数据监控（一）

双击线圈，则状态取反；双击寄存器，则激活数值修改，按回车键确认输入。在搜索栏输入相应的软元件编号，按回车键后，监控表会自动跳到相应的位置。线圈状态为 OFF 时，为黑字；线圈状态为 ON 时，为白字，如图 1-54 所示。

PLC1-数据监控

监控　搜索: M1 | X | Y | M | S | SM | T | ET | C | HM | HS | HT | HC | HSC | D | SD | ID | QD | HD | HSD | FD | SFD | FS | SEM

	+0	+1	+2	+3	+4	+5	+6	+7
M0	OFF	ON	OFF	OFF	OFF	OFF	OFF	OFF
M10	OFF	OFF	OFF	OFF	OFF	OFF	OFF	OFF
M20	OFF	OFF	OFF	OFF	OFF	OFF	OFF	OFF
M30	OFF	OFF	OFF	OFF	OFF	OFF	OFF	OFF
M40	OFF	OFF	OFF	OFF	OFF	OFF	OFF	OFF

图 1-54　PLC 数据监控（二）

3. XD 型 PLC 的编程语言

XDPPro 编程软件可以实现两种编程方式：梯形图编程、命令语编程，如图 1-55 所示。

梯形图编程直观方便，是大多数 PLC 编程人员和维护人员选择的方法。而命令语编程比较适合熟悉 PLC 和逻辑编程的有经验的编程人员。这两种编程方式可以互相转换，只要单击软件左侧“工程栏”→“梯形图编程”，则显示梯形图窗口，单击“命令语编程”，则自动将梯形图转换成相应的命令语显示。

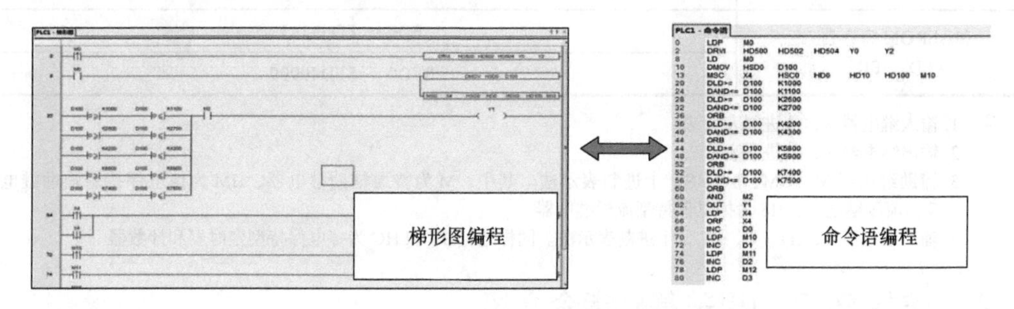

图 1-55　PLC 编程方式

4. XD 型 PLC 的内部资源简介

XD 系列有 XD1 经济型、XD2 基本型、XD3 标准型、XD5 增强型、XDM 运动控制型、XDC 运动总线控制型及 XDH 运动控制升级型等。这里重点介绍 XDH 型，其内部资源见表 1-7。

表 1-7　XDH 型 PLC 的内部资源

项目	规格	
程序执行方式	循环扫描方式	
编程方式	指令、梯形图并用	
处理速度	0.005 ～ 0.03μs	
用户程序容量	4MB	
I/O 点数	总点数	60
	输入点数	36（X0 ～ X43）
	输出点数	24（Y0 ～ Y27）
内部线圈（M、HM、SM）	M0 ～ M199999	
	HM0 ～ HM19999	
	SM0 ～ SM49999	

（续）

项目	规格
流程 （S、HS）	S0 ～ S19999
	HS0 ～ HS1999
定时器 （T、HT、ET）	T0 ～ T19999
	HT0 ～ HT1999
	精确定时 ET0 ～ ET39
计数器 （C、HC、HSC）	C0 ～ C19999
	HC0 ～ HC1999
	高速计数器 HSC0 ～ HSC39
数据寄存器 （D、HD、HSD）	D0 ～ D499999
	HD0 ～ HD49999
	SD0 ～ SD49999
	HSD0 ～ HSD49999
FlashROM 寄存器 （FD、SFD）	FD0 ～ FD65535
	SFD0 ～ SFD49999

注：1. 输入继电器 X，八进制表示法。
2. 输出继电器 Y，八进制表示法。
3. 辅助继电器 M、HM、S、HS，十进制表示法。其中，M 为普通辅助继电器，HM 为掉电保持型辅助继电器，S 为流程继电器，HS 为掉电保持型流程继电器。
4. 辅助继电器 T、HT、C、HC，十进制表示法。同样地，HT 和 HC 为掉电保持型定时器和计数器。

六、信捷 PLC 的相关基础指令介绍

1. 输入 / 输出指令：LD、LDI 及 OUT

LD、LDI 及 OUT 指令用法见表 1-8。在使用过程中需要注意：OUT 指令是对输出继电器、辅助继电器、状态继电器、定时器、计数器的线圈驱动指令，对输入继电器不能使用。

表 1-8　LD、LDI 及 OUT 指令用法

助记符、名称	功能	回路表示和可用软元件
LD 取正	运算开始常开触点	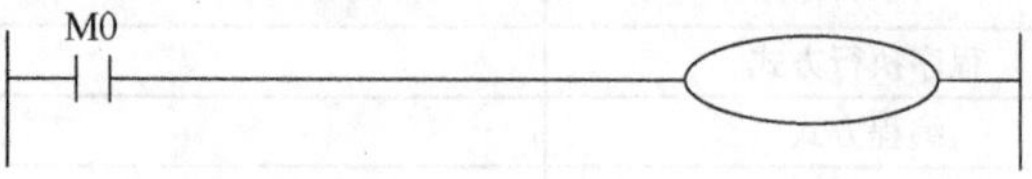 M0 操作软元件：X、Y、M、HM、SM、S、HS、T、HT、C、HC、Dn.m 等
LDI 取反	运算开始常闭触点	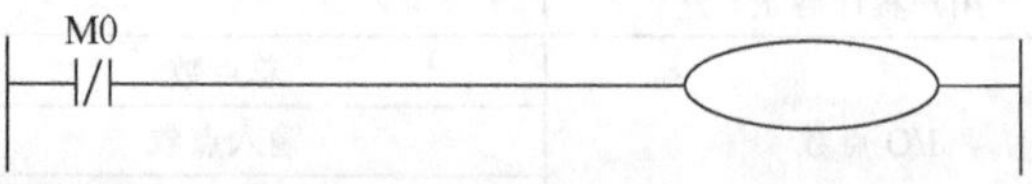 M0 操作软元件：X、Y、M、HM、SM、S、HS、T、HT、C、HC、Dn.m 等
OUT 输出	线圈驱动	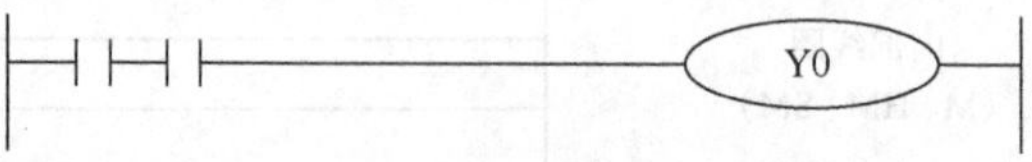 Y0 操作软元件：X、Y、M、HM、SM、S、HS、T、HT、C、HC、Dn.m 等

例 1-4 采用一台型号为 XDH-60T4-E 的 PLC 实现两人抢答系统。要求如下：当主持人按下允许抢答按钮后，可以开始抢答，先按下抢答按钮的进行回答，且对应指示灯亮；后按下抢答按钮的无效。主持人可随时按下停止按钮停止回答。

通过对系统控制要求分析，可知该系统需要配置 4 路输入、2 路输出。假设系统输入 / 输出配置见表 1-9。那么利用以上输入 / 输出指令可得其 PLC 系统的梯形图与语句表，如图 1-56 所示。

表 1-9 输入 / 输出配置表

输入			输出		
输入寄存器	硬件名称	功能	输出寄存器	硬件名称	功能
X1	SB1	主持人允许抢答按钮	Y1	HL1	1# 抢答指示
X2	SB2	主持人停止抢答按钮	Y2	HL2	2# 抢答指示
X3	SB3	1# 抢答按钮			
X4	SB4	2# 抢答按钮			

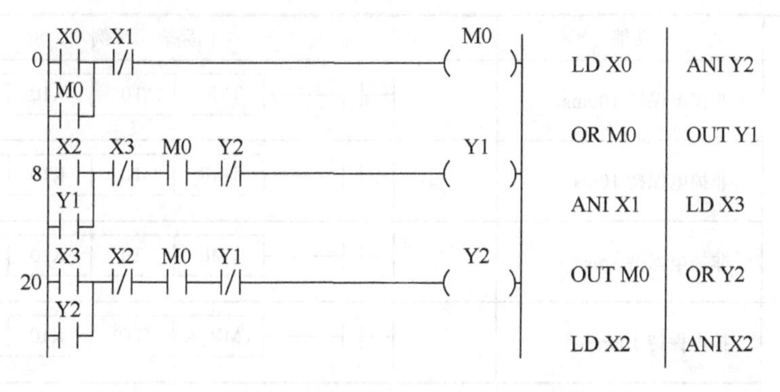

图 1-56 抢答器系统对应的 PLC 梯形图以及语句表

2. 置位与复位指令：SET、RST

SET、RST 指令具有保持功能，用法见表 1-10。它们可以多次使用，顺序也可随意，但最后执行者有效。在对定时器、计数器当前值的复位及触点复位也可使用 RST 指令。但是注意避免与 OUT 指令使用同一个软元件地址。

表 1-10 SET、RST 指令用法

助记符、名称	功能	回路表示和可用软元件
SET 置位	线圈接通保持指令	SET Y0 操作软元件：Y、M、HM、SM、S、HS、T、HT、C、HC、Dn.m 等
RST 复位	线圈接通清除指令	RST Y0 操作软元件：Y、M、HM、SM、S、HS、T、HT、C、HC、Dn.m 等

例 1-5 图 1-57 所示的抢答器程序段 0，可以采用置位与复位指令替换。

```
    X0                                              M0
 0 ─┤ ├─────────────────────────────────────────────( S )
    M0    X2    X3    Y2                            Y1
 4 ─┤ ├───┤ ├───┤/├───┤/├───────────────────────────( S )
    M0    X3    X2    Y1                            Y2
14 ─┤ ├───┤ ├───┤/├───┤/├───────────────────────────( S )
    X1                                              M0
24 ─┤ ├──┬──────────────────────────────────────────( R )
         │                                          Y1
         ├──────────────────────────────────────────( R )
         │                                          Y2
         └──────────────────────────────────────────( R )
```

图 1-57　抢答器系统对应的 PLC 梯形图（置位、复位指令编写）

3. 定时器指令：TMR、TMR_A

1）助记符与功能。TMR、TMR_A 定时器输出指令的助记符与功能说明见表 1-11。

表 1-11　TMR、TMR_A 定时器输出指令的助记符与功能说明

助记符、名称	功能	回路表示举例
TMR 输出	非掉电保持 100ms	─┤ ├─ TMR T0 K10 K100
	非掉电保持 10ms	─┤ ├─ TMR T0 K10 K10
	非掉电保持 1ms	─┤ ├─ TMR T0 K10 K1
TMR_A 输出	掉电保持 100ms	─┤ ├─ TMR_A HT0 K10 K100
	掉电保持 10ms	─┤ ├─ TMR_A HT0 K10 K10
	掉电保持 1ms	─┤ ├─ TMR_A HT0 K10 K1

2）PLC 内置定时器软元件的工作原理。XD 系列 PLC 内部的定时器全部以十进制进行编址，其可用定时器资源如下：一般定时用 T0 ~ T19999，累积定时用 HT0 ~ HT1999。

对于一般定时器而言，如果采用图 1-58 所示的梯形图，则其工作过程如下：如果 X0 为 ON，T0 用当前值计数器累计 10ms 的时钟脉冲。当该值等于设定值 K200 时，定时器的输出触点动作，也就是说输出触点在线圈驱动 2s 后动作。驱动输入 X0 断开或停电，定时器复位，输出触点复位。

对于累积型定时器而言，如果采用图 1-59 所示的梯形图，则其工作过程如下：如果 X0 为 ON，则 HT0 以当前值开始按 10ms 的时钟脉冲计数。当该值达到设定值 K2000 时，定时器的输出触点动作。在计算过程中，即使输入 X0 断开或停电，再重新启动 X0 时，继续计算，其累计计算动作时间为 20s。如果复位输入 X2 为 ON 时，定时器复位，输出触点也复位。

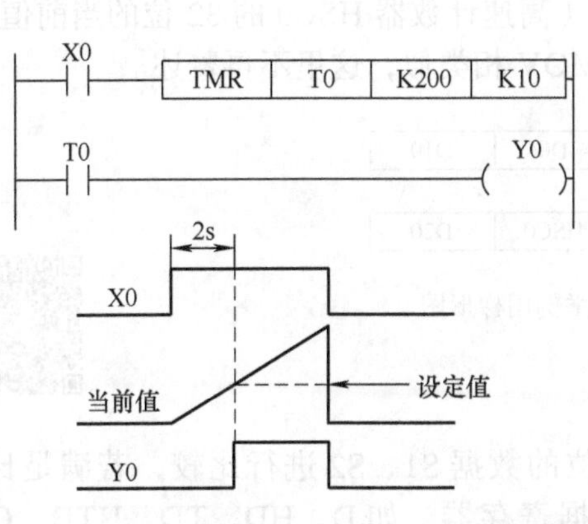

图 1-58　一般型定时器工作原理及梯形图

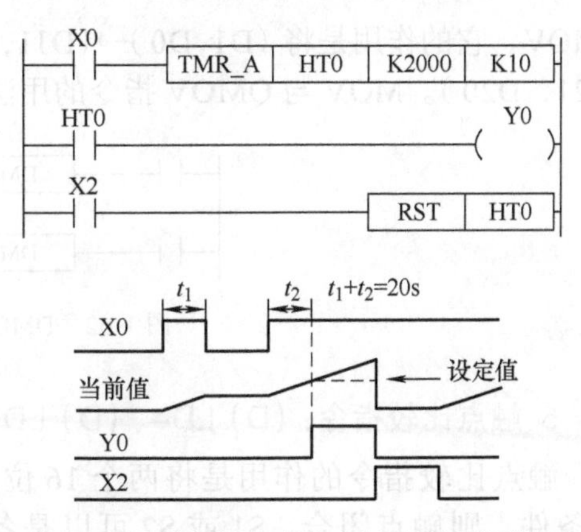

图 1-59　累积型定时器工作原理及梯形图

4. 数据传送指令：MOV、DMOV、QMOV

MOV、DMOV、QMOV 传送指令的作用是使指定软元件的数据照原样传送到其他软元件中。其中，MOV 指令是进行 16 位数据传送，DMOV 是 32 位指令，QMOV 是 64 位指令。其能操作的软元件有 D、TD、CD、DM、DS 等。

这里重点给大家介绍一下 D 寄存器。

对于 XDH 系列 PLC 来说，内部可用的数据寄存器 D 包含 D、HD、HSD 及 SD。这些数据寄存器全部以十进制来进行编址，编号分别为 D0 ~ D499999、HD0 ~ HD49999、SD0 ~ SD49999、HSD0 ~ HSD49999。

所谓数据寄存器，是用于存储数据的软元件。它包括 16 位（最高位为符号位）、32 位（由两个数据寄存器组合，最高位为符号位）两种类型。

一个 16 位的数据寄存器（见图 1-60），其处理的数值范围为 K–32,768 ~ K+32,767。数据寄存器的数值读写一般采用应用指令。另外，也可通过其他设备，如人机界面向 PLC 写入或读取数值。

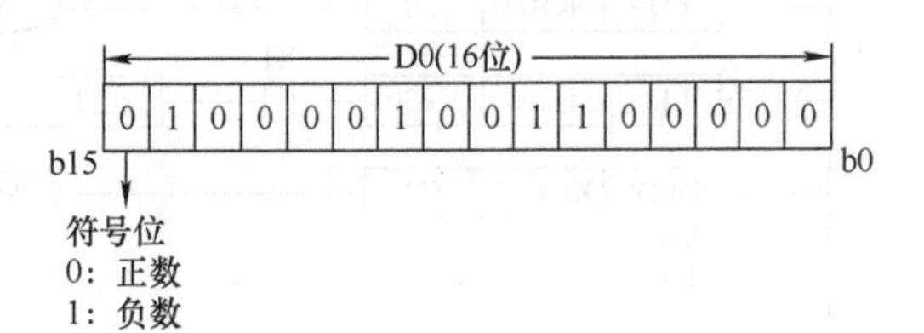

图 1-60　16 位的数据寄存器结构

一个 32 位的数据寄存器（结构见图 1-61）是由两个地址相邻的数据寄存器组成的。它的高字在后，低字在前，如 D1D0 组成的双字，D0 为低位，D1 为高位。32 位的数据寄存器能够处理的数值范围为 K–2,147,483,648 ~ K2,147,483,647。

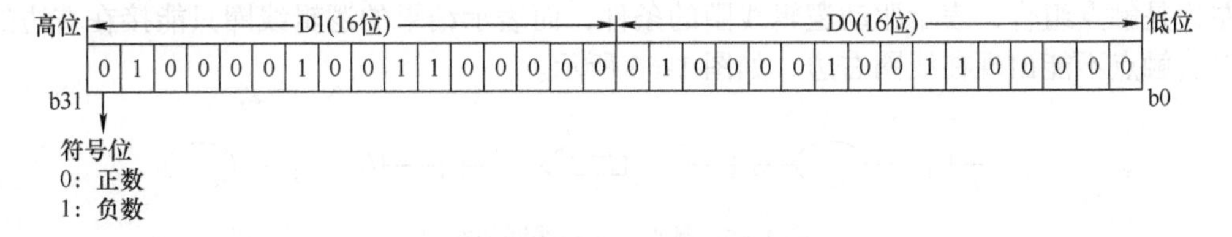

图 1-61　32 位的数据寄存器结构

例 1-6　假设有一梯形图如图 1-62 所示。在该梯形图中使用了 32 位数据传送指令

DMOV。它的作用是将（D1,D0）→(D11,D10)，（高速计数器 HSC0 的 32 位的当前值）→（D21，D20）。MOV 与 QMOV 指令的用法与 DMOV 相类似，这里不再赘述。

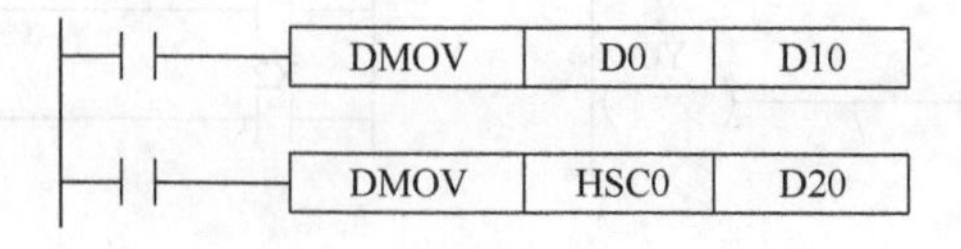

图 1-62　DMOV 指令举例用梯形图

5. 触点比较指令：（D）LD=、（D）LD> 等

触点比较指令的作用是将两个 16 位或 32 位的数据 S1、S2 进行比较，若满足比较的条件，则触点闭合。S1 或 S2 可以是各类数据寄存器，如 D、HD、TD、HTD、CD、HCD、HSCD、HSD、DM、DHM、DS、DHS 等，也可以是常数。

例 1-7　假设有一梯形图如图 1-63 所示。在该梯形图中分别使用了 LD=、LD> 及 DLD> 指令。当 C0 的当前值 =100 时，同时 X0 闭合，则 Y0 输出为 1，否则为 0；当 D200 寄存器的值 >–30 时，同时 X1 闭合，则置位 Y1；当常数 K68899>C2 的当前值或者 M4 触点闭合时，M50 线圈得电。

6. 指令块指令：GROUP、GROUPE

GROUP 和 GROUPE 指令必须成对使用。该指令并不具有实际意义，仅是对程序的一种结构优化，因此该组指令添加与否，并不影响程序的运行效果。一般在折叠语段的开始部分输入 GROUP 指令，在折叠语段的结束部分输入 GROUPE 指令，具体如图 1-64 所示。

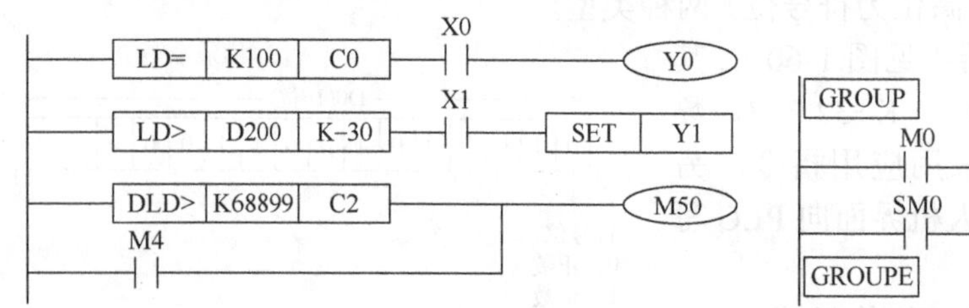

图 1-63　触点比较指令举例用梯形图

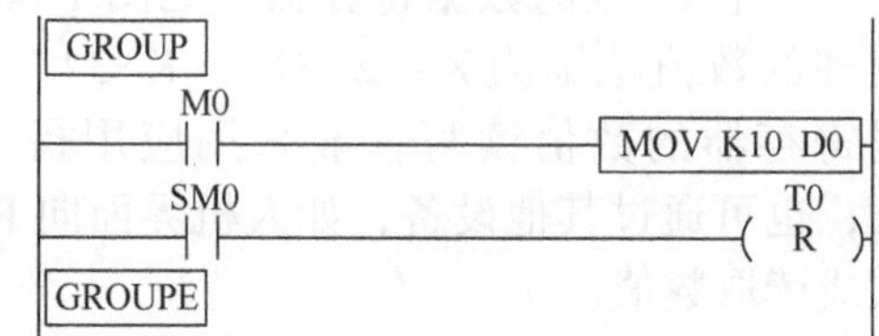

图 1-64　GROUP、GROUPE 指令块指令用法示意图

7. 编程注意事项

1）梯形阶梯都是始于左母线，终于右母线（通常可以省掉不画，仅画左母线）。每行的左边是触点组合，表示驱动逻辑线圈的条件，而表示结果的逻辑线圈只能接在右边的母线上。触点不能出现在线圈右边，如图 1-65 所示。

图 1-65　触点不应在线圈的右边

2）并联块串联时，应将触点多的去路放在梯形图左方（左重右轻原则）；串联块并联时，应将触点多的并联去路放在梯形图的上方（上重下轻的原则）。这样做，程序简洁，

从而减少指令的扫描时间，这对于一些大型的程序尤为重要，如图 1-66 所示。

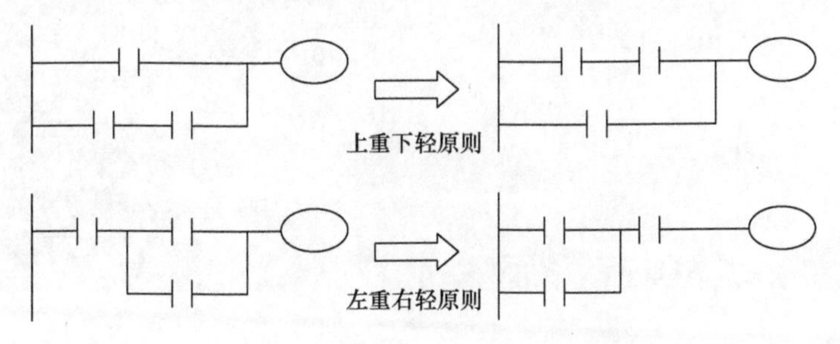

图 1-66　上重下轻与左重右轻

3）注意双线圈问题：基于 PLC 循环扫描的工作原理，若在程序中出现了多个相同编号的线圈（即为双线圈），那么程序最后一条语句有效。因此，一般出现双线圈问题后，请按图 1-67 所示修改程序。

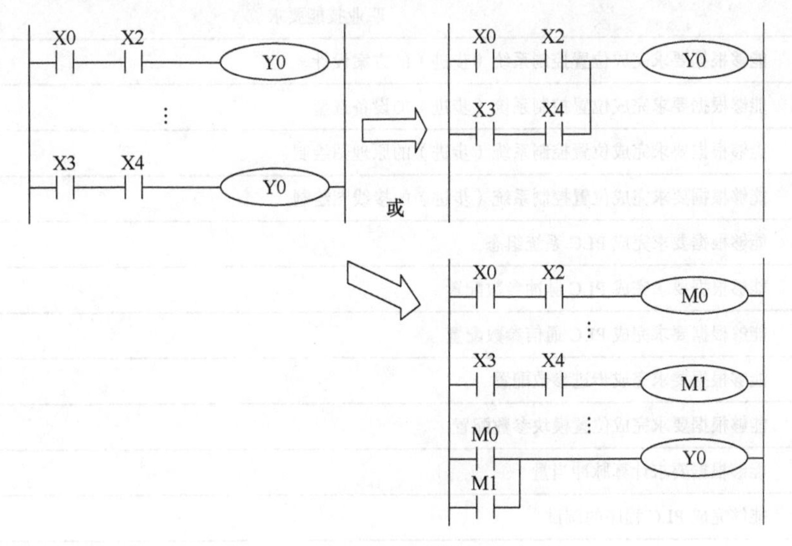

图 1-67　双线圈问题的解决方法

项目 2

仓储系统设计与调试

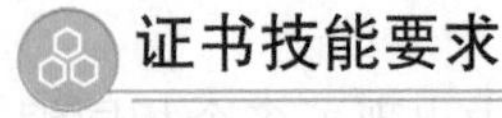

证书技能要求

可编程控制器应用编程职业技能等级证书技能要求（中级）	
序号	职业技能要求
1.2.1	能够根据要求完成位置控制系统（步进）的方案设计
1.2.2	能够根据要求完成位置控制系统（步进）的设备选型
1.2.3	能够根据要求完成位置控制系统（步进）的原理图绘制
1.2.4	能够根据要求完成位置控制系统（步进）的接线图绘制
2.1.2	能够根据要求完成 PLC 系统组态
2.1.3	能够根据要求完成 PLC 脉冲参数配置
2.1.4	能够根据要求完成 PLC 通信参数配置
2.2.2	能够根据要求完成步进参数配置
2.2.4	能够根据要求完成位置模块参数配置
3.2.1	能够根据要求计算脉冲当量
4.2.1	能够完成 PLC 程序的调试
4.2.3	能够完成 PLC 与步进系统的调试
4.2.4	能够完成位置控制系统（步进）参数调整
4.2.5	能够完成位置控制系统（步进）的优化

项目导入

仓储是自动化生产过程中的典型工序。本项目主要通过旋转供料系统及立体仓库系统的电气控制软硬件设计、装调，让学生掌握各类不同传感器的工作原理、使用方法，了解不同执行机构的动作过程，让学生学会硬件电路的设计、PLC 系统中输入输出设备的接线、测试及 PLC 控制系统设计与调试的过程，让学生学会设计和调试步进运动控制系统，利用运动控制指令实现对步进电动机的自动控制，以达到位置控制的目标。

本项目包括四个任务：任务 1 重点介绍旋转供料系统控制电路的设计，让学生了解一般 PLC 控制系统硬件电路设计的流程，熟悉步进驱动控制系统的工作原理，学会 PLC 控制系统硬件电路的装调与测试；任务 2 重点介绍旋转供料系统程序设计的方法，让学生学会利用运动控制指令及常规逻辑控制指令实现 PLC 对步进电动机的控制；任务 3 重点介绍立体仓库系统控制电路、气动回路的设计，使学生进一步掌握气动元件的工作原理及装调方法，掌握复杂电气控制电路的绘制及元器件的装调方法；任务 4 重点介绍立体仓库系统的 PLC 程序设计，要求学生在任务 2 的基础上进一步掌握顺序控制程序设计法，进一步熟练 PLC 运动控制指令的用法、PLC 内部特殊寄存器的用法等。

学习目标

本项目通过对仓库系统的任务分析与探究，希望达成如下学习目标：

知识目标	掌握旋转供料系统及立体仓库系统的机械组成 掌握步进运动控制系统的结构组成 理解仓储系统中传感器的工作原理 理解气动元件的工作原理 掌握 PLC 基本软元件的使用 掌握 PLC 基本指令的使用 掌握运动控制类指令的使用 掌握顺序功能图的绘制方法 熟悉 PLC 控制系统程序的编写方法
技能目标	能够进行 PLC 控制系统的输入 / 输出接线 能够设置步进驱动器的参数 能够分析 PLC 程序运行的过程 能够利用经验法设计 PLC 程序 能够利用顺序功能图设计 PLC 程序 能够安全调试 PLC 程序 能够按照图样进行 PLC 控制系统的硬件电路连接与调试
素养目标	能够遵循规范进行施工操作 能够通过任务分析与探究进行团队协作能力、创新能力及职业素养的培养 能够促进学生的职业素养及职业道德提高 促进学生养成按 6S 标准工作的良好习惯

培训条件

分类	名称	实物图	数量
硬件准备	仓库装置		1 套
	PLC 西门子 S7-1215C & 拓展模块 SM1223		1 套

任务 1　旋转供料系统控制电路设计

任务分析

一、控制要求

旋转供料系统主要是为产线提供原料，其机械结构如图 2-1 所示。它主要由步进电动机、物料台、减速机等组成。其中，物料台主要由步进电动机驱动，机械结构原点设有电感式接近开关。要求在用户按下复位按钮后，装置自动回原点；当按下起动按钮后，物料台能够自动正向旋转 90°。请根据要求完成 PLC 控制系统外部接线图的绘制及硬件安装。

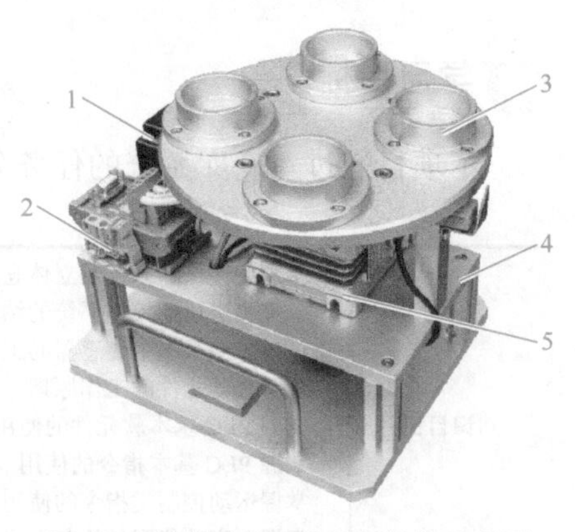

图 2-1　旋转供料系统机械结构示意图
1—步进电动机　2—接线端子　3—物料台
4—电感式接近开关　5—蜗轮蜗杆减速机

二、学习目标

1. 了解旋转供料系统的机械结构组成。
2. 了解步进运动控制系统的结构组成。
3. 理解接近传感器的工作原理。
4. 理解常见传感器与 PLC 的连接。
5. 理解旋转供料系统的外部接线图。
6. 掌握接近传感器的安装方法。
7. 掌握步进驱动器的参数设置。

三、实施条件

分类	名称	实物图	数量
硬件准备	旋转供料系统机械装置		1

任务准备

一、熟悉旋转供料系统的工作过程

旋转供料系统工作过程：当初始上电或用户按下复位按钮后，旋转供料系统复位回原点；此时，若用户按下起动按钮，则物料台旋转90°，由用户取走工件；若用户再次按下起动按钮，则物料台继续旋转90°……按照以上规律循环动作。

二、认识旋转供料系统中的传感器

旋转供料系统中主要使用的是电感式接近开关及光电开关等传感器。

1. 光电开关简介及应用

光电开关是光电式接近开关的简称，光电式接近开关主要由光发射器和光接收器构成，其实物及电气符号如图2-2所示。

图2-2　光电开关实物及电气符号

光发射器发射的光线因检测物体的不同而被遮掩或反射，到达光接收器的光量将会发生变化，光接收器的敏感元件将这种变化转换为电气信号并进行输出。发射的光线大多使用可视光（主要为红色，也用绿色、蓝色来判断颜色）和红外光。按照接收器接收光的方式的不同，光电式接近开关可分为对射式、漫射式和反射式3种，如图2-3所示。

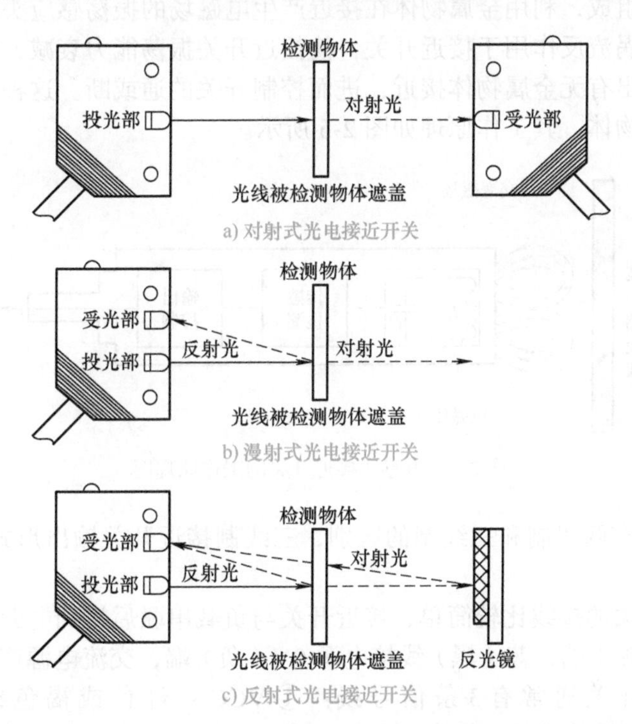

a) 对射式光电接近开关

b) 漫射式光电接近开关

c) 反射式光电接近开关

图2-3　光电式接近开关分类示意图

典型NPN型输出光电开关内部原理图如图2-4所示，当光电开关通上工作电源后，其红色LED指示灯“LIGHT”（入光）在受光量大于动作值时亮（光线没有遮挡），反之不亮（光线有遮挡）。绿色 LED 指示灯“STABILITY”（稳定）在受光量稳定时亮，反之不亮。稳定指示灯亮时表示传感器可稳定工作，其负载 1 将会被驱动。

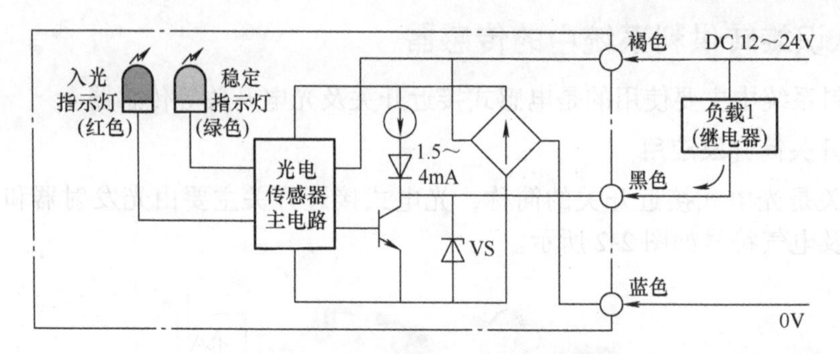

图 2-4　光电开关工作原理图

2. 电感式接近开关简介及应用

接近开关是一种无须与运动部件进行机械直接接触但能够检测位置的开关。当物体接近开关的感应面到动作距离时，不需要机械接触及施加任何压力即可使开关动作，从而驱动继电器或给 PLC 提供输入信号。

在旋转供料单元中，选用了 1 个 HSM–D05NK 接近开关检测原点位置。HSM–D05NK 属于电感型接近开关，是利用电涡流效应制成的位置传感器，它由 *LC* 高频振荡器和放大处理电路组成，利用金属物体在接近产生电磁场的振荡感应头时，使物体内部产生电涡流。这个电涡流反作用于接近开关，使接近开关振荡能力衰减，内部电路的参数发生变化，由此识别出有无金属物体接近，进而控制开关的通或断。这种接近开关所能检测的物体必须是金属物体，其工作原理如图 2-5 所示。

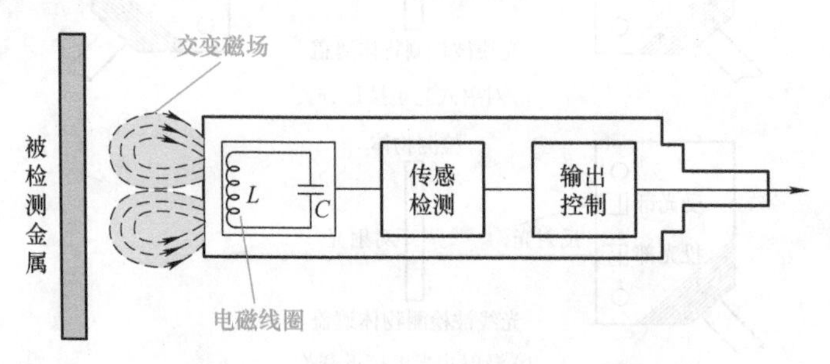

图 2-5　电感式接近开关的工作原理图

接近开关输出有两线制和三线制的区别，三线制接近开关输出形式又分为 NPN 型和 PNP 型。

两线制接近开关的接线比较简单，接近开关与负载串联后接到电源即可，直流电源产品红（棕）线接电源正端，蓝（黑）线接电源 0V（负）端，交流电源产品则不需要区分。

三线制接近开关通常有 3 条信号线：① VCC：红色或褐色线，接电源正极；② GND：蓝色线，即接地线，接电源负极；③ OUT：黑色（或白色）线，输出信号线，接 PLC 开关量输入信号或负载的一端，其 PNP 型和 NPN 型输出传感器的电气接线原理图如图 2-6 所示。

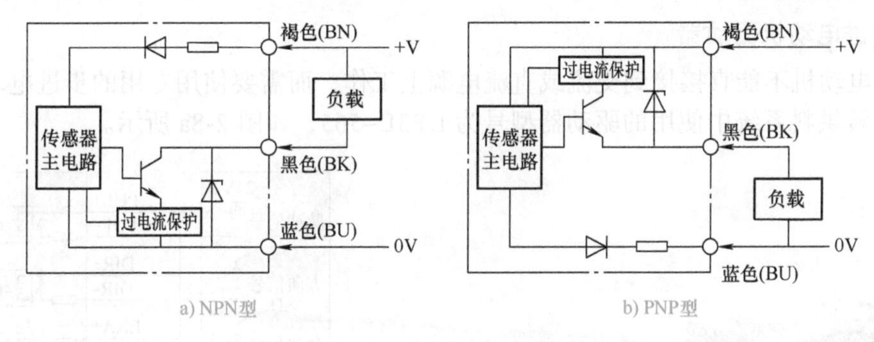

a) NPN型　　b) PNP型

图 2-6　三线制接近开关电气接线原理图

三、步进运动控制系统

仓储系统中的旋转供料以及立体仓库装置上均采用了 DP3L–565 信捷步进电动机驱动器和配套的 MP3–57H088 步进电动机进行驱动，MP3–57H088 步进电动机如图 2-7a 所示。

1. 步进电动机的工作原理

步进电动机的结构如图 2-7b 所示，主要由铁磁材料制作的定子和转子构成。步进电动机是将电脉冲信号转变为角位移或线位移的开环控制元件。在非超载的情况下，电动机的转速、停止的位置只取决于脉冲信号的频率和脉冲数，而不受负载变化的影响，即给电动机加一个脉冲信号，电动机则转过一个固定角度（称为步距角），两者存在线性关系，而且步进电动机只有周期性的误差而无累积误差，使其在速度、位置等控制领域中的控制变得非常简单。

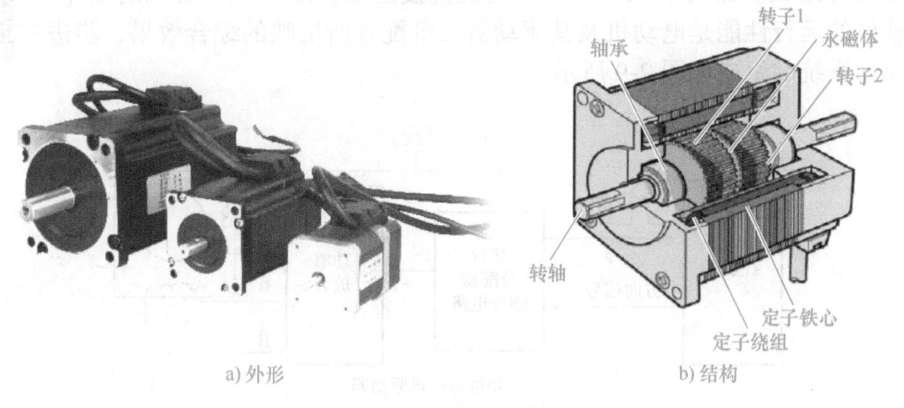

a) 外形　　b) 结构

图 2-7　MP3–57H088 步进电动机外形及结构

信捷 MP3–57H088 步进电动机为两相步进电动机，具体参数见表 2-1。

表 2-1　MP3–57H088 步进电动机具体参数

电动机型号	机座号 /mm	步距角 /(°)	保持转矩 /(N·M)	相电流 /A
MP3–57H088	57	1.8	3	5
相电感 /mH	转动惯量 /($g \cdot cm^2$)	电动机轴径 /mm	适配驱动器	
2	840	8	DP3L–565	

2. 步进电动机驱动器

步进电动机不能直接接到交流或直流电源上工作，而需要使用专用的步进电动机驱动器，如旋转供料系统中使用的驱动器型号为 DP3L–565，如图 2-8a 所示。

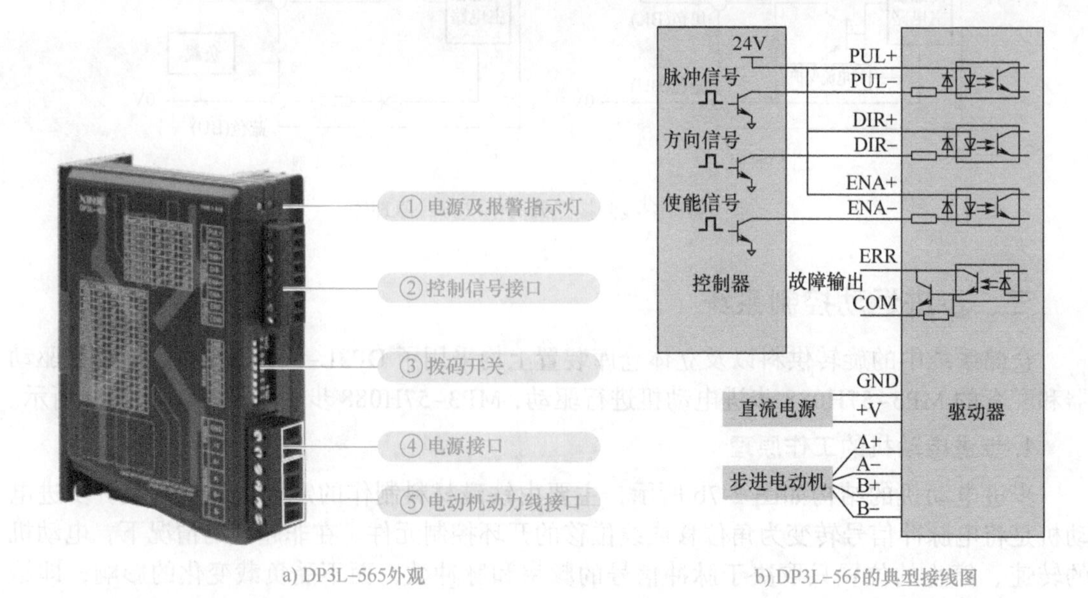

a) DP3L–565外观　　b) DP3L–565的典型接线图

图 2-8　PLC 等控制器与 DP3L 步进电动机驱动器构建的步进运动控制系统接线示意图

步进电动机驱动器一般由脉冲发生控制单元、功率放大单元、保护单元、环形分配器等组成。驱动单元与步进电动机直接连接，形成一个有机的整体，步进电动机的运行性能是电动机及其驱动器二者配合所反映的综合效果，步进电动机驱动系统的组成如图 2-9 所示。

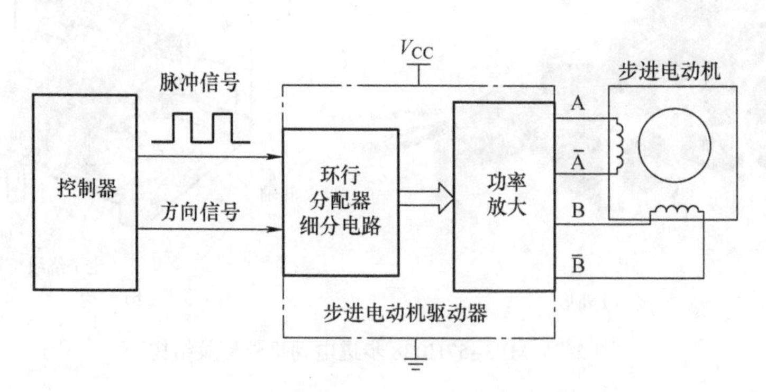

图 2-9　步进电动机驱动系统的组成

在图 2-9 中，假设采用 PLC 作为控制器，DP3L–565 作为步进驱动器，驱动的对象为 MP3–57H088 两相型步进电动机，则结合《DP3L 型步进驱动器使用手册》中关于接口信号的功能说明，利用 PLC 的高速脉冲输出接口，采用脉冲 + 方向的方式控制，则其电气接线原理图如图 2-8b 所示。

为减小步进电动机的步距角，提高分辨率，减少或消除低频振动，使电动机运行更加平稳，驱动器需对驱动的节拍进行更小的细分。不同厂家驱动器对细分的设置不同，

DP3L–565 信捷步进电动机驱动器细分表示旋转一圈需要的脉冲数。

以 MP3–57H088 步进电动机为例，如果不设置细分系数，旋转一圈需要 200 个脉冲（360°/1.8°）。如果将驱动器细分系数设置为 1000，则旋转一圈需要 1000 个脉冲，每个脉冲代表 0.36°（360°/1000），精度提高了 5 倍。

在 DP3L–565 驱动器的侧面连接端子中间有一个八位 DIP 功能设定开关，可以用来设定驱动器的工作方式和工作参数，包括细分设置、静态电流设置和运行电流设置。图 2-10 是该 DIP 开关功能划分说明，表 2-2 和表 2-3 分别为细分设置表和输出电流设置表。

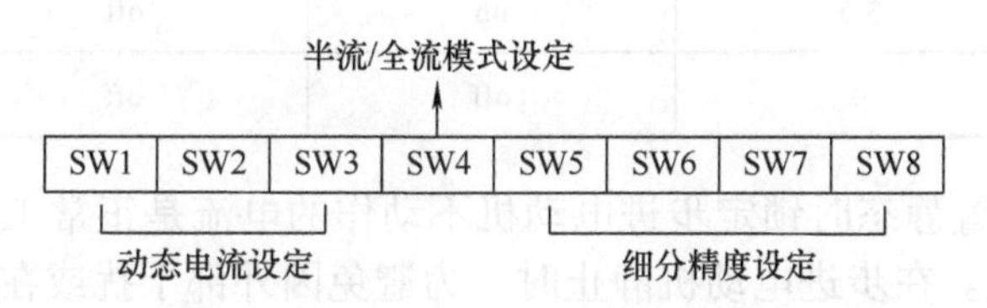

图 2-10　DP3L–565 DIP 开关功能划分说明

表 2-2　细分设置表

步数	SW5	SW6	SW7	SW8
200	on	on	on	on
400	off	on	on	on
800	on	off	on	on
1600	off	off	on	on
3200	on	on	off	on
6400	off	on	off	on
12800	on	off	off	on
25600	off	off	off	on
1000	on	on	on	off
2000	off	on	on	off
4000	on	off	on	off
5000	off	off	on	off
8000	on	on	off	off
10000	off	on	off	off
20000	on	off	off	off
25000	off	off	off	off

表 2-3　输出电流设置表

输出峰值电流 /A	输出均值电流 /A	SW1	SW2	SW3
1.8	1.3	on	on	on
2.1	1.5	off	on	on

（续）

输出峰值电流 /A	输出均值电流 /A	SW1	SW2	SW3
2.7	1.9	on	off	on
3.2	2.3	off	off	on
3.8	2.7	on	on	off
4.3	3.1	off	on	off
4.9	3.5	on	off	off
5.6	4	off	off	off

半流 / 全流是设置静态时锁定步进电动机不动作的电流是正常工作电流的一半还是和正常工作电流一样大。在步进电动机静止时，为避免因外部干扰或在负载重力作用下误动作，必须给绕组通入一定电流，保持电动机固定在某个位置不会误动，从而保证定位精度和保证设备安全。一般设置为正常工作电流的一半，即半流。

任务实施

一、旋转供料系统输入 / 输出信号

根据旋转系统的控制要求，有 3 路输入信号、2 路输出信号，见表 2-4。其中，转盘主要采用步进电动机驱动，步进电动机控制采用脉冲 + 方向的方式进行位置控制。另外，转盘原点位置采用接近开关检测。

表 2-4 旋转供料系统输入 / 输出信号

序号	输入信号	序号	输出信号
1	转盘原点	1	步进驱动器脉冲信号
2	复位按钮	2	步进驱动器脉冲方向
3	起动按钮		

二、旋转供料系统 I/O 口的分配

通过对旋转供料系统的控制需求分析，结合表 2-4 的输入 / 输出信号，确定系统需要有 3 路开关量输入、2 路开关量输出，其中 1 路需要能够输出高速脉冲。因此，旋转供料系统选用型号为 S7–1215C、输出类型为晶体管的 PLC 作为主控单元。

同时，为了后续方便进行系统联机调试，功能分块化，对系统 I/O 接口模块进行扩展，以满足整个系统的控制要求或未来拓展需求等。系统将复归、起动按钮连接在拓展模块 SM1223 输入端，步进电动机控制脉冲连接 CPU 的 Q0.4，方向控制连接 CPU 的 Q0.5，原点位置信号连接 CPU 的 I0.3。当把 CPU 和扩展模块连接之后，扩展模块的 PWR 指示灯亮，则扩展模块方可正常使用。旋转供料系统 PLC 的 I/O 信号分配见表 2-5。

表 2-5 旋转供料系统 PLC 的 I/O 信号分配

输入信号				输出信号			
序号	PLC 输入点	信号名称	信号来源	序号	PLC 输出点	信号名称	信号输出目标
1	I0.3	原点检测开关	按钮 / 指示灯模块	1	Q0.4	步进驱动器脉冲	步进驱动器
2	I4.5	起动按钮		2	Q0.5	步进驱动器方向	步进驱动器
3	I4.7	复位按钮					

三、电气原理图设计

根据表 2-5 的 I/O 分配设计出旋转供料系统 PLC 的输入 / 输出端接线，如图 2-11 所示，对应的步进电动机驱动电路接线原理图如图 2-12 所示。

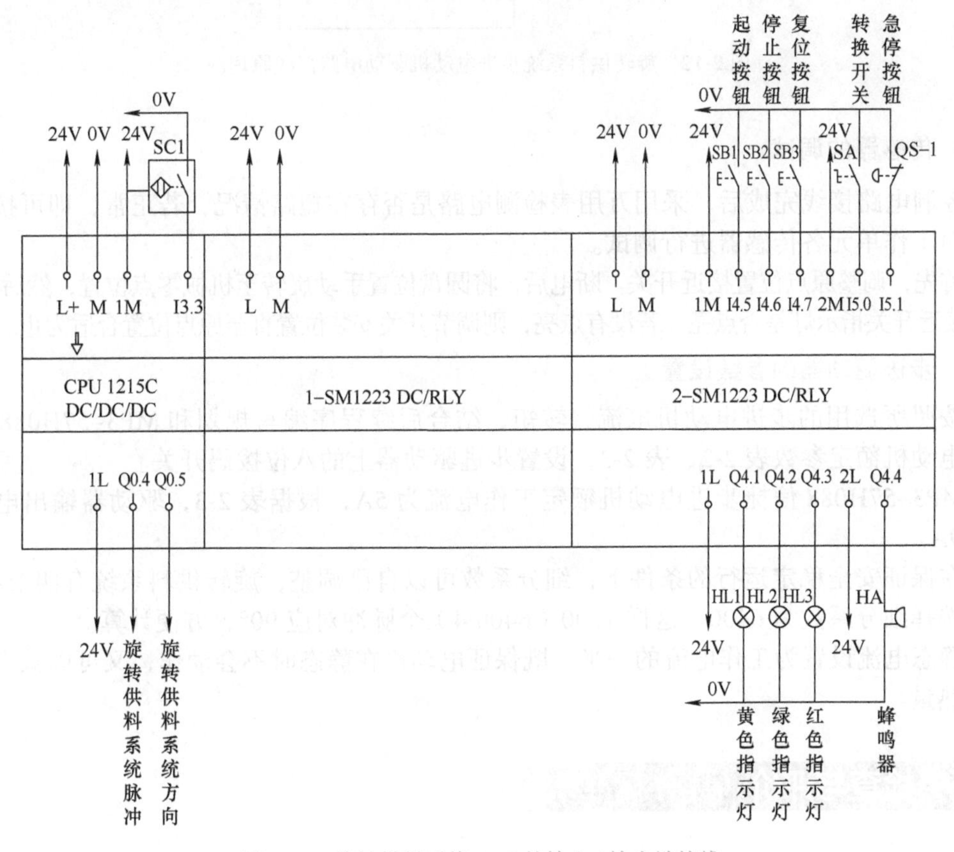

图 2-11 旋转供料系统 PLC 的输入 / 输出端接线

四、电气接线与硬件测试

电气接线包括在工作单元装置侧完成各传感器、驱动器、电源端子等引线到装置侧接线端口之间的接线；在 PLC 侧进行电源连接、I/O 点接线等。

电气装调：按照图 2-11、图 2-12 所示的图样进行电路连接，利用万用表进行检测。将 PLC 设置为 STOP 模式，确认电源连接无误后通电，依次进行输入 / 输出点位的再次核对。

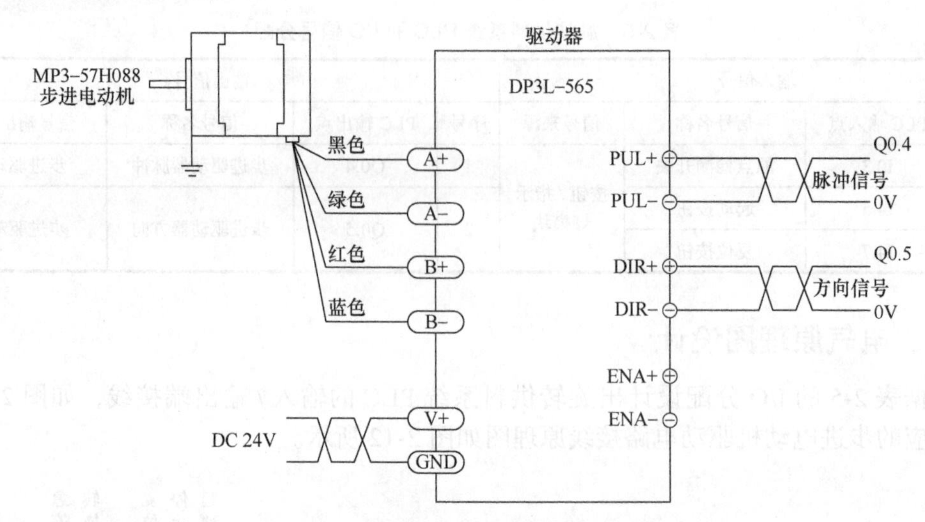

图 2-12　旋转供料系统步进电动机驱动电路接线原理图

1. 传感器的调试

控制电路接线完成后，采用万用表检测电路是否存在短路情况，若正常，即可接通电源，对工作单元各传感器进行调试。

首先，调整原点位置接近开关。断电后，将圆盘位置手动旋转至机械零点位置，然后上电，查看接近开关指示灯是否点亮。若没有点亮，则调节开关安装位置直至原点位置合适为止。

2. 步进驱动器的参数设置

按照所选用的步进电动机电流、转矩，结合后续程序编写规划和 MP3-57H088 信捷步进电动机额定参数表 2-2、表 2-3，设置步进驱动器上的八位拨码开关。

MP3-57H088 信捷步进电动机额定工作电流为 5A，根据表 2-3，驱动器输出电流选择 4.9A。

在保证安全稳定运行的条件下，细分系数可以自己调整，旋转供料系统有四个料口，此处选择细分系数为 6400，这样 1600（6400/4）个脉冲对应 90°，方便计算。

静态电流设置为工作电流的一半，既保证电动机在静态时不会动作，又可以减少绕组的发热量。

任务检查与评价（评分标准）

评分点		得分
硬件设计、连接（50 分）	能绘制出旋转供料系统电路原理图（20 分）	
	接近传感器安装正确（5 分）	
	接近传感器接线正确（5 分）	
	步进电动机接线正确（5 分）	
	旋转供料系统 PLC 输入 / 输出接线正确（5 分）	
	会进行步进驱动器的参数设置（10 分）	

（续）

评分点		得分
安全素养（10分）	存在危险用电等情况（每次扣4分，上不封顶）	
	存在带电插拔工作站上的电缆、导线的情况（每次扣2分，上不封顶）	
	穿着不符合生产要求（每次扣2分，上不封顶）	
6S素养（20分）	桌面物品及工具摆放整齐、整洁（10分）	
	地面清理干净（10分）	
发展素养（20分）	表达沟通能力（10分）	
	团队协作能力（10分）	

任务2　旋转供料系统程序设计

任务分析

旋转供料系统中的物料台装置采用步进电动机进行驱动，因此其旋转的角度、方向及速度均取决于步进电动机。由于步进电动机采用PLC与DP3L型的步进电动机驱动器联合控制，因此，其速度主要取决于PLC发出的高速脉冲频率，而其旋转的角度主要取决于PLC发出的高速脉冲个数，其方向主要取决于PLC发出的方向控制信号。为此，本任务要求根据系统的控制要求，利用PLC实现对旋转物料台的角位移控制，完成PLC程序的编写并下载调试运行。

一、控制要求

1. 系统上电或用户按下复位按钮，物料台自动回至原点，原点开关指示灯点亮。
2. 若用户按下起动按钮，则物料台自动顺时针旋转90°。

二、学习目标

1. 掌握PLC编程软件的使用。
2. 掌握PLC内部软元件的使用。
3. 掌握PLC内部基本指令的使用。
4. 掌握PLC运动轴的组态方法。
5. 掌握PLC高速脉冲输出定位控制指令的应用方法。
6. 掌握利用高速脉冲输出定位控制指令，实现旋转供料系统中物料台的位置控制。

三、实施条件

分类	名称	实物图	数量
硬件准备	旋转供料系统机械装置		1

任务准备

旋转供料系统的物料台相当于一个旋转轴，通过步进电动机控制物料台旋转的角度，所以 PLC 利用脉冲控制旋转轴的旋转角度和速度。

S7–1215C 共有 4 路脉冲输出，其对应的输出端口分别为 Q0.0、Q0.1、Q0.2、Q0.3，输出频率最高可达 100kHz。通过使用不同的高速脉冲输出定位控制指令，控制 PLC 发出高速脉冲的数量和速度，从而达到控制旋转轴旋转的角度和速度，为此，首先讲解如何组态轴相关参数，然后详细介绍和轴相关的运动控制指令。

一、轴组态

轴组态是对 PLC CPU 高速输出脉冲控制的轴基本参数进行组态，也是使用运动控制指令的第一步。

轴组态主要组态脉冲类型、原点位置、轴（电动机）运行的最大 / 最小速度。

运行博途软件，打开或建立项目文件，正确组态 CPU 后打开“项目树”中的“工艺对象”，第一次进行轴组态时，单击“新增对象”后选择“ TO_PositioningAxis”选项，单击“确定”按钮，如图 2-13 所示。

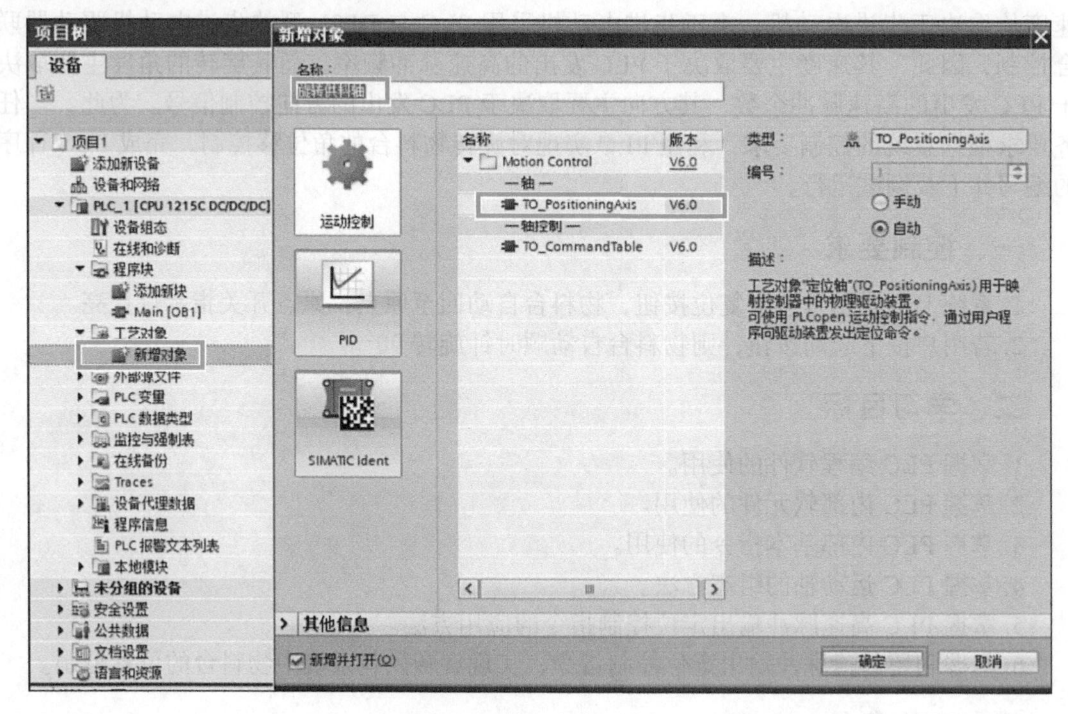

图 2-13　轴组态建立界面

如果已经组态后需要修改参数，只需打开之前添加并组态的轴对象下的“组态”命令即可。

无论是添加还是重新设置轴参数，均可以按照以下步骤进行。

1. 基本参数设置

基本参数主要包括“常规”及“驱动器”两大部分的参数设置。

打开轴设置界面后，单击“基本参数”下的“常规”选项，将显示图 2-14 所示界面。

1）轴名称：用于设置控制轴的名称，可以是中文名称，也可以是英文名称，轴名称要有一定的含义，当系统中存在多个轴时，用以区分不同的轴。如旋转供料系统的名称可以设置为“旋转供料单元轴”。

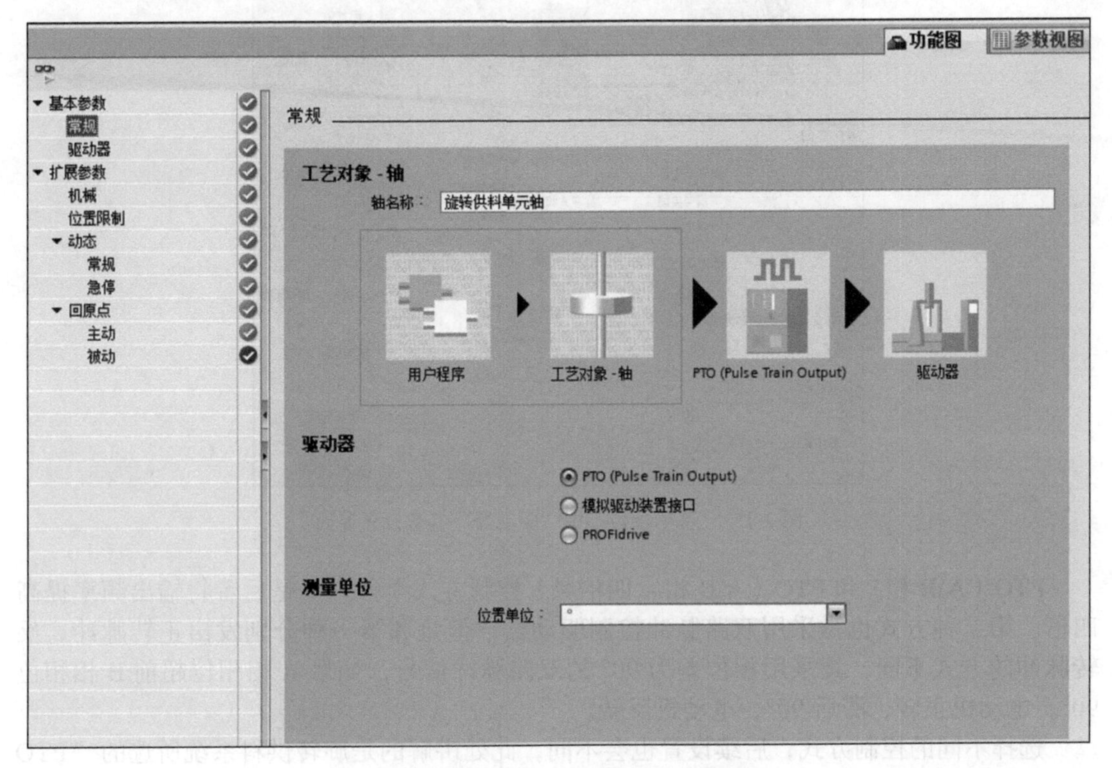

图 2-14 “基本参数”中“常规”参数设置界面

2）驱动器：设置 PLC 控制轴驱动器的方法分别有 PTO、模拟驱动装置接口和 PROFIdrive 三种。PTO 表示利用高速脉冲控制轴驱动器，模拟驱动装置则是利用模拟量控制轴驱动器，PROFIdrive 表示采用 Profibus 总线通信方式控制轴驱动器。旋转供料系统采用的是步进电动机，因此只能采用 PTO 方式。

3）测量单位：用于设置轴的测量单位，分别是毫米（mm）、米（m）、英寸（in）、英尺（ft）、脉冲和角度（°）。要根据实际情况选择合适的测量单位，以方便数据的计算。对于旋转供料系统，每次按下起动按钮时旋转 90°，所以旋转测量单位采用角度（°）比较合适。单击“基本参数”下“驱动器”选项，将显示图 2-15 所示界面。

4）脉冲发生器：S7-1215C 有 4 个高速输出脉冲发生器，分别是 Pulse_1、Pulse_2、Pulse_3 和 Pulse_4。根据硬件设计，旋转供料系统应该选择 Pulse_4。

5）信号类型：选择驱动器脉冲、方向控制的形式。有四种控制方式，分别是 PTO（脉冲上升沿 A 和脉冲下降沿 B）、PTO（脉冲 A 和方向 B）、PTO（A\B 相）、PTO（A\B 相 – 四倍频）。

选项“PTO（脉冲上升沿 A 和脉冲下降沿 B）”的含义是采用两路脉冲输出，分别是正向脉冲 A 和反向脉冲 B。电动机正转时，输出脉冲 A；电动机反转时，输出脉冲 B。

PTO（脉冲 A 和方向 B）是旋转供料系统选用的控制方式，分别用一路脉冲信号、一路方向信号控制步进电动机驱动器，使其正转或反转。

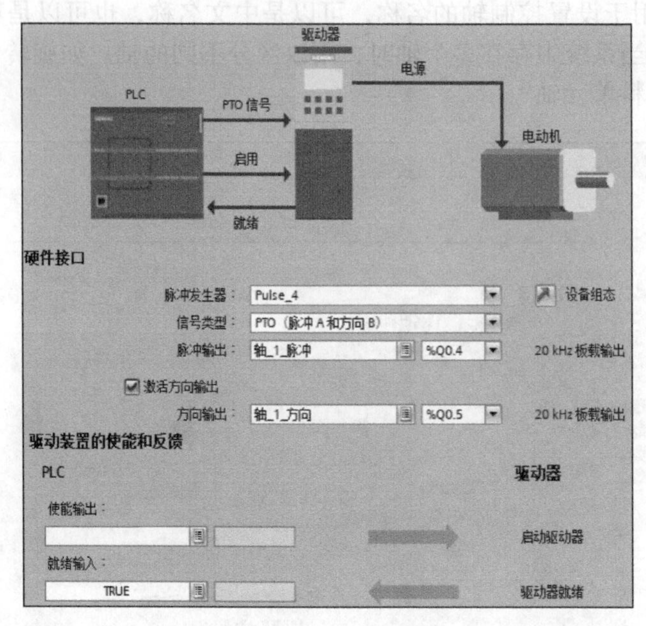

图 2-15 “基本参数”中“驱动器”参数设置界面

PTO（A\B 相）和 PTO（A\B 相－四倍频）控制方式类似，只是后者将输出频率提高四倍。第二种方式也是采用双路脉冲控制驱动器，但是和第一种分别发出正转脉冲、反转脉冲的方式不同，其采用相位差为 90° 的双路脉冲信号，如果 A 相相位超前 B 相相位 90°，电动机正转，滞后 90°，电动机反转。

选择不同的控制方式，后续设置也会不同，此处讲解的是旋转供料系统所选的“PTO（脉冲 A 和方向 B）”控制方式后续设置，其他方式请参考 S7–1200 手册。

6）脉冲输出：用于选择高速脉冲输出端口，根据图 2-12，选择脉冲输出端口为 Q0.4。地址前面输入框显示的是脉冲输出端口的符号名称。

7）激活方向输出：只有选择此选项，才能设置方向控制信号。

8）方向输出：设置控制电动机方向控制信号的地址，根据图 2-12，选择方向控制端口为 Q0.5。地址前面输入框同样显示的是脉冲输出端口的符号名称。

方向控制信号正常情况下是高电平正转、低电平反转。也可以通过“拓展参数－机械参数设置”设为低电平正转、高电平反转。

9）使能输出和就绪输入：是 PLC 和驱动器之间交换信息的信号。有些驱动器（如伺服驱动器），在发出命令之前，PLC 必须给出使能信号。同时，当驱动器准备好以后，会反馈“就绪输入”信号给 PLC。这两个控制信号要根据实际进行设置，旋转供料系统不使用此信号，不用设置使能输出信号，就绪输入信号选择“TRUE”，说明驱动器始终就绪。

2. 拓展参数——机械参数设置

选择“拓展参数”下面的“机械”命令，将显示图 2-16 所示界面。

1）电动机每转的脉冲数：指传动机构转动一圈需要的脉冲数。这里需要注意的是，电动机转动一圈传动机构并不一定转动一圈，因为有些装置还带有减速机构。假设工作台传动机构的减速比为1:5，则工作台移动一个螺距，电动机需要旋转5圈。假设选用的是步进电动机驱动，其驱动器细分系数设置为2000，减速比为1：5，工作台每前进一个螺距，需要脉冲数为10000，故此参数设置为10000。

旋转供料系统电动机转动一圈，物料台转动一圈，步进电动机驱动器的细分系数设置为6400/圈，故设置此参数为6400。

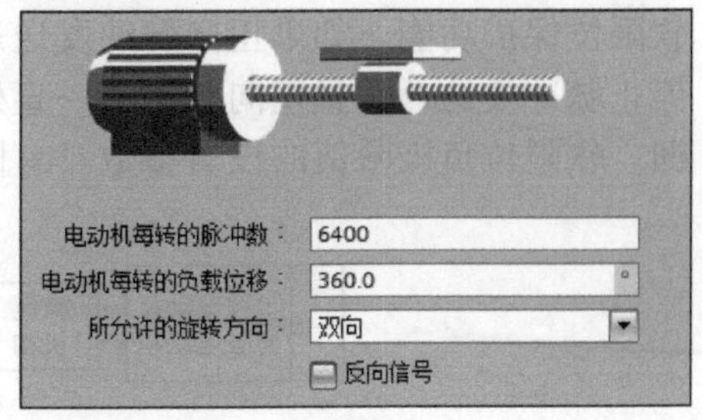

图2-16　拓展参数中“机械”参数设置界面

2）电动机每转的负载位移：此参数的单位随“基本参数”中的“常规”项下设置的测量单位改变而改变。本轴测量单位前面选择的是“°”，故此参数单位是角度。对于旋转供料单元，旋转一周为360°，故设置为360°。

3）所允许的旋转方向：设置电动机允许的旋转方向，分别是双向、正方向、负方向，表示允许电动机正反转、只允许正转和只允许反转。对于旋转供料系统，电动机可以正反转，所以设置参数为双向。

4）反向信号：方向控制信号正常情况下是高电平正转、低电平反转。设置此参数后，则方向控制信号变为低电平正转、高电平反转。对于旋转供料系统，不用选择此参数。

3. 拓展参数——位置限制

位置限制参数主要设置运行设备的限位开关，包括硬限位和软限位，如图2-17所示。

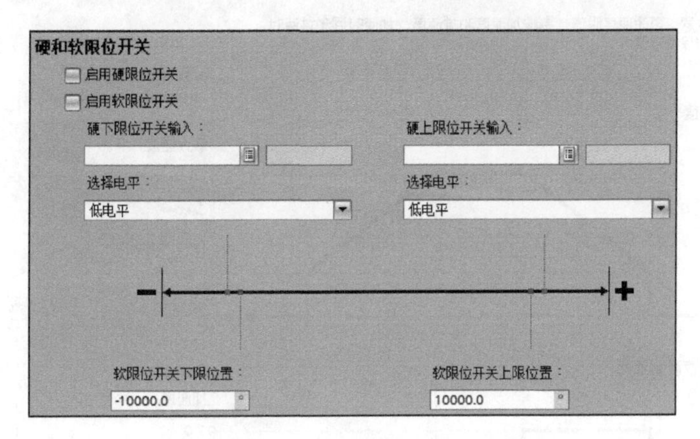

图2-17　拓展参数中“位置限制”参数设置界面

1）启用硬限位开关：当控制系统存在硬限位开关时，必须激活此参数。同时，通过参数“硬件下限位开关输入”和“硬件上限位开关输入”设置下限位开关的输入地址和上限位开关的输入地址。“选择电平”用于选择限位开关的有效电平是高电平还是低电平。

2）启用软限位开关：当控制系统需要设置软限位开关时，必须激活此参数。同时，通过参数“软限位开关下限位置”和“软限位开关上限位置”设置最大下限位位置和上限位位置。

所谓“软限位功能”，是指为了避免工作台移动超出行程范围而在行程正负两端添加的坐标轴保护功能。若启用该功能，则需要设置软限位正负极限值，从而在使用高速脉冲输出定位控制指令时，通过脉冲轴当前累积脉冲寄存器数值判断是否超出行程，起到与正负硬限位一样的保护作用。

例如，若某一机械装置结构如图 2-18 所示，当采用步进电动机或伺服电动机驱动该工作台左右前进或后退时，常规方法是添加左右限位开关进行硬件保护，同时还可以启用软限位保护功能。如果正向脉冲发送过程中达到软限位正极限值，脉冲将立即以缓停模式停止脉冲发送，并且正向脉冲将一直处于被禁止状态，但是可以触发反向脉冲使工作台返回。软限位负极限值的设置参数具有同样的作用。

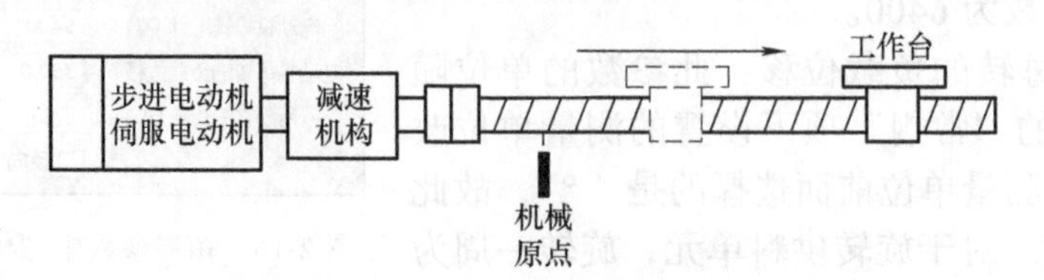

图 2-18 某机械装置结构示意图

对于旋转供料系统，此项参数都不用设置。

4. 拓展参数——动态常规参数设置

轴动态常规参数设置界面如图 2-19 所示，此界面主要设置轴控制对象的移动或转动速度，包括最大速度、起动 / 停止速度等。

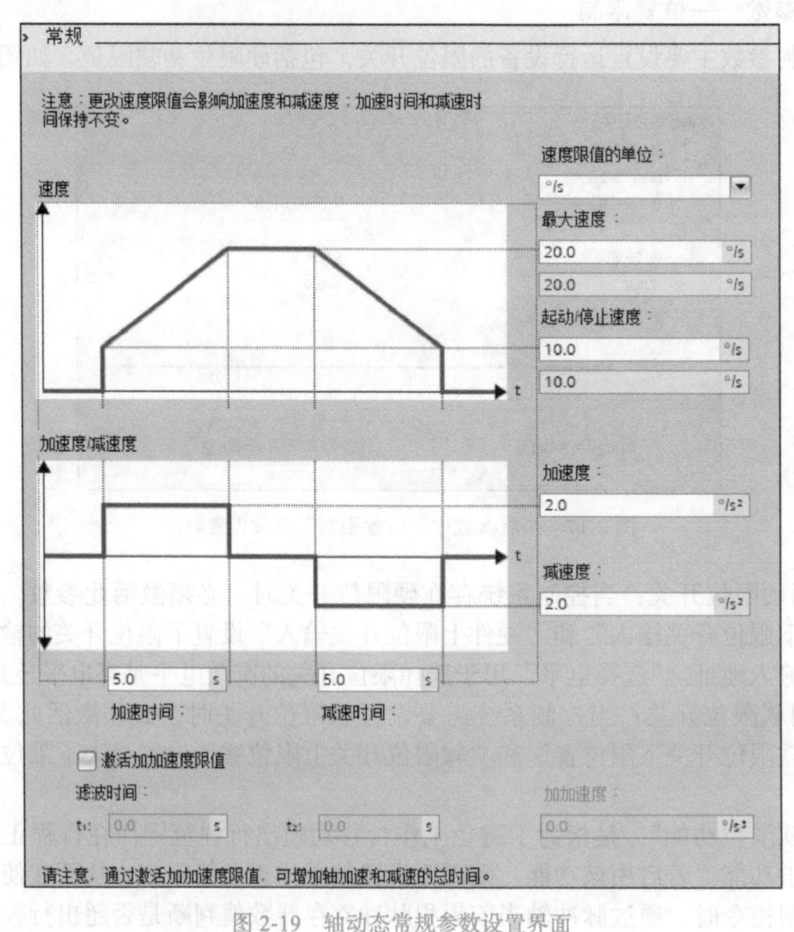

图 2-19 轴动态常规参数设置界面

轴的动态参数首先选择“速度限值的单位”，包括“°/s”“脉冲 /s”和“转 /min”，根据旋转供料系统的设置，选择“°/s”计算比较方便。

根据旋转供料系统的供料速度需求，结合对应机械装置支持的速度情况及所选用步进电动机的型号，设置最大速度、起动 / 停止速度值。轴速度的加减参数可以通过加、减速时间或者加减速度设置，两者要么设置时间，要么设置速度，设置其一即可。

对于旋转供料系统，其参数可以参照图 2-19 设置。

5. 拓展参数——急停参数设置

如图 2-20 所示，此界面主要设置轴紧急停止时的减速时间或减速值等。

急停时间越短，停止越快，但对机械强度要求较高，旋转供料系统的急停参数可以参照图 2-20 进行设置。

6. 拓展参数——回原点参数设置

轴回原点分为主动回原点和被动回原点两种操作，一般只要设置主动回原点参数即可。主动回原点操作由 PLC 的 MC_Home 指令控制。

主动回原点参数设置界面如图 2-21 所示。

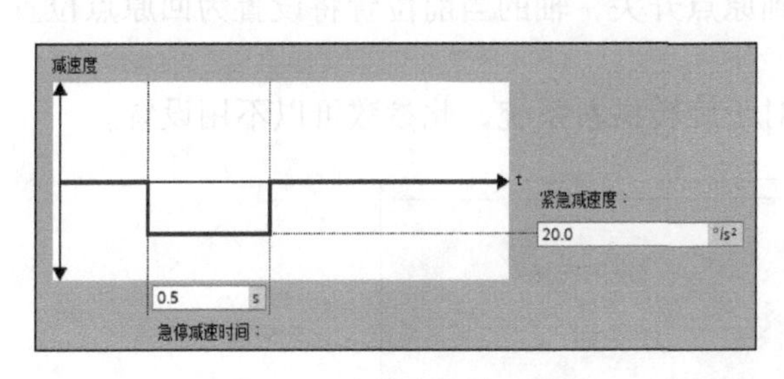

图 2-20　急停参数设置界面

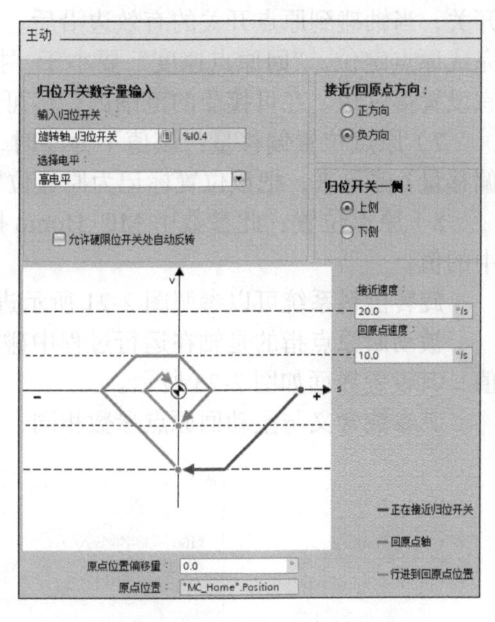

图 2-21　主动回原点参数设置界面

1）输入归位开关：用于选择原点开关输入点地址，可以选择低电平或高电平有效。

2）接近 / 回原点方向：定义在执行回原点的过程中的初始方向，包括正向寻找和负向寻找两种方式。

3）允许硬限位开关处自动反转：可使轴在寻找原点过程中碰到硬限位点自动反向，在激活回原点功能后，轴在碰到原点之前碰到了硬限位点，此时系统认为原点在反方向，会按组态好的斜坡减速曲线停车并反转。若该功能并没有被激活并且轴到达硬限位点，则回原点过程会被立即停止。

4）归位开关一侧：“上侧”指的是轴完成回原点指令后，以轴的左边沿停在原点开关右侧边沿。“下侧”指的是轴完成回原点指令后，以轴的右边沿停在原点开关左侧边沿。

正方向下侧和上侧示意图如图 2-22 所示。

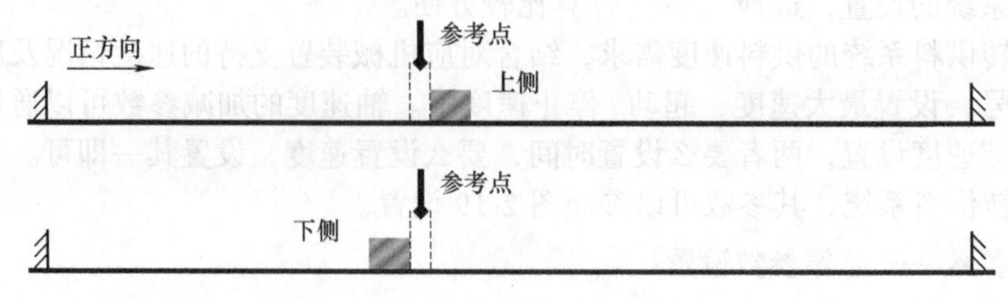

图 2-22 正方向下侧和上侧示意图

无论设置寻找原点的起始方向为正方向还是负方向，轴最终停止的位置取决于“上侧”或“下侧”参数设置的结果。

5）接近速度：寻找原点开关的起始速度。当程序中触发了 MC_Home 指令后，轴立即以“逼近速度”运行来寻找原点开关。

6）回原点速度：最终接近原点开关的速度，即当轴第一次碰到原点开关有效边沿后运行的速度，也就是触发了 MC_Home 指令后，轴立即以“接近速度”运行来寻找原点开关，当轴碰到原点开关的有效边沿后，轴从“接近速度”切换到“回原点速度”来最终完成原点定位。“回原点速度”要小于“接近速度”，“回原点速度”和“接近速度”都不宜设置得过快。在可接受的范围内，尽可能设置较慢的速度值，以免造成定位不准。

7）原点位置偏移量：该值不为零时，轴会在距离原点开关一段距离（该距离值就是偏移量）停下来，把该位置标记为原点位置值。该值为零时，轴会停在原点开关边沿处。

8）原点位置：此参数由 MC_Home 指令的 Position 参数确定，也是原点位置偏移量中的值。

旋转供料系统可以参照图 2-21 所示进行设置。

被动回原点指的是轴在运行过程中碰到原点开关，轴的当前位置将设置为回原点位置值，其设置界面如图 2-23 所示。

其参数含义与主动回原点参数相同，对于旋转供料系统，此参数可以不用设置。

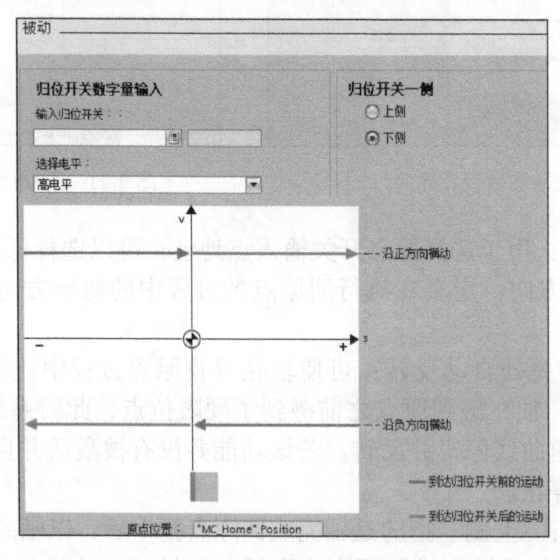

图 2-23 被动回原点参数设置界面

当设置完轴参数后，必须重新编译并将数据下载到 PLC 中，重启 PLC，否则参数无效。

二、运动控制指令

西门子 S7–1200 系列 PLC 运动控制指令包括轴启用 / 禁止控制指令、主动回原点、绝对和相对定位指令等 11 种指令，旋转供料系统主要用到轴启用 / 禁止控制指令、主动回原点指令、绝对或相对定位指令。

1. 启动 / 禁用轴指令 MC_Power

在正确组态轴参数后，利用 MC_Power 运动控制指令可启用或禁用轴，此指令应该在所有运动指令之前执行并一直保持。禁用轴（输入参数 Enable=FALSE）将中止轴的所有运动控制命令。MC_Power 指令格式和使用示例如图 2-24 所示。

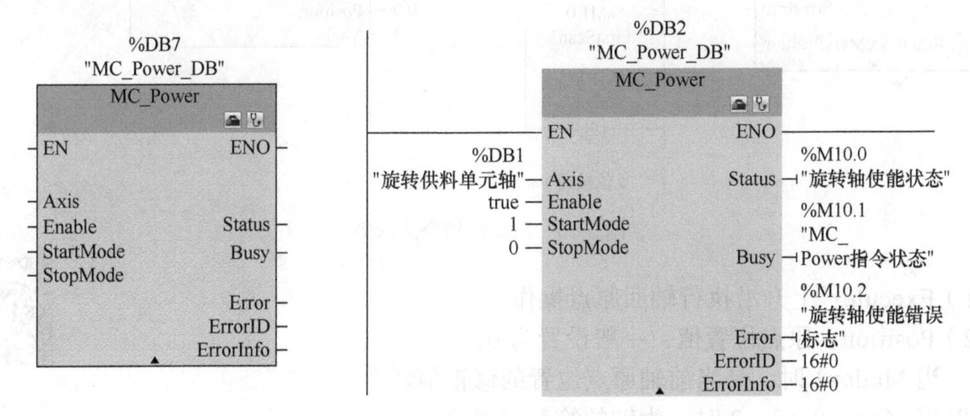

图 2-24 启动 / 禁用轴指令及示例

1）EN：MC_Power 指令必须在程序里一直调用，并保证 MC_Power 指令在其他 Motion Control 指令的前面调用。接通指令执行，断开指令停止执行，后续指令的 EN 含义相同，不再重复解释 EN 作用。

2）Axis：组态的轴。

3）Enable：轴使能端。0：根据组态的“StopMode”中断当前所有作业，停止并禁用轴；1：使能轴，并且给驱动器发出使能信号。

4）StartMode：启动模式。0：速度控制；1：位置控制（默认）。

5）StopMode：停止模式。0：急停；1：立即停止；2：带有加速度变化率控制的紧急停止。

6）Status：输出轴使能后的状态。FALSE：轴已禁用；TRUE：轴已启用。

7）Busy：FALSE：指令执行完成；TRUE：指令正在运行。

8）Error：错误标志。FALSE：无错误；TRUE：发生错误。

9）ErrorID：参数“Error”的错误 ID。

10）ErrorInfo：参数“ErrorID”的错误信息 ID。

11）DB7.MC_Power_DB：指令使用的数据块，由系统自动建立或用户建立，实际名称随编程环境变化而不同。

运动指令 Error、ErrorID、ErrorInfo、Busy、Axis 等参数的含义都是相同的，后续指令不再重复解释。

2. 回原点指令 MC_Home

MC_Home 指令为主动回原点指令，此指令必须在 MC_Power 指令之后执行，指令格式和应用示例如图 2-25 所示。

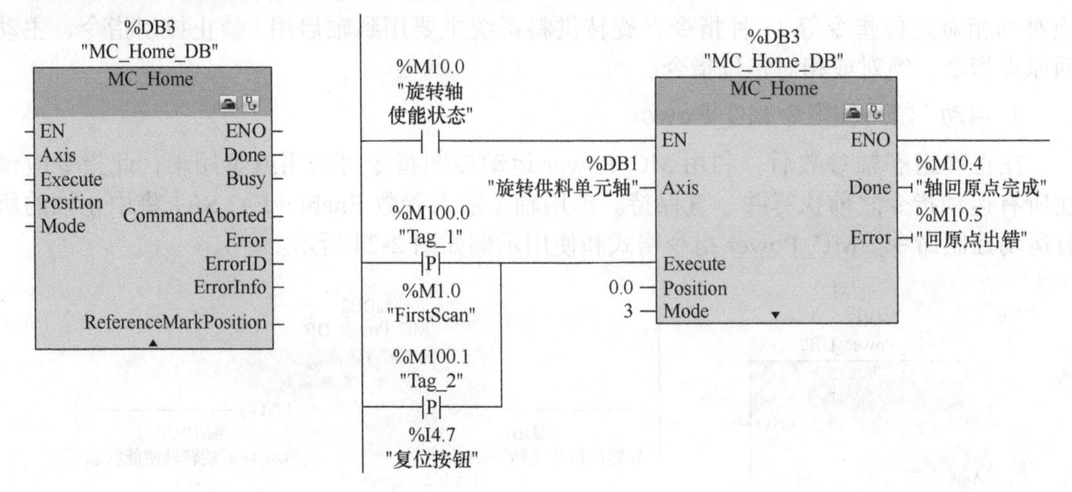

图 2-25　回原点指令及示例

1）Execute：上升沿执行轴回原点操作。

2）Position：原点位置值，一般设置为 0。

① 当 Mode=1 时，是当前轴原点位置的修正值。

② 当 Mode=0、2、3 时，为轴的绝对位置值。

3）Mode：回原点模式值，一般设置为模式 3。

① 0：绝对式直接回零点，轴的位置值为参数“Position”的值。

② 1：相对式直接回零点，轴的位置值等于当前轴位置 + 参数“Position”的值。

③ 2：被动回零点，轴的位置值为参数“Position”的值。

④ 3：主动回零点，轴的位置值为参数“Position”的值。

4）Done：为 TRUE 表示指令执行完成，其他运动指令的 Done 含义相同，后续指令不再重复解释。

5）CommandAborted：TRUE 说明任务在执行过程中被另一任务中止，其他指令此参数的含义相同，后续指令不再重复解释。

6）ReferenceMarkPosition：回原点功能在执行前保存的当前位置。

7）DB3.MC_Home_DB：指令使用的数据块，由系统自动建立或用户建立，实际名称随编程环境变化而不同。

3. 轴绝对定位指令 MC_MoveAbsolute

MC_ MoveAbsolute 指令为轴绝对定位指令，此指令必须在 MC_Power 指令之后执行，指令格式和应用示例如图 2-26 所示。

1）Execute：上升沿执行轴移动操作。

2）Position：移动轴的绝对位置。

3）Velocity：轴移动的速度。

4）Direction：旋转方向，默认值为 0。

5）DB20.MC_MoveAbsolute_DB_2：指令使用的数据块，由系统自动建立或用户建立，实际名称随编程环境变化而不同。

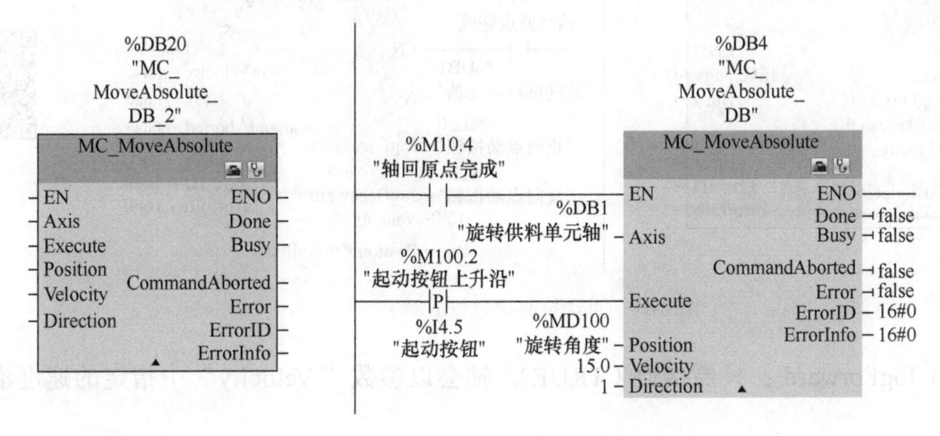

图 2-26 绝对定位指令和示例

4. 轴相对定位指令 MC_MoveRelative

MC_MoveRelative 指令为轴相对移动指令，此指令必须在 MC_Power 指令之后执行，指令格式和应用示例如图 2-27 所示。

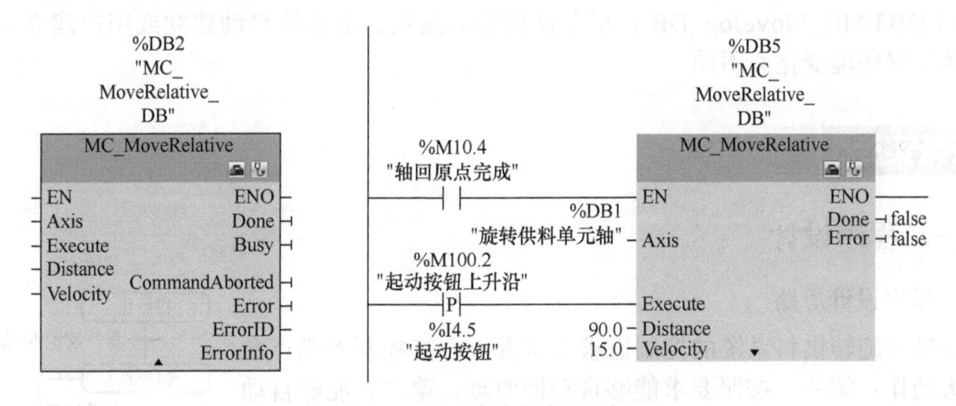

图 2-27 相对定位指令和示例

1）Execute：上升沿执行轴移动操作。

2）Distance：以当前点为起点，轴移动相对位置，负值反向移动，正值正向移动。

3）Velocity：轴移动的速度。

4）DB2.MC_MoveRelative_DB：指令使用的数据块，由系统自动建立或用户建立，实际名称随编程环境变化而不同。

5. 点动控制指令 MC_MoveJog

MC_MoveJog 指令为轴点动指令，此指令必须在 MC_Power 指令之后执行，指令格式和应用示例如图 2-28 所示。

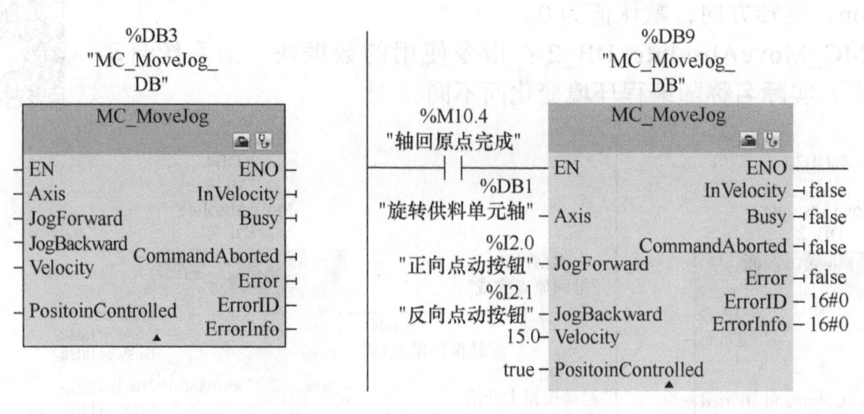

图 2-28　点动控制指令和示例

1）JogForward：只要接通（TRUE），轴会以参数“Velocity”中指定的速度沿正向移动。

2）JogBackward：只要接通（TRUE），轴会以参数“Velocity”中指定的速度沿反向移动。

3）Velocity：轴移动的速度。

4）PositionControlled：控制模式。0：速度控制；1：位置控制（默认值：1）。

5）InVelocity：为 TRUE 表示轴的速度已达到参数“Velocity”中指定的速度。

6）DB3.MC_MoveJog_DB：指令使用的数据块，由系统自动建立或用户建立，实际名称随编程环境变化而不同。

任务实施

一、程序设计

1. 程序设计思路

通过对旋转供料系统的控制需求分析发现，其控制的难点在于两大动作：第一，按照要求能够自动回原点；第二，能够自动按照用户需求旋转指定的角位移。其动作流程如图 2-29 所示。

按照前述 PLC 运动控制指令可知，回原点可以通过 MC_Home 指令实现，定位控制可以采用相对定位 MC_MoveRelative 或者绝对定位控制 MC_MoveAbsolute 指令实现。

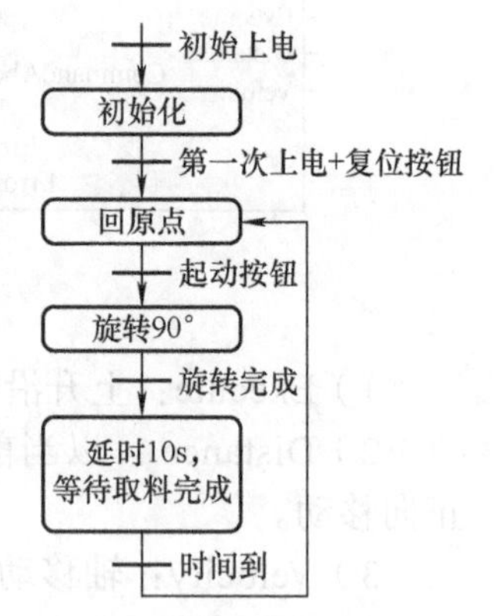

图 2-29　程序流程图

2. 程序编写准备

（1）系统存储器设置　本程序中要用到系统初始上电标志，设置“系统及时钟存储器”参数，设置完成后，系统位 M0.0（FirstScan）为初始上电标志。

（2）拓展模块 I/O 地址设置　本系统要用到拓展模块，设置开关量模块 SM1223 的 I/O 地址。

（3）轴组态设置　按照轴组态讲解示例进行轴的组态，完成后要重新编译程序并且下载到 PLC 中，否则参数无法起到作用。

（4）符号表建立　打开项目树的“PLC 变量表”，双击“添加新变量表”命令，添加一个变量表并将名称修改为“旋转供料变量表”，然后按照图 2-30 建立 I/O 符号表，以方便程序阅读和分析。

HenJia ▸ PLC_1 [CPU 1214C DC/DC/DC] ▸ PLC 变量 ▸ 旋转供料变量表 [8]

变量表_1

	名称	数据类型	地址	保持	可从 ...	从 H...	在 H...
1	旋转轴使能状态	Bool	%M10.0	☐	☑	☑	☑
2	旋转轴使能完成上升沿	Bool	%M11.3	☐	☑	☑	☑
3	复位按钮	Bool	%I4.7	☐	☑	☑	☑
4	复位按钮上升沿	Bool	%M11.0	☐	☑	☑	☑
5	轴回原点完成	Bool	%M10.1	☐	☑	☑	☑
6	起动按钮	Bool	%I4.5	☐	☑	☑	☑
7	起动按钮上升沿	Bool	%M11.1	☐	☑	☑	☑
8	移动完成标志	Bool	%M11.4	☐	☑	☑	☑

图 2-30　旋转供料控制系统变量表

3. 典型程序设计

（1）使能及系统回原点程序实现　根据图 2-30 所示旋转供料系统 PLC 的变量表，使能及系统回原点程序如图 2-31 所示。

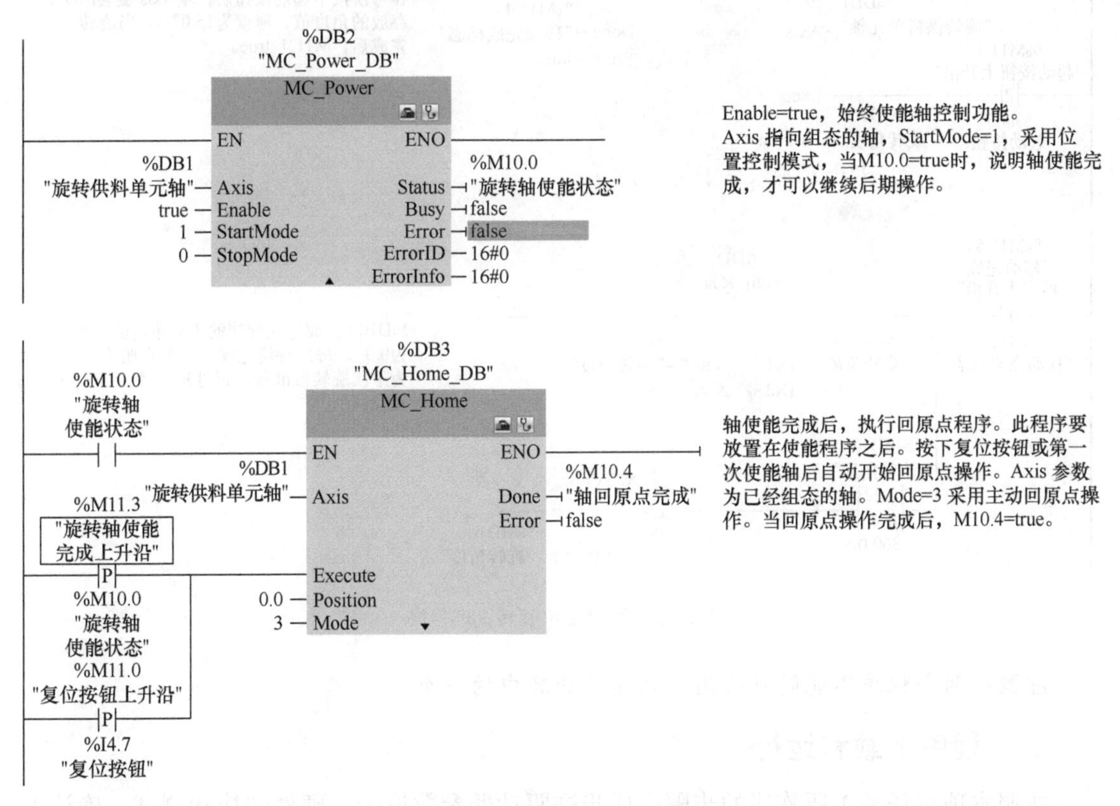

图 2-31　使能及回原点程序

（2）系统 90° 旋转程序实现　根据图 2-30 旋转供料系统 PLC 的 I/O 分配，可以采用相对定位指令或者绝对定位指令实现 90° 位移旋转控制，下面分别给出相对定位指令和绝对定位指令程序，分别如图 2-32 和图 2-33 所示。

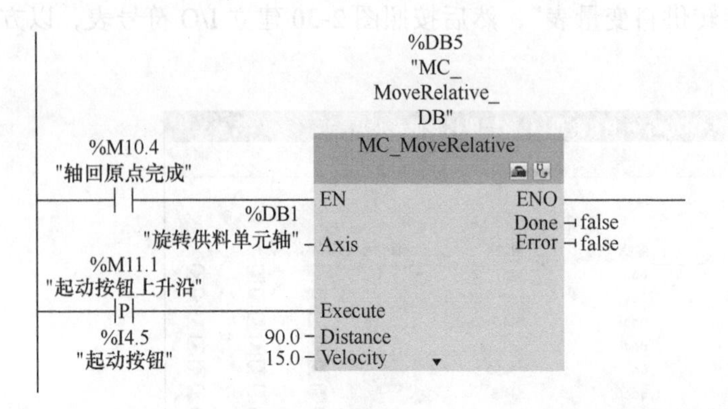

此程序必须在回原点定位完成后才能执行，否则会出现定位不准的问题。
在每次按下起动按钮后，轴Axis 旋转90.0°（Distance），速度为15.0°/s。
如果要反方向旋转定位，Distance 设置为-90.0°。

图 2-32　相对定位旋转 90° 程序

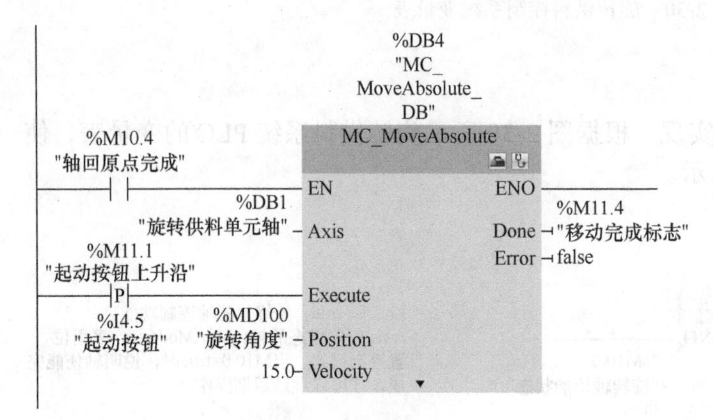

此程序必须在回原点定位完成后才能执行，否则会出现定位不准的问题。
在每次按下起动按钮后，轴Axis 旋转MD100存放的角度值，速度为15.0°/s。当旋转完成后，M11.4=true。

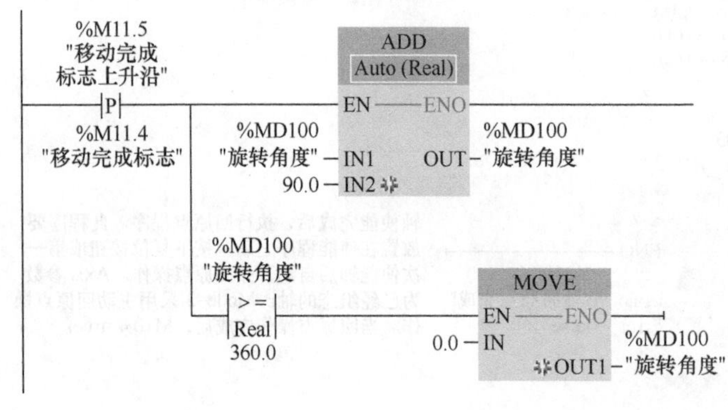

MD100 存放每次旋转的绝对角度值，初始值为0.0°，每次旋转完成后，此值加90.0°，为下次旋转做准备。超过360°(包括360°)直接回到0.0°。

图 2-33　绝对定位旋转 90° 程序

注意：两个程序不能同时使用，只能选择其中的一个。

二、程序下载和运行

按照本项目任务 1 所陈述的步骤完成步进驱动器参数设置、硬件装接和测试，确认无误后，使用网线连接计算机与 PLC 系统，确认 PLC 的型号为 S7-1215C，编译正确，将编译好的程序下载到 PLC 中，观察实际运行效果。上电或按下复位按键，旋转圆盘自动回原点，原点传感器指示灯亮；按下起动按钮，旋转圆盘自动旋转 90° 后停止；若再次按下起动按钮，继续旋转 90° 后停止。若出现上述现象，则系统功能实现。

完成以上工作，断电，排气，整理并清扫现场环境。

在本项目调试过程中，注意步进电动机驱动器设置的细分数，其决定了旋转 90° 需要发出的高速脉冲个数。

任务检查与评价（评分标准）

评分点		得分
软件（60 分）	上电后，步进电动机可回到原点位置（10 分）	
	按下复位按钮后，步进电动机可回到原点位置（10 分）	
	每按一次起动按钮，旋转供料系统旋转 90°（相对定位）(10 分）	
	每按一次起动按钮，旋转供料系统旋转 90°（绝对定位）(10 分）	
	步进电动机可以进行正反转，速度可设置（10 分）	
	旋转供料系统程序调试功能正确（10 分）	
6S 素养（20 分）	桌面物品及工具摆放整齐、整洁（10 分）	
	地面清理干净（10 分）	
发展素养（20 分）	表达沟通能力（10 分）	
	团队协作能力（10 分）	

任务 3　立体仓库系统控制电路设计

任务分析

一、控制要求

立体仓库系统主要由库位、步进电动机、直线模组、气缸、开关等组成，其主要作用是进行物料的自动存储或取料。立体仓库系统的机械结构如图 2-34 所示。立体仓库具有 6 个工位：3 行 2 列。取料机械手升降动作由步进电动机驱动，左右移动、手爪伸缩、平台顶升、手臂左右旋等均由气缸驱动。对该系统的动作要求如下：按下复位按钮，机械手复位，即手爪放松到位、缩回到位、左旋到位、机械手 Z 轴在原点位置、Y 轴左检测到位。当按下起动按钮后，机械手运动至指定工位，抓取工件后，右旋将工件送至传输带进行后续作业。请根据要求完成 PLC 控制系统外部接

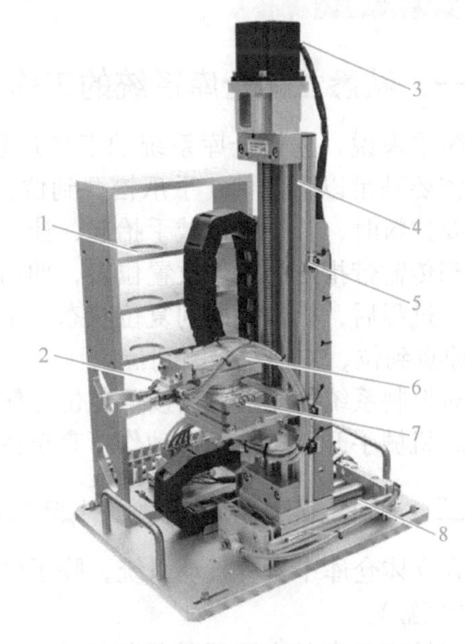

图 2-34　立体仓库系统的机械结构

1—库位　2—Y 形手爪气缸　3—步进电动机　4—直线模组　5—光电开关　6—导杆气缸　7—旋转气缸　8—无杆气缸

线图的绘制及硬件安装。

二、学习目标

1. 了解立体仓库系统的机械结构组成。
2. 了解步进运动控制系统的结构组成。
3. 了解气动元件的工作原理。
4. 掌握气路的连接和调试方法。
5. 掌握接近开关的安装和调试方法。
6. 掌握机械手爪的手动测试方法。
7. 掌握立体仓库系统的外部接线图绘制方法。

三、实施条件

分类	名称	实物图	数量
硬件准备	立体仓库系统机械结构		1

任务准备

一、熟悉立体仓库系统的工作过程

简单来说，立体仓库系统的工作过程就是进行工件的抓取与放下。在进行工件抓取时，需要满足以下条件：手爪松开到位，机械手到达指定工件位置，伸出手臂夹紧工件；当需要放料时，首先将机械手抬起，让工件离开工位；然后再缩回手臂，右旋，机械手再下移到传输带指定的工件放置位置，伸出手臂并松开手爪放下工件。当完成从取料到放料的整个过程后，机械手回到复位状态：手爪放松到位、手臂缩回到位、左旋到位、机械手Z轴原点到位、X轴左检测到位。

对控制系统的要求：当按下复位按钮或初次上电时，机械手立即复位；当按下起动按钮时，机械手开始工件抓放动作，直至按下停止按钮或完成指定数量工件的搬运工作。

二、认识立体仓库系统中的气动元件

在立体仓库中含有气动系统，除了使用气爪、气缸等气动元件外，还使用了气动摆台（旋转气缸）。

回转物料台的主要元件是气动摆台，它是由直线气缸驱动齿轮齿条实现回转运动的。回转能在0°～90°和0°～180°之间任意调节，并且可以安装磁性开关，检测旋转到位信号，多用于方向和位置需要变换的机构，如图2-35所示。

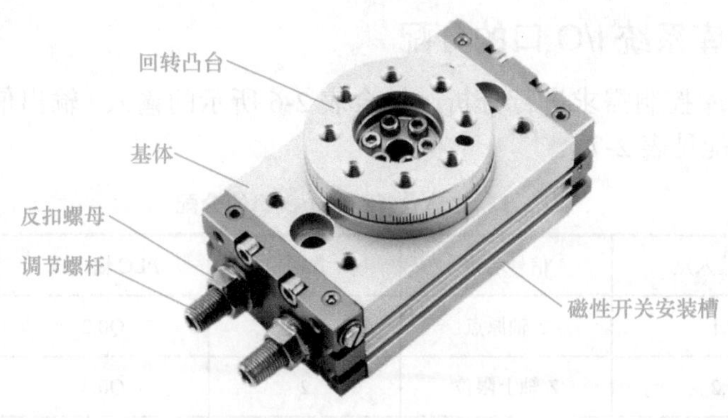

图 2-35　气动摆台

任务实施

一、立体仓库系统输入 / 输出信号

根据立体仓库系统的控制要求可知，取料机械手的手爪伸缩、夹紧放松、左右旋转以及 X 轴气动滑台的控制等均由单电控二位三通电磁换向阀驱动气缸实现，而其到位信号均由磁性开关检测。由此可知，其需要配置 4 路开关量输出、7 路开关量输入；而取料机械手的 Z 轴升降则由步进电动机驱动，并且在 Z 轴设有上下极限及原点位置开关，故需要 3 路开关量输入信号、1 路高速脉冲输出及方向控制信号。综合上述分析，结合用户按钮动作、信号指示灯的需求，可知立体仓库系统需要有 13 路输入信号、9 路输出信号，具体见表 2-6。

表 2-6　立体仓库系统输入 / 输出信号

序号	输入信号	序号	输出信号
1	Z 轴原点	1	步进驱动器脉冲信号
2	Z 轴下限位	2	步进驱动器脉冲方向
3	Z 轴上限位	3	手爪旋转阀
4	X 轴左限位	4	手爪伸出阀
5	X 轴右限位	5	手爪夹紧阀
6	左旋到位	6	X 轴气动滑台阀
7	右旋到位	7	红色指示灯
8	伸出到位	8	绿色指示灯
9	缩回到位	9	黄色指示灯
10	夹紧检测		
11	起动按钮		
12	停止按钮		
13	复位按钮		

二、立体仓库系统 I/O 口的分配

根据对立体仓库控制需求进行分析，结合表 2-6 所示的输入 / 输出信号，确定立体仓库系统 I/O 口的分配见表 2-7。

表 2-7 立体仓库系统 I/O 口的分配

序号	PLC 输入点	信号名称	序号	PLC 输出点	信号名称
1	I1.1	Z 轴原点	1	Q0.2	脉冲
2	I1.2	Z 轴上限位	2	Q0.3	方向
3	I1.3	Z 轴下限位	3	Q2.0	手爪旋转阀
4	I1.4	X 轴左限位	4	Q2.1	手爪伸出阀
5	I1.5	X 轴右限位	5	Q2.2	手爪夹紧阀
6	I2.0	左旋到位	6	Q2.3	气动滑台阀
7	I2.1	右旋到位	7	Q4.1	黄色指示灯
8	I2.2	伸出到位	8	Q4.2	绿色指示灯
9	I2.3	缩回到位	9	Q4.3	红色指示灯
10	I2.4	夹紧检测			
11	I4.5	起动按钮			
12	I4.6	停止按钮			
13	I4.7	复位按钮			

三、电气原理图设计

根据系统输入 / 输出分配表，设计出立体仓库系统的 PLC 输入 / 输出接线图，如图 2-36 所示，对应的步进电动机驱动器接线如图 2-37 所示。

四、气路、电路的装调与测试

1）气路装调：按照气动原理图（见图 2-38）规范连接，并逐个核对气路连接的正确性。打开气泵，依次利用电磁阀上的手动调试按钮进行手动测试，查看气缸动作的方向以及速度是否符合系统工作要求。

2）电气装调：根据图 2-36、图 2-37 进行电路连接，利用万用表检测连接是否正确。将 PLC 置为 STOP 模式，确认电源连接无误后，通电，依次进行输入 / 输出点位的再次核对。

3）进行步进电动机驱动器的参数设置：按照系统工作要求设定合适的工作电流、细分数等。

4）完成以上工作，断电，排气，整理并清扫现场环境。

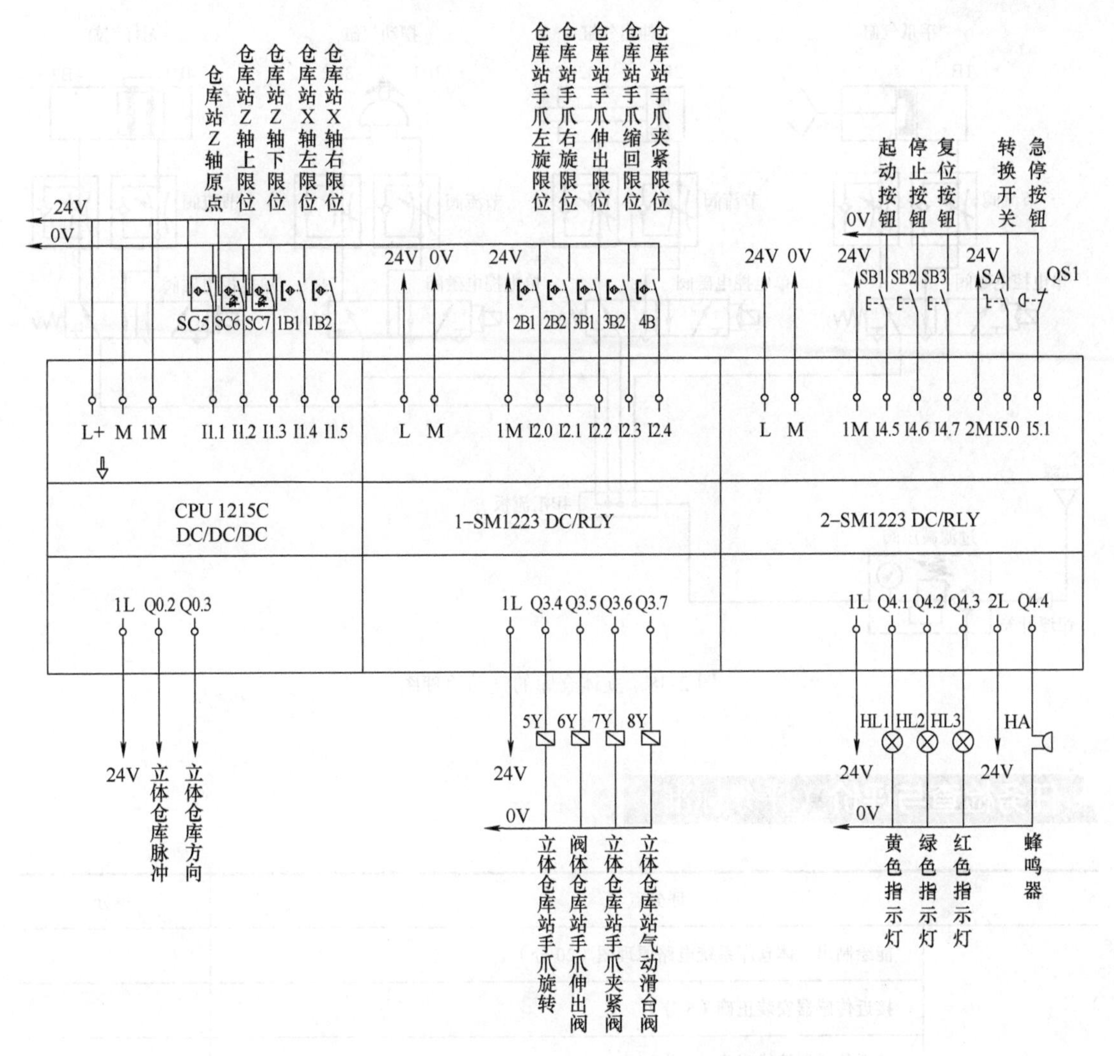

图 2-36 立体仓库系统的 PLC 输入 / 输出接线图

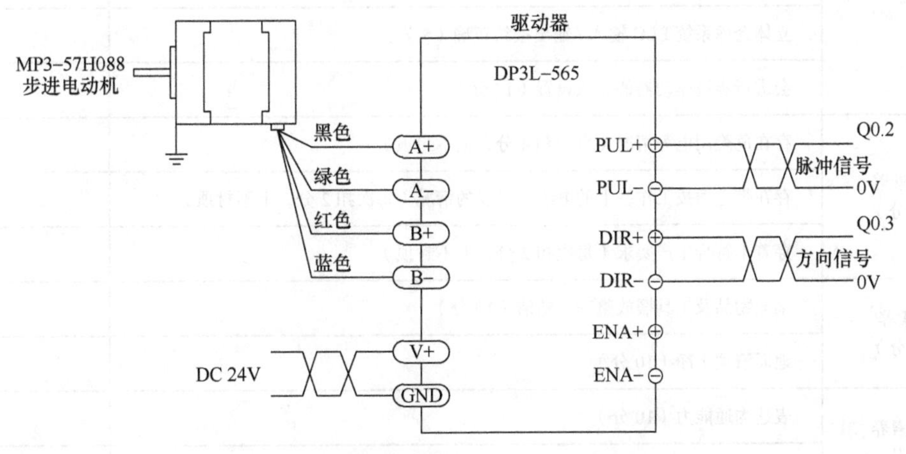

图 2-37 立体仓库系统步进电动机驱动器接线图

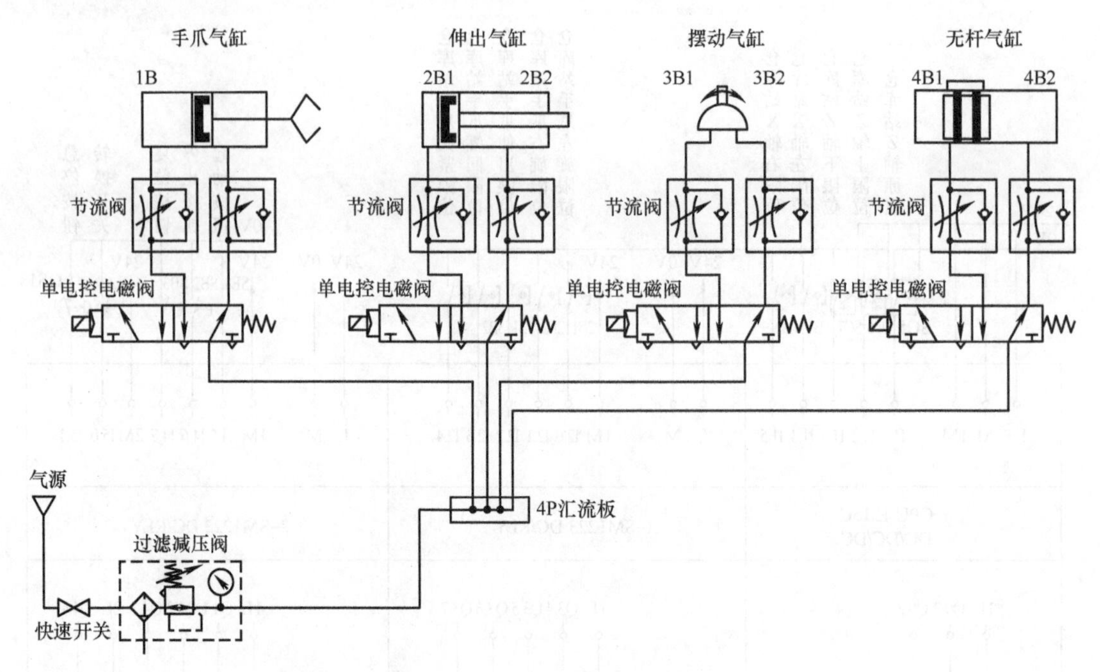

图 2-38 立体仓库的气动原理图

任务检查与评价（评分标准）

	评分点	得分
硬件设计、连接（50 分）	能绘制出立体仓库系统电路原理图（20 分）	
	接近传感器安装正确（5 分）	
	接近传感器接线正确（5 分）	
	步进电动机接线正确（5 分）	
	立体仓库系统 PLC 输入 / 输出接线正确（5 分）	
	会进行步进驱动器的参数设置（10 分）	
安全素养（10 分）	存在危险用电等情况（每次扣 4 分，上不封顶）	
	存在带电插拔工作站上的电缆、导线的情况（每次扣 2 分，上不封顶）	
	穿着不符合生产要求（每次扣 2 分，上不封顶）	
6S 素养（20 分）	桌面物品及工具摆放整齐、整洁（10 分）	
	地面清理干净（10 分）	
发展素养（20 分）	表达沟通能力（10 分）	
	团队协作能力（10 分）	

任务4 立体仓库系统程序设计

任务分析

一、控制要求

立体仓库控制系统功能要求：按下复位按钮或首次上电后，机械手复位，即手臂放松到位、缩回到位、左旋到位、机械手Z轴在原点位置、X轴左检测到位。当用户按下起动按钮后，机械手从第一排左边第一个开始，按照从上到下、从左到右的顺序运动至指定工位，抓取工件完成后，右旋将工件送至传输带进行后续作业，直至按下停止按钮为止，按下停止按钮后必须完成一个周期后才能停止工作。复位过程中，黄色信号灯点亮。复位完成后，绿色信号灯点亮，说明系统可以开始工作。工作过程中，红色信号灯点亮。请根据要求完成PLC程序设计，结合硬件进行调试，完成控制功能。

二、学习目标

1. 认识顺序功能图的特点、结构。
2. 掌握顺序功能图的程序设计方法。
3. 掌握PLC内部状态寄存器的使用方法。
4. 掌握PLC的基本指令编程。
5. 掌握PLC的高速脉冲定位控制指令编程，实现机械手Z轴方向的位置控制。
6. 掌握PLC控制系统的软硬件设计流程。
7. 熟悉PLC内部的特殊寄存器。

三、实施条件

分类	名称	实物图	数量
硬件准备	立体仓库系统机械结构		1

任务准备

一、顺序控制设计法简介

旋转供料系统采用了经验设计法进行编程设计。但是，经验设计法没有一套固定的步骤可循，具有很大的试探性和随意性。在设计复杂系统的梯形图时，用大量的中间单元来完成记忆、联锁和互锁等功能，加上各种其他因素交织在一起，程序分析、设计过程非常困难。并且修改某一局部程序时，可能对系统的其他部分产生意想不到的影响，往往花了很长时间进行修改而得不到满意的结果。所以用经验法设计出的梯形图不易阅读，系统修改也比较困难。

顺序控制设计法是一种先进的程序设计方法，能够提高设计的效率，程序调试、修改和阅读也更方便，很容易被初学者掌握。

所谓顺序控制，就是按照工艺预先规定的顺序，在各个输入信号的作用下，根据内部状态和时间的顺序，生产过程的各个执行机构自动有序地进行操作。使用顺序控制设计法，一般是先根据系统的工艺过程画出顺序功能图，然后根据顺序功能图，利用流程控制指令转换成 PLC 程序即可。

二、顺序功能图的基本概念

顺序功能图（Sequential Function Chart，SFC）又称为状态转移图或功能表图，是描述顺序控制系统控制过程、功能和特性的一种图形，是设计顺序控制程序的工具。通过顺序功能图，可以很容易地将控制过程转换成 PLC 程序。

顺序功能图主要由步（状态）、有向连线、转换、转换条件、动作（命令）等元素组成。典型顺序功能图如图 2-39 所示。

（1）步（状态） 顺序功能图将控制系统的一个工作周期划分为若干个顺序相连的步骤，这些步骤称为步（Step），并用编程元件（位存储器 M 和顺序控制继电器 S）来代表各步。各步的动作（控制行为）是不同的，也是划分步的方法。前、后步之间转换有一定的条件，称为转换条件，转换条件满足就实现步转移，上一步动作结束，下一步动作开始。

步的符号如图 2-40a 所示，矩形框中标识步的编号。

1）初始步：初始步是顺序功能图运行的起点，一个控制系统至少要有一个初始步。初始步的图形符号为双线的矩形框，如图 2-40b 所示。

2）活动步：当系统正处于某一步所在的阶段时，该步处于运行状态，称该步为“活动步”。步处于活动状态时，相应的动作被执行；处于不活动状态时，停止执行相应的动作。

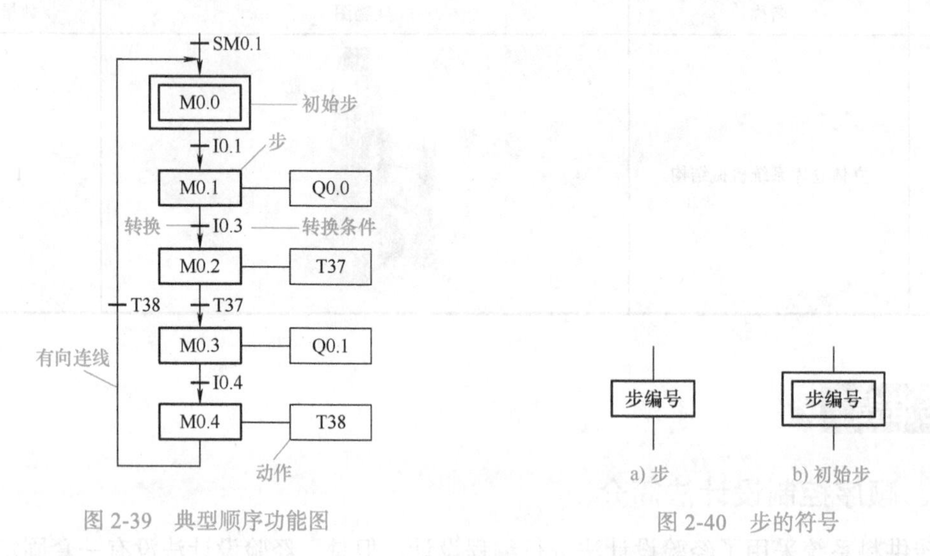

图 2-39 典型顺序功能图

图 2-40 步的符号

（2）有向连线 在顺序功能图中，随着时间的推移和转换条件的实现，步会按照有向连线规定的线路和方向依次进行。有向连线也标识出各步之间的前后关系，有向连线默认的方向是从上到下、从左到右，此时连线的箭头可以不用绘制，而连线从下到上、从右到左则必须绘制。

（3）转换　转换用有向连线上与有向连线垂直的短划线表示，转换将相邻两步隔开。步的活动状态的进展由转换的实现来完成，并与控制过程的工艺要求相对应。

（4）转换条件　转换条件可以用文字语言、表达式或图形符号标注在表示转换的短线的旁边。转换条件可以是外部的输入信号，如按钮、指令开关、限位开关的接通和断开等；也可以是PLC内部产生的信号，如定时器、计数器等，转换条件还可以是若干个信号的与、或、非逻辑的组合。典型的转换条件表达方式如图2-41所示。

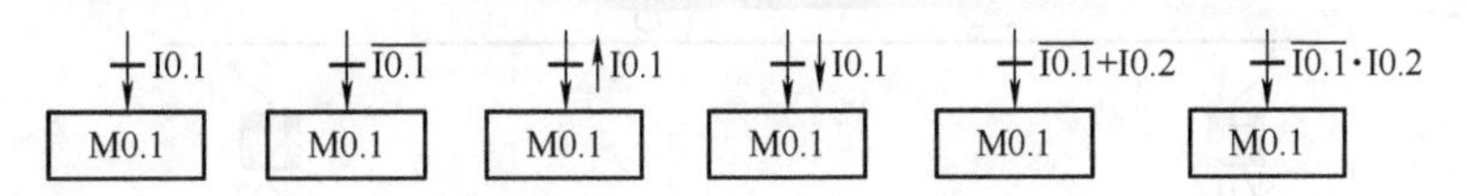

图2-41　典型的转换条件表达方式

如图2-41所示，I0.1表示I0.1为ON时转换，而$\overline{\text{I0.1}}$表示I0.1为OFF时转换。“↑I0.1”表示I0.1上升沿时转换，而“↓I0.1”表示I0.1下降沿时转换。“$\overline{\text{I0.1}}$+I0.2”表示I0.1为OFF或者I0.2为ON时转换（或）。“$\overline{\text{I0.1}}$·I0.2”表示I0.1为OFF并且I0.2为ON时转换（与）。

（5）动作（命令）　可以将一个控制系统划分为被控对象和控制器，对于被控对象，要在某一步中完成某些“动作”，对于控制器，在某一步中要向被控对象发出“命令”，两者合称为动作。动作用矩形框中的文字或符号表示，该矩形框应与相应步的符号相连。如果某一步有几个动作，可以用图2-42中的两种画法来表示，步的动作之间没有先后顺序。

图2-42　动作的表示方法

在图2-42中，步M0.4有两个动作，动作Q0.0表示当M0.4步为活动步时，Q0.0为ON。动作T38表示当M0.4为活动步，启动定时器T38开始定时。如果没有注明定时器类型，一般表示延时接通定时器，实际绘图时，可以注明定时器的延时时间值。

使用动作的修饰词，可以在步中标注完成的不同动作。例如，可以使用修饰词L来限制阀打开的时间。常见的修饰词及含义见表2-8。

表2-8　动作的修饰词及含义

修饰词	名称	说明
S	置位（存储）	当步为活动步时启动，即使当步变为不活动步时动作仍然继续，直到动作被复位
R	复位	被修饰词S、SD、SL或DS启动的动作被终止
L	时间限制	步变为活动步时动作被启动，直到步变为不活动步或设定时间到
D	时间延迟	步变为活动步时延迟定时器被启动，如果延迟之后步仍然是活动的，动作被启动和继续，直到步变为不活动步
P	脉冲	当步变为活动步，动作被启动并且只执行一次
SD	存储与时间延迟	在时间延迟之后动作被启动，一直到动作被复位
DS	延迟与存储	在延迟之后如果步仍然是活动的，动作被启动直到被复位。如果为非活动步，则不启动
SL	存储与时间限制	步变为活动步时动作被启动，一直到设定的时间到或动作被复位

三、顺序功能图的绘制

小车往返控制系统如图 2-43 所示。控制要求：按下左行按钮（I0.1），运料小车起动左行（Q0.0），到左端（I0.3）停下装料，20s 后装料结束，开始右行（Q0.1），到右端（I0.4）停下卸料，10s 后卸料完毕，又开始左行，如此自动往复循环，直到按下停止按钮（I0.2）为止。

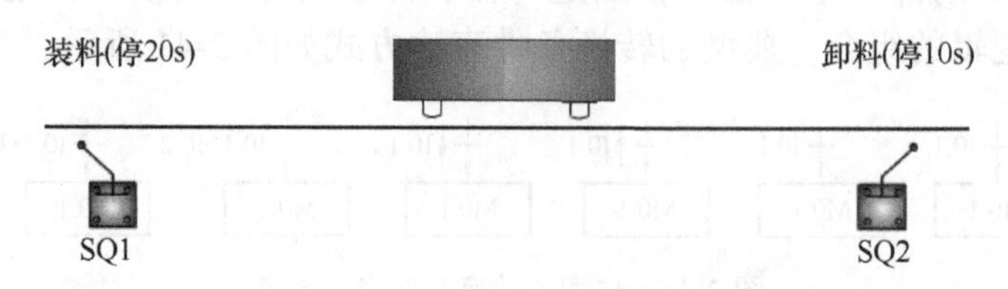

图 2-43　小车往返控制系统

通过分析小车往返控制的动作过程，可以很清楚地看到小车的状态只有 5 个，即停止待命状态、左行状态、装料状态、右行状态、卸料状态。每个状态之间都存在相互关联，如图 2-44 所示。

由于停止是随机的，不是顺序功能图的一部分，所以图中没有描述。在编程时，停止按钮动作时直接复归到初始步。

在图 2-44 中，把每一个状态都用位存储器表示，如“停止待命”状态用 M0.0 来表示，“左行”“装料”“右行”“卸料”状态分别用 M0.1、M0.2、M0.3、M0.4 表示。每一个状态之间的转换都需要有一定的条件，这些条件可能是外部的，如“左行命令”即 I0.1；也可能是内部的，如“20s 后装料完成”即 T37 定时时间到。然后把每一步的动作和对应的步连接起来，最终得到图 2-45 所示的顺序功能图。

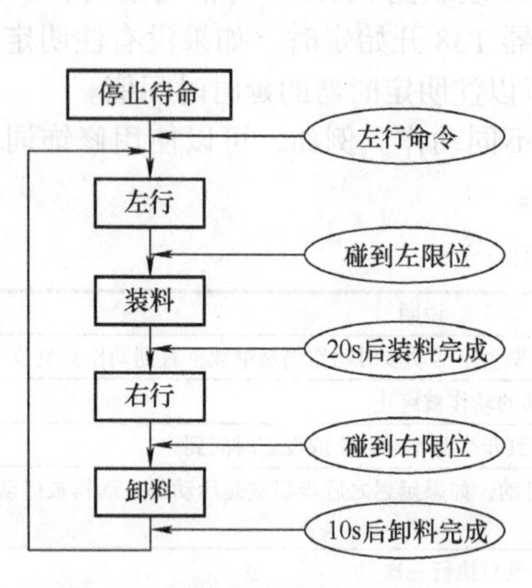

图 2-44　小车往返控制过程说明图

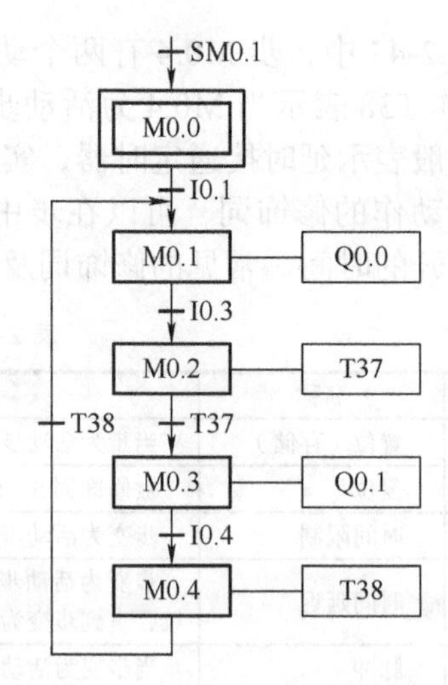

图 2-45　小车往返控制顺序功能图

四、顺序控制程序的设计方法

不同的PLC可以采用不同的方法将顺序功能图转换成PLC程序，S7-300、S7-400等直接通过GRAPH语言支持顺序功能图程序，有些PLC，如信捷PLC，通过顺控指令支持顺序程序设计方法。

S7-1200系列PLC不支持GRAPH，也没有顺控指令，此处我们选择一种通用的方法来支持顺控设计法，称之为“以转换为中心”的设计法。

以转换为中心的设计法，采用R、S指令完成顺控程序设计。其思路来源：当转换条件满足时，发生转换，后级步转换成活动步（为ON），前进步转换成非活动步（为OFF）。所以，对于每个转换，利用S指令置位后级步［成为活动步（为ON）］，利用R指令复位前进步［成为非活动步（为OFF）］，然后完成步和对应动作的控制程序编写即可。

不同于线圈指令，R、S指令不执行时不会改变输出值，故采用转换为中心的设计方法时，一定要利用初始步复位除了初始步之外的其他步。

1. 顺序功能图设计法示例一

图2-46中给出了简单小车往返控制顺序功能图（延时时间设置为10s）。根据转换实现的基本规则，转换实现的条件是它的前级步为活动步，并且相应的转换条件得到满足。如转换I0.1要发生，必须前级步M10.0为活动步（为ON）并且I0.1为ON，转换之后的后级步M10.1为活动步（为ON），前级步M10.0为非活动步（为OFF），所以对应的程序就是将M10.0、I0.1常开触点串联后置位M10.1，复位M10.0。

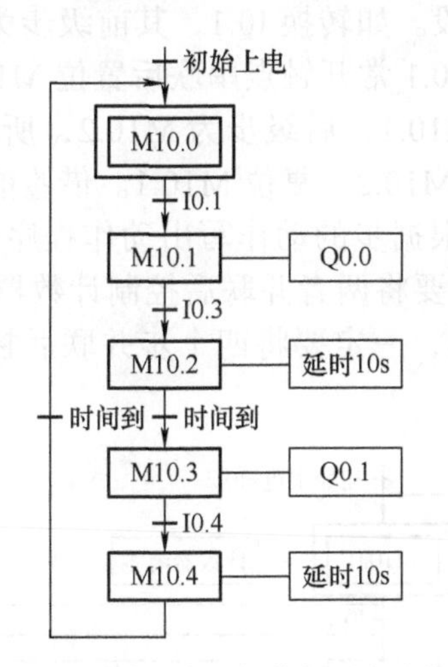

图2-46 简单小车往返控制顺序功能图

同理，如转换I0.3要发生，必须前级步M10.1为活动步并且I0.3为ON，转换之后的后级步M10.2为活动步，前级步M10.1为非活动步，所以对应的程序就是将M10.1、I0.3常开触点串联后置位M10.2，复位M10.1。

按照此设计思路，分别完成所有转换的R、S控制程序。最后，完成动作程序的编写。思路是，当步为活动步时，其对应的动作执行，故利用步的常开触点控制每个步的动作，最终得到顺序功能图程序如图2-47所示。

如果某个动作受多个步控制，一定要将多个步并联后控制输出，否则会造成“双线圈”输出的错误。

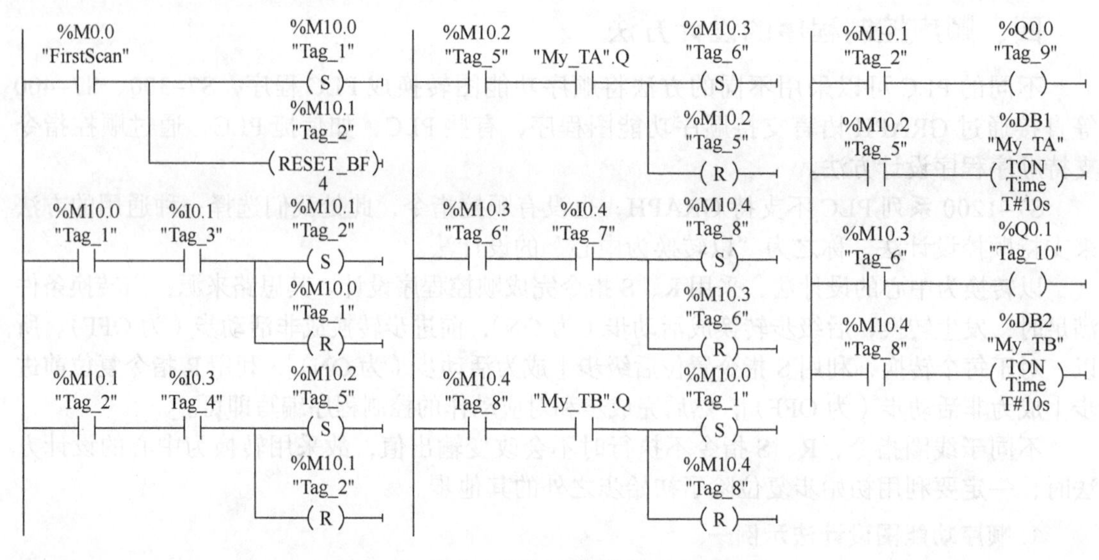

图 2-47 简单小车往返控制顺序功能图程序

2. 顺序功能图设计法示例二

图 2-48 是比较复杂的小车往返控制顺序功能图，假定计数器计数动作值为 10。无论是多复杂的顺序功能图，设计方法都是一样的，找准图中的转换即可，有多少个转换，就要写多少个对应的 R、S 程序段。如转换 I0.1，其前级步为 M10.0，后级步为 M10.1，所以对应的程序就是将 M10.0、I0.1 常开触点串联后置位 M10.1，复位 M10.0。同样，对于转换 I0.3 时间到，前级步为 M10.1，后级步为 M10.2，所以将 M10.1 常开触点和 I0.3 或时间输出的结果串联，去置位 M10.2，复位 M10.1。借鉴前面的设计方法，对所有的转换写出对应的 R、S 程序，最后根据步的动作写出动作程序即可，如图 2-49 所示。注意计数器受 M10.2 和 M10.4 控制，要将两者并联后控制计数器，不要分开写出两个计数器指令。同时，Q0.3 受四个步控制，一定要将四个步并联后控制 Q0.3，以免造成“双线圈”输出的错误。

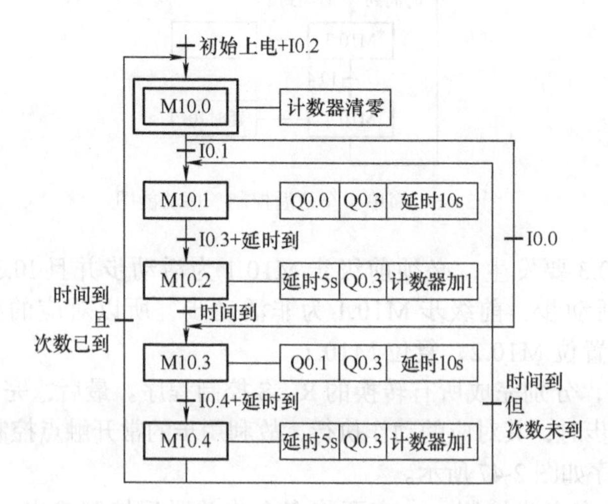

图 2-48 复杂的小车往返控制顺序功能图

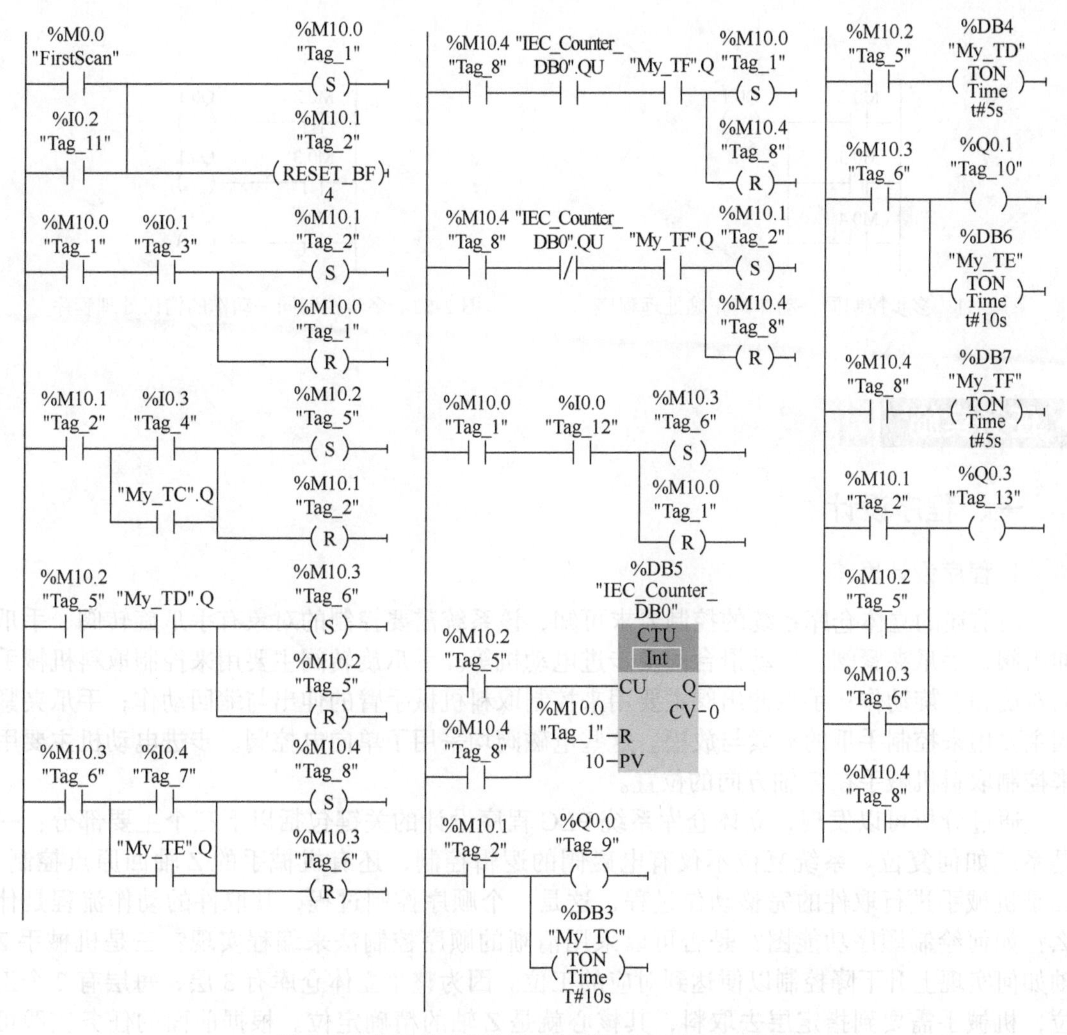

图 2-49 复杂的小车往返控制顺序功能图 PLC 程序

3. 顺序功能图特殊事项的处理

在顺序功能图中，如果某个动作受多个步控制，如出现如图 2-50 所示的顺序功能图，其 Q0.1 受三个步控制，则动作处理程序必须将三个步并联后控制 Q0.1，如图 2-51 所示。不能写成三个步分别控制 Q0.1，否则会造成多线圈输出指令，如图 2-52 所示。

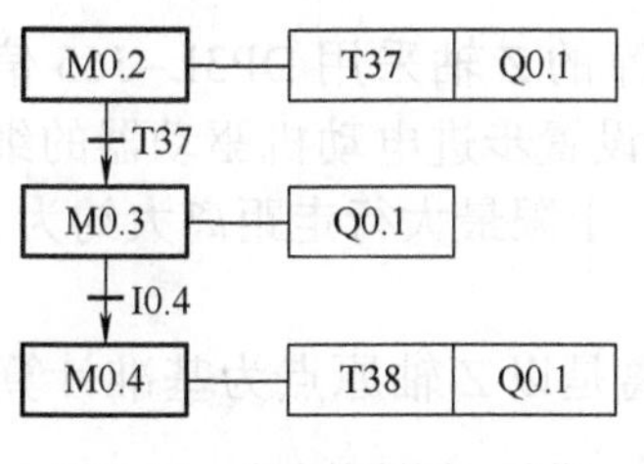

图 2-50 多步控制同一动作

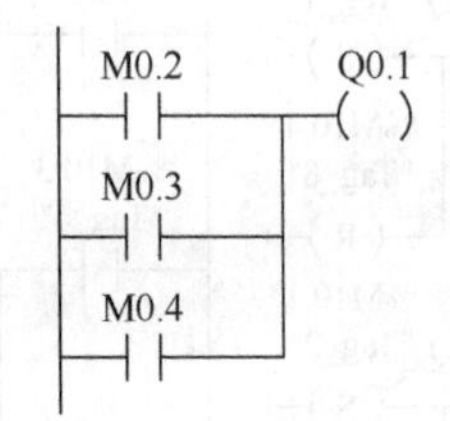

图 2-51　多步控制同一动作的正确处理程序

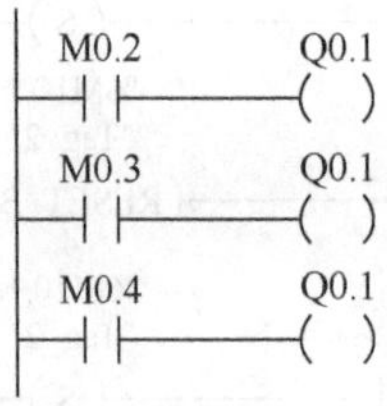

M0.2 Q0.1
M0.3 Q0.1
M0.4 Q0.1

图 2-52　多步控制同一动作的错误处理程序

任务实施

一、程序设计

1. 程序设计思路

由前述的立体仓库系统的控制要求可知，该系统需要控制的对象有手爪旋转阀、手爪伸出阀、手爪夹紧阀、气动滑台阀及步进电动机等。手爪旋转阀主要用来控制取料机械手的左旋和右旋动作；手爪伸出阀主要用来控制取料机械手臂的伸出与缩回动作；手爪夹紧阀主要用来控制手爪的夹紧与放松。这些电磁阀均采用了单向电控阀。步进电动机主要用来控制取料机械手在 Z 轴方向的位置。

通过分析可以发现，立体仓库系统 PLC 程序设计的关键包括以下三个主要部分：一是系统如何复位。系统复位不仅有电磁阀的逻辑控制，还有机械手的 Z 轴回原点控制。二是机械手进行取件的完整动作过程，这是一个顺序控制过程，其取件的动作流程是什么？如何绘制顺序功能图？是否可以采用清晰的顺序控制法来编程实现？三是机械手 Z 轴如何实现上升下降控制以便达到对应的工位。因为整个立体仓库有 3 层，每层有 2 个工位，机械手需要到指定层去取料，其核心就是 Z 轴的精确定位。根据前面的任务实践可知，需要用到高速脉冲输出定位控制指令，其位移是采用相对位置还是绝对位置可以自由设定。

2. 程序编写准备

（1）系统存储器设置　本程序中要用到系统初始上电标志，设置“系统及时钟存储器”参数，设置完成后，系统位 M0.0（First Scan）为初始上电标志。

（2）拓展模块 I/O 地址设置　本系统要用到拓展模块，用于设置开关量模块 SM1223 的 I/O 地址。

（3）轴组态设置　立体仓库的 Z 轴采用 DP3L-565 信捷步进电动机驱动器和 MP3-57H088 步进电动机驱动，初始设置步进电动机驱动器的细分系数为 5000，Z 轴螺杆的螺距为 3mm。Z 轴以原点为基础，上限最大行走距离大约为 35mm，下限最大行走距离大约为 135mm。

Z 轴上、下限最大行走距离是以 Z 轴原点为基准计算的，原点位置不同，此值也不同，可以根据实际值调整此值。

根据之前所学知识，参照图 2-53 ～图 2-59 组态立体仓库 Z 轴相关参数。

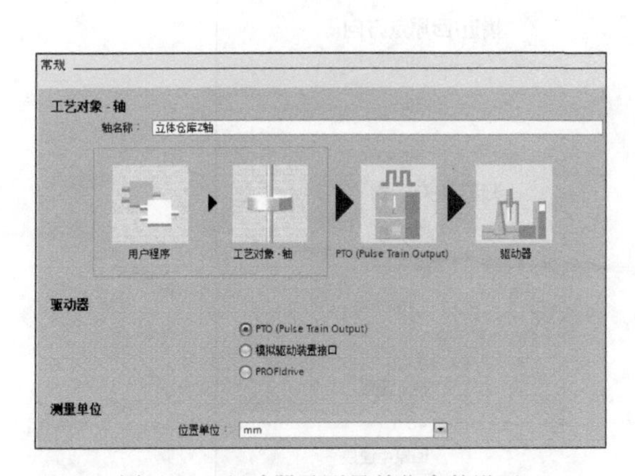

图 2-53　驱动器及测量单位参数设置

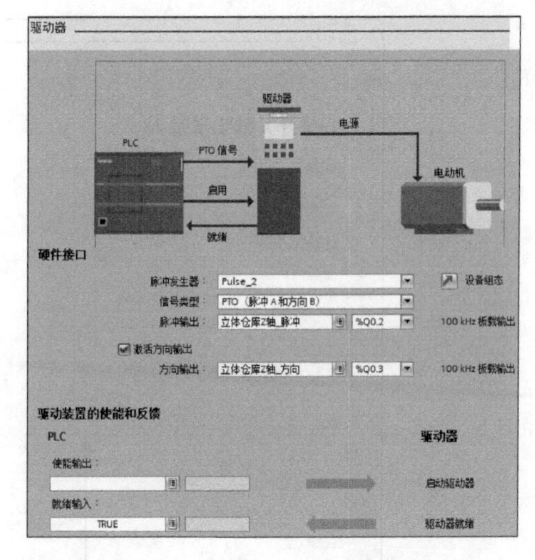

图 2-54　脉冲及方向参数设置

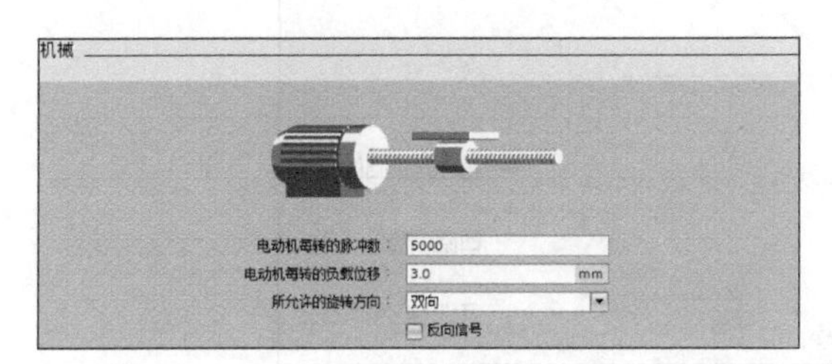

图 2-55　机械参数设置

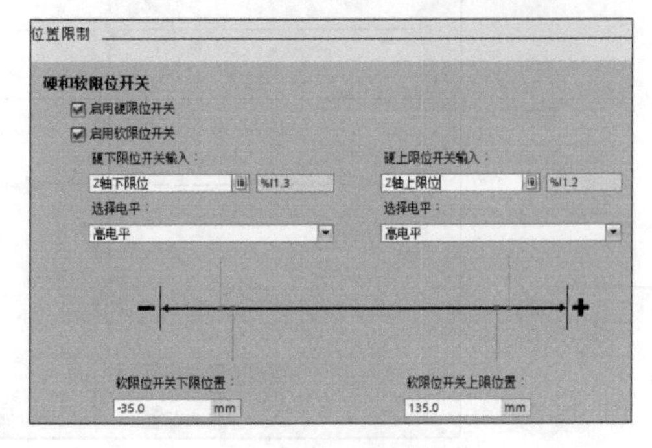

图 2-56　限位开关参数设置

在实际使用时，软限位可以不用设置，但硬限位要使用并且要设置正确，否则会造成Z轴限位出现故障而损坏立体仓库系统。

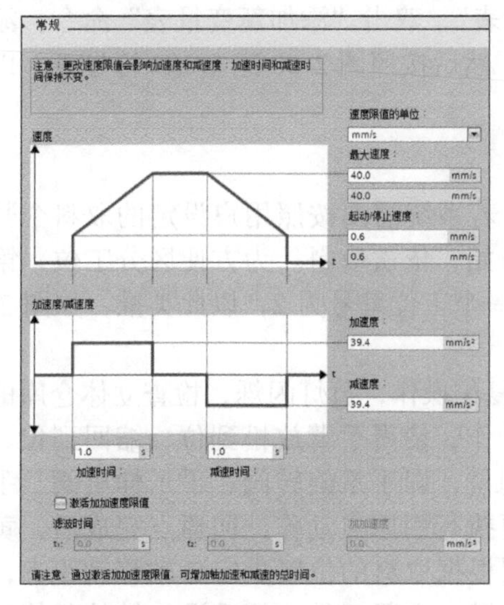

图 2-57　速度及加减速参数设置

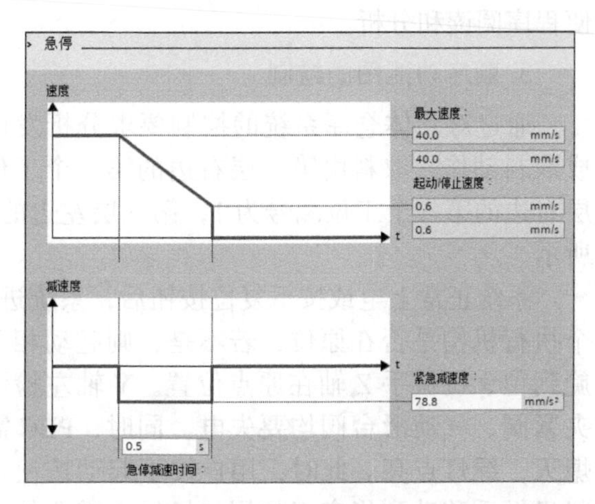

图 2-58　急停速度参数设置

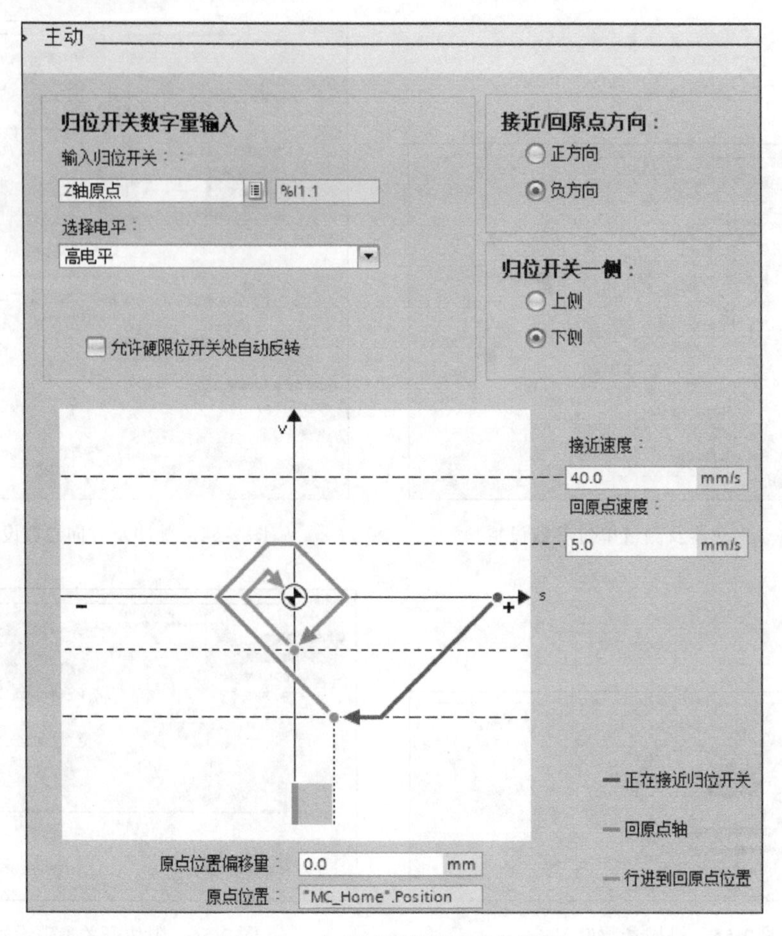

图 2-59 主动回原点速度参数设置

此处只是给出立体仓库系统轴的速度、加减速度时间等相关参考值，用户可以根据实际修改或反复测试，以取得更好的性能。

（4）符号表建立 打开项目树的“PLC 变量表”，双击“添加新变量表”命令，添加一个变量表并将名称修改为“立体仓库变量表”，然后按照图 2-60 建立 I/O 符号表，以方便程序阅读和分析。

3. 顺序功能图的绘制

通过对立体仓库系统的控制要求分析发现，若系统需要按照用户设定的取料个数完成取料动作，取料由第一层右边的第一个工位开始，依次取料。为方便区分工位，第一层右边的第一个工位编号为 1，第一层左边的第一个工位编号为 2，以此类推，如图 2-61 所示。

系统正常上电或按下复位按钮后，系统进行复位操作，黄灯闪烁，检查立体仓库的各个执行机构是否在原位，若不是，则起动相关动作，使得手臂放松到位、缩回到位、左旋到位、机械手 Z 轴在原点位置、Y 轴左检测到位，即手爪旋转阀、手爪伸出阀、手爪夹紧阀、气动滑台阀均要失电。同时，PLC 需要执行回原点动作，回原点完成后，黄灯熄灭，绿灯点亮。此时，用户按下起动按钮，则根据取料的位置决定 Z 轴移动距离，取料机械手移动到指定工位层，机械手需要伸出手臂，夹紧工件，然后沿 Z 轴抬起使工件离开工位，之后手臂缩回，右旋到位后，机械手沿 Z 轴方向下降至传输带上的工件位置，伸出手臂到位后，松开手爪放下工件，然后缩回手臂及右旋到位后，机械手沿 Z 轴方向回原点。到位后重新计算新的工件位置，得到 Z 轴的移动距离，然后判断是否已经达到用户指定取料个数或按下停止按钮，若已达到则系统停止；若没有达到，则机械手沿 Z 轴方向上升至指定工件层位后，进入下一周期取料动作。根据分析，绘制出图 2-62 所示的控制系统顺序功能图。

HenJia ▸ PLC_1 [CPU 1214C DC/DC/DC] ▸ PLC 变量 ▸ 立体仓库变量表 [30]

变量表_1

	名称	数据类型	地址 ▲	保持	可从 ...	从 H...	在 H...
1	Z轴原点	Bool	%I1.1	☐	☑	☑	☑
2	Z轴上限位	Bool	%I1.2	☐	☑	☑	☑
3	Z轴下限位	Bool	%I1.3	☐	☑	☑	☑
4	X轴左限位	Bool	%I1.4	☐	☑	☑	☑
5	X轴右限位	Bool	%I1.5	☐	☑	☑	☑
6	左旋到位	Bool	%I2.0	☐	☑	☑	☑
7	右旋到位	Bool	%I2.1	☐	☑	☑	☑
8	伸出到位	Bool	%I2.2	☐	☑	☑	☑
9	缩回到位	Bool	%I2.3	☐	☑	☑	☑
10	夹紧检测	Bool	%I2.4	☐	☑	☑	☑
11	起动按钮	Bool	%I4.5	☐	☑	☑	☑
12	停止按钮	Bool	%I4.6	☐	☑	☑	☑
13	复位按钮	Bool	%I4.7	☐	☑	☑	☑
14	Z 轴脉冲	Bool	%Q0.2	☐	☑	☑	☑
15	Z轴方向	Bool	%Q0.3	☐	☑	☑	☑
16	手爪旋转阀	Bool	%Q2.0	☐	☑	☑	☑
17	手爪伸出阀	Bool	%Q2.1	☐	☑	☑	☑
18	手爪夹紧阀	Bool	%Q2.2	☐	☑	☑	☑
19	气动滑台阀	Bool	%Q2.3	☐	☑	☑	☑
20	黄色指示灯	Bool	%Q4.1	☐	☑	☑	☑
21	绿色指示灯	Bool	%Q4.2	☐	☑	☑	☑
22	红色指示灯	Bool	%Q4.3	☐	☑	☑	☑
23	移动工件计数	Byte	%MB2	☐	☑	☑	☑
24	旋转轴使能状态	Bool	%M10.0	☐	☑	☑	☑
25	轴回原点完成	Bool	%M10.1	☐	☑	☑	☑
26	复位按钮上升沿	Bool	%M11.0	☐	☑	☑	☑
27	起动按钮上升沿	Bool	%M11.1	☐	☑	☑	☑
28	旋转轴使能完成上升沿	Bool	%M11.3	☐	☑	☑	☑
29	移动完成标志	Bool	%M11.4	☐	☑	☑	☑
30	Z轴移动距离	Real	%MD20	☐	☑	☑	☑

图 2-60　立体仓库系统的变量表

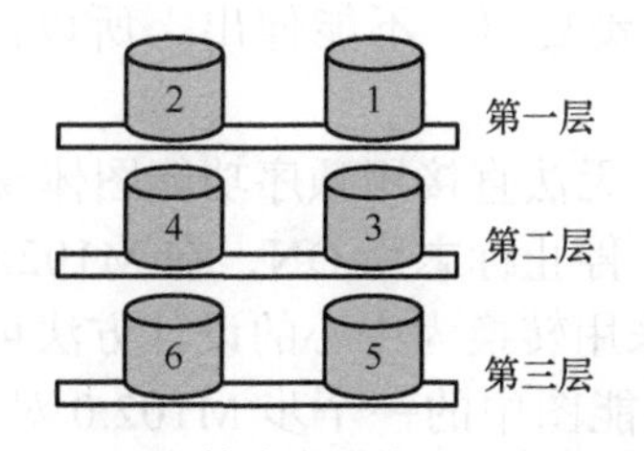

图 2-61　立体仓库系统的工作流程图

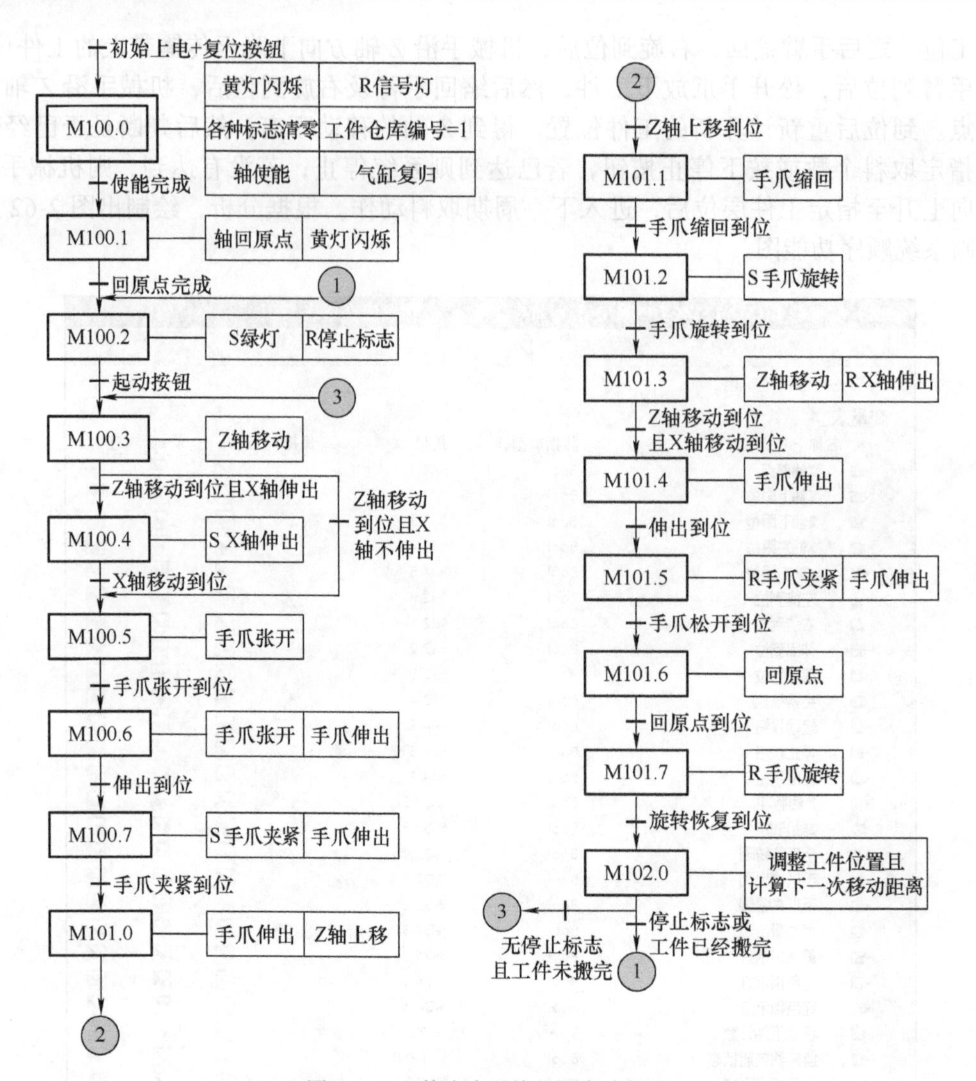

图 2-62　立体仓库系统的顺序功能图

4. 典型程序设计

根据前面对系统的控制要求分析，要完成任务，应注意定位指令的使用。系统中，由于工件位置、放料位置是固定的，所以定位指令采用绝对指令完成。而向上抬起动作采用相对定位指令比较方便，不用每个都去计算抬起位置的绝对坐标。

对图 2-62 进行分析，在 2、4、6 工件位置，X 轴需要伸出，在 1、3、5 工件位置，X 轴不用伸出，放料时候 X 轴要复归，不能伸出，所以注意步 M100.4 和 M101.3 关于 X 轴的处理方法。

停止按钮的按下是随机的，无法直接用顺序功能图体现，所以单独利用程序设置一个停止标志。当按下停止按钮时，停止标志为 ON，在 M102.0 步检查停止标志。

根据绘制的顺序功能图，采用转换为中心的设计方法可以很方便地转换成 PLC 程序，此处只给出图 2-62 所示顺序功能图中的一个步 M102.0 对应的动作及转换梯形图的设计说明，如图 2-63 所示。

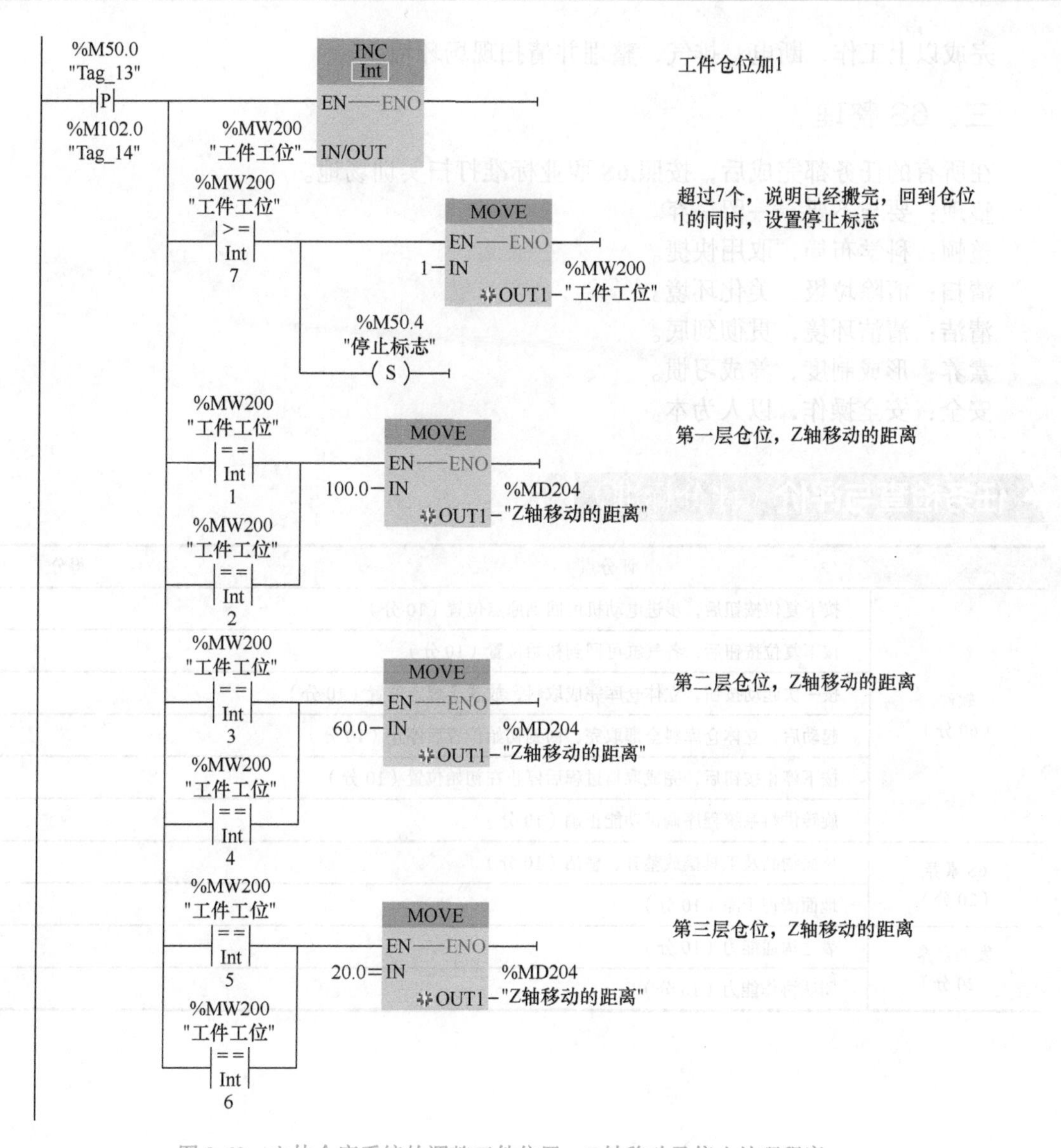

图 2-63 立体仓库系统的调整工件位置、Z 轴移动及停止处理程序

二、程序下载和运行

按照任务 3“气路、电路的装调与测试”部分所述的步骤完成步进驱动器参数设置、硬件装接和测试，确认无误后，使用网线连接计算机与 PLC 系统，确认 PLC 的型号为 S7–1215C，编译正确，将编译好的程序下载到 PLC 中，观察实际运行效果：第一次上电或按下复位按键，PLC 输出 Q2.0 ～ Q2.3 为“0”状态，其对应的手爪旋转阀、手爪伸出阀、手爪夹紧阀、气动滑台阀均失电。同时，机械手自动回原点，原点传感器状态指示灯点亮。

此时，若按下起动按钮，查看其动作是否与立体仓库系统动作流程对应，若对应，则系统功能实现；若不对应，则依次按照动作流程查看 PLC 上的输出点位信号或转移条件是否满足，一一进行故障排查。

完成以上工作，断电，排气，整理并清扫现场环境。

三、6S 整理

在所有的任务都完成后，按照 6S 职业标准打扫实训场地。

整理：要与不要，一留一弃。

整顿：科学布局，取用快捷。

清扫：清除垃圾，美化环境。

清洁：清洁环境，贯彻到底。

素养：形成制度，养成习惯。

安全：安全操作，以人为本。

任务检查与评价（评分标准）

评分点		得分
软件（60分）	按下复位按钮后，步进电动机可回到原点位置（10分）	
	按下复位按钮后，各气缸可回到初始位置（10分）	
	按一次起动按钮，立体仓库完成取料，放置于规定位置（10分）	
	起动后，立体仓库料全部取完，回到初始位置后停止（10分）	
	按下停止按钮后，完成取料过程后停止在初始位置（10分）	
	旋转供料系统程序调试功能正确（10分）	
6S 素养（20分）	桌面物品及工具摆放整齐、整洁（10分）	
	地面清理干净（10分）	
发展素养（20分）	表达沟通能力（10分）	
	团队协作能力（10分）	

项目3 温度控制系统设计与调试

证书技能要求

可编程控制器应用编程职业技能等级证书技能要求（中级）	
序号	职业技能要求
1.3.1	能够根据要求完成简单过程控制系统的方案设计
1.3.2	能够根据要求完成简单过程控制系统的设备选型
1.3.3	能够根据要求完成简单过程控制系统的原理图绘制
1.3.4	能够根据要求完成简单过程控制系统的接线图绘制
2.3.1	能够根据要求完成电压型模拟量输入模块配置
2.3.4	能够根据要求完成电流型模拟量输出模块配置
2.3.5	能够根据要求完成 PID 参数配置
3.3.1	能够调用 PID 指令，并完成 PID 参数设定
3.3.2	能够根据要求完成模拟量到工程量的转换
3.3.3	能够根据要求完成过程控制程序的编写
3.3.4	能够使用人机界面完成过程数据的图形化展示
4.3.1	能够完成 PLC 程序的调试
4.3.2	能够通过 PID 参数整定完成任务要求
4.3.3	能够使用图形化工件显示数据
4.3.4	能够使用图形化数据优化 PID 参数

项目导入

温度控制系统是自动控制系统中最常见的过程控制系统之一。本系统集成了温度传感器、模拟量输入 / 输出控制、PID 控制算法及触摸屏等。通过本项目的学习，学生可以掌握人机界面设计、人机界面与 PLC 通信、模拟量输入 / 输出及转换、PID 算法控制等内容。

本项目包含三个任务。任务 1：人机界面的设计与调试，学习人机界面的界面设计、人机界面与 PLC 的联机调试等；任务 2：温度控制系统控制电路设计，学习温度控制系统的硬件组成、PLC 的模拟量输入 / 输出模块、温度控制系统的接线等；任务 3：温度控制系统程序设计，学习模拟量输入 / 输出通道的组态及编程、函数和函数块的生成与调用、PID 指令的组态与编程、温度控制系统控制程序的编程与调试。

学习目标

本项目通过温度控制系统的设计，培养学生对于人机界面、模拟量输入 / 输出、PID 算法、简单过程控制系统的编程与调试的能力。

知识目标	了解温度控制模块的组成 理解人机界面的工作原理 理解模拟量输入 / 输出模块的工作原理 理解 PID 算法的工作原理 掌握过程控制类程序的设计
技能目标	能够完成人机界面程序设计与通信 能够绘制 PLC、模拟量模块的外部接线图 能够编制温度控制系统程序 能够实现简单过程控制系统的调试
素养目标	提高自我学习、信息处理、数字应用等方法能力 提高与人合作、解决问题、创新发展等社会能力 提高整理、整顿、清扫、清洁、素养、安全等 6S 管理素养能力

培训条件

分类	名称	实物图 / 型号	数量 / 备注
硬件准备	温度控制系统模块		1
软件准备	TouchWin 编辑工具	TouchWin V2.E.5 及以上	软件版本周期性更新
	S7-1200 PLC 编程软件	TIA Portal V15.1 及以上	软件版本周期性更新

任务 1 人机界面的设计与调试

任务分析

一、控制要求

使用信捷 TGM765S-ET 触摸屏模拟实现下述功能：设置温度控制系统的相关参数，显示温度控制系统的相关运行状态，实现温度控制系统设定温度及温度差值的输入、料台伸缩阀的手动操作及状态指示等功能，完成人机界面设计、变量连接和系统调试。

二、学习目标

1. 了解人机界面的组成、特点。
2. 掌握人机界面的绘制和模拟调试。
3. 掌握人机界面与 PLC 的模拟调试。

三、实施条件

名称	型号	数量
工业触摸屏	TGM765S-ET	1

任务准备

一、认识 TGM765S-ET 人机界面

本系统使用的是信捷 TGM765S-ET 型号的人机界面，它具有全新超薄外观设计，具有多种下载方式（以太网、USB 口、U 盘导入），具备穿透功能，可通过触摸屏上传 / 下载信捷 XD/XL/XG 系列 PLC 程序，其设备参数如下：

1）1677 万色，画质细腻无痕，显示效果媲美液晶显示器。
2）下载、启动、运行，三位一体的超高速响应。
3）支持 C 语言脚本功能、运算、自由协议编写、绘图，提高编程自由度。
4）支持 BMP、JPEG 格式图片显示。
5）丰富的立体 3D 图库，画面更生动。
6）灵活的部件选择空间，自定义动画轨迹设计。
7）数据采集保存功能，支持时间趋势图、XY 趋势图等多种形式的数据管理方式。
8）配方数据的存储与双向传送，提高工作效率等。

TGM765S-ET 型人机界面如图 3-1 所示。

1. 型号说明

TGM 系列网络型触摸屏型号组成如图 3-2 所示，型号说明见表 3-1。

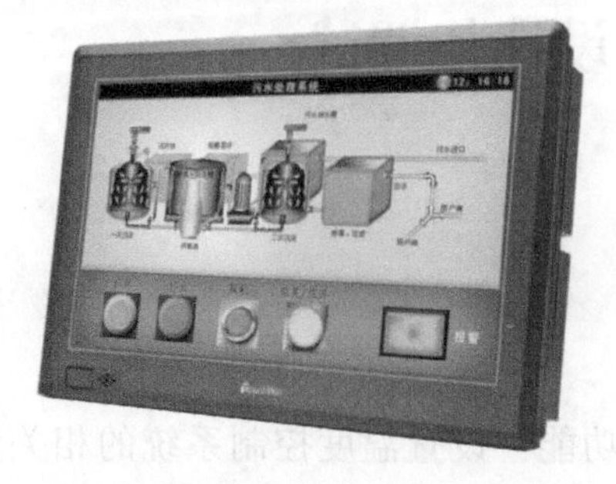

图 3-1 TGM765S-ET 型人机界面

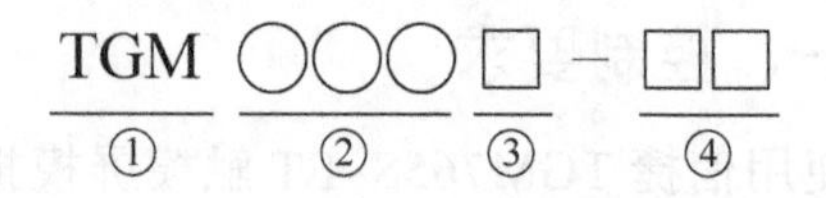

图 3-2 TGM 系列网络型触摸屏型号组成

表 3-1 TGM 系列网络型触摸屏型号说明

①	系列名称	TGM 系列网络型触摸屏
②	显示尺寸	465：4.3in（1in=2.54cm）
		765：7in
		865：8in
		A63：10.1in
		C65：15.6in
③	产品类型	S：超薄款，黑色面膜
④	接口类型	ET：配备 USB-B 口、USB-A 口、以太网口、两个串口
		MT：配备 USB-B 口、USB-A 口、两个串口
		MT2：配备两个串口、USB-B 口、USB-A 口

2. 接口说明

图 3-3 所示为 TGM 系列人机界面背面接口示意图。

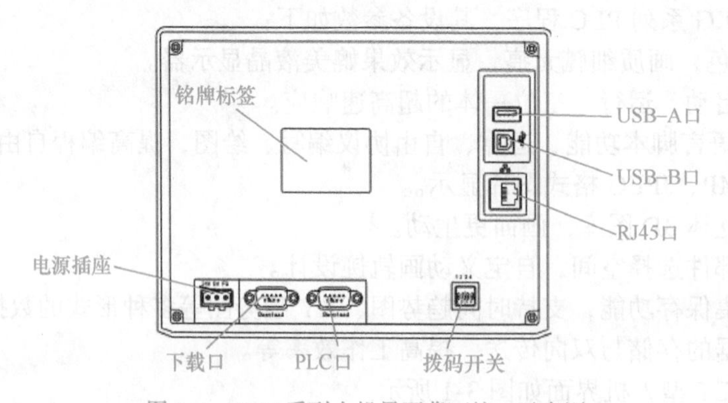

图 3-3 TGM 系列人机界面背面接口示意图

信捷 TGM 系列人机界面接口说明见表 3-2。

表 3-2 TGM 系列人机界面接口说明表

外观	名称	功能
1234	拨码开关	用于设置强制下载、触控校准等
Download	COM1 通信口（Download 口）	支持 RS232/RS485 通信
PLC	COM2 通信口（PLC 口）	支持 RS232/RS485/RS422 通信
	USB–A 接口	可插入 U 盘存储数据，U 盘导入工程（下位机版本为 V2.D.3c 及以上）
	USB–B 接口	连接 USB 线上传 / 下载程序
	RJ45 接口	支持与 TBOX、西门子 S7–1200、西门子 S7–200 Smart 及其他 Modbus–TCP 设备通信

二、认识人机界面编辑软件 TouchWin

1. TouchWin 软件的安装

1）软件来源：进入信捷官方网站“ www.xinje.com”服务与支持栏目下获取软件安装包及安装说明书。

2）计算机硬件配置：INTEL Pentium Ⅱ以上等级 CPU；64MB 以上内存；最少 1GB 以上磁盘空间的硬盘；分辨率 800 × 600 以上的 32 位真彩色显示器。

3）操作系统：Windows XP/Windows 7/Windows 8/Windows 10 均支持。

TouchWin 软件安装过程比较简单，在此不做赘述。软件安装完成后，将在桌面上出现图 3-4a 所示快捷图标。要执行程序时，可双击该图标，或者从图 3-4b 所示“Windows/所有程序”中选择“TouchWin 编辑工具 /TouchWin 编辑工具”打开 TouchWin 编辑软件。

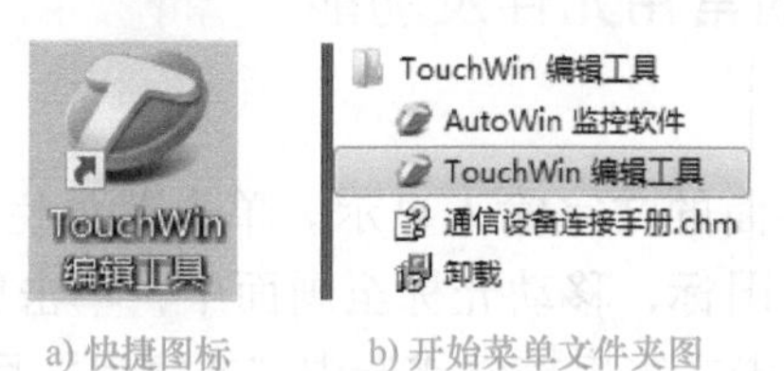

a) 快捷图标　　b) 开始菜单文件夹图

图 3-4 TouchWin 编辑软件快捷图标及开始菜单文件夹图

2. TouchWin 编辑软件画面及窗口

打开人机界面编辑软件 TouchWin，画面如图 3-5 所示。

1）工程区：涉及画面及窗口的新建、删除、复制、剪切等基本操作。

2）画面编辑区：工程画面制作平台。

3）菜单栏：共有 7 组菜单，包括文件、编辑、查看、部件、工具、视图、帮助。

4）工具栏：包括 Stand、画图、操作、缩放、图形调整、显示器、状态、部件等工具栏操作。

5）状态栏：显示触摸屏型号、PLC 口连接设备、下载口连接设备、光标当前在画面编辑区的坐标等。

图 3-5　TouchWin 编辑软件画面及窗口介绍

三、认识人机界面的常用元件及功能

1. 文字串

文字串主要用于人机界面的文字输入显示。单击菜单栏“部件（P）/ 文字（T）/ 文字串（T）”或工具栏“A”图标，移动光标至画面中，单击鼠标左键放置，右击或通过 ESC 键取消放置。可通过双击文字串控件或选中“文字串”后右击，选择“属性”，或选中文字串控件后单击“ ”按钮，进入图 3-6 所示的文字串控件属性设置对话框，进行文字串重命名及更改字体、设置文字串控件的位置和大小、设置文字串控件外观色 / 背景色 / 文字色等操作。

2. 指示灯

指示灯主要用于显示对象的状态。单击菜单栏“部件（P）/ 操作键（O）/ 指示灯（L）”

或部件栏的“ ”图标，移动光标至画面中，单击鼠标左键放置，右击或通过 ESC 键取消放置。

1）指示灯的对象属性设置对话框如图 3-7 所示，设置指示灯触发信号的设备、对象类型及地址号。指示灯是双态部件，与之关联的对象类型只能是继电器类型或寄存器的某个位。

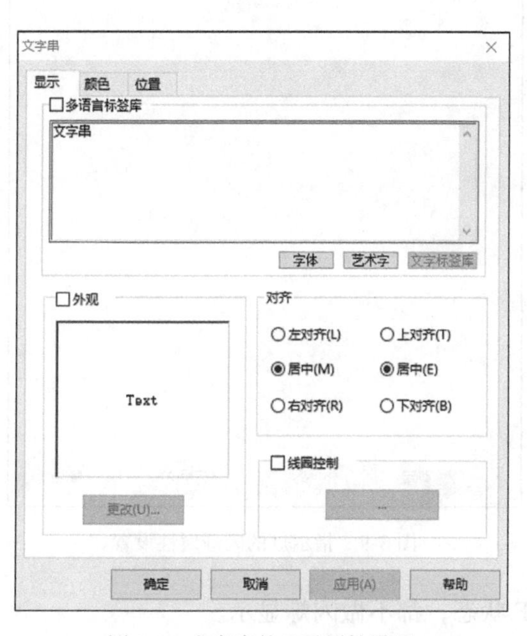

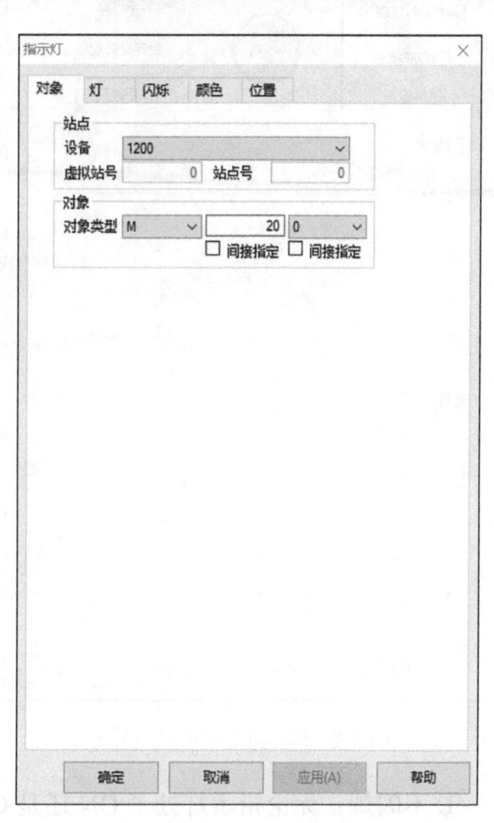

图 3-6　文字串的显示属性设置　　图 3-7　指示灯的对象属性设置

2）在图 3-8 所示的指示灯的灯属性设置对话框，可设置指示灯的外观及文字显示等属性。

① ON 状态：右框即为对象线圈处于 ON 状态下的指示灯显示。

② OFF 状态：右框即为对象线圈处于 OFF 状态下的指示灯显示。

③ 更换外观：修改指示灯外观，属于软件自带的图库，用户可以自行选择；选择库 1 和库 2 的外观，除文字颜色外，其他颜色不支持修改。

④ 自定义外观：打开素材库修改指示灯外观，属于用户定义的图库，ON 状态和 OFF 状态需分别设置。

⑤ 保存外观：存储指示灯外观，方便后续人机界面设计时使用。

⑥ 文字：修改指示灯文字内容、字体、对齐方式，可设置是否使用多语言。

⑦ 对齐：设置指示灯文字提示内容在外观样式框中的水平和垂直对齐方式。

⑧ 线圈控制：使用线圈控制指示灯是否显示，当该线圈置 ON 时，显示指示灯。

3）指示灯的闪烁属性设置如图 3-9 所示。

图 3-8 指示灯的灯属性设置

图 3-9 指示灯的闪烁属性设置

① 不闪烁：无论指示灯处于 ON 还是 OFF 状态，都不做闪烁显示。

② ON 状态闪烁：指示灯处于 ON 状态时以闪烁的表现形式进行。

③ OFF 状态闪烁：指示灯处于 OFF 状态时以闪烁的表现形式进行。

④ 速度：当指示灯在闪烁的状态下选择闪烁速度，即慢闪或快闪。

3. 按钮

按钮主要实现相关开关量的位操作。单击菜单栏“部件（P）/ 操作键（O）/ 按钮（B）”或部件栏“ ”图标，移动光标至画面中，单击鼠标左键放置，右击或通过 ESC 键取消放置。

1）按钮的对象属性设置如图 3-10 所示。

① 设备：当前进行通信的设备口。

② 对象：设置按钮触发信号的对象类型及地址号。

③ 间接指定：设置当前地址偏移量，当前位地址随着间接指定寄存器值的变化而变化，即 Mx［Dy］=M［x+Dy 数值］（x，y=0，1，2，3…），此处一般不使用。对于所有使用间接指定的元件，建议间接指定地址使用人机界面内部地址（PSW、PFW 内部地址类型），否则会导致通信变慢。

按钮元件只可以对开关量进行位操作，不可以显示操作后的位状态，如果既要进行位控制又要显示该位的状态，可以换用指示灯按钮元件。

2）按钮的操作属性设置如图 3-11 所示。

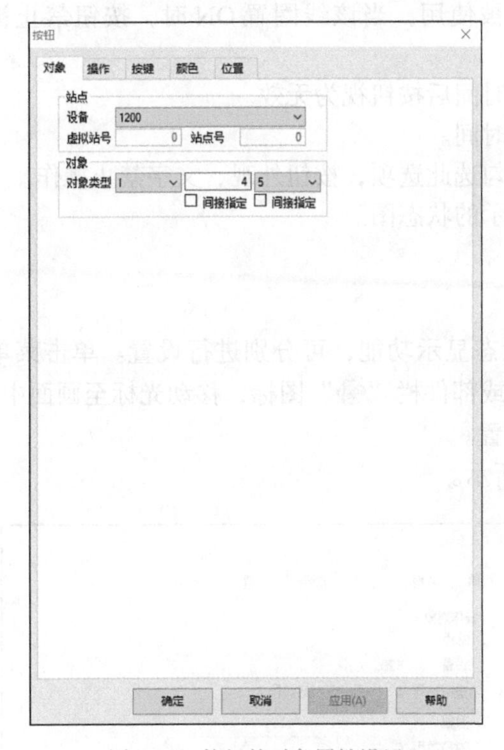

图 3-10 按钮的对象属性设置

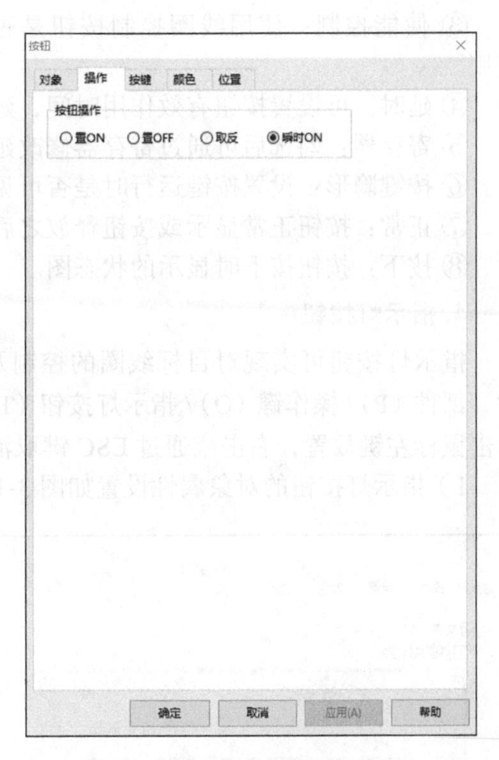

图 3-11 按钮的操作属性设置

① 置 ON：将控制线圈置逻辑 1 状态。
② 置 OFF：将控制线圈置逻辑 0 状态。
③ 取反：将控制线圈置相反状态。
④ 瞬时 ON：按键按下时，线圈为逻辑 1 状态；释放时，线圈为逻辑 0 状态。
按钮操作状态示意图如图 3-12 所示。

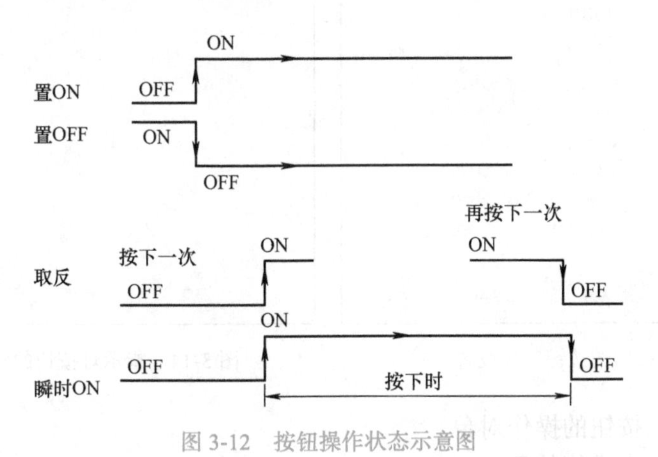

图 3-12 按钮操作状态示意图

3）按钮的按键属性设置如图 3-13 所示。
① 文字：修改按钮显示的文字内容和字体，可设置是否使用多语言显示。

② 显示控制：使用线圈控制按钮是否显示，当该线圈置 ON 时，显示按钮。

③ 使能控制：使用线圈控制按钮是否可被使用，当该线圈置 ON 时，按钮禁止被使用。

④ 延时：可设置按钮有效作用时间，延时时间后按钮视为无效。

⑤ 寄存器：勾选后可通过寄存器修改延时时间。

⑥ 按键隐形：设置按键运行时是否可见，勾选此选项，按钮外观、文字禁止操作。

⑦ 正常：按钮正常显示或按钮释放之后显示的状态图。

⑧ 按下：按钮按下时显示的状态图。

4. 指示灯按钮

指示灯按钮可实现对目标线圈的控制及状态显示功能，可分别进行设置。单击菜单栏“部件（P）/ 操作键（O）/ 指示灯按钮（T）”或部件栏“ ”图标，移动光标至画面中，单击鼠标左键放置，右击或通过 ESC 键取消放置。

1）指示灯按钮的对象属性设置如图 3-14 所示。

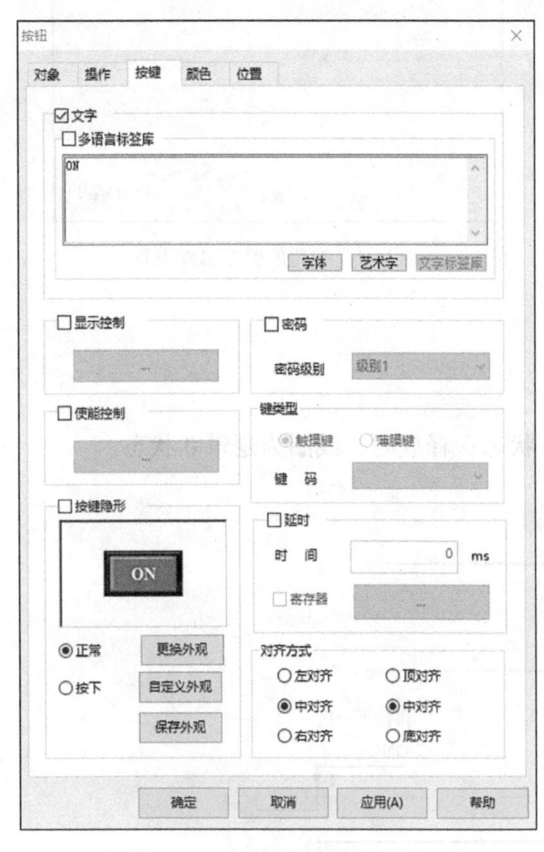

图 3-13 按钮的按键属性设置

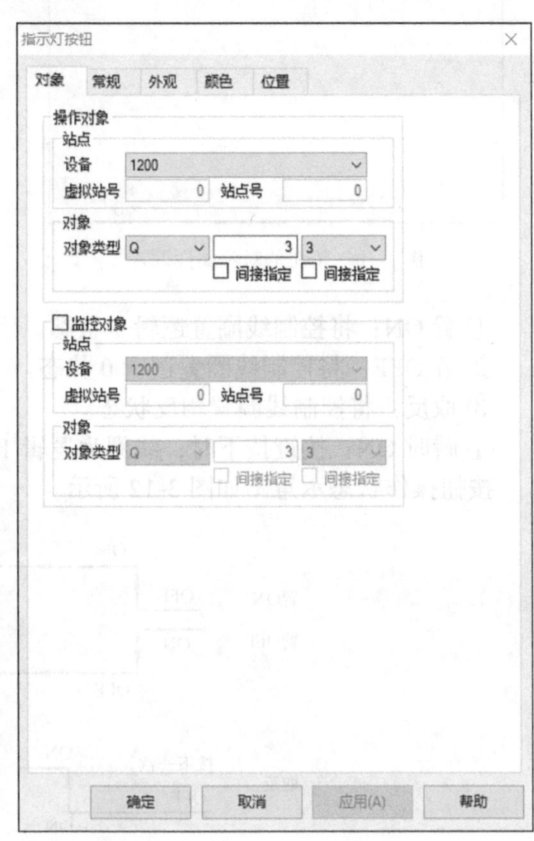

图 3-14 指示灯按钮的对象属性设置

① 操作对象：按钮的操作对象。

② 监控对象：指示灯的显示对象。

监控对象未勾选时，默认为显示对象与操作对象一致，不可修改；勾选时，可选择监控目标的设备站点号及对象类型。

2）指示灯按钮的外观属性设置如图 3-15 所示。

① ON 状态：右框即为“对象”选项中“监控对象”处于 ON 状态下的指示灯显示。

② OFF 状态：右框即为“对象”选项中“监控对象”处于 OFF 状态下的指示灯显示。

③ 按下状态：针对“对象”选项中“操作对象”按下时的显示外观。

④ 释放状态：针对“对象”选项中“操作对象”释放时的显示外观。

⑤ 更换外观：修改指示灯按钮的外观，属于软件自带的图库，用户可以自行选择；选择库 1 ～库 4 的外观，除文字颜色外，其他颜色不支持修改。

⑥ 自定义外观：打开素材库修改指示灯按钮的外观，属于用户定义的图库，ON 状态和 OFF 状态需分别设置。

⑦ 保存外观：存储指示灯按钮外观，方便后期使用。

⑧ 文字：修改指示灯按钮文字内容和字体，可设置是否使用多语言显示。

⑨ 对齐：设置指示灯按钮文字内容在外观样式框中的水平和垂直对齐方式。

5. 画面跳转

画面跳转按钮用于实现各界面之间的相互切换。单击菜单栏“部件（P）/ 操作键（O）/ 画面跳转（I）”或显示器栏“”图标，移动光标至画面中，单击鼠标左键放置，右击或通过 ESC 键取消放置。画面跳转按钮的操作属性设置如图 3-16 所示。

图 3-15 指示灯按钮的外观属性设置

图 3-16 画面跳转按钮的操作属性设置

① 跳转画面号：输入跳转画面号，即将要跳转至对应画面的画面编号。

② 登录模式：此模式下，无须设置权限，直接跳转画面。

③ 验证模式：此模式下，实行密码保护，输入正确密码后才可进行画面跳转，与“按键”选项中“密码”相对应。

6. 数据显示

数据显示实现对象寄存器的数值内容显示。单击菜单栏“部件（P）/ 显示（D）/ 数据显示（D）”或部件栏“999”图标，移动光标至画面中，单击鼠标左键放置，右击或通过 ESC 键取消放置。

1）数据显示的对象属性设置如图 3-17 所示。

① 对象：设置数据显示对象类型及地址号。

② 数值：设置数据类型为单字或双字，浮点数必须设置数据类型为双字（DWord）。

2）数据显示的显示属性设置如图 3-18 所示。

① 类型：选择数据显示格式，可以是十进制、十六进制、浮点数和无符号数。

② 长度：数据显示的总位数和小数位长度设置，单字（Word）位数最大为 5，双字（DWord）整数部分位数最大为 10；如果数据设置为十进制或无符号数，并设置了小数位，那么显示在人机界面上的数据为“假小数”，即数据显示有小数位，但显示数据为原数据的 $1/10^n$（n 为保留的小数点后的位数）；例如，设置 D0 为单字无符号数，数据位数为 5，小数位为 2，通信设备中的实际数值是 12345，在人机界面上会显示 123.45。

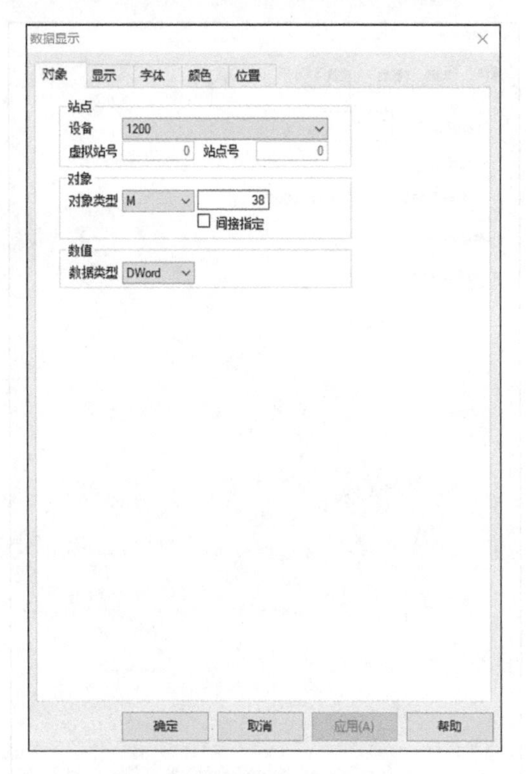

图 3-17 数据显示的对象属性设置

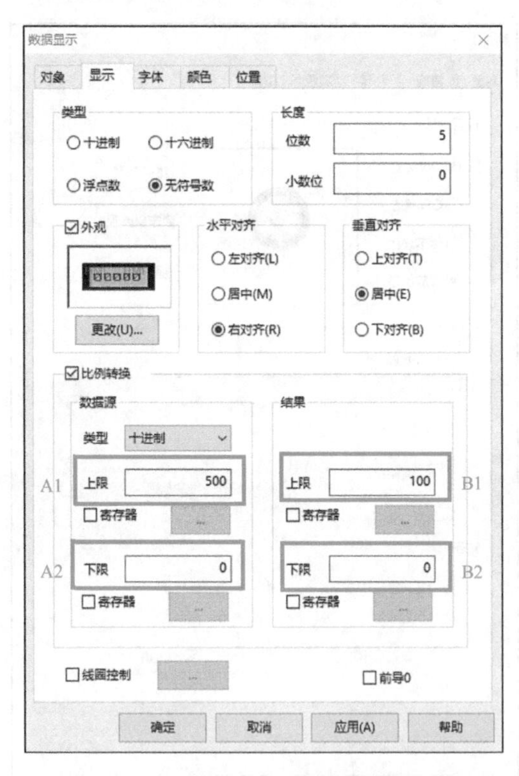

图 3-18 数据显示的显示属性设置

③ 外观：选择是否需要数据显示边框，可通过“更改”按钮进行外观修改；选择库 1 的外观，除文字颜色外，其他颜色不支持修改。

④ 水平对齐：设置数据在外观样式框中的水平对齐方式。

⑤ 垂直对齐：设置数据在外观样式框中的垂直对齐方式。

⑥ 比例转换：显示数据由寄存器中的原始数据经过换算后所获得，选择此项功能需设定数据源和输出结果的上下限，上下限可以为常数，也可以由数据寄存器指定；数据源为下位通信设备中的数据，结果为经过比例转换后显示在人机界面上的数据。

计算公式：$比例转换后的结果=\dfrac{B1-B2}{A1-A2}\times\left(数据源数据-A2\right)+B2$

其中：A1 和 A2 分别代表比例转换中数据源上限和下限；B1 和 B2 分别代表比例转换中结果的上限和下限。

比例转换后结果类型为十进制或无符号数时，结果四舍五入；比例转换为十进制转无符号数，显示格式必须设置为十进制；数据做比例转换时，请先设置好上下限，再输入待转换数据。

⑦ 线圈控制：使用线圈控制数据显示是否显示，当该线圈置 ON 时，显示数据显示。

⑧ 前导 0：数据位数未满足位数时以 0 补充，例如，寄存器数值为 23，数据显示设置位数 5，小数位为 0，选择前导 0 时，数据显示则为“00023”。

7. 数据输入

通过数字小键盘实现数值输入功能。单击菜单栏“部件（P）/ 输入（I）/ 数据输入（I）”或部件栏“23”图标，移动光标至画面中，单击鼠标左键放置，右击或通过 ESC 键取消放置。

1）数据输入的对象属性设置如图 3-19 所示。

① 操作对象：数据输入对象寄存器。

② 监控对象：数据输入框显示寄存器数据值。

监控对象未勾选时，默认为显示对象与操作对象一致，不可修改；勾选时，可选择监控目标的设备站点号及对象类型。浮点数必须设置数据类型为双字（DWord）。

2）数据输入的显示属性设置如图 3-20 所示。

① 类型：选择数据显示格式，可以是十进制、十六进制、浮点数和无符号数。

② 长度：数据显示的总位数和小数位长度设置，单字（Word）位数最大为 5，双字（DWord）整数部分位数最大为 10；如果数据设置为十进制或无符号数，并设置了小数位，那么输入通信设备的数据为“假小数”形式，即实际数据无小数位，但被扩大了小数位数倍；例如，设置 MW10 为单字无符号数，数据位数为 5，小数位为 2，在人机界面上输入 123.45，在通信设备中实际监控到的数值是 12345。

③ 外观：选择是否需要数据输入边框，可通过“更改”按钮进行外观修改；选择库 1 的外观，除文字颜色外，其他颜色不支持修改。

④ 水平对齐：设置数据在外观样式框中的水平对齐方式。

⑤ 垂直对齐：设置数据在外观样式框中的垂直对齐方式。

⑥ 显示控制：使用线圈控制数据输入是否显示，当该线圈置 ON 时，显示数据输入。

⑦ 使能控制：使用线圈控制数据输入是否可被使用，当该线圈置 ON 时，部件不可以被使用。

⑧ 前导 0：数据位数未满足位数时前面以 0 补充，例如，数据输入设置位数为 5，小数位为 0，选择前导 0 时，输入数据输入 23，输入框中显示“00023”。

⑨ 密码：数据以密码的形式显示，即显示“*”号。

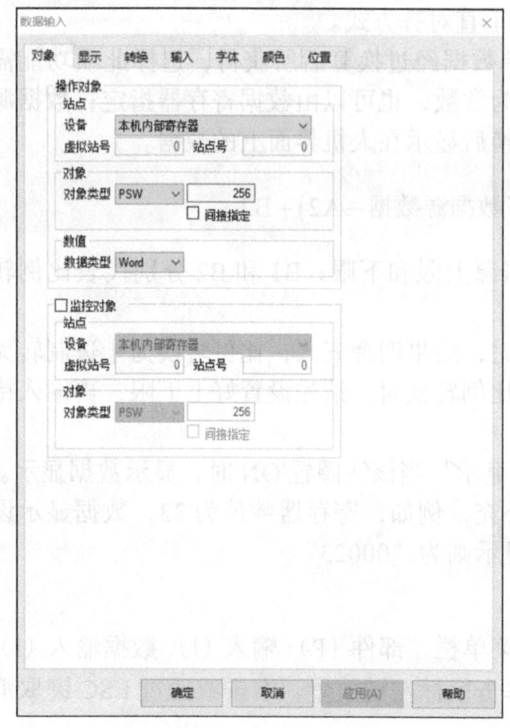

图 3-19　数据输入的对象属性设置

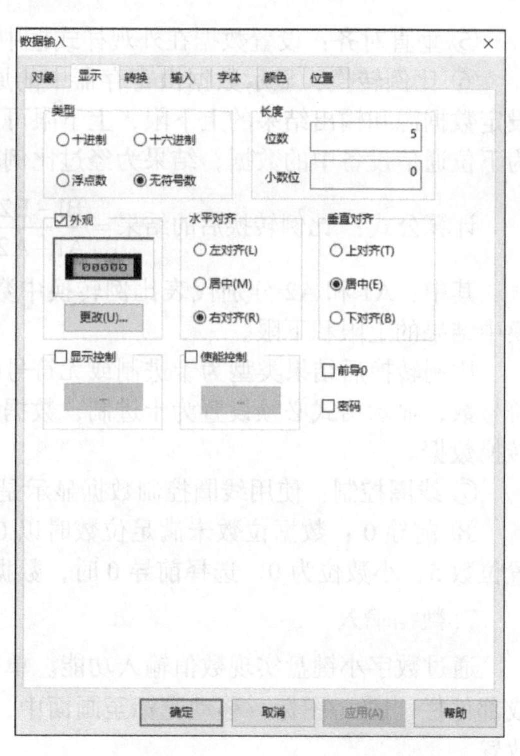

图 3-20　数据输入的显示属性设置

在数据输入属性对话框“输入”选项卡中可设置输入上限和输入下限，并且可设置是否弹出键盘及选择弹出的键盘样式，如图 3-21 所示。

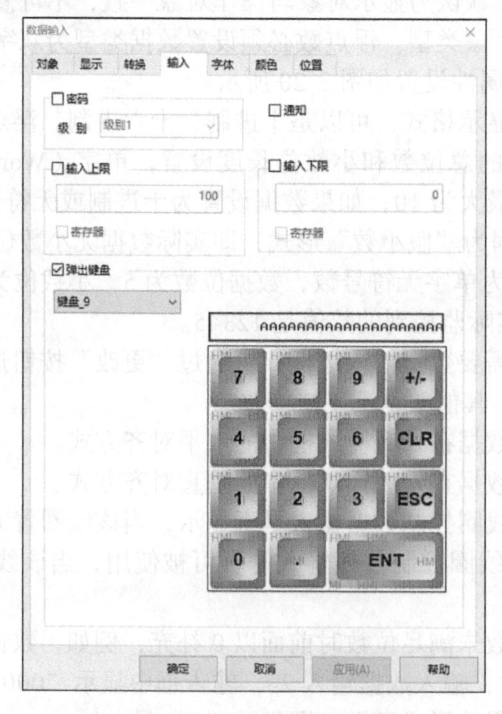

图 3-21　数据输入的输入属性设置

任务实施

一、创建工程

（1）新建工程　打开 TouchWin 编辑工具软件，单击标准工具栏“🗋”图标或“文件”菜单下的“新建”命令，如图 3-22 所示。

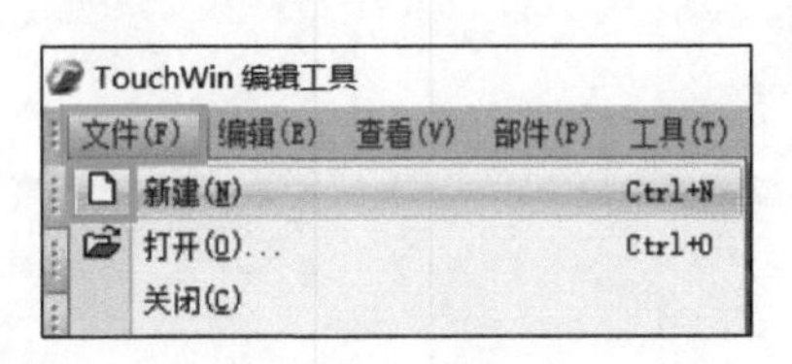

图 3-22　新建人机界面工程

（2）选择显示器型号　根据实际选择型号为“TGM765（S）–MT/UT/ET/XT/NT”的显示器，如图 3-23 所示。

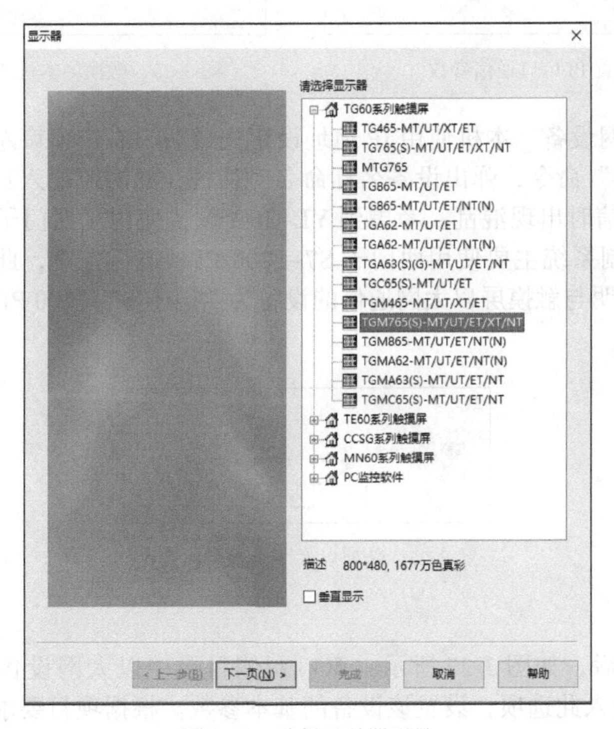

图 3-23　选择显示器型号

（3）设置 PLC 口　设备模式默认选择为“单机模式”，PLC 口选择“不使用 PLC 口”，设置 PLC 口通信参数对话框如图 3-24 所示。

（4）设置本机使用 IP 地址　设定触摸屏本地 IP 地址以及与其通信的以太网设备的目标 IP 地址。通过以太网下载程序，则需要事先在触摸屏的系统菜单中设置触摸屏本地 IP 地址（详见图 3-25）。单击“设备”目录下的“以太网设备”，设定触摸屏“本机使用 IP 地址”，根据 YL–36A 设备要求设定本机使用 IP 地址为“192.168.0.1”，子网掩码为“255.255.255.0”，默认网关为“192.168.0.1”，如图 3-25 所示。

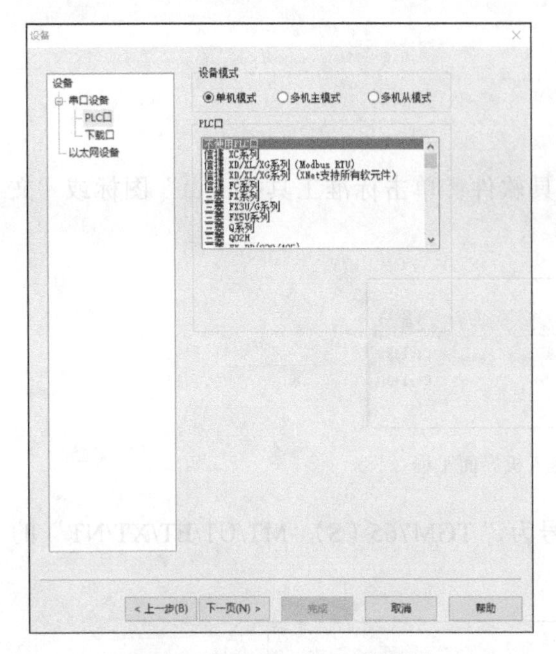

图 3-24　设置 PLC 口通信参数

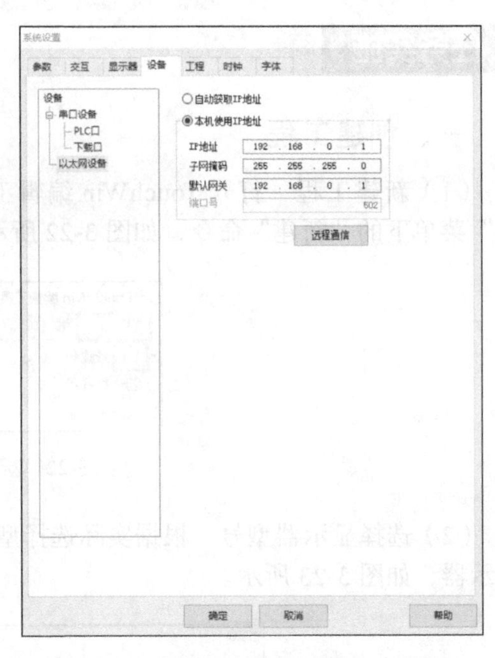

图 3-25　触摸屏本机使用 IP 地址设置

（5）新建以太网设备　本机使用 IP 地址设定完成后，右击窗口左侧目录的“以太网设备”，单击“新建”命令，弹出设备名称命名对话框，此时应输入具有标识度的设备名称，避免多设备通信时出现混乱。考虑到 YL-36A 设备使用了西门子和信捷两个品牌的 PLC，而本温度控制系统主要使用西门子 S7-1200 PLC 进行控制，此时可输入“1200”，如图 3-26 所示，表明与触摸屏以太网通信的设备为西门子 S7-1200 PLC。

图 3-26　新建以太网设备名称设置

确认输入名称后，如图 3-27 所示，窗口左侧目录中以太网设备下多了 1 个设备选项“1200”，单击进入此选项，设置该设备的基本参数。根据项目要求，通信对象的设备类型或型号为西门子 S7-1200 系列 PLC，则选择“西门子 S7-1200 系列”或者“西门子 S7-1200 系列 new”协议，设定其 IP 地址为“192.168.0.2”；与西门子 PLC 通信时需勾选“高低字交换”，否则双字使用不正常；默认勾选“通信状态寄存器”，PSW 设为 256，选择 PSW256 ～ PSW259 分别为通信成功次数、通信失败次数、通信超时次数、通信出错次数，这个输出通信状态地址用户可以自行设置。

（6）设置下载口　下载口不连接外部设备进行通信时，选择“不使用下载口”，如图 3-28 所示；下载口连接外部设备进行通信时，则选择正确的设备类型并设置通信参数。

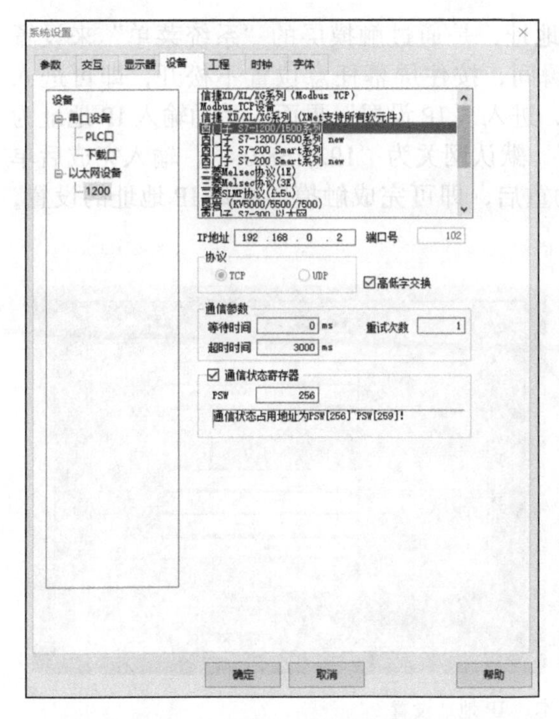

图 3-27　新建以太网设备参数设置

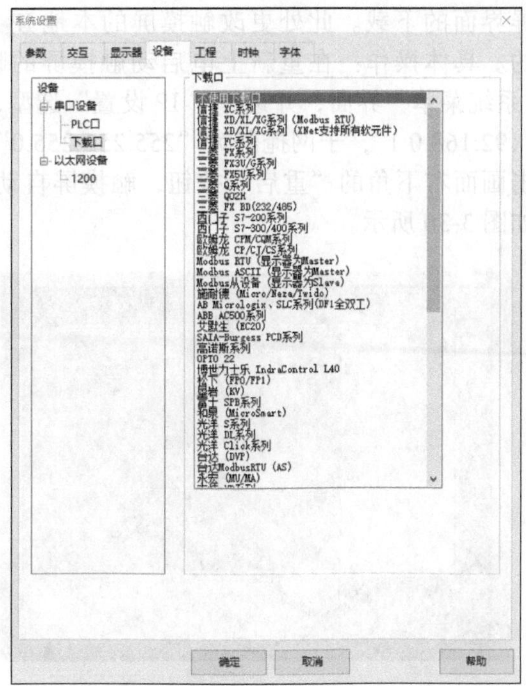

图 3-28　下载口设置

（7）设置工程名称　上述设置完成后，单击“下一步（B）”按钮，进入如图 3-29 所示的工程名称设置对话框。默认名称为“工程”，可根据工程实际输入工程名称、作者及备注等信息，然后单击“完成”按钮创建工程。

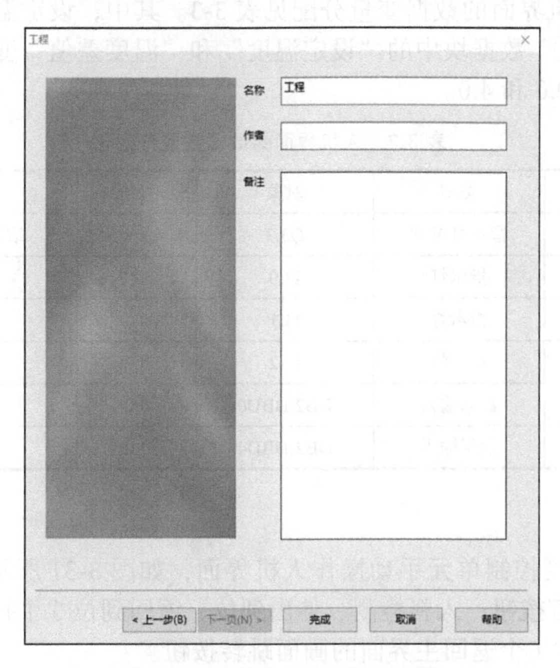

图 3-29　设置人机界面工程名称

（8）设置触摸屏本地 IP 地址　设置触摸屏的 IP 地址为“192.168.0.1”，便于触摸屏界面的下载。此处更改触摸屏的本地IP地址，是通过触摸屏的“系统菜单”来设置的。具体操作：在重新上电启动触摸屏的瞬间，按住屏幕任意位置不松开，即可进入“系统菜单”界面，并选择“IP设置”选型，进入“IP设置”界面，手动输入IP地址为“192.168.0.1”，子网掩码为“255.255.255.0”，默认网关为“192.168.0.1”，输入完成后单击画面右下角的“重启”按钮，触摸屏自动重启，即可完成触摸屏本地IP地址的设置，如图3-30所示。

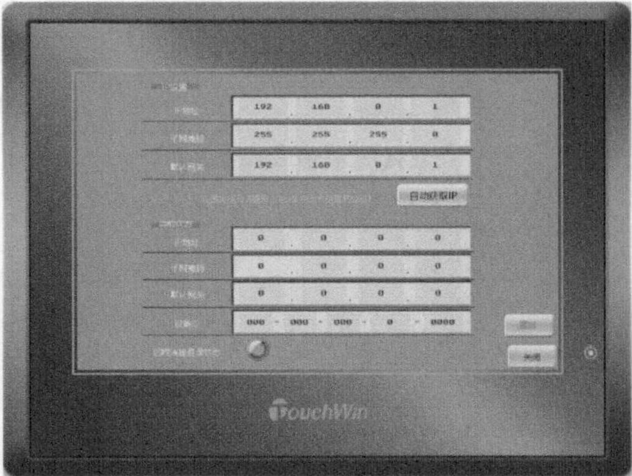

图3-30 触摸屏本地IP地址设置

二、人机界面的画面绘制

1. 人机界面的数据变量分配

温度控制系统人机界面的数据变量分配见表3-3。其中，设定温度和温度差值分别对应“温度数据［DB2］”数据块中的“设定温度”和“温度差值”变量，其数据类型均为Real，偏移量分别为0.0和4.0。

表3-3 人机界面的数据变量分配

序号	名称	类型	对象	初值	备注
1	料台伸缩阀	指示灯按钮	Q3.3		取反，ON伸出，OFF缩回
2	入料检测	指示灯	I3.0		ON绿色，OFF红色
3	伸出到位	指示灯	I3.1		ON绿色，OFF红色
4	缩回到位	指示灯	I3.2		ON绿色，OFF红色
5	设定温度	数据输入	DB2.DBD0	0.0	DWord型，浮点数
6	温度差值	数据输入	DB2.DBD4	0.0	DWord型，浮点数

2. 界面设计

根据要求设计温度控制单元手动操作人机界面，如图3-31所示，包括：1个料台伸缩阀手动控制的指示灯按钮；入料检测、伸出到位、缩回到位3个指示灯；设定温度和温度差值两个数据输入；1个返回主界面的画面跳转按钮。

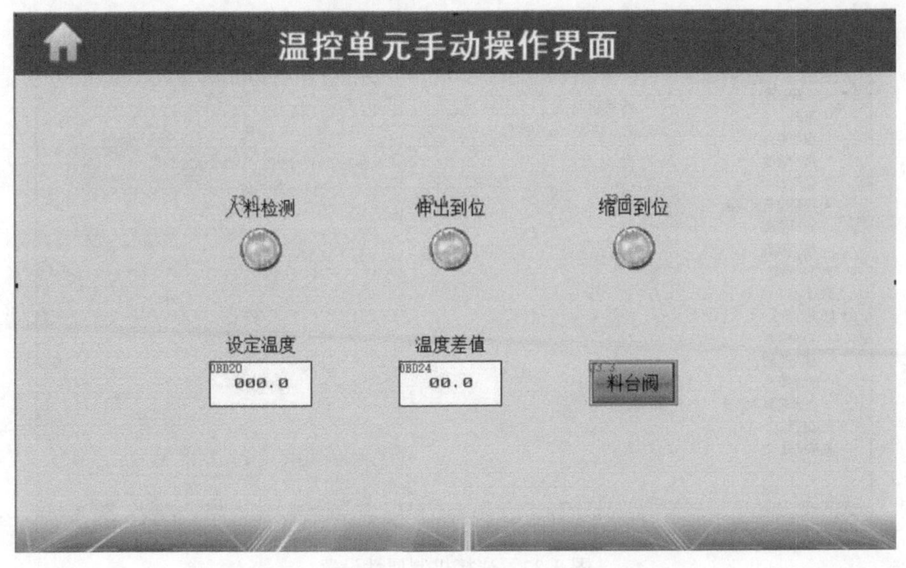

图 3-31 温度控制单元手动操作人机界面设计图

3. 模拟调试

单击菜单栏"文件/离线模拟"或标准工具栏"离线模拟"图标"![]"，进入模拟调试界面。对界面进行模拟操作，调试是否达到控制要求。

三、人机界面的联机调试

1. 设备上电

TGM系列人机界面只能使用直流电源，电源规格为直流24V（电压范围为22～26V），符合大多数工业控制设备DC电源的标准。连接直流电源的正极到"24V"端，直流电源的负极到"0V"端，如图3-32所示。

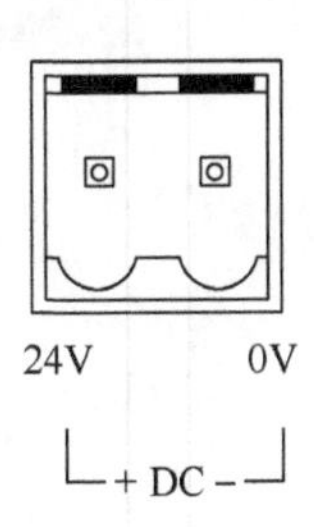

图 3-32 触摸屏电源端子连接示意图

注意：连接高电压或交流电到人机界面内电源输入端，将导致设备无法使用，并可能引起人体触电，这样的失误或触电严重时可以导致人身伤害，甚至死亡，也会导致设备损坏。

2. 下载程序

由于西门子S7-1200系列PLC的安全防护机制，在与外部设备进行通信时，需在其"连接机制"选项中，勾选"允许来自远程对象的PUT/GET通信访问"，这样CPU 1215C PLC才可以与信捷TGM765-ET触摸屏进行数据交互，如图3-33所示。

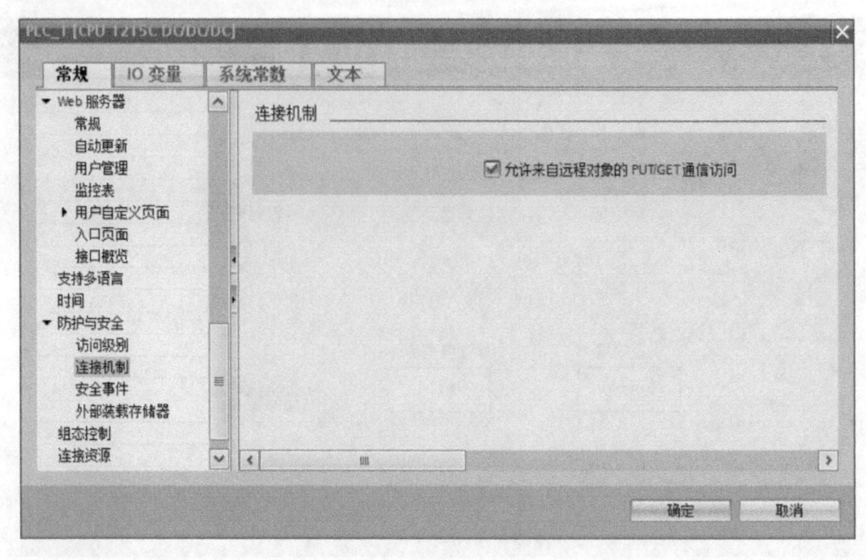

图 3-33　连接机制属性设置

下载程序之前，需对下载端口进行配置。TGM765-ET 触摸屏支持三种程序下载端口，分别是串口下载、USB 口下载和以太网口下载。单击操作栏中“上下载协议栈设置”图标“”，进入“设置上下载通信”对话框。可选择如图 3-34 所示的“查找设备”连接方式，并指定其端口为“自动查询”。

设置上下载通信时，其“连接方式”也可以选择“指定端口”，并输入触摸屏本地的 IP 地址，如图 3-35 所示。这样就完成触摸屏下载方式的设置，即可通过以太网下载。

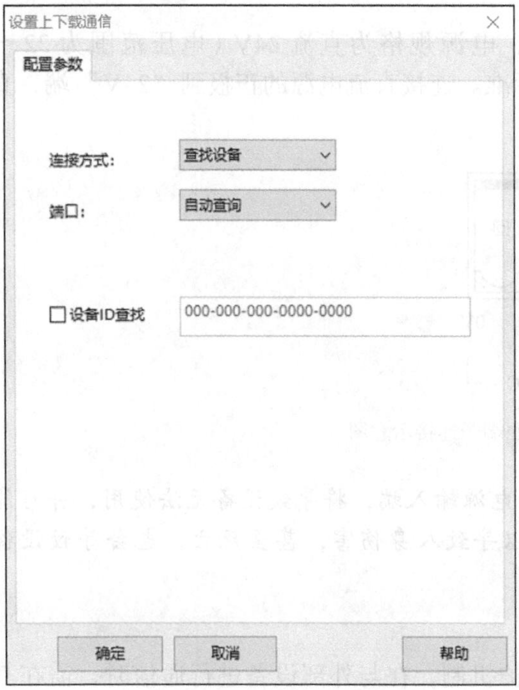

设置上下载通信
配置参数
连接方式：查找设备
端口：自动查询
设备ID查找　000-000-000-0000-0000
确定　取消　帮助

图 3-34　查找设备方式下载设置

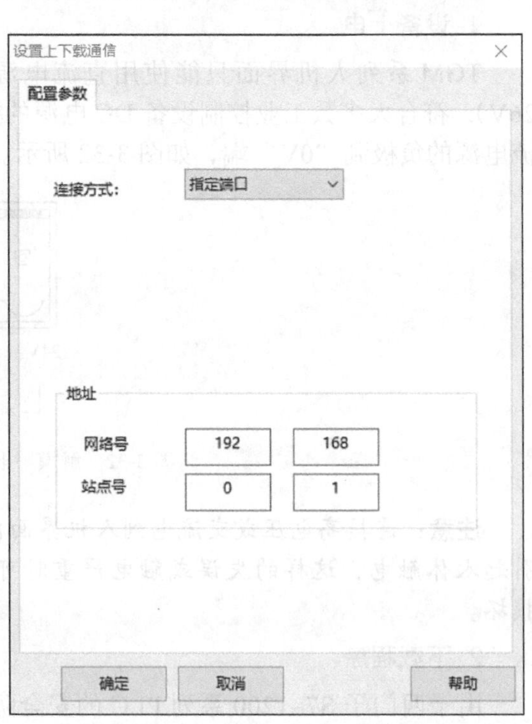

图 3-35　指定端口方式下载设置

单击菜单栏“文件（F）/ 下载工程数据（D）”或操作栏“下载”图标“”的下载方式，即可下载程序，如图 3-36 所示。这种下载方式不具有上传功能，即人机界面中的程序无法上传到计算机。若想要使触摸屏中的程序具备上传功能，则需要选择完整下载，即单击菜单栏“文件（F）/ 完整下载工程数据（F）”或操作栏“完整下载”图标“”。这种下载方式也可以通过加密（密码请设置为 2 位及以上数字）限制程序被上传的权限。

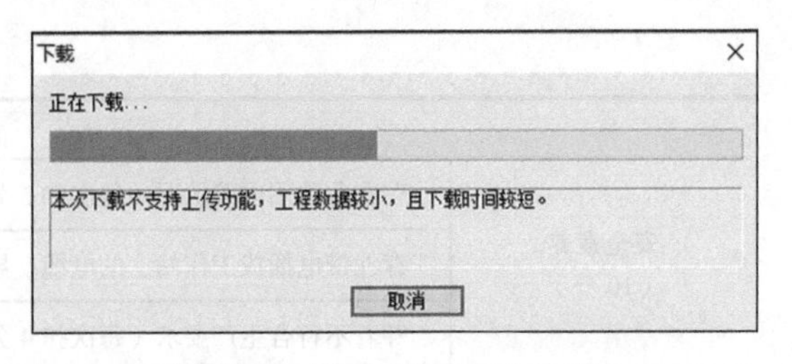

图 3-36　普通下载模式下载进度

3. 程序调试

单击操作台上的“复位”按钮，系统复位，料台伸缩阀缩回，“缩回到位”指示灯点亮；多次单击“料台伸缩阀”按钮，料台正常伸出和缩回，对应的“伸出到位”和“缩回到位”指示灯正确点亮；单击“设定温度”和“温度差值”输入框，在弹出的键盘中设置目标温度和温度差值；单击操作台上的“起动”按钮，温度控制系统正常起动运行；单击左上角主页形状的按钮，画面跳转返回主界面。

4. 任务结束

任务完成后，关闭触摸屏及设备电源。

四、6S 整理

在所有的任务都完成后，按照 6S 职业标准打扫实训场地。

整理：要与不要，一留一弃。

整顿：科学布局，取用快捷。

清扫：清除垃圾，美化环境。

清洁：清洁环境，贯彻到底。

素养：形成制度，养成习惯。

安全：安全操作，以人为本。

任务检查与评价（评分标准）

评分点		得分
软件设计和调试（50 分）	能正确打开软件、创建新工程、保存工程，并选择合适的触摸屏型号（10 分）	
	能正确设置 PLC 口、下载口、以太网参数（10 分）	
	能正确设计人机界面，连接相应变量（10 分）	
	界面设计美观大方，颜色配色、按键功能、状态指示符合要求（10 分）	
	能对设计的触摸屏界面进行离线模拟调试（5 分）	
	能把设计的程序下载到触摸屏中进行联机调试（5 分）	

（续）

评分点		得分
安全素养（10分）	存在危险用电等情况（每次扣3分，上不封顶）	
	存在带电插拔工作站上的电缆、导线的情况（每次扣3分，上不封顶）	
	穿着不符合生产要求（每次扣4分，上不封顶）	
6S素养（20分）	桌面物品及工具摆放整齐、整洁（10分）	
	地面清理干净（10分）	
发展素养（20分）	表达沟通能力（10分）	
	团队协作能力（10分）	

任务2 温度控制系统控制电路设计

任务分析

一、控制要求

根据温度控制系统的PID控制要求，进行温度控制系统PLC控制电路的设计，完成PLC控制系统外部接线图的绘制及硬件安装。

二、学习目标

1. 了解温度控制系统的机械结构和硬件组成。
2. 掌握PLC模拟量输入/输出模块的功能。
3. 掌握温度控制系统PLC控制电路的设计方法。
4. 掌握温度控制系统外部接线图的绘制。

三、实施条件

名称	实物图	数量
温度控制模块		1

任务准备

一、认识温度控制系统的硬件组成

温度控制模块是 YL-36A 设备中的模拟恒温加热的模块，主要完成对物料的模拟热加工过程。温度控制模块主要由数显表、物料台、运行指示灯及接线端子等部件组成，通过 PID 调节为产品的烘干提供恒定的温度。温度控制模块实物如图 3-37 所示。

二、认识气动控制回路

温度控制模块的气动控制元件采用二位五通单电控电磁换向阀，电磁阀带有手动换向和加锁钮。它们集成安装成阀组固定在冲压支撑架后面。

气动控制回路的工作原理如图 3-38 所示。1B1 和 1B2 为安装在伸缩气缸的两个极限工作位置的磁感应接近开关，1Y 为控制伸缩气缸的电磁阀的电磁控制端。

图 3-37 温度控制模块实物

1—设定值数显表 2—运行指示灯 3—光电开关
4—物料台 5—反馈值数显表 6—电源指示灯
7—导杆气缸 8—电磁阀 9—端子排

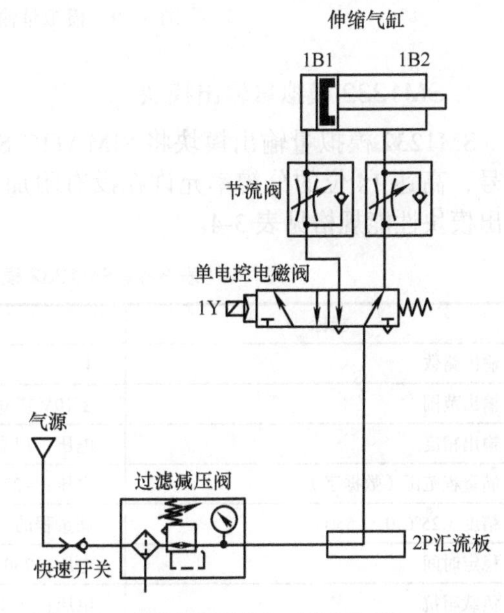

图 3-38 温度控制模块气动控制回路工作原理

三、认识 S7-1200 PLC 的模拟量

通过 CPU 1215C 自带的模拟量输入通道，配合模拟量输出模块 SM1232 AQ4 进行温度的采集与 PID 模拟输出控制。模拟量输出模块 SM1232 实物如图 3-39 所示。

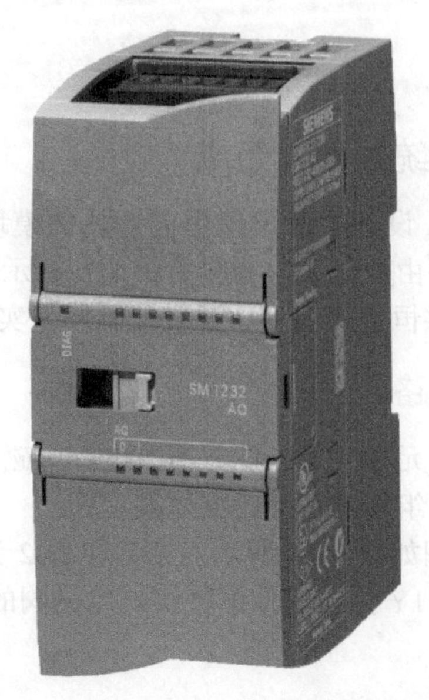

图 3-39　模拟量输出模块 SM1232 实物

1. SM1232 模拟量输出模块

SM1232 模拟量输出模块将 SIMATIC S7–1200 的数字信号转换为与过程相关的控制信号，高达 14 位的分辨率允许在没有附加放大器的情况下连接执行器。SM1232 模拟量输出模块性能规格见表 3-4。

表 3-4　SM1232 模拟量输出模块性能规格

指标	参数
输出路数	4
输出范围	± 10V 或 0 ～ 20mA、4 ～ 20mA
输出精度	电压：14 位；电流：13 位
满量程范围（数据字）	电压：–27648 ～ 27648；电流：0 ～ 27648
精度（25ºC/0 ～ 55ºC）	满量程的 ± 0.3%/ ± 0.6%
稳定时间	电压：750μs；电流：600μs
负载阻抗	电压：≥ 1000Ω；电流：≤ 600Ω
RUN–STOP 时的行为	上一个值或替换值（默认值为 0）
尺寸 /mm × mm × mm	45（W）× 100（H）× 75（D）
重量 /g	180
功耗 /W	1.5
电流消耗 /mA	80
模块供电电源	DC 24V
订货号（MLFB）	6ES7 232–4HD32–0XB0

SM1232 模拟量输出模块的端子排接线如图 3-40 所示。其中，L+、M 端子分别接 DC 24V 电源正负极为模块供电，端子号 0 ～ 3 和 0M ～ 3M 分别为 4 个模拟输出通道的输出端和公共端。

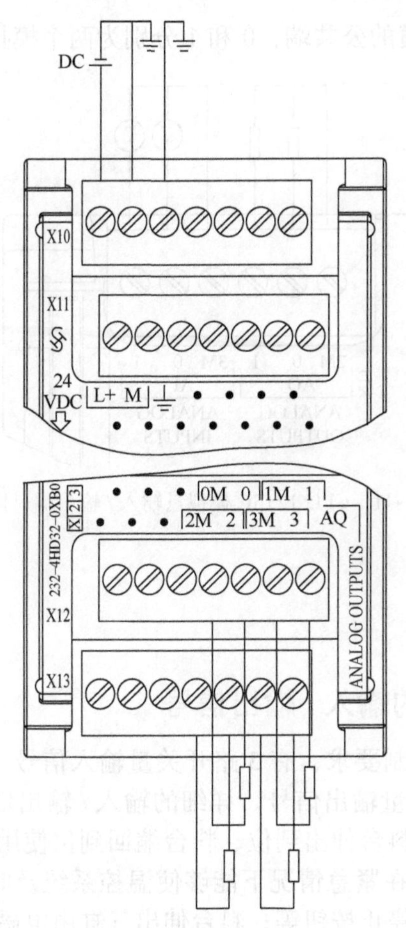

图 3-40 SM1232 模拟量输出模块端子排接线示意图

2. CPU 1215C 模拟量输入 / 输出通道

CPU 1215C PLC 自带两个 AI 模拟输入通道和两个 AQ 模拟输出通道，其性能规格见表 3-5。

表 3-5 CPU 1215C 模拟量输入 / 输出通道性能规格

指标	参数	
	AI 模拟输入通道	AQ 模拟输出通道
通道数	2	2
满量程范围	0 ～ 10V	0 ～ 20mA
分辨率	14 位	
满量程范围（数据字）	0 ～ 27648	
过冲范围	10.001 ～ 11.759V	20.01 ～ 23.52mA
过冲范围（数据字）	27649 ～ 32511	

CPU 1215C 模拟量输入 / 输出端口接线如图 3-41 所示。其中，AQ 表示模拟量输出，2M 是模拟输出通道的公共端，0 和 1 分别为两个模拟输出通道的输出端口；AI 表示模拟

量输入，3M 是模拟输入通道的公共端，0 和 1 分别为两个模拟输入通道的输入端口。

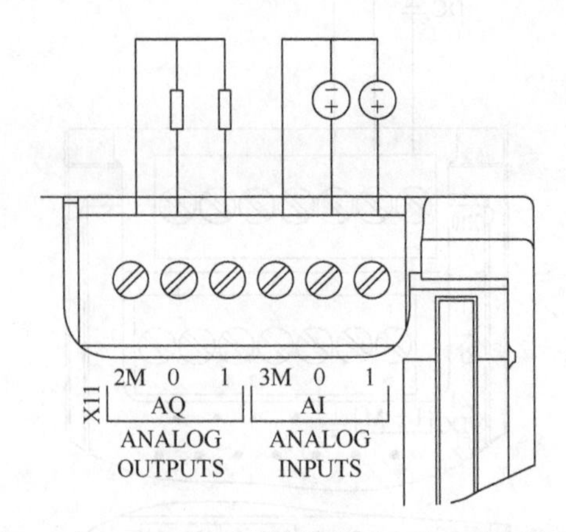

图 3-41 CPU 1215C 模拟量输入 / 输出端口接线

任务实施

一、温度控制系统的输入 / 输出信号

根据温度控制系统的控制要求，有 3 路开关量输入信号、1 路模拟量输入信号、1 路开关量输出信号和两路模拟量输出信号，详细的输入 / 输出信号见表 3-6。其中，入料检测使用光电接近开关检测，料台伸出到位、料台缩回到位使用磁性开关检测；为了能够控制温控系统的起动和停止，在紧急情况下能够使温控系统及时停止，需要手动输入信号，包括复位按钮、起动按钮、停止按钮等；料台伸出气缸由电磁阀控制；黄色、绿色、红色指示灯用来表示系统的运行状态；温度设定值为模拟量输入信号，温度反馈值为模拟量输出信号。

表 3-6 温度控制系统输入 / 输出信号

数字量输入 / 输出端口			模拟量输入 / 输出端口		
端子号	设备符号	信号线	端子号	设备符号	信号线
1	1B1	入料检测	1	MV	给定输入 DA0+
2	2B1	料台伸出到位	2	MV	给定输入 DA0−
3	2B2	料台缩回到位	3	SV	温度设定值 DA1+
4	1Y	料台伸缩阀	4	SV	温度设定值 DA1−
5			5	PV	温度反馈值 AD0+
6			6	PV	温度反馈值 AD0−
7			7		
8	0V	电源	8	0V	电源
9	24V	电源	9	24V	电源
DB6 端子排			DB7 端子排		

二、温度控制系统的 I/O 口分配

接线时应注意，装置侧接线端口中 8、9 端子为 24V 电源接线端口，装置侧接线完成后，应用扎带绑扎，力求整齐美观。

电气接线的工艺应符合国家职业标准的规定，例如，导线连接到端子时，采用压紧端子压接方法；连接线须有符合规定的标号。

根据工作单元装置的输入 / 输出信号分配和工作任务的要求，PLC 的 I/O 信号分配见表 3-7。

表 3-7　温度控制系统 PLC 的 I/O 信号分配

数字量输入 / 输出信号				模拟量输入 / 输出信号			
序号	PLC 输入点	信号名称	信号来源	序号	PLC 输出点	信号名称	信号来源
1	I3.0	入料检测	装置侧	1	AQ0	给定输入 DA0+	SM 1232
2	I3.1	料台伸出到位		2	0M	给定输入 DA0−	
3	I3.2	料台缩回到位		3	AQ1	温度设定值 DA1+	
4	Q3.3	料台伸缩阀		4	1M	温度设定值 DA1−	
5				5	AI0	温度反馈值 AD0+	CPU 1215C
6				6	3M	温度反馈值 AD0−	
7	I4.5	起动按钮	按钮 / 指示灯模块	7	Q4.1	黄色指示灯	按钮 / 指示灯模块
8	I4.6	停止按钮		8	Q4.2	绿色指示灯	
9	I4.7	复位按钮		9	Q4.3	红色指示灯	
10	I5.0	转换开关		10	Q4.4	蜂鸣器	
11	I5.1	急停按钮		11			

三、PLC 接线原理图设计

温度控制模块的 PLC 接线原理图如图 3-42 所示。

四、电气接线

电气接线包括在工作单元装置侧完成各传感器、电磁阀、电源端子等引线到装置侧接线端口之间的接线；在 PLC 侧进行电源连接、I/O 点接线等。

电气接线的工艺应符合如下专业规范的规定。

1. 一般规定

1）导线连接时，必须用合适的冷压端子；端子制作时切勿损伤导线绝缘部分。

2）连接线须有符合规定的标号；每一端子连接的导线不超过两根；导线金属材料不外露，冷压端子金属部分不外露。

3）电缆在线槽里最少有 10cm 余量（若是一根短接线的话，在同一个线槽里不要求）。

4）电缆绝缘部分应在线槽里。接线完毕线槽应盖住，没有翘起和未完全盖住现象。

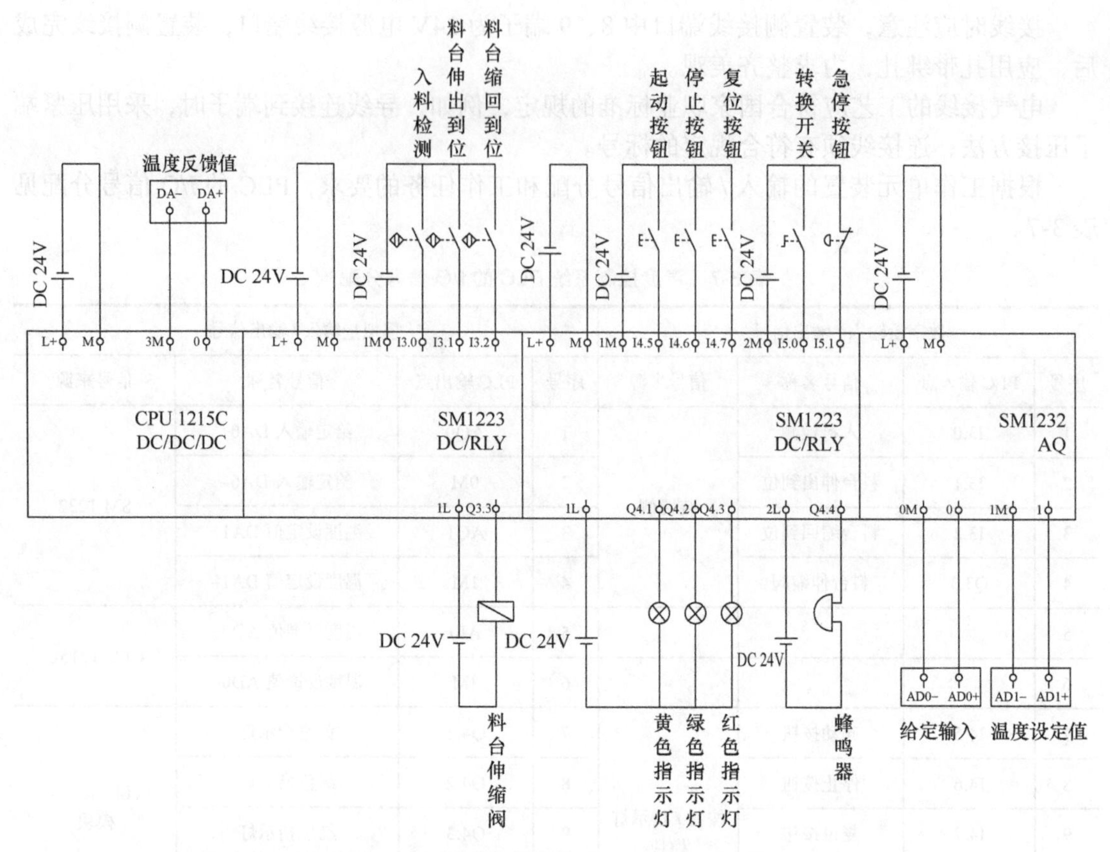

图 3-42 温度控制模块的 PLC 接线原理图

2. 装置侧接线注意事项

1）输入端口的上层端子（V_{CC}）只能作为传感器的正电源端，切勿用于电磁阀等执行元件的负载。电磁阀等执行元件的正电源端应连接到输出端口上层端子（24V），0V 端子则应连接到输出端口下层端子。

2）装置侧接线完毕，应用扎带绑扎，两个绑扎带之间的距离不应超过 50mm。电缆和气管应分开绑扎，但当它们都来自同一个移动模块时，允许绑扎在一起。

五、6S 整理

在所有的任务都完成后，按照 6S 职业标准打扫实训场地。

整理：要与不要，一留一弃。

整顿：科学布局，取用快捷。

清扫：清除垃圾，美化环境。

清洁：清洁环境，贯彻到底。

素养：形成制度，养成习惯。

安全：安全操作，以人为本。

任务检查与评价（评分标准）

评分点		得分
硬件设计（50分）	能正确进行温度控制系统的I/O信号分配（5分）	
	能正确按照信号分配表设计PLC的I/O接线原理图（15分）	
	能按照要求正确实施电气接线（10分）	
	电气接线设计美观大方，线号、线色、线路绑扎等符合电气要求规范（10分）	
	能对按钮、开关、传感器、气缸等信号进行测试（10分）	
安全素养（10分）	存在危险用电等情况（每次扣3分，上不封顶）	
	存在带电插拔工作站上的电缆、导线的情况（每次扣3分，上不封顶）	
	穿着不符合生产要求（每次扣4分，上不封顶）	
6S素养（20分）	桌面物品及工具摆放整齐、整洁（10分）	
	地面清理干净（10分）	
发展素养（20分）	表达沟通能力（10分）	
	团队协作能力（10分）	

任务3 温度控制系统程序设计

任务分析

根据控制要求编写温度控制系统的PLC控制程序并下载运行。

一、控制要求

温度控制系统的初始步为系统的复位状态，此时料台气缸缩回到位；当按下起动按钮后，料台伸出，设备进入入料检测状态，等待工件到位；检测到有工件时延时2s，料台缩回，进行模拟加温操作；当温度达到设定温度值时，模拟热加工完成，料台伸出；伸出到位后取走工件，整个周期完成，系统回到入料检测状态，等待下一周期的加热工作。

二、学习目标

1. 掌握S7-1200 PLC模拟量通道的组态与编程。
2. 掌握S7-1200 PLC模拟量与数字量的转换方法。
3. 掌握S7-1200 PLC的PID指令格式及功能。
4. 掌握温度控制系统的PLC程序编写及调试。

三、实施条件

名称	实物图	数量
温度控制模块		1

任务准备

一、认识 PLC 模拟量通道组态与编程

1. PLC 模拟量输入 / 输出通道组态

根据系统工作原理及控制任务要求，温度控制模块的模拟量接线原理图如图 3-43 所示。

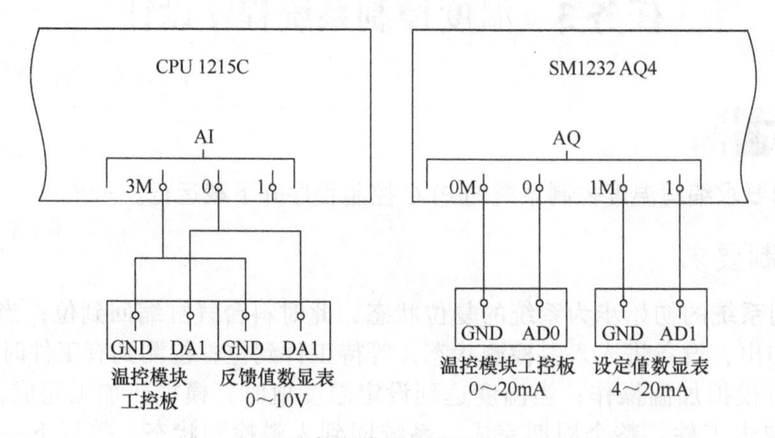

图 3-43　温度控制模块的模拟量接线原理图

因为每个模拟量模块或 PLC 自身模拟量通道可以测量的信号类型和范围不同，所以必须对模拟输入 / 输出通道的信号类型和测量范围进行设定，即组态，并且还需要参考对应的硬件手册正确地进行接线，以免损坏设备。

模拟量模块以通道为单位，一个通道占用一个字（Word）的地址，所以在模拟量地址中只有偶数。选择模拟量通道的 I/O 地址，可以设置模拟量输入地址和输出地址的起始地址，系统自动确定其结束地址，如图 3-44 所示。

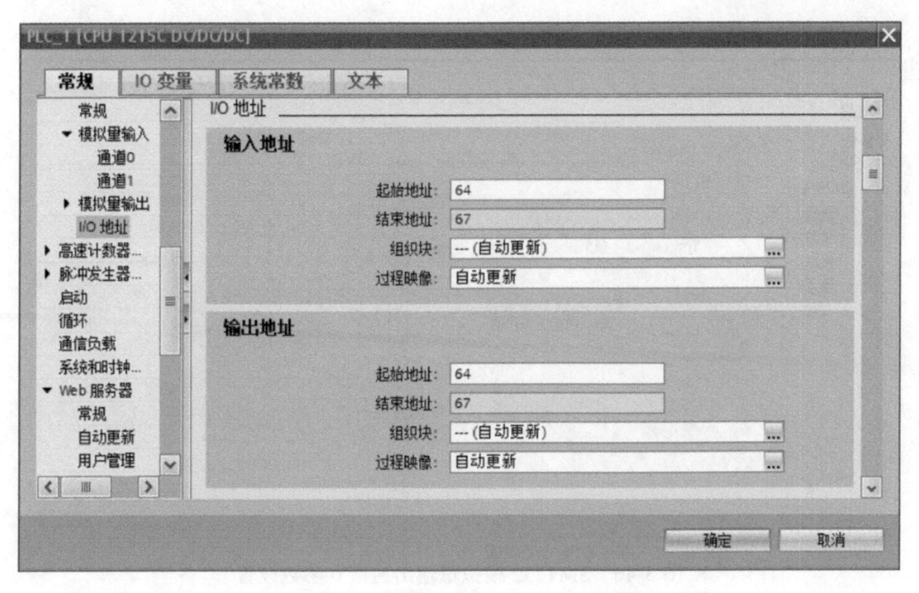

图 3-44 模拟量通道 I/O 地址设置

1）PLC 模拟量输入通道 0 参数设置。如图 3-45 所示，CPU 1215C 默认模拟量输入通道 0 的地址为 IW64，默认测量类型为电压，电压范围为 0 ～ 10V。

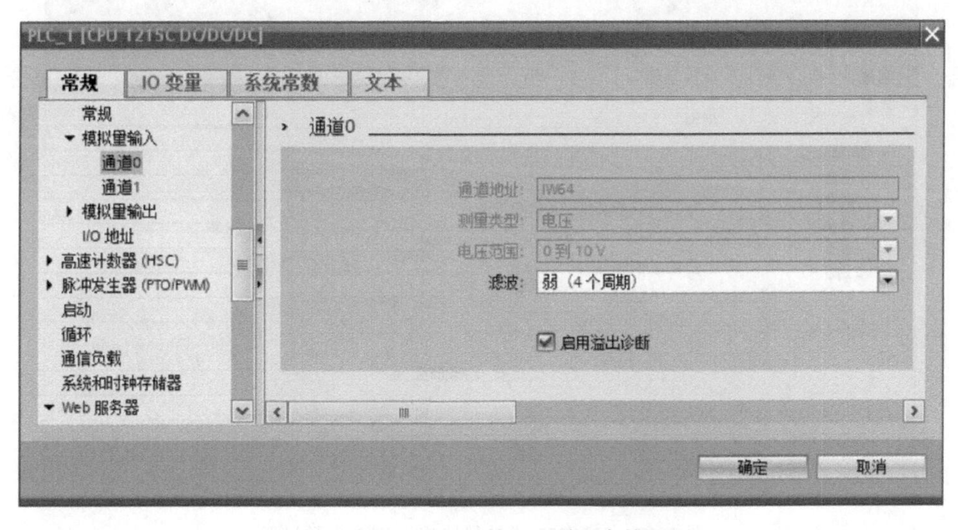

图 3-45 PLC 模拟量输入通道 0 参数设置

2）SM1232 模拟量输出通道 0 参数设置。在“模拟量输出”项中可设置输出模拟量的信号类型（电压和电流）及范围（若输出为电压信号，则范围为 0 ～ 10V；若输出为电流信号，则范围为 0 ～ 20mA）。还可以设置 CPU 进入 STOP 模式后，各输出点保持最后的值，或使用替换值，选中后者时，可以设置各点的替换值。根据系统任务要求及温度控制模块模拟量接线原理图（详见图 3-43），SM1232 模拟量输出通道 0 参数配置如图 3-46 所示，输出类型为电流，范围是 0 ～ 20mA，通道的替代值为 0.0。

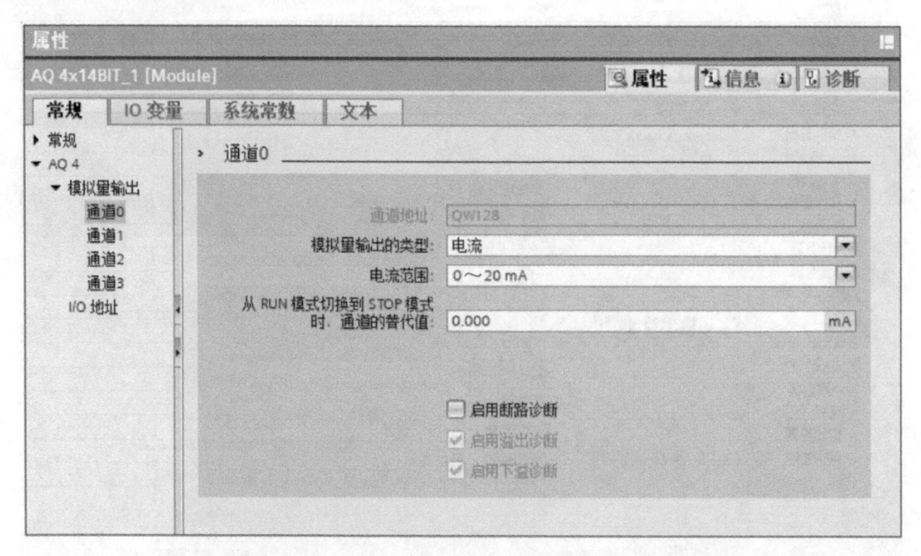

图 3-46　SM1232 模拟量输出通道 0 参数设置

3）SM1232 模拟量输出通道 1 参数设置。如图 3-47 所示，输出类型为电流，范围是 4 ～ 20mA，通道的替代值为 4.0。

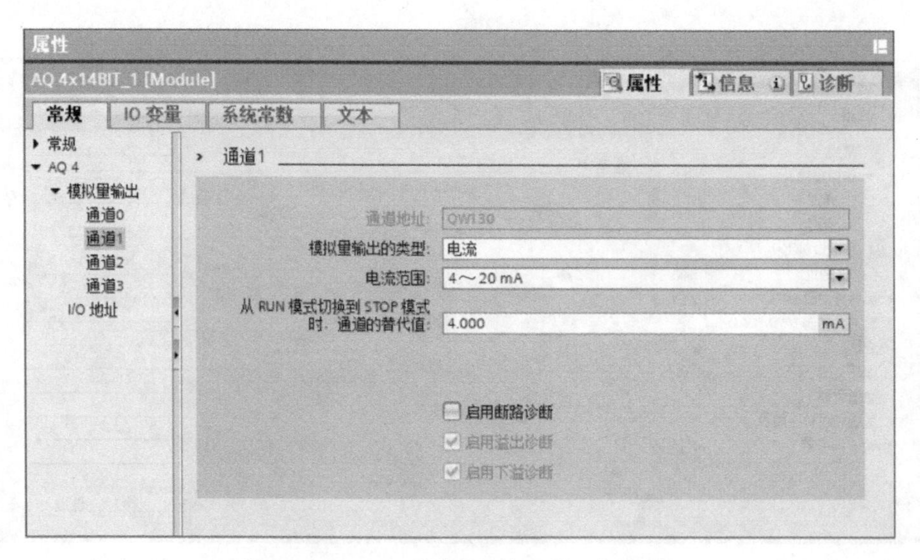

图 3-47　SM1232 模拟量输出通道 1 参数设置

2. NORM_X 与 SCALE_X 指令

在西门子 S7–1200 PLC 中处理模拟量信号数据时，使用 NORM_X 指令和 SCALE_X 指令来实现数据的缩放及转换，它们一般成对使用，如图 3-48 所示。

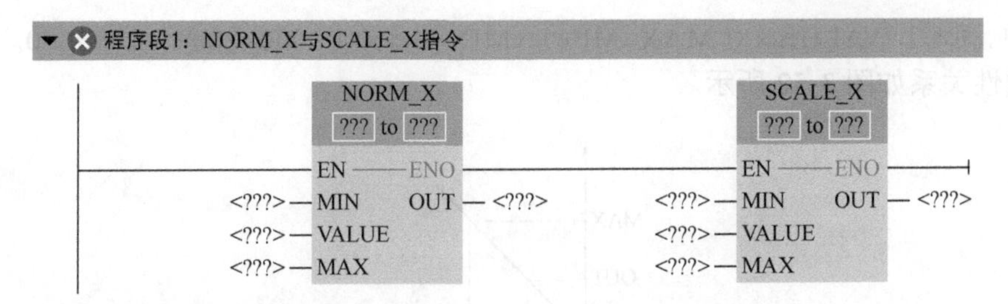

图 3-48 NORM_X 与 SCALE_X 指令的使用

（1）NORM_X 标准化指令 NORM_X 指令是将整数输入值 VALUE（MIN≤VALUE≤MAX）线性转换（标准化或称规格化）为 0.0 ~ 1.0 的浮点数，转换结果保存在 OUT 指定的地址。

NORM_X 的输出 OUT 的数据类型为 Real，单击方框指令名称下面的问号，用下拉列表设置输入 VALUE 变量的数据类型。参数 MIN、MAX 和 OUT 的数据类型应该相同，可以是 SInt、Int、DInt、USInt、UInt、UDInt 和 Real，也可以是常数。NORM_X 指令的使用示例如图 3-49 所示。

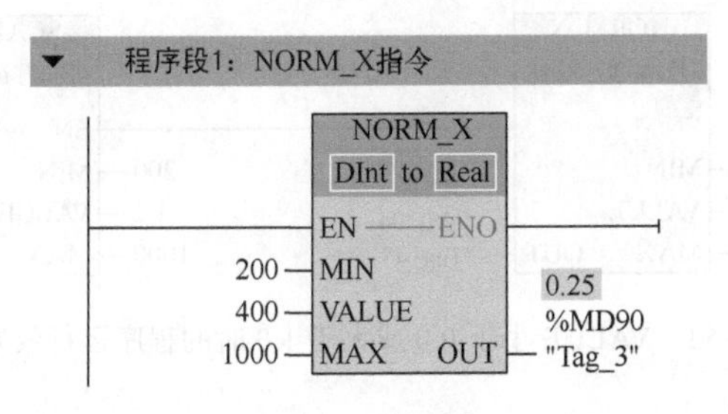

图 3-49 NORM_X 指令使用示例

其中，OUT=（VALUE−MIN）/（MAX−MIN）=（400−200）/（1000−200）=0.25。各变量之间的线性关系如图 3-50 所示。

（2）SCALE_X 缩放指令 SCALE_X（即缩放，或称标定）指令，是将浮点数输入值 VALUE（0.0≤VALUE≤1.0）线性转换（映射）为参数 MIN（下限）和 MAX（上限）定义的数值范围之间的整数，转换结果保存在 OUT 指定的地址。

SCALE_X 的参数 MIN、MAX 和 OUT 的数据类型应该相同，可以是 SInt、Int、DInt、USInt、UInt、UDInt 和 Real，MIN 和 MAX 也可以是常数。SCALE_X 指令的使用示例如图 3-51 所示。

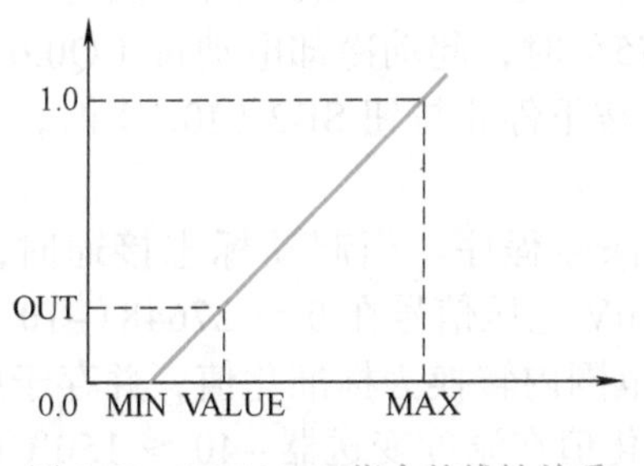

图 3-50 NORM_X 指令的线性关系

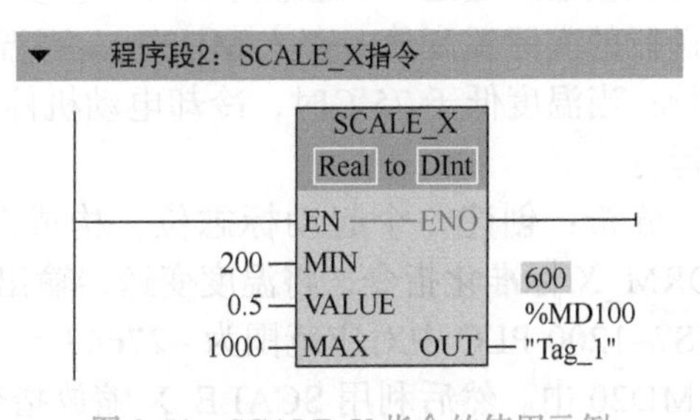

图 3-51 SCALE_X 指令的使用示例

其中，OUT=VALUE×（MAX-MIN）+MIN=0.5×（1000-200）+200=600。各变量之间的线性关系如图 3-52 所示。

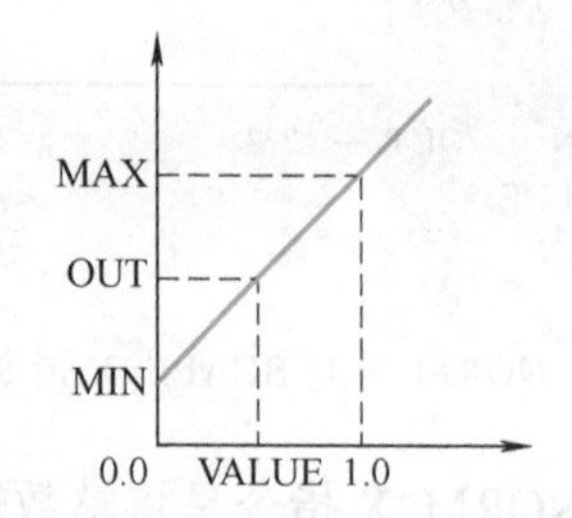

图 3-52　SCALE_X 指令的线性关系图

使用 NORM_X 与 SCALE_X 指令时，如果参数 VALUE 小于 0.0 或大于 1.0，ENO 也可以为"1"，此时所生成的对应的 OUT 也会按照比例大于 MAX 或小于 MIN，如图 3-53 所示。

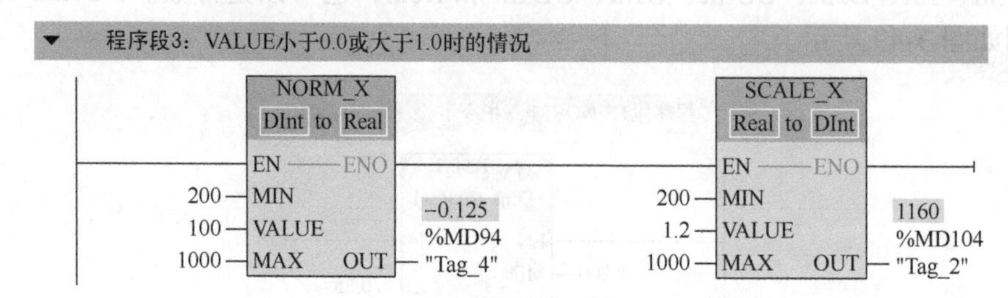

图 3-53　VALUE 小于 0.0 或大于 1.0 时的程序运行效果图

而当满足下列条件之一时，NORM_X 和 SCALE_X 指令的输出能流 EN0 为"0"状态，无法传递下去。

1）EN 输入为"0"状态。

2）MIN 的值大于或等于 MAX 的值。

3）实数值超出 IEEE-754 规定的范围。

4）有溢出。

5）输入 VALUE 为无效的算术运算结果 NaN。

3. 模拟量编程示例

示例：某温度变送器的量程为 -40 ～ 150℃，输出信号为 0 ～ 10V，接入 CPU 1215C 的模拟量输入通道 0（地址为 IW64）。要求按下起动按钮 SB1（I0.0）后，实时获取温度变送器的实际温度值（存入 MD30），当温度高于 75℃时，起动冷却电动机（Q0.0）持续运行；当温度低于 75℃时，冷却电动机停止运行；按下停止按钮 SB2（I0.1）时，立即停止运行。

分析：创建一个起动标志位，构成典型的起保停程序。当起动标志接通时，利用 NORM_X 标准化指令，将温度变送器输出的 0 ～ 10V 电压信号在 0 ～ 27648（-10 ～ 10V 在 S7-1200 PLC 中对应范围为 -27648 ～ 27648）范围内转换为标准化值，并存于中间变量 MD20 中。然后利用 SCALE_X 缩放指令将标准化值在温度变送器 -40 ～ 150℃的量程范围内进行缩放，得到最终实际的温度值，按要求存于 MD30 中。将得到的实际温度值与 75℃进行比较，当数值大于 75.0 时，冷却电动机线圈 Q0.0 得电，否则 Q0.0 失电。程序如图 3-54 所示。

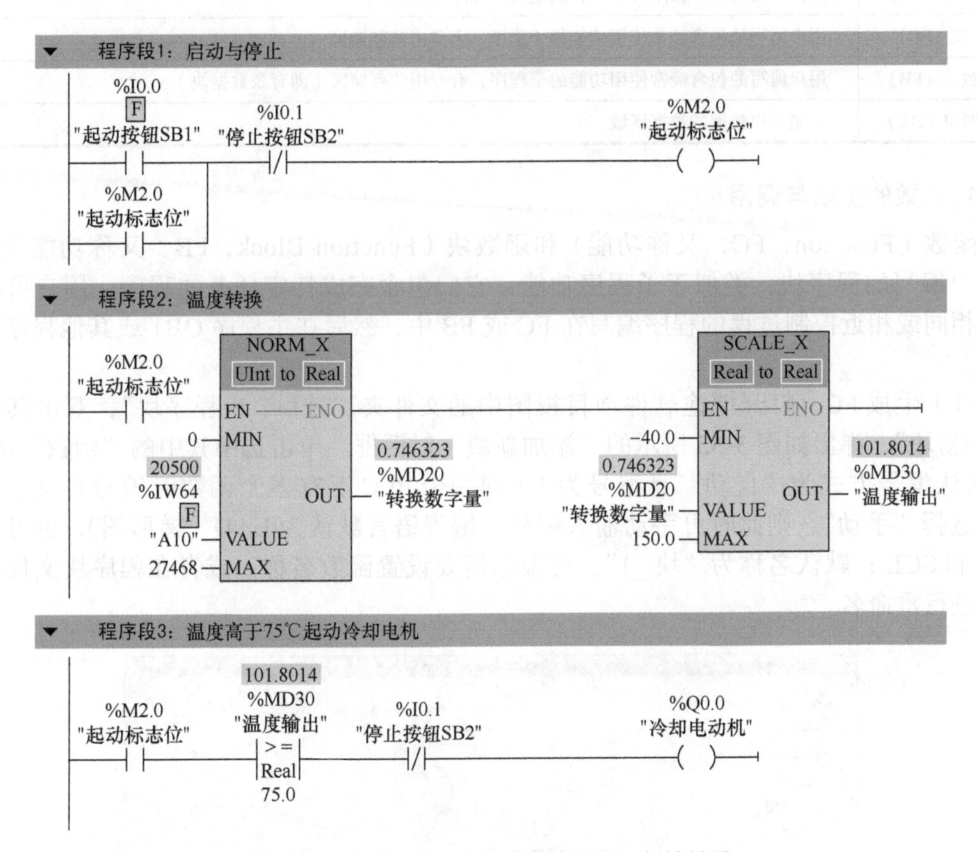

图 3-54 温度转换示例程序仿真监视运行效果图

说明：I0.0 和 IW64 下方的“F”为强制标识，表明该变量的值是通过强制表强制修改的。因为 S7-1200 PLC 监视运行时，无法修改 PLC 本身的输入及输出变量，因此在测试用户程序时，可在“\PLC_1\ 监控与强制表 \ 强制表”中建立强制表，通过强制 I/O 点来模拟物理条件，用来模拟 PLC 输入 / 输出信号的变化。但在调试结束，程序正式运行之前，必须停止对所有变量的强制，否则会影响程序的正常运行，甚至造成事故。

二、认识函数与函数块

西门子 S7-1200 PLC 采用块的概念，将程序分解为独立而自成体系的各个部件，类似于子程序的功能。在工业控制中，程序往往是非常庞大和复杂的，采用块的概念便于大规模地设计，以及程序的阅读和理解，还可以设计标准的块程序进行重复调用，使程序结构清晰明了，修改方便，调试简单。采用块的结构显著地增加了 PLC 程序的组织透明性、可理解性和易维护性。

S7-1200 程序提供了多种不同类型的块，见表 3-8。

表 3-8 S7-1200 PLC 用户程序中的块分类

块（Block）	简要描述
组织块（OB）	操作系统与用户程序的接口，决定用户程序的结构
函数（FC）	用户编写的包含经常使用功能的子程序，无专用的存储区
函数块（FB）	用户编写的包含经常使用功能的子程序，有专用的存储区（即背景数据块）
数据块（DB）	存储用户数据的数据区域

1. 函数的生成与调用

函数（Function，FC，又称功能）和函数块（Function Block，FB，又称功能块）都是用户编写的程序块，类似于子程序功能，它们包含完成特定任务的程序。用户可以将具有相同或相近控制过程的程序编写在 FC 或 FB 中，然后在主程序 OB1 或其他程序块中调用。

（1）生成 FC　打开博途软件项目视图中的文件夹“\PLC_1\ 程序块”，双击其中的“添加新块”，弹出如图 3-55 所示的“添加新块”对话框。单击选中其中的“函数”图标，FC 默认编号方式为“自动”且编号为 1（同一个 PLC 下有多个函数时编号自动递增），也可选择“手动”，则此时可手动输入编号。编程语言默认为 LAD（梯形图），也可选择 FBD 和 SCL；默认名称为“块 _1”，可根据需要设置函数名称，或者在程序块文件夹中对其进行重命名。

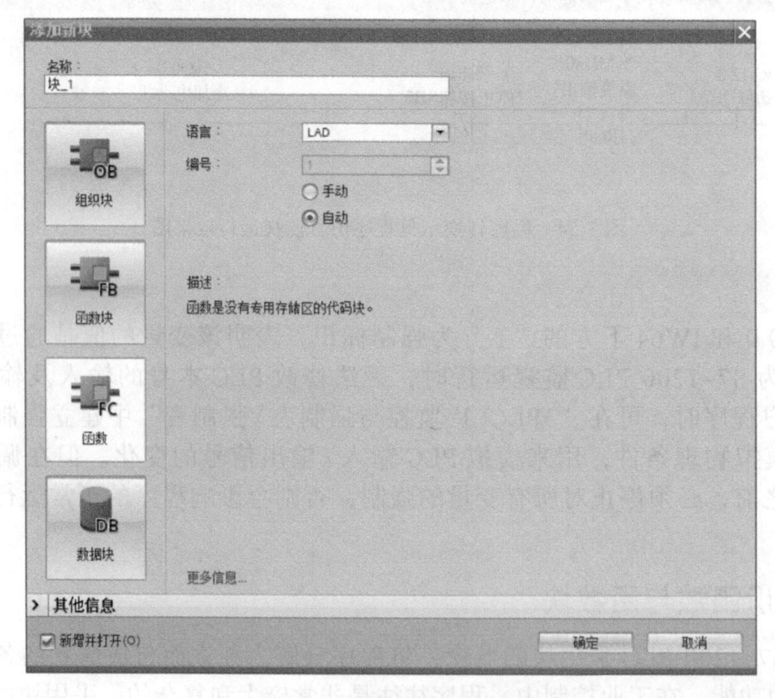

图 3-55 “添加新块”对话框

默认勾选左下角的“新增并打开”复选框，然后单击“确定”按钮，自动生成 FC1，并打开其编辑窗口，此时可以在项目树“\PLC_1\ 程序块”中看到新生成的 FC1（块 _1 [FC1]），如图 3-56 所示。

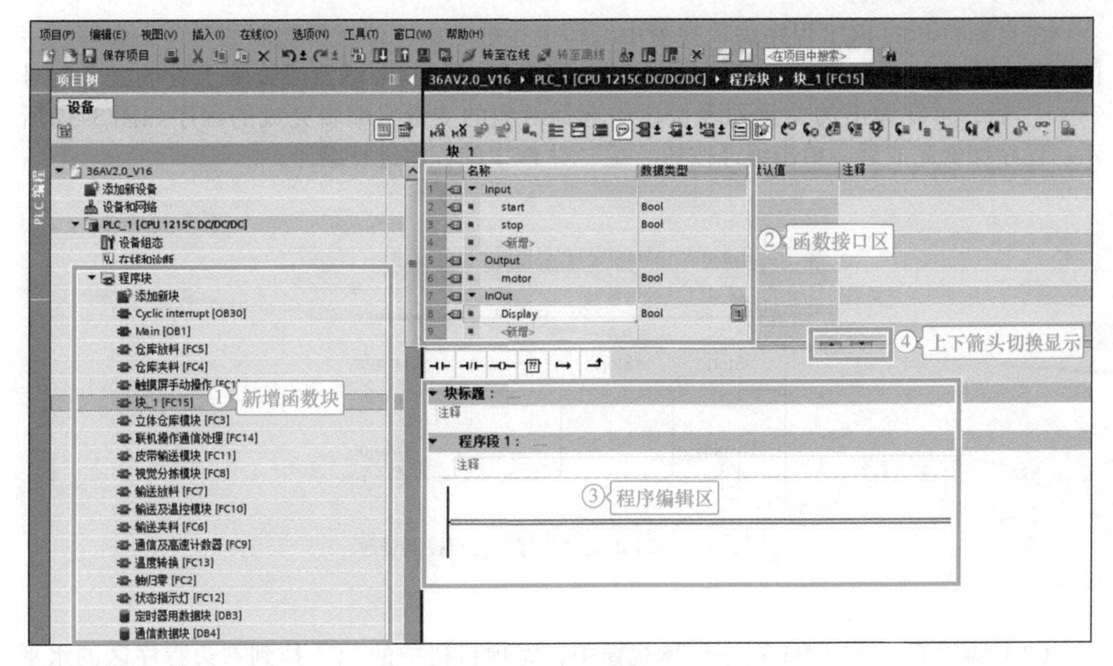

图 3-56　FC1 的局部变量图

将光标放在图 3-56 所示的 FC1 程序区最上面的“块接口”分割条上，按住鼠标左键，往下拉动分隔条，将出现如图 3-56 ②处所示的函数接口区，③处是程序编辑区。或者通过单击块接口区与程序编辑区之间的向上或向下三角形按钮“块接口”（图 3-56 中④处），可隐藏或显示块接口区。

在接口区中生成的局部变量，只能在它所在的块中使用，且为符号寻址访问。编程时，程序编辑器会自动在局部变量前面加上 # 进行标识（全局变量或符号使用双引号，绝对地址使用 %）。函数主要使用以下 5 种局部变量。

1）Input（输入参数）：由调用它的块提供的输入数据。

2）Output（输出参数）：返回给调用它的块的程序执行结果。

3）InOut（输入 / 输出参数）：初值由调用它的块提供，块执行后将它的值返回给调用它的块。

4）Temp（临时数据）：暂时保存在局部堆栈中的数据。只是在执行块时使用临时数据，执行完毕，不再保存临时数据的数值，它可能被别的块的临时数据覆盖。

5）Return（返回）：Return 中的“块 _1”（返回值）属于输出参数，默认的数据类型为 Void，该数据类型不保存数据，用于函数不需要返回值的情况。

此函数中实现两种电动机的连续运行控制，控制模式相同：按下起动按钮（电动机 1 对应 I0.0，电动机 2 对应 I0.2），电动机起动运行（电动机 1 对应 Q0.0，电动机 2 对应 Q0.2），按下停止按钮（电动机 1 对应 I0.1，电动机 2 对应 I0.3），电动机停止运行，电动机工作指示分别为 Q0.1 和 Q0.3。

下面生成上述电动机连续运行控制的函数局部变量。如图 3-56 所示，分别在块接口区的 Input、Output、InOut 中生成变量“Start”“Stop”“Motor”和“Display”，数据类型均为默认的 Bool。生成局部变量时，不需要指定存储器地址，根据各变量的数据类型，程序编辑器自动地为所有局部变量指定存储地址。

在自动打开的 FC1 程序编辑视窗中编写上述电动机连续运行控制的程序，编写程序的方法与在 Main［OB1］主程序中一致。编辑程序时双击触点或线圈上方的红色问号“<???>”后，可在弹出的变量列表按钮中选择对应的变量。编辑完成的程序如图 3-57 所示。程序编辑完成后，单击编译按钮“”对 FC1 的程序进行编译。

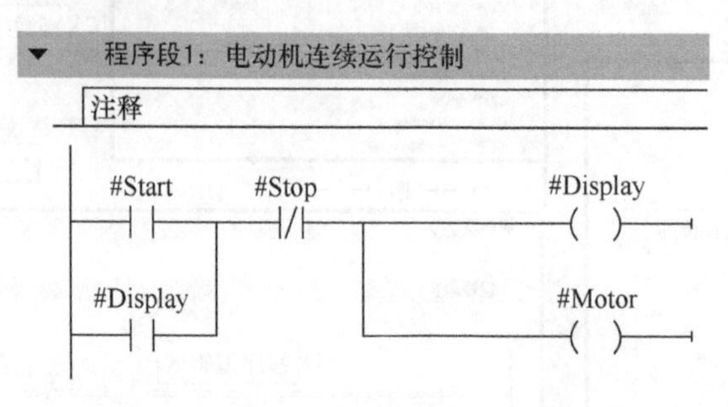

图 3-57　FC1 的电动机连续运行控制程序

（2）调用 FC　在 OB1 程序编辑视窗中，将项目树中的 FC1 拖到右边程序区的水平“导线”上，将出现如图 3-58 所示的 FC1 调用画面，与普通指令类似，FC1 方框左边的“Start”等是输入参数和输入 / 输出参数，右边的“Motor”是输出参数。在函数中，它们被称为 FC 的形式参数，简称为形参。形参在 FC 内部的程序中使用，在组织块、函数和函数块等其他逻辑块调用 FC 时，需要为每个形参指定实际的参数，简称为实参。实参与其对应的形参必须具有相同的数据类型。

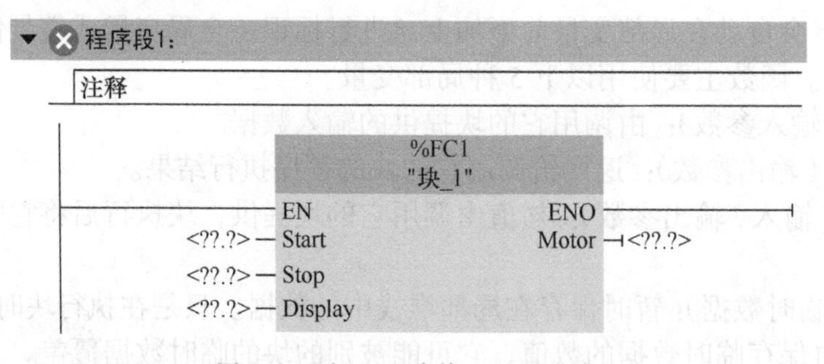

图 3-58　在 OB1 中拖入 FC1 程序

指定函数的形参时，可以使用变量表和全局数据块中定义的符号地址或者绝对地址。根据电动机连续运行控制的要求，调用 FC1 实现两台电动机连续运行控制的程序如图 3-59 所示。

如果 FC1 中的程序不具备多次调用的意义或不想使用局部变量，也可以直接使用绝对地址或符号地址进行编程。此时，不必在 FC 的块接口区建立局部变量，如同直接在主程序中编程一样。但是若使用这些程序段，则必须在主程序或其他逻辑块中加以调用。若上述两台电动机的连续运行控制不使用局部变量（无形式参数），则 FC2 函数中的编程如图 3-60 所示。

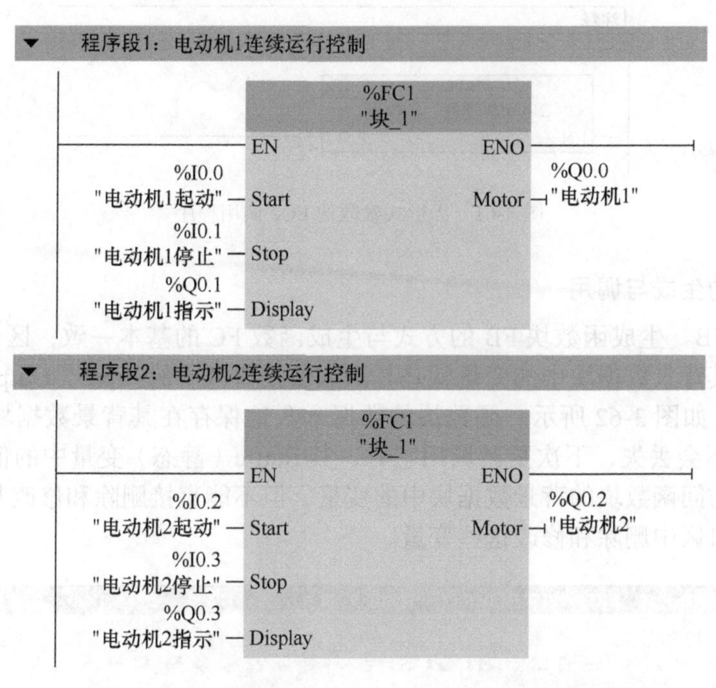

图 3-59 在 OB1 中调用 FC1 实现两台电动机连续运行控制的程序

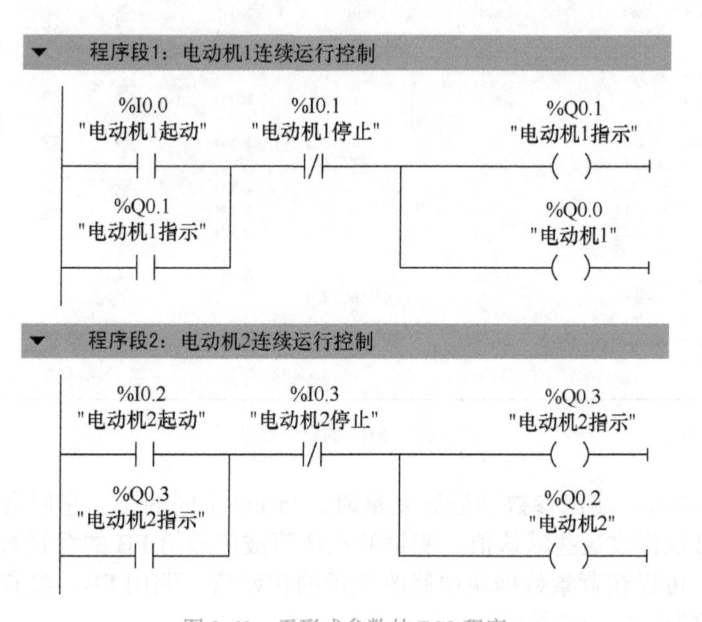

图 3-60 无形式参数的 FC2 程序

在 OB1 中调用 FC2 时，如图 3-61 所示。从使用形式参数与未使用形式参数的编程与调用来看，使用形式参数的编程比较灵活、方便，特别是对于功能相同或相近的程序来说，只需要在调用的逻辑块中改变 FC 的实参即可，适合模块化和结构化的编程。

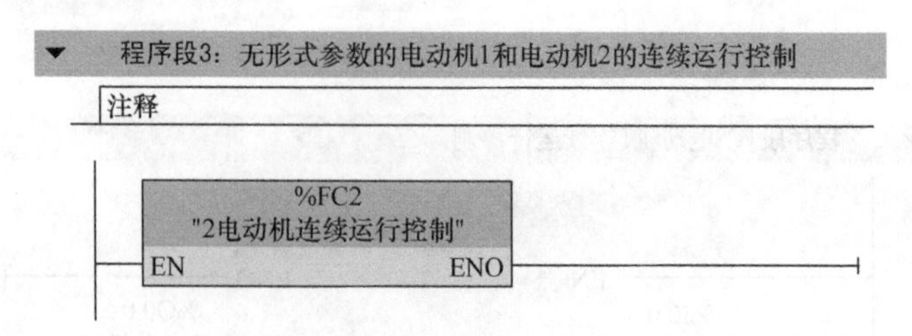

图 3-61　无形式参数的 FC2 调用程序

2. 函数块的生成与调用

（1）生成 FB　生成函数块 FB 的方式与生成函数 FC 的基本一致，区别在于 FB 自带背景数据块，其背景数据块中的变量就是其函数块接口区中的 Input、Output、InOut 参数和 Static 变量，如图 3-62 所示。函数块的数据永久地保存在其背景数据块中，在函数块执行完以后也不会丢失，下次重新调用它时，其 Static（静态）变量中的值保持不变。其他代码块可以访问函数块的背景数据块中的变量，但不能直接删除和修改其变量，只能在其函数块的接口区中删除和修改这些变量。

函数块FB ▸ PLC_1 [CPU 1215C DC/DC/DC] ▸ 程序块 ▸ 块_1 [FB1]

块_1

	名称	数据类型	默认值	保持	可从 HMI/...	从 H...	在 HMI ...
1	▼ Input				☐	☐	☐
2	Start	Bool	false	非保持	☑	☑	☑
3	Stop	Bool	false	非保持	☑	☑	☑
4	T_time	Time	T#0ms	非保持	☑	☑	☑
5	▼ Output				☐	☐	☐
6	Fan	Bool	false	非保持	☑	☑	☑
7	▼ InOut				☐	☐	☐
8	Motor	Bool	false	非保持	☑	☑	☑
9	▼ Static				☐	☐	☐
10	▼ TimerDB	IEC_TIMER		非保持	☑	☑	☑
11	PT	Time	T#0ms	非保持	☑	☑	☑
12	ET	Time	T#0ms	非保持	☑	☐	☑
13	IN	Bool	false	非保持	☑	☑	☑
14	Q	Bool	false	非保持	☑	☐	☑
15	▼ Temp				☐	☐	☐
16	<新增>				☐	☐	☐
17	▼ Constant				☐	☐	☐
18	<新增>				☐	☐	☐

图 3-62　FB1 的背景数据块

生成 FB 的输入、输出参数和静态变量时，与 FC 不同的是，它们会被自动指定一个默认值，并且可以修改这些默认值。变量的默认值被传递给 FB 的背景数据块，作为对应变量的初始值。可以在背景数据块中修改变量的初始值。调用 FB，没有指定实参的形参时，使用背景数据块中的初始值。

我们在 FB 中编写一个电动机停止后冷却风扇延时停止的程序，具体控制要求：按下 Start，电动机和冷却风扇开始运行，按下 Stop，电动机停止，同时 TOF 关断延时定时器开始定时，一定时间后，冷却风扇停止。FB1 中的程序如图 3-63 所示。

（2）调用 FB　在 OB1 程序编辑视窗中，将项目树中的 FB1 拖到右边程序区的水平“导线”上，在出现绿色“小方块”时松开鼠标左键，会自动弹出 FB 的“调用选项”对话框，选择或输入 FB1 背景数据块的名称，在此选择默认名称，如图 3-64 所示，单击“确定”按钮，自动生成 FB1 的背景数据块。

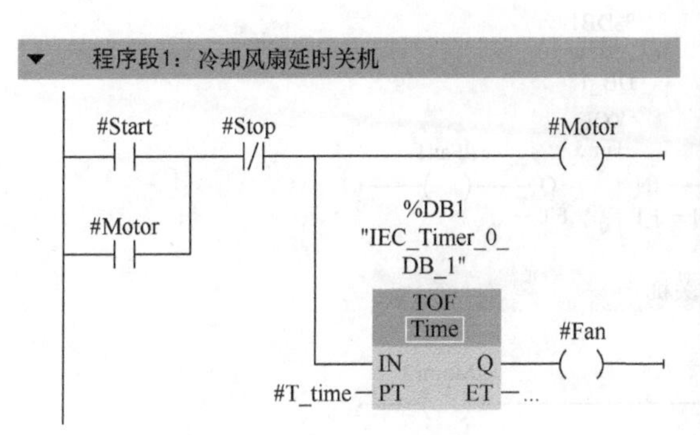

图 3-63 FB1 中的程序

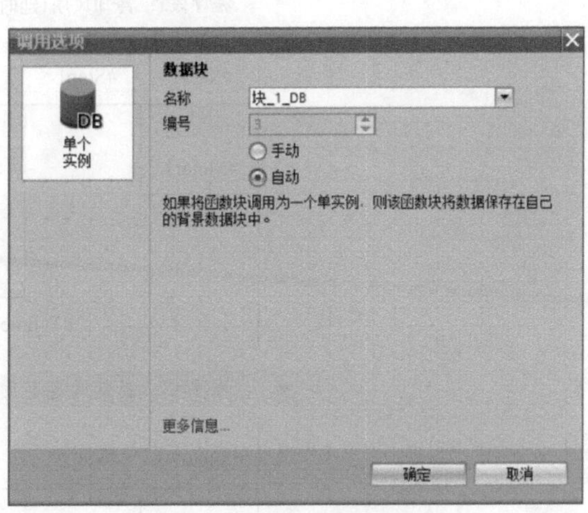

图 3-64 创建 FB1 的背景数据块

FB1 函数块左边的“Start”等是 FB1 接口区中定义的输入参数和输入 / 输出参数，右边的“Fan”是输出参数，它们是 FB1 的形参。在此，它们的实参分别赋予 I0.0、I0.1、T#10s、Q0.0 和 Q0.1，如图 3-65 所示。

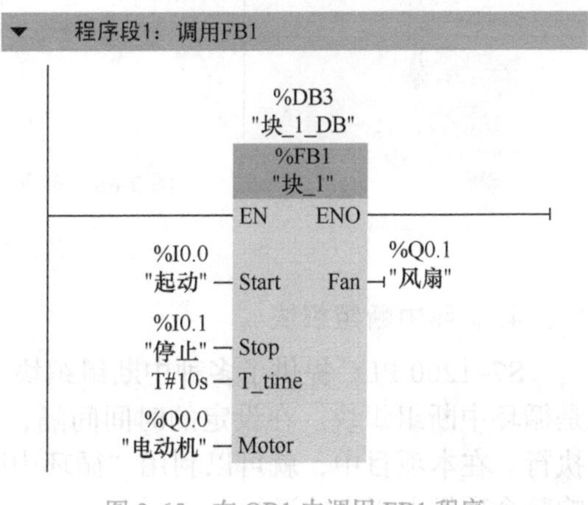

图 3-65 在 OB1 中调用 FB1 程序

在 OB1 中已经调用完 FB1 后，若再在 FB1 中增加或删减了某些参数，或修改了某个参数的名称或默认值，在 OB1 中被调用的 FB1 的方框、字符或背景数据块将变为红色。这时，单击程序编辑器工具栏上的“更新不一致的块调用”按钮“ ”，此时 FB1 中的红色错误标记消失。或者也可以在 OB1 中删除被改变的 FB1，重新调用即可。

3. 多重背景数据块

若一个程序需要使用多个定时器或计数器指令时，正常来说，都需要为每一个定时器或计数器指定一个背景数据块。因为这些指令的多次使用，将会生成大量的数据块“碎片”。为了解决这个问题，在函数块中使用定时器或计数器指令时，可以在函数块的接口区定义数据类型为 IEC_TIMER 或 IEC_COUNTER 的静态变量，用这些静态变量来提供定时器和计数器的背景数据。这种函数块的背景数据块被称为多重背景数据块，如图 3-66 所示，两个 TOF 关断延时定时器使用同一个背景数据块“DB1”。

使用多重背景数据块，那么多个定时器或计数器的背景数据被包含在其所在函数块的背景数据块中，而不需要为每个定时器或计数器分配一个单独的背景数据块。这样可以更合理地利用存储空间，并且可以减少数据处理的时间。在共享的多重背景数据块中，定时器、计数器的数据结构之间不会产生相互作用。

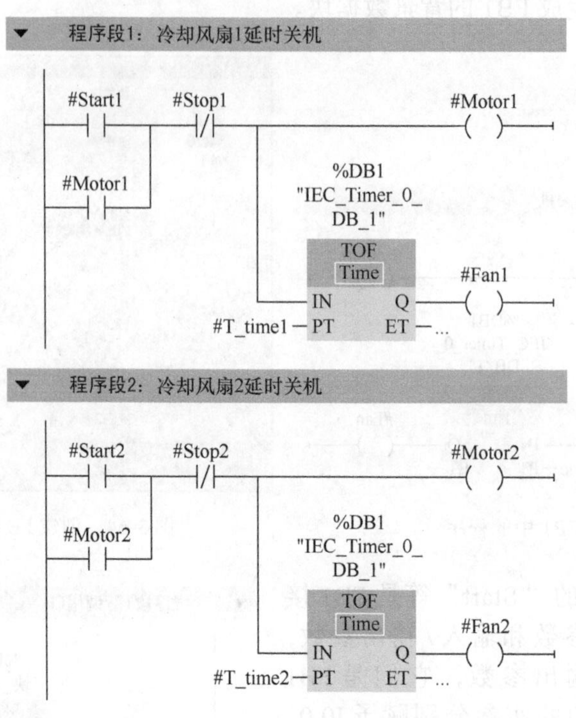

图 3-66　多重背景数据块的使用示例

4. 循环中断组织块

S7-1200 PLC 提供了多种中断组织块，用于及时处理各种中断事件，其中最常用的就是循环中断组织块。在设定的时间间隔，循环中断（Cyclic interrupt）组织块被周期性地执行。在本项目中，就可以利用“循环中断”OB 定时启动 PID 控制算法程序，而不会影响整个项目主程序的运行。

在添加新块中选择 OB 块，选择其中的“Cyclic interrupt”，如图 3-67 所示，循环中断的时间间隔（循环时间）默认值为 100ms，其可设范围为 1 ～ 60000ms。循环中断 OB 的编号为 30 ～ 38，或者大于或等于 123。

右击项目树下程序块文件夹中已经生成的“Cyclic interrupt［OB30］”，在弹出的快捷菜单中单击“属性”选项，打开循环中断 OB 的属性对话框，在“常规”选项中可以更改 OB 的编号，在“循环时间”选项中可以修改已生成循环中断 OB 的循环时间及相移。相移即相位偏移，默认值为 0，其含义为启动时间与基本时间周期相比较所偏移的时间，用于错开不同时间间隔的几个循环中断 OB，使它们不会被同时执行。

在循环中断组织块“Cyclic interrupt［OB30］”中编写程序，与在主程序块 Main［OB1］中的编程方法基本一致。但要注意设置循环组织块的循环时间等参数，具体如图 3-68 所示。

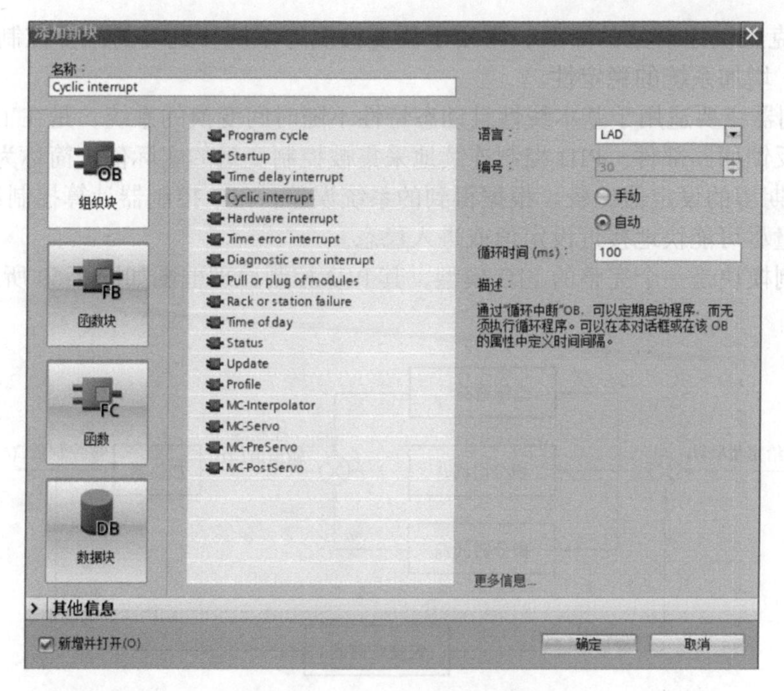

图3-67 生成循环中断组织块OB30

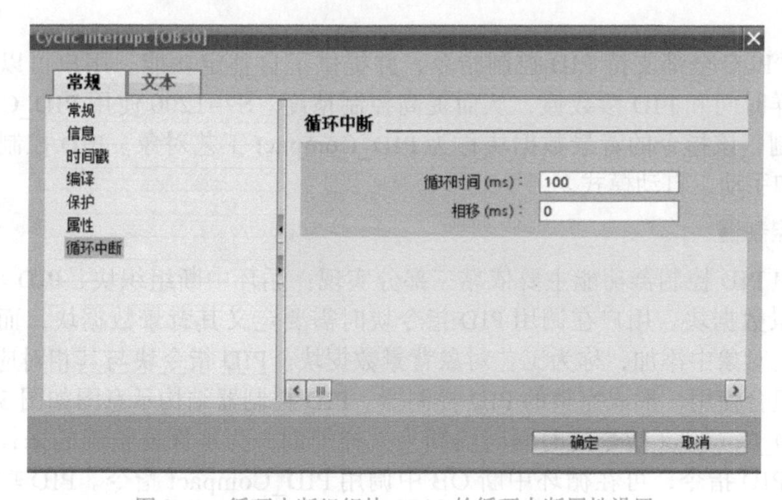

图3-68 循环中断组织块OB30的循环中断属性设置

三、认识PID指令及组态

PLC通过PID指令、模拟量输入、模拟量输出组成一个PID控制器。PID控制器由比例单元、积分单元和微分单元组成。可以通过调整这三个单元的增益K_p、T_i、T_d来调整其特性。增大比例系数K_p可使系统反应灵敏，调节速度加快，并且可以减小稳态误差，但是比例系数过大会使超调量增大，振荡次数增加，调节时间加长，动态性能变坏，比例系数太大甚至会使闭环系统不稳定。积分系数T_i的作用是为了消除自动控制系统的余差而设置的，它的作用是消除稳态误差，提高控制精度，积分作用一般是必需的。微分系数

T_d 主要用来克服被控对象的滞后，常用于温度控制等系统，适当的微分控制作用可以使超调量减小，增加系统的稳定性。

PID 控制器主要适用于基本线性且动态特性不随时间变换的系统，是在工业控制应用中很常见的反馈回路部件。PID 控制连续地采集被控制变量的实际值（简称为实际值或输入值），并与期望的设定值比较。根据得到的系统误差，PID 控制器计算控制系统的输出，使被控制变量尽可能快地接近设定值或进入稳态。

温度控制模块是一个完整的 PID 模型，其 PID 控制原理框图如图 3-69 所示。

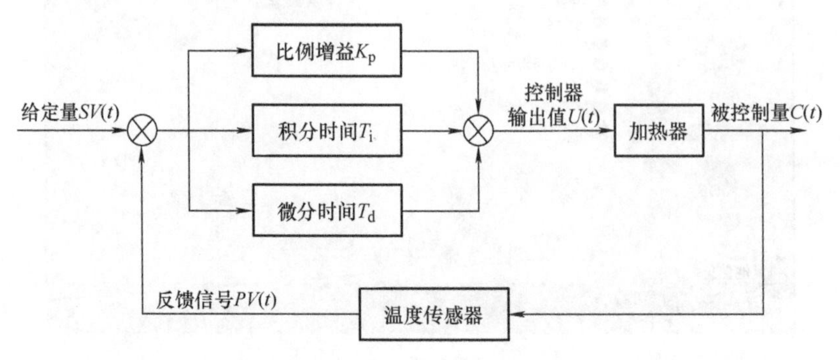

图 3-69　温度控制模块 PID 控制原理框图

S7–1200 PLC 全部支持 PID 控制指令，并提供了自整定功能。用户可以通过自整定得到最佳采样时间和 PID 参数值，从而提高控制精度。S7–1200 使用 PID_Compact 指令实现 PID 控制，该指令的背景数据块称为 PID_Compact 工艺对象。PID 控制器具有参数自调节功能和手动、自动模式。

1. PID 控制器

本项目中 PID 控制器功能主要依靠三部分实现：循环中断组织块、PID 功能块、PID 工艺对象背景数据块。用户在调用 PID 指令块时需要定义其背景数据块，而此背景数据块需要在工艺对象中添加，称为工艺对象背景数据块。PID 指令块与其相对应的工艺对象背景数据块组合使用，形成完整的 PID 控制器。PID 控制器结构示意图如图 3-70 所示。

调用 PID_Compact 指令的时间间隔即为采样周期，为了保证精确的采样时间，用固定间隔执行 PID 指令，可在循环中断 OB 中调用 PID_Compact 指令。PID 功能块定义了控制器的控制算法，随着循环中断 OB 产生中断而周期性地执行，其背景数据块用于定义输入 / 输出参数、调试参数及监控参数。此背景数据块并非普通数据块，需要在目录树视图的“工艺对象”中才能找到并组态。

2. PID_Compact 指令

PID_Compact 指令位于指令卡“工艺”窗口的“PID 控制”文件夹，它用于通过连续输入变量和输出变量控制工艺过程，并提供了可在自动模式和手动模式下自我调节的 PID 控制器。TIA Portal 软件会在插入 PID_Compact 指令时自动创建 PID 工艺对象及对应的背景数据块，该背景数据块包含工艺对象的参数。展开后的 PID_Compact 指令如图 3-71 所示。

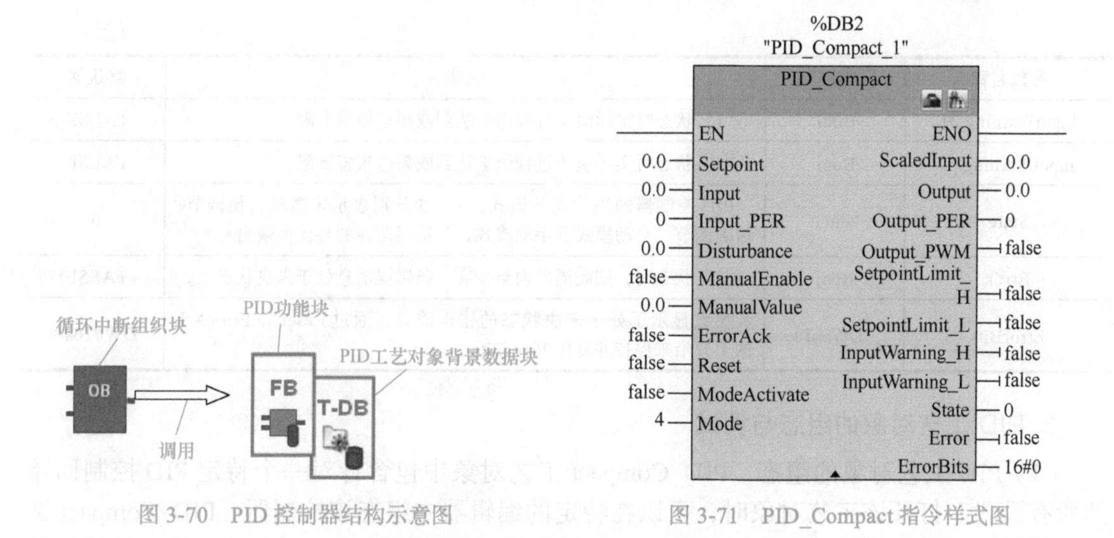

图 3-70 PID 控制器结构示意图　　图 3-71 PID_Compact 指令样式图

PID_Compact 指令的输入参数说明见表 3-9。

表 3-9 PID_Compact 指令的输入参数说明

参数名称	数据类型	说明	默认值
SetPoint	Real	PID 控制器在自动模式下的设定值	0.0
Input	Real	作为实际值（即反馈值）来源的用户程序变量	0.0
Input_PER	Int	作为实际值来源的模拟量输入	0
Disturbance	Real	扰动变量或预控制值	0.0
ManualEnable	Bool	上升沿选择手动模式，下降沿选择最近激活的操作模式	FALSE
ManualValue	Real	手动模式的 PID 输出变量	0.0
ErrorAck	Bool	确认后将复位 ErrorBits 和 Warning	FALSE
Reset	Bool	重新启动控制器，“1”状态时进入未激活模式，控制器输出变量为 0，临时值被复位，PID 参数保持不变	FALSE
ModeActivate	Bool	“1”状态时 PID_Compact 将切换到保存在 Mode 参数中的工作模式	FALSE
Mode	Int	指定 PID_Compact 将转换到的工作模式，0～4 分别表示未激活、预调节、精确调节、自动模式、手动模式	4

PID_Compact 指令的输出参数说明见表 3-10。

表 3-10 PID_Compact 指令的输出参数说明

参数名称	数据类型	说明	默认值
ScaledInput	Real	经比例缩放的实际值的输出（标定的过程值）	0.0
Output	Real	用于控制器输出的用户程序变量	0.0
Output_PER	Int	PID 控制的模拟量输出	0
Output_PWM	Real	脉宽调制输出值，输出值由变量开关时间形成	0.0
SetPointLimit_H	Bool	“1”状态时设定值的绝对值达到或超过上限	FALSE
SetPointLimit_L	Bool	“1”状态时设定值的绝对值达到或低于上限	FALSE

（续）

参数名称	数据类型	说明	默认值
InputWarning_H	Bool	“1”状态时实际值（过程值）达到或超过报警上限	FALSE
InputWarning_L	Bool	“1”状态时实际值（过程值）达到或超过报警下限	FALSE
State	Int	PID 控制器的当前运行模式，0 ～ 5 分别表示未激活、预调节、精确调节、自动模式、手动模式、带错误监视的替代值输出	0
Error	Bool	“1”状态时，则此周期内至少有 1 条错误消息处于未决状态	FALSE
ErrorBits	DWord	参数显示了处于未决状态的错误消息，通过 Reset 和 ErrorAck 的上升沿来保持并复位 ErrorBits	DW#16#0

3. PID 工艺对象的组态与调试

（1）PID 工艺对象的组态　PID_Compact 工艺对象中包含针对一个特定 PID 控制回路的所有设置。打开该工艺对象时，可以在特定的编辑器中组态该控制器。PID_Compact 工艺对象提供一个集成了调节功能的通用 PID 控制器，它相当于 PID_Compact 指令的背景数据块，调用 PID_Compact 指令时必须传送该数据块。插入 PID_Compact 指令时会自动创建“ PID_Compact_1”工艺对象。单击 PID_Compact 指令右上角的两个图标“ ”和“ ”，可以分别快速进入 PID_Compact 工艺对象的组态和调试界面，如图 3-72 所示。

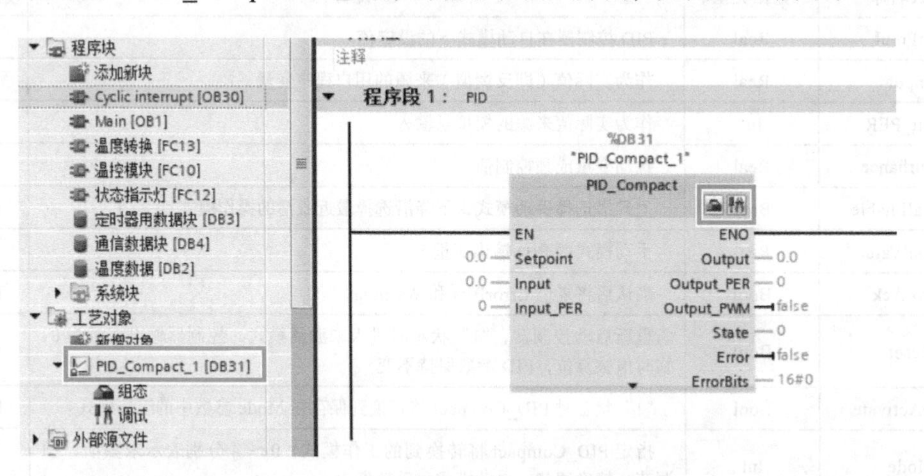

图 3-72　插入 PID_Compact 指令时自动创建 PID_Compact 工艺对象

用户也可以先创建 PID_Compact 工艺对象并完成组态，然后再在插入 PID_Compact 指令时弹出的“调用选项”中，选择提前创建的名称为“ PID_Compact_1”的工艺对象，如图 3-73 和图 3-74 所示。

使用 PID_Compact 指令时自动创建的 PID_Compact 工艺对象，也可以在项目树下的“工艺对象”文件夹中找到，并且可对其进行组态与调试。

1）控制器类型。在 PID_Compact 工艺对象组态界面的“基本设置”中，控制器类型选择“温度”，勾选“ CPU 重启后激活 Mode”，将 Mode 设置为“自动模式”，其他设置保持默认值，如图 3-75 所示。

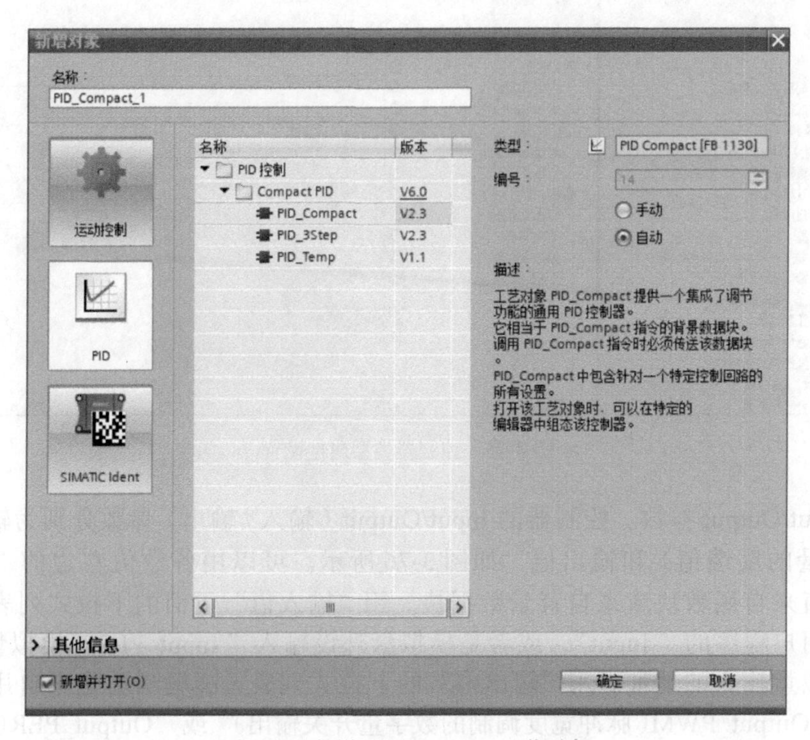

图 3-73　新增 PID_Compact 工艺对象

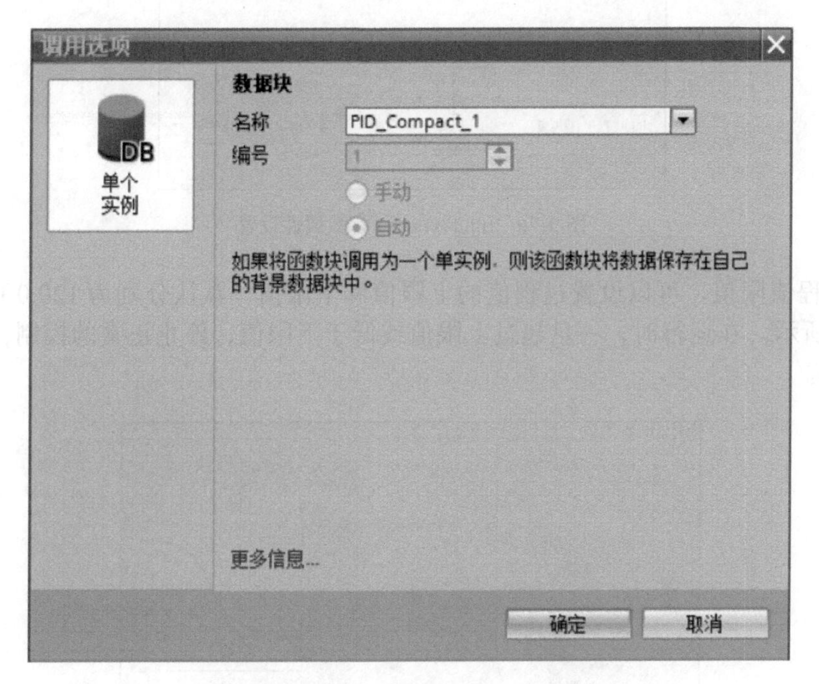

图 3-74　选择 PID_Compact_1 工艺对象

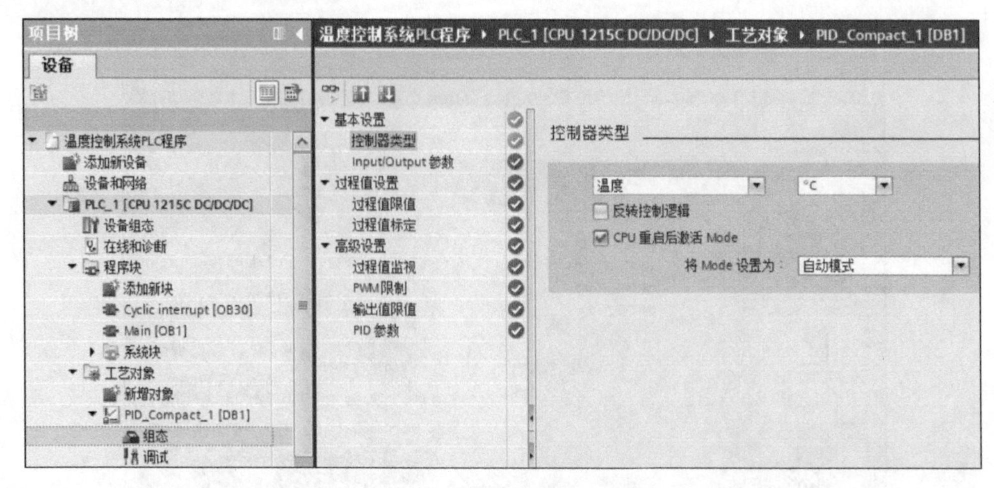

图 3-75 控制器类型属性设置

2）Input/Output 参数。控制器的 Input/Output（输入 / 输出）参数分别为输入值（即被控制变量的反馈值）和输出值，如图 3-76 所示。可以用各数值左边的“”按钮选择数值来自函数块或来自背景数据块。用“输入值”下面的下拉式列表选择输入值是来自用户程序的“Input”，或者是模拟量外设输入“Input_PER（模拟量)”，即直接指定模拟量输入的地址。用“输出值”的下拉式列表选择输出值是来自用户程序的“Output”“Output_PWM(脉冲宽度调制的数字量开关输出)”或“Output_PER(模拟量)”，即外设输出，直接指定模拟量输出的地址。

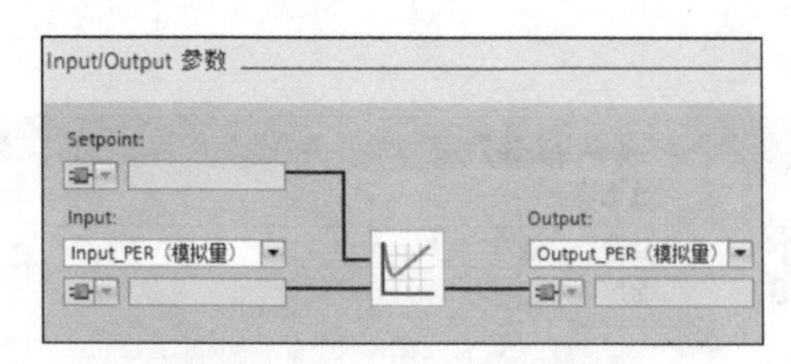

图 3-76 Input/Output 参数属性设置

3）过程值限值。可以设置过程值的上限值和下限值，默认分别为 120.0℃和 0.0℃，如图 3-77 所示。在运行时，一旦超过上限值或低于下限值，停止正常的控制，输出值将被设置为 0。

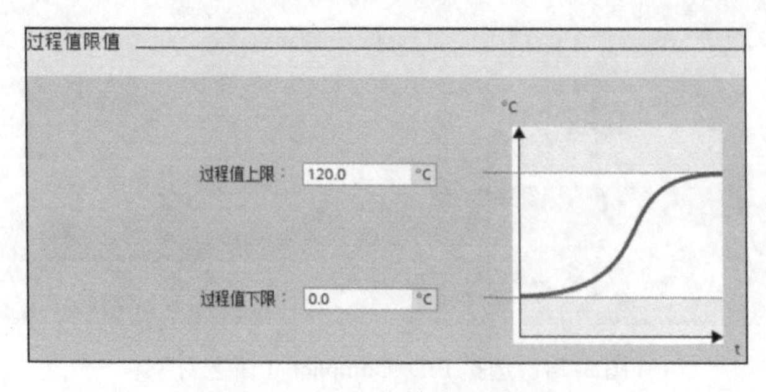

图 3-77 过程值限值属性设置

4）过程值标定。过程值标定也称输入值标定，可以缩放过程（输入）值，或给过程值设置偏移量。实际使用时一般采用默认的比例，模拟量的实际值或来自用户程序的输入值为 0.0% ～ 100.0% 时，A/D 转换后的数字为 0.0 ～ 27648.0，如图 3-78 所示。

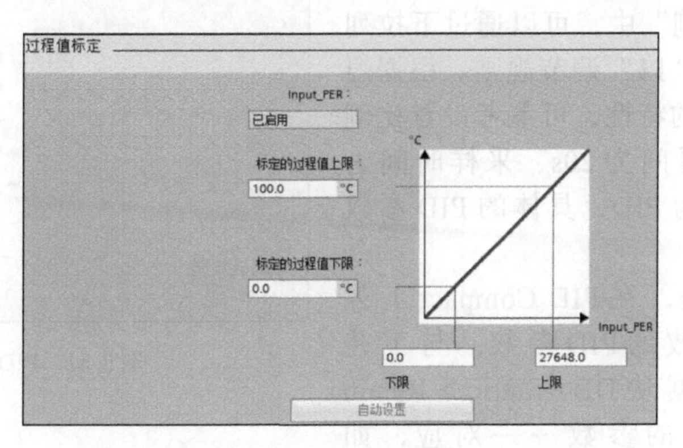

图 3-78　过程值标定属性设置

5）过程值监视。如图 3-79 所示，过程值监视可以设置过程值警告的上限和下限，运行时，如果过程值超过设置的上限值或者低于下限值，PID Compact 指令的 Bool 输出参数“InputWarning_H”或“InputWarning_L”将变为“1”状态。

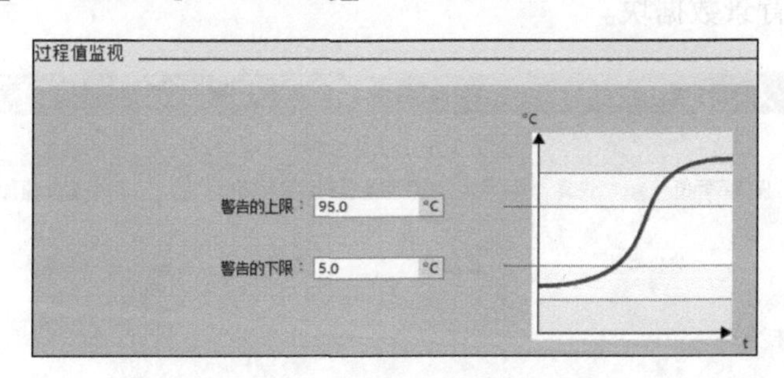

图 3-79　过程值监视属性设置

6）输出值限值。输出值限值可以设置输出变量的限制值，使手动模式或自动模式的 PID 输出值不超过上限和不低于下限。也可以设置对错误的响应，设置发生错误时 Output 的替代输出值，如图 3-80 所示。

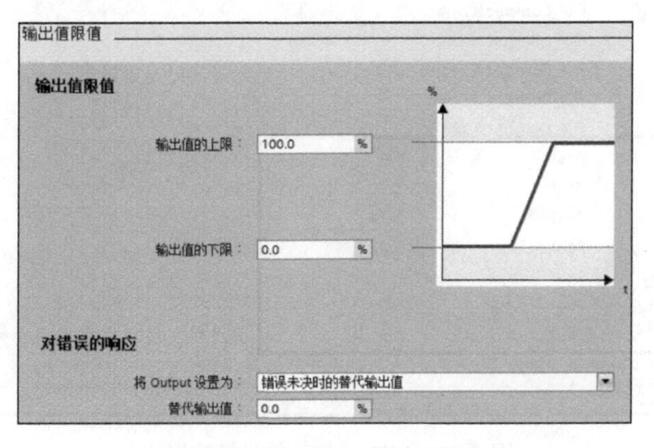

图 3-80　输出值限值属性设置

7）PID参数。PID参数可以使用系统提供的参数自整定功能进行设定，或者勾选“启用手动输入”后，手动输入相关的PID参数。在“调节规则”中，可以通过下拉列表选择“PID”或“PI”调节规则。根据温度控制模块工控板的特性，可参考设置比例增益为3.9、积分时间为20s、采样时间为0.5s、控制器结构为PID，具体的PID参数设置如图3-81所示。

PID 参数

☑ 启用手动输入

比例增益：	3.9	
积分作用时间：	20.0	s
微分作用时间：	2.74	s
微分延迟系数：	0.0	
比例作用权重：	1.0	
微分作用权重：	0.0	
PID 算法采样时间：	0.5	s

调节规则

控制器结构： PID

图3-81　PID参数设置

需要说明的是，在PID Compact工艺对象组态界面修改的PID参数，与工艺对象的“背景数据块DB> Static > Retain >CtrlParams”下面的参数一一对应，如图3-82所示。通过工艺对象组态界面修改的PID参数，需要重新下载组态，并重启PLC。因此建议直接在PID Compact工艺对象背景数据块中修改PID参数，该背景数据块位于“\PLC_1\程序块\系统块\程序资源\PID_Compact”。在工艺对象文件夹下右击“PID_Compact_1 [DB1]”工艺对象，然后选择“打开DB编辑器”命令，可打开并编辑PID_Compact_1的背景数据块。

温度控制系统PLC程序 ▸ PLC_1 [CPU 1215C DC/DC/DC] ▸ 工艺对象 ▸ PID_Compact_1 [DB1]

保持实际值　快照　将快照值复制到起始值中　将起始值加载为实际值

PID_Compact_1

	名称	数据类型	起始值	保持	可从 HMI/...	从 H...	在 HMI ...	设定值
35	PhysicalQuantity	Int	1		✓		✓	✓
36	ActivateRecoverMode	Bool	true		✓	✓	✓	✓
37	Warning	DWord	16#0	✓	✓		✓	
38	WarningInternal	DWord	16#0	✓	✓		✓	
39	Progress	Real	0.0		✓		✓	
40	CurrentSetpoint	Real	0.0		✓		✓	
41	CancelTuningLevel	Real	10.0		✓	✓	✓	✓
42	SubstituteOutput	Real	0.0		✓	✓	✓	✓
43	▸ Config	PID_CompactConfig			✓	✓	✓	
44	▸ CycleTime	PID_CycleTime			✓	✓	✓	
45	▸ CtrlParamsBackUp	PID_CompactContr...			✓	✓	✓	
46	▸ PIDSelfTune	PID_CompactSelfTu...			✓	✓	✓	
47	▸ PIDCtrl	PID_CompactControl			✓	✓	✓	
48	▾ Retain	PID_CompactRetain		✓	✓	✓	✓	
49	▾ CtrlParams	PID_CompactContr		✓	✓	✓	✓	
50	Gain	Real	3.9	✓	✓	✓	✓	✓
51	Ti	Real	20.0	✓	✓	✓	✓	✓
52	Td	Real	2.74	✓	✓	✓	✓	✓
53	TdFiltRatio	Real	0.0	✓	✓	✓	✓	✓
54	PWeighting	Real	1.0	✓	✓	✓	✓	✓
55	DWeighting	Real	0.0	✓	✓	✓	✓	✓
56	Cycle	Real	0.5	✓	✓	✓	✓	✓

图3-82　PID工艺对象背景数据块

（2）PID 工艺对象的调试　PID 控制器能够正常运行，需要符合实际运行系统及工艺要求的参数设置，但由于每套系统都不完全一样，所以每套系统的控制参数也不尽相同。用户可以自己手动调试，通过参数访问的方式修改对应的 PID 参数，在调试面板中观察系统曲线图，也可以使用系统提供的参数自整定功能进行设定。PID 自整定是按照一定的数学方法，通过外部输入信号激励系统，并根据系统的反应方式来确定 PID 参数。

双击项目树文件夹“PLC_1\工艺对象\PID_Compact_1”中的“调试”，或者单击 PID_Compact 指令右上角的调试按钮“ ”，可以快速进入 PID_Compact 工艺对象的调试界面，如图 3-83 所示。可以用趋势图监视 PID 控制器的设定值（Setpoint）、标定的过程值（ScaledInput）、输出值（Output）变量的曲线，其横轴为时间。

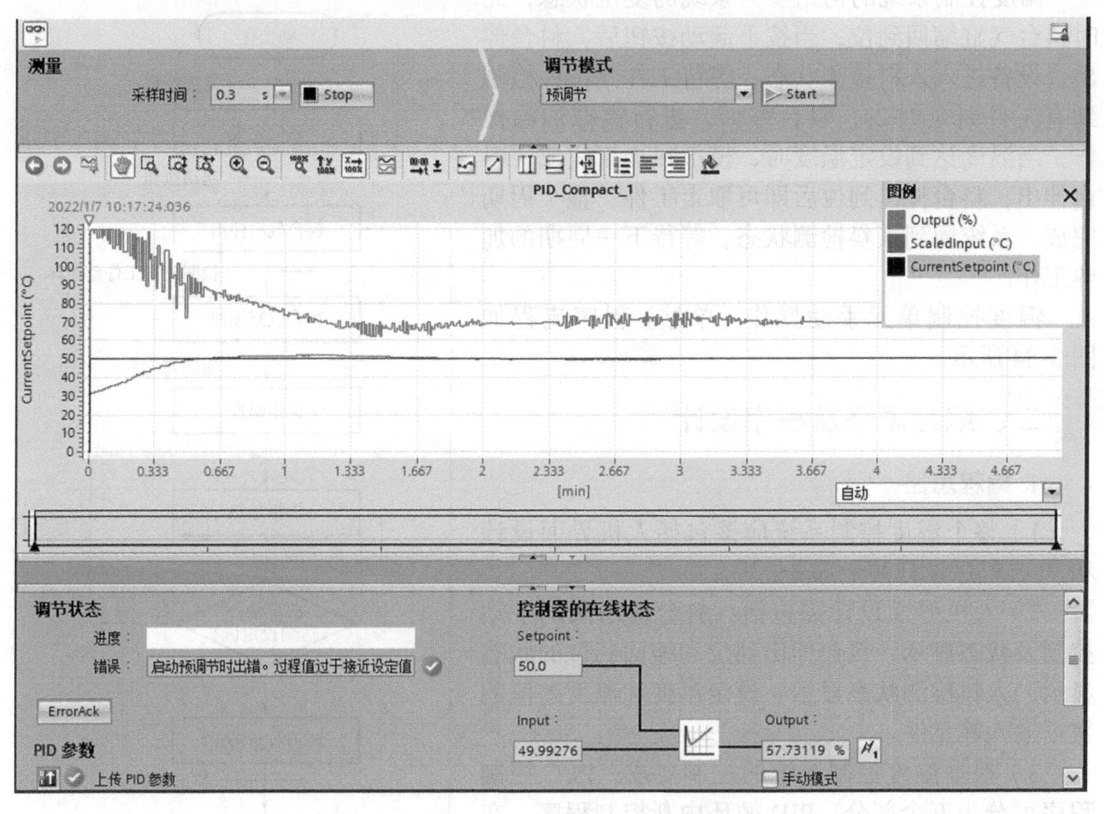

图 3-83　PID 工艺对象调试效果

可以在“采集时间”下拉列表中设置采集时间。CPU 与计算机建立好连接通信后，单击“测量”窗口中左侧的“Start（开始测量在线值）”按钮，然后再单击“调试模式”窗口（可以选择预调节或精确调节）中的“Start（开始调节）”按钮，在曲线绘图区会显示实时调节的曲线，在调节状态及控制器在线状态窗口会实时显示调节进度及状态。

在选择“精确调节”模式时，系统会自动调整输出使系统进入振荡，反馈值在多次穿越设定值后，系统会自动计算出 PID 参数。单击 PID 工艺对象调试面板中 PID 参数窗口的“上传 PID 参数”按钮“ ”，可以将 PID 参数上传到项目。由于整定过程是在 CPU 内部进行的，整定后的参数并不在项目中，所以需要上传到项目。上传参数时，要保证编辑软件与 CPU 之间在线连接，并且调试面板要在测量模式，即能实时监控状态值。单击“上传 PID 参数”按钮后，PID 工艺对象数据块会显示与 CPU 中的值不一致，因为此时项目中工艺对象数据块的初始值与 CPU 中的不一致。可以将此块重新下载，方法是：右击该数据块，选择“在线比较”命令，进入在线比较编辑器，将模式设为“下载到设备”，单击“执行”按钮，完成参数同步。YL-36A 设备温度控制模块的 PID 参数按照图 3-81 设置即可，可不用进行参数整定。

任务实施

一、系统控制分析

温度控制系统的初始步为系统的复位状态，此时料台气缸缩回到位；当按下起动按钮后，料台伸出，设备进入入料检测状态，等待工件到位；检测到有工件时延时 2s，料台缩回，进行模拟加温操作；当温度达到设定温度时，模拟热加工完成，料台伸出；料台伸出到位后即可取走工件，整个周期完成，系统回到入料检测状态，等待下一周期的加热工作。

温度控制单元手动操作（单站）程序流程如图 3-84 所示。

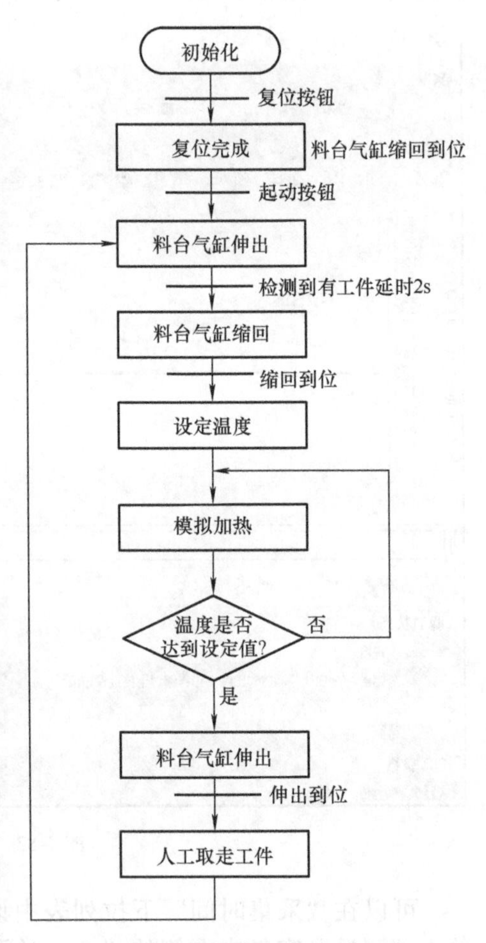

图 3-84 温度控制单元手动操作程序流程

二、编程思路及程序设计

1. 编程思路

1）整个温度控制系统应该包括人机界面设计和 PLC 程序设计两个部分。

2）人机界面设计需包括：料台伸缩阀的手动控制及状态显示、料台伸出到位和缩回到位的状态显示、入料检测状态显示、设定温度和温度差值的数据输入等元件。

3）根据温度控制系统的控制要求，PLC 控制程序可分为五个部分：PID 循环中断控制程序，在循环中断组织块中不断循环执行 PID 温度控制算法；温度模拟量转换子程序，专门进行温度的模拟量转换；温控模块手动操作子程序，根据程序流程图分步完成手动操作的控制程序；状态指示灯子程序，专门用于系统状态指示灯的控制；温度控制主程序，主要进行状态的检测、标记及系统的起停控制。

4）PID 温度控制程序可在循环中断组织块中编写，不受系统程序执行速度的影响，不断循环执行 PID_Compact 指令。

5）温度模拟量转换程序可作为函数单独封装调用，将设定温度、温度差值等进行模拟量转换，并计算对应的 PID 反馈值和输出值。

6）温控模块手动控制子程序中，可根据温度控制流程图，通过设置控制字或辅助标记位的方式分步执行，每一步执行完成后改变控制字的值作为下一步的运行标记，降低PLC 程序编写难度及因逻辑混乱导致出错的概率。

7）状态指示灯子程序专门用于控制红、绿、黄三种状态指示灯的运行状态，以及急停按钮按下时蜂鸣器的鸣响。

8）温度控制系统主程序主要调用温控单元各功能子程序，并进行初始状态、系统就绪、起动、停止、复位等检测，并做好各状态的运行标记。

2. 触摸屏设计

温度控制单元手动操作界面包括 1 个料台伸缩阀指示灯按钮、3 个指示灯、2 个数据输入、1 个画面跳转按钮等，如图 3-85 所示。

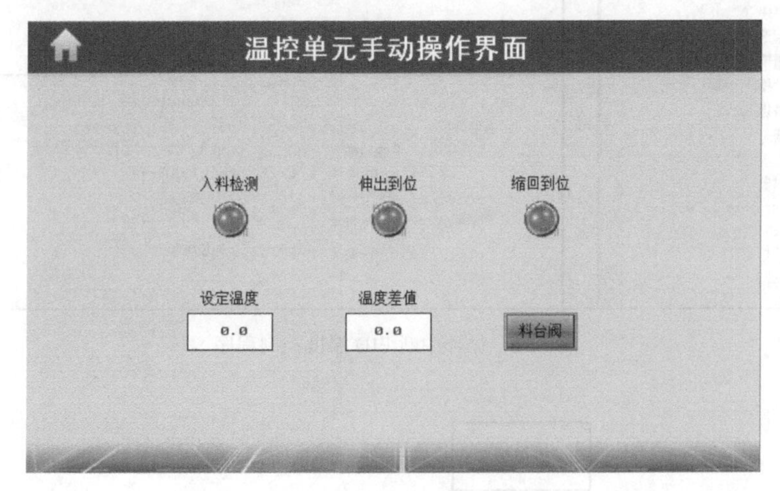

图 3-85　温控单元手动操作人机界面

需要说明的是，温度差值是温度反馈值通过电压信号传输时线阻压降对应的值。可以通过 PID 自整定测试温度差值的大小，如设定温度为 50℃，自整定完成时反馈温度数显表显示为 46℃，则温度差值应设置为 4℃。

3. PLC 程序设计

分析温度控制单元手动操作的控制要求，可以把温度控制系统的程序分为五个部分，分别为 PID 循环中断控制程序、温度模拟量转换子程序、温控模块手动操作子程序、状态指示灯子程序、温度控制主程序。

（1）PID 循环中断控制程序　循环中断 OB 调用 PID_Compact 指令的程序如图 3-86 所示。“设定温度”由人机界面给定，作为 PID 指令的设定值；PID 指令的输入为反馈值温度和温差对应的数字量差值；PID 指令的输出以 0 ～ 27648 的数字量形式通过 SM1232 模拟量输出模块的模拟输出通道 0（地址为 QW128）输出，作为工控板温度给定，在设定值数显表上显示。

温度控制系统 PID 控制逻辑关系如图 3-87 所示。人机界面上设置的温度设定值通过网口传递给 PLC，经过模拟量转换后，通过 SM1232 模拟量输出模块的模拟量输出通道 1（地址为 QW130）输出 4 ～ 20mA 电流至设定值数显表，以显示设定的温度目标值。PID 指令的模拟量输出值通过 SM1232 模拟量输出模块的模拟量输出通道 0（地址为 QW128）输出 0 ～ 20mA 电流至温度模块工控板，经过工控板内部算法处理后，输出 0 ～ 10V 电压（会产生一定的线阻压降，即温度差值）至 PLC 模拟量输入通道 0（地址 IW64），作为 PID 指令实际值来源的模拟量输入，并同时输出至反馈值数显表以显示当前的实时温度。

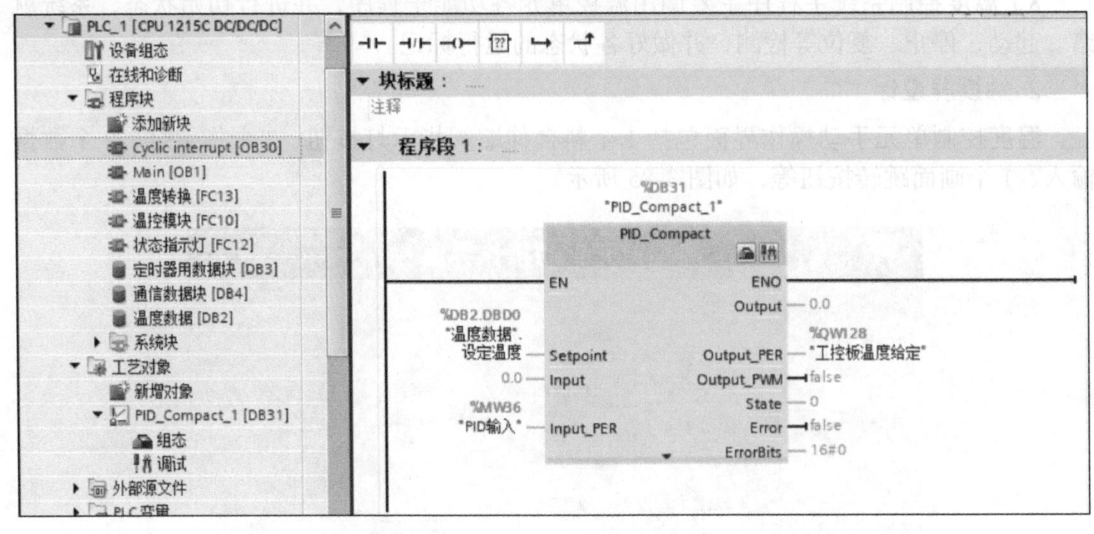

图 3-86　循环中断 PID 温度控制程序

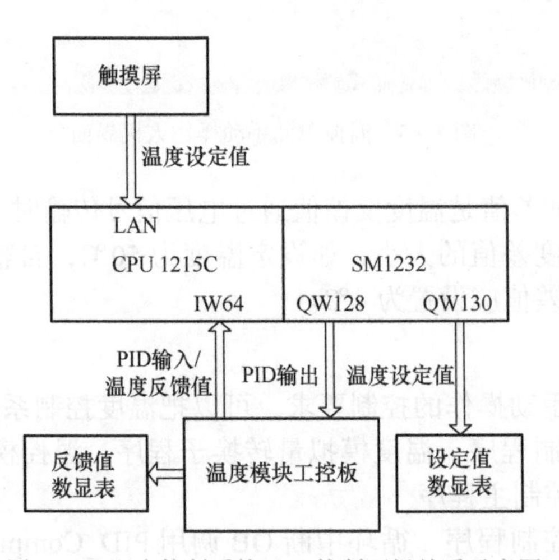

图 3-87　温度控制系统 PID 控制逻辑关系示意图

（2）温度模拟量转换子程序　温度转换函数程序如图 3-88 所示。“设定温度”和“温度差值”在人机界面上进行设定，通过 NORM_X 指令和 SCALE_X 指令将它们转换为 0 ～ 27648 对应的数字量。“设定温度”经模拟量转换后，由 SM 1232 模拟量输出模块的通道 1（地址 QW130）输出至设定值数显表显示设定温度；PLC 模拟量输入通道 0（地址为 IW64）采集的“反馈值温度”减去“温度差值”经模拟量转换后的数字量，赋值给“PID 输入”变量（MW36），作为 PID 指令的输入参数；同时，“PID 输入”再次经过模拟量转换后，赋值给“反馈温度”变量（MD38），作为当前温度值。

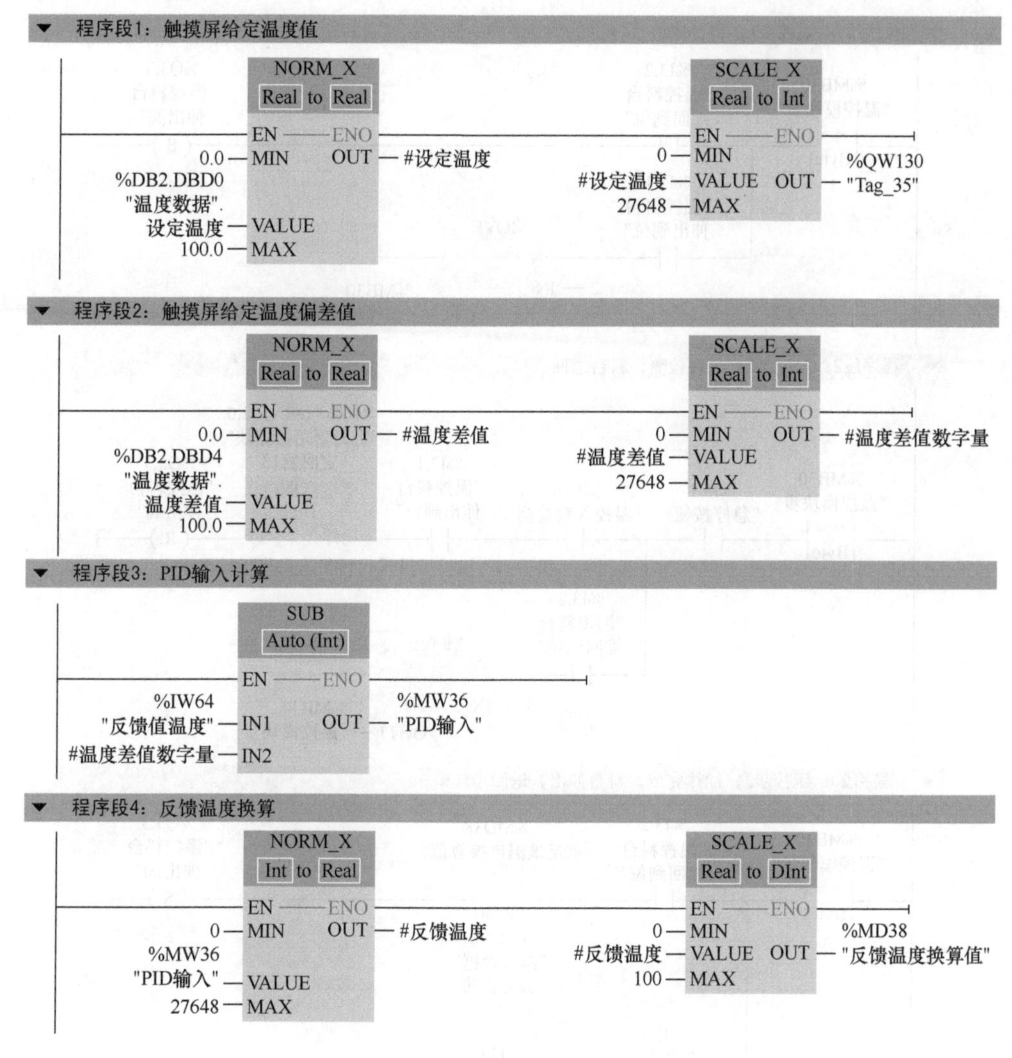

图3-88 温度转换函数程序

（3）温控模块手动操作子程序 温控模块手动操作子程序共3个程序段，每一个程序段对应温控模块控制字的一个值，其程序如图3-89所示。程序段1为温控模块步1，料台缩回到位后伸出，进入温控模块步2。程序段2为温控模块步2，当有入料检测信号并且料台伸出时，启动“定时器用数据块［DB3］”中的“定时器13”，开始定时2s，计时2s后料台缩回，进入温控模块步3。程序段3为温控模块步3，当反馈温度换算值≥设定温度时，表明模拟加热完成，料台伸出；此时入料检测为“0”，即人工取走工件时，温控模块控制字赋值为1，返回至温控模块步1，等待下次循环。

（4）状态指示灯子程序 状态指示灯子程序共4个程序段，各程序段分别对应黄色指示灯、绿色指示灯、蜂鸣器和红色指示灯的状态指示程序，其程序如图3-90所示。系统就绪或运行标志位置位时，黄色指示灯常亮，否则黄色指示灯以1Hz频率闪烁。运行标记位置位，即启动温控模块时，绿色指示灯常亮。急停按钮按下时，蜂鸣器持续鸣响，红色指示灯常亮。停止标记位置位，即停止温控模块时，红色指示灯以1Hz频率闪烁。

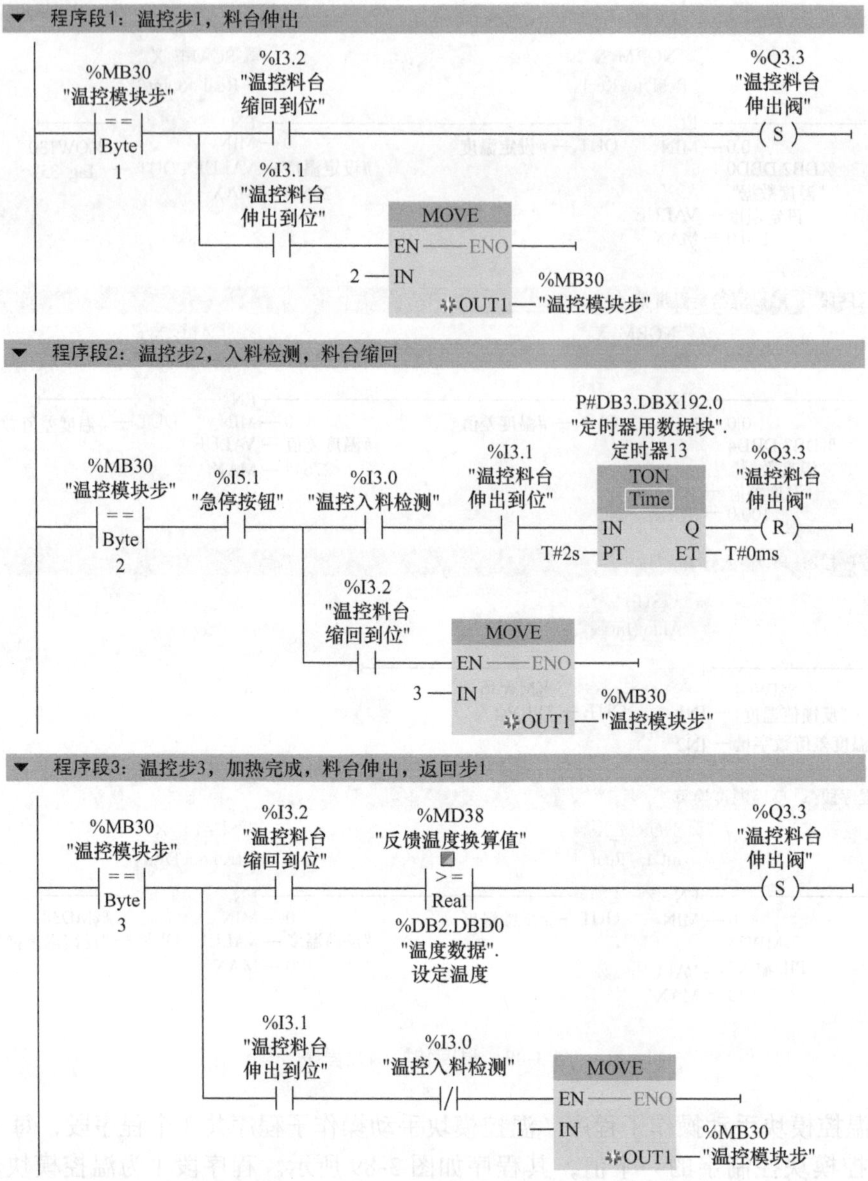

程序段1：温控步1，料台伸出
%MB30
"温控模块步"
==
Byte
1
%I3.2
"温控料台
缩回到位"
%Q3.3
"温控料台
伸出阀"
S
%I3.1
"温控料台
伸出到位"
MOVE
EN
ENO
2
IN
OUT1
%MB30
"温控模块步"
程序段2：温控步2，入料检测，料台缩回
%MB30
"温控模块步"
==
Byte
2
%I5.1
"急停按钮"
%I3.0
"温控入料检测"
%I3.1
"温控料台
伸出到位"
P#DB3.DBX192.0
"定时器用数据块".
定时器13
TON
Time
IN
Q
T#2s
PT
ET
T#0ms
%Q3.3
"温控料台
伸出阀"
R
%I3.2
"温控料台
缩回到位"
MOVE
EN
ENO
3
IN
OUT1
%MB30
"温控模块步"
程序段3：温控步3，加热完成，料台伸出，返回步1
%MB30
"温控模块步"
==
Byte
3
%I3.2
"温控料台
缩回到位"
%MD38
"反馈温度换算值"
>=
Real
%DB2.DBD0
"温度数据".
设定温度
%Q3.3
"温控料台
伸出阀"
S
%I3.1
"温控料台
伸出到位"
%I3.0
"温控入料检测"
MOVE
EN
ENO
1
IN
OUT1
%MB30
"温控模块步"

图 3-89　温控模块手动操作子程序

程序段1：黄色指示灯
%M0.5
"Clock_1Hz"
%M5.4
"系统就绪"
%Q4.1
"黄色指示灯"
%M5.4
"系统就绪"
%M4.0
"运行标志"

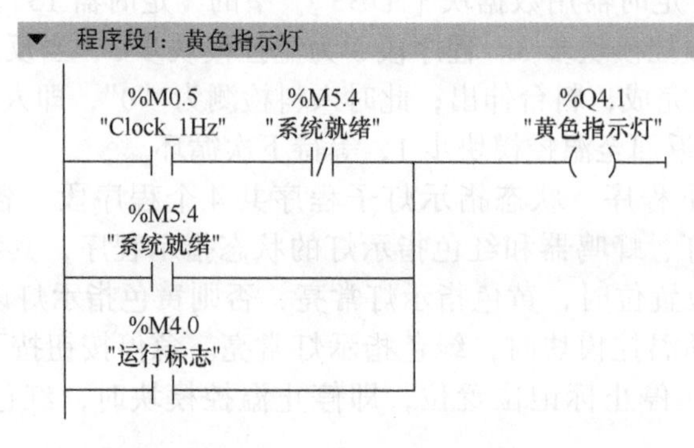

图 3-90　状态指示灯子程序

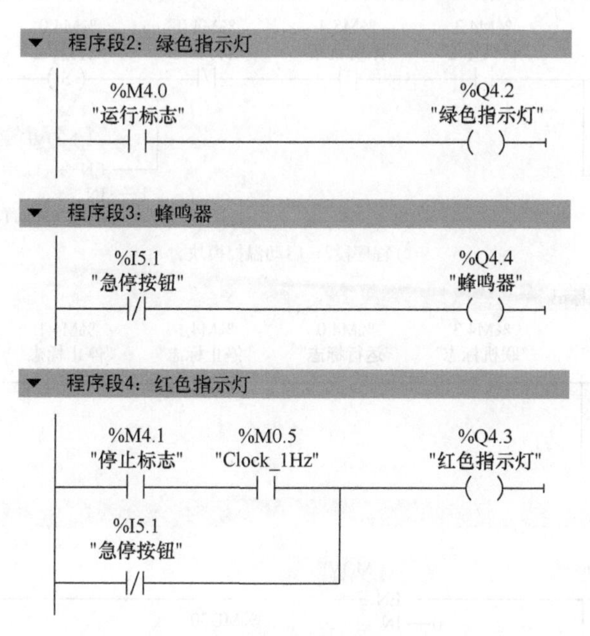

图 3-90　状态指示灯子程序（续）

（5）温度控制系统主程序　温度控制系统的主程序如图 3-91 所示。温度控制系统主程序中主要调用温控单元状态指示灯、温度转换等功能子函数，进行初始态、系统就绪、启动、停止、复位等状态检测并对各状态进行标记，当运行标记位置位时，调用温控模块手动操作子程序。

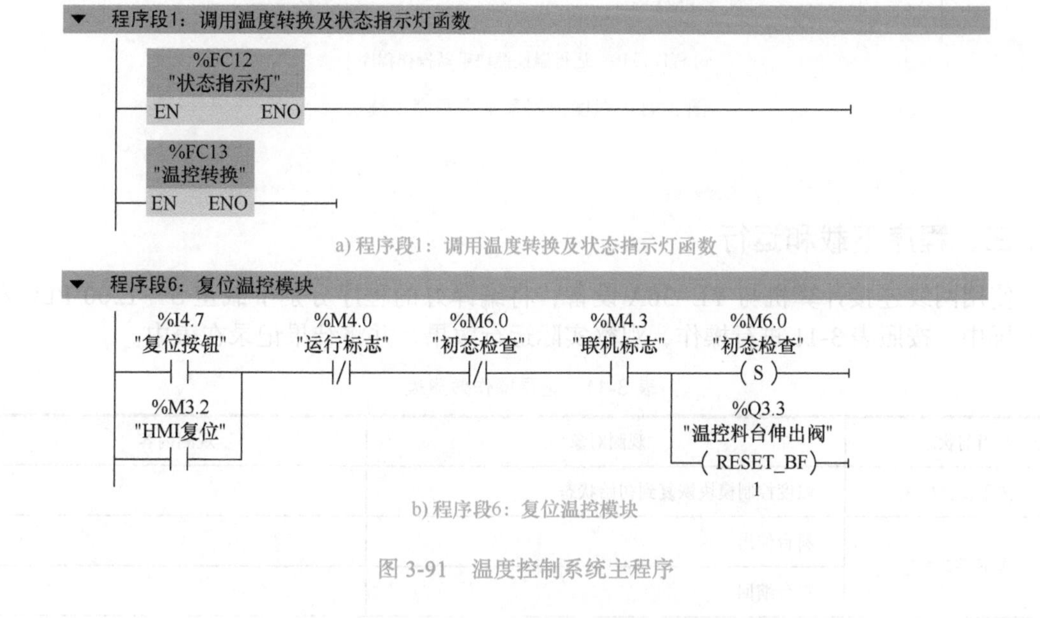

图 3-91　温度控制系统主程序

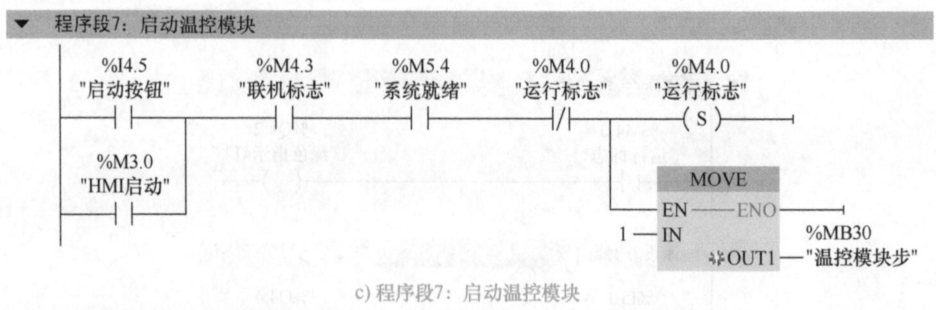

c) 程序段7：启动温控模块

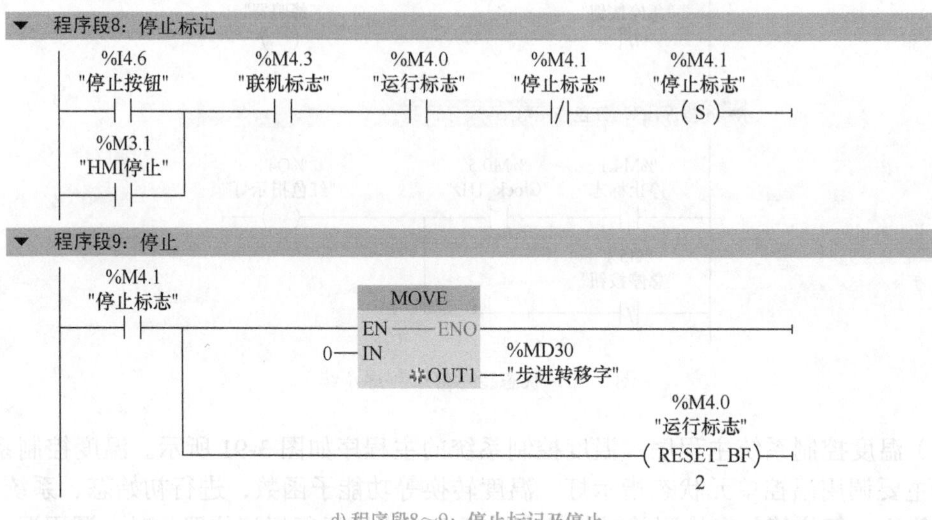

d) 程序段8～9：停止标记及停止

程序段10：运行温控模块手动操作程序

%M4.0 "运行标志"　%FC10 "温控模块"　EN　ENO

e) 程序段10：运行温控模块手动操作程序

图 3-91　温度控制系统主程序（续）

三、程序下载和运行

使用网线连接计算机与 YL-36A 设备，将编译好的程序分别下载至 S7-1200 PLC 和触摸屏中。按照表 3-11 进行操作，观察实际运行效果，并将结果记录在表中。

表 3-11　记录操作效果表

当前状态	观测对象	观测内容
按下复位按钮	温度控制模块恢复到初始状态	
按下手动按钮	料台伸出	
	料台缩回	

（续）

当前状态	观测对象	观测内容
切换到自动运行状态	料台检测到物料，料台缩回	
	缩回到位后，温度控制模块加热	
	加热到设定温度时，停止加热，料台伸出	
	料台伸出到位后，机械手夹走工件	
按下停止按钮	系统停止工作	
按下急停按钮	系统立即停止工作	

四、6S 整理

在所有的任务都完成后，按照 6S 职业标准打扫实训场地。

整理：要与不要，一留一弃。

整顿：科学布局，取用快捷。

清扫：清除垃圾，美化环境。

清洁：清洁环境，贯彻到底。

素养：形成制度，养成习惯。

安全：安全操作，以人为本。

任务检查与评价（评分标准）

评分点		得分
程序设计（50分）	能正确进行组态界面设计与离线调试（10分）	
	能正确进行 PLC 温控程序设计（10分）	
	能正确进行 PLC 复位、启动、停止运行的程序设计（10分）	
	能准确进行程序下载，进行 PLC、触摸屏的联机调试（10分）	
	能进行复位操作、手动操作、急停操作等（10分）	
安全素养（10分）	存在危险用电等情况（每次扣3分，上不封顶）	
	存在带电插拔工作站上的电缆、导线的情况（每次扣3分，上不封顶）	
	穿着不符合生产要求（每次扣4分，上不封顶）	
6S 素养（20分）	桌面物品及工具摆放整齐、整洁（10分）	
	地面清理干净（10分）	
发展素养（20分）	表达沟通能力（10分）	
	团队协作能力（10分）	

项目 4
分拣系统设计与调试

证书技能要求

可编程控制器应用编程职业技能等级证书技能要求（中级）	
序号	职业技能要求
1.1.1	能够根据要求完成速度控制系统（变频器）的方案设计
1.1.2	能够根据要求完成速度控制系统（变频器）的设备选型
1.1.3	能够根据要求完成速度控制系统（变频器）的原理图绘制
1.1.4	能够根据要求完成速度控制系统（变频器）的接线图绘制
1.4.1	能够根据要求完成相机的选型
1.4.2	能够根据要求完成光源的选型
1.4.3	能够根据要求完成镜头的选型
1.4.4	能够根据要求完成架设方案的设计
2.2.1	能够根据要求完成变频器参数的配置
2.4.1	能够根据要求完成相机通信参数的配置
2.4.2	能够根据要求完成相机采图所需配置
2.4.3	能够根据要求完成镜头的调节
2.4.4	能够根据要求完成光源的调节
3.1.1	能够完成工程量与数字量之间的转换
3.1.2	能够根据要求完成速度控制系统（变频器）的多段速控制编程
3.1.3	能够根据要求完成速度控制系统（变频器）的通信控制编程
3.1.4	能够根据要求完成速度控制系统（变频器）的模拟量控制编程
3.4.1	能够根据要求完成图像采集程序的编写
3.4.2	能够根据要求完成相机轮廓识别程序的编写
3.4.3	能够根据要求完成相机瑕疵检测程序的编写
3.4.5	能够根据要求完成相机与 PLC 联动程序的编写

（续）

可编程控制器应用编程职业技能等级证书技能要求（中级）	
序号	职业技能要求
4.1.1	能够完成 PLC 的通信测试
4.1.2	能够完成 PLC 与变频系统的调试
4.1.3	能够完成速度控制系统（变频器）参数调整
4.1.4	能够完成速度控制系统（变频器）的优化
4.1.5	能够完成变频器和其他站点的数据通信及联机调试
4.4.1	能够完成相机与 PLC 的 I/O 通信
4.4.2	能够完成相机与 PLC 的数据通信
4.4.3	能够通过 PLC 触发相机拍照并传送数据
4.4.4	能够完成程序 BUG 修复、算子参数优化等相机系统调试
4.4.5	能够完成相机和 PLC 的联机调试

项目导入

分拣系统是自动化生产线中常见的自动化装置，该系统集成了多种传感器、工业相机、气缸推杆及变频器等。通过本项目的学习，学生可以掌握如何使用工业相机实现颜色识别，学习到西门子 S7–1200 PLC 如何控制变频器实现电动机调速，如何编写程序控制分拣系统。

学习目标

本项目通过分拣控制系统的设计，培养学生对于工业相机颜色识别、数 / 模转换和变频调速运动控制程序编程的能力。

知识目标	了解分拣系统机械结构的组成 熟悉编码器的工作原理 熟悉变频器的工作原理 熟悉机器视觉系统的工作原理 掌握 PLC 控制程序的设计
技能目标	能够设置变频器的参数 能够绘制变频器、PLC 的外部接线图 能够编制分拣系统程序
素养目标	具有合作探究和团队协作意识 养成良好的规范意识、安全意识 培养一丝不苟、精益求精的工匠精神

培训条件

分类	名称	实物图 / 型号	数量 / 备注
硬件准备	分拣系统		1套
软件准备	S7-1200 PLC 编程软件	TIA Portal V15.1 及以上	软件版本周期性更新
	TouchWin 编辑工具	TouchWin V2.E.5	软件版本周期性更新
	X-SIGHT 工业视觉编程工具	X-SIGHT VISIONSTUDIO Edu	软件版本周期性更新

任务1　机器视觉系统的设计与调试

任务分析

一、控制要求

视觉系统根据外部信号采集图像，通过颜色对物料进行识别并判定结果。

二、学习目标

1. 了解视觉系统硬件架构组成。
2. 掌握视觉硬件系统选型。
3. 掌握视觉控制器与 PLC 之间的通信。
4. 掌握视觉系统硬件调试。

三、实施条件

分类	名称	型号	数量
硬件准备	相机	SV-M130C-1/2	1
	相机电源线	SC-FID-H5	1
	光源	SI-YD100A00-W	1
	光源控制器	SIC-Y242-A	1
	视觉控制器	SP-XN620T-V210	1

任务准备

一、视觉系统硬件架构

工业机器视觉系统包括光源、镜头（定焦镜头、变倍镜头、远心镜头、显微镜头）、相机（包括CCD相机和CMOS相机）、图像处理单元（或图像捕获卡）、图像处理软件、监视器、通信单元、输入/输出单元等。

其工作原理：机器视觉检测系统采用CCD照相机将被检测的目标转换成图像信号，传送给专用的图像处理系统，根据像素分布和亮度、颜色等信息，转换成数字信号，图像处理系统对这些信号进行各种运算来抽取目标的特征，如面积、数量、位置、长度，再根据预设的允许度和其他条件输出结果（包括尺寸、角度、个数、合格/不合格、有/无等），实现自动识别功能。

工业视觉系统硬件架构如图4-1所示，包含IoT工业控制器、工业相机及可视化编程软件。

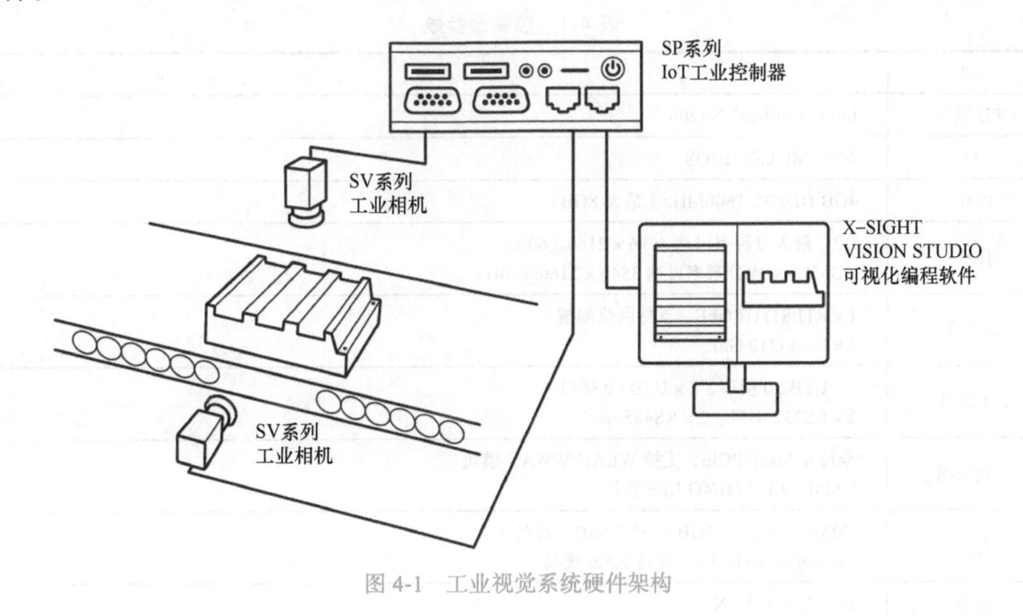

图4-1 工业视觉系统硬件架构

二、硬件选型

1. 视觉控制器选型

视觉控制器选型主要考虑操作系统、CPU型号、存储器大小、通信接口、电源类型等。这里选用SPV200系列IoT工业控制器，采用Intel Apollo Lake处理器，提供可靠的I/O设计，满足最大数量的设备连接。该工业控制器采用全铝合金外壳，支持广泛的应用开发和便捷的服务部署。

SPV210作为SPV200系列的首款产品，采用独特的拓展设计方式，通过PCIe/USB/SPI/I2C/LPC的信号转换，实现丰富的快速功能定制，其外观如图4-2所示。

图 4-2　SPV210 型 IoT 工业控制器

控制器参数见表 4-1。

表 4-1　控制器参数

属性	参数
CPU 型号	Intel® Pentium® N4200
BIOS	AMI8Mb UEFIBIOS
内存	4GB DDR3L 1600MHz（最大 8GB）
显示	DP，最大分辨率可达 4096 × 2160@60Hz HDMI，最大分辨率可达 3840 × 2160@30Hz
以太网	1 × RTL8111H GbE，支持网络唤醒 2 × Intel i210 GbE
I/O 接口	2 × USB2.0 接口、2 × USB3.0 接口 2 × RS232 串口、2 × RS485 串口
扩展插槽	全尺寸 Mini-PCIe，支持 WLAN/WWAN 模块 USIM，用于 3G/4G LTE 通信
存储	eMMC（最大 256GB），M.2 SSD（2242） TE 卡槽，SATA3.0，支持 2.5in 硬盘
电源	DC 12 ～ 32V IN

IoT 工业控制器可与第三方设备进行通信，实现数据的共享与传送，如图 4-3 所示。

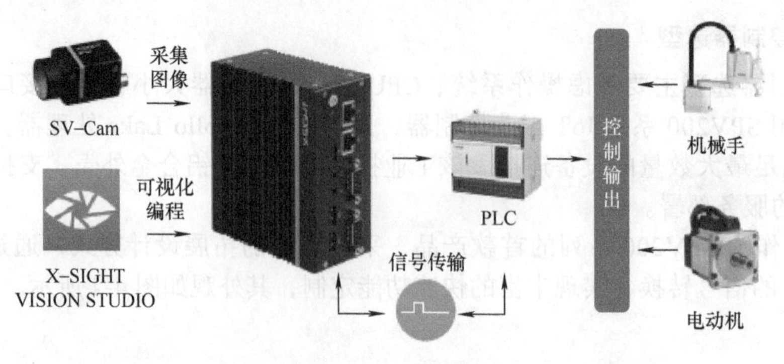

图 4-3　SPV200 系列与设备通信图

V210 接口说明如图 4-4 所示。

2. 工业相机选型

工业相机是机器视觉系统中采集图像的组件，其本质功能是将光信号转换为有序的电信号。选择合适的相机也是机器视觉系统设计中的重要环节，相机不仅直接决定所采集到图像的分辨率、图像质量等，同时也与整个系统的运行模式直接相关。相机选型一般考虑像素、类型、传感器、接口、曝光方式等参数。

SV–Cam 相机分辨率涵盖 0.3 ～ 20dpi，拥有强大的 ISP 算法，支持 FPN、SPC 矫正并兼容 Gige Vision 协议、USB3.0 Vision 协议和 GenlCam 标准，广泛应用于各工业视觉应用场合。分拣模块选用的是彩色、130 万分辨率的工业相机，其外观如图 4-5 所示。

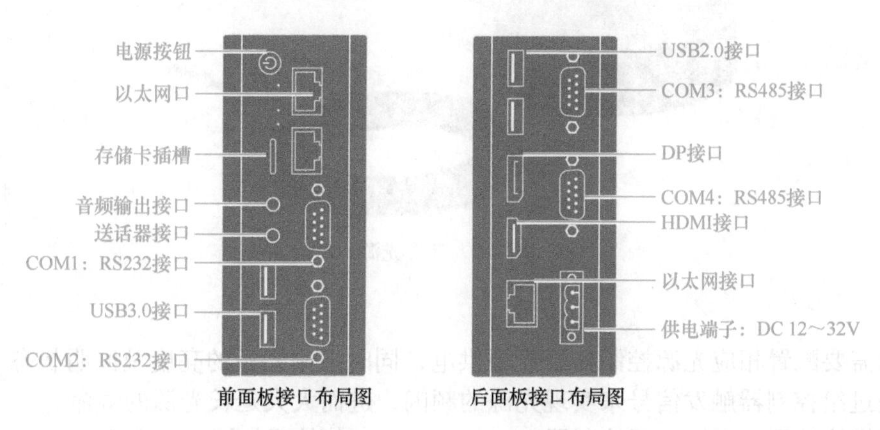

图 4-4 V210 接口说明

3. 镜头选型

镜头的基本功能就是实现光束变换（调制），在机器视觉系统中，镜头的主要作用是将目标成像在图像传感器的光敏面上。镜头的质量直接影响到机器视觉系统的整体性能，合理地选择和安装镜头，是机器视觉系统设计的重要环节。镜头选择一般考虑焦距、光圈、景深等参数。

分拣模块选用 SL–DF12–C 镜头，该镜头焦距为 12mm，分辨率为 500 万。拍照时可通过微调镜头上的焦距、光圈旋钮实现成像清晰，镜头外观及结构如图 4-6 所示。

图 4-5 SV–Cam 相机

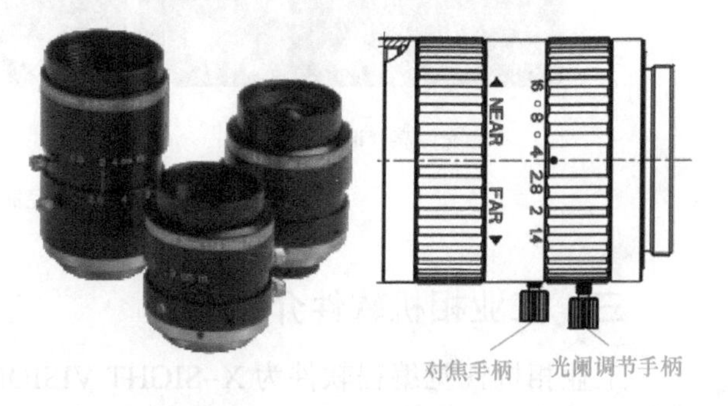

图 4-6 镜头外观及结构

4. 光源选型

设计一套机器视觉系统时，光源选择优先，相似颜色（或色系）混合变亮，相反颜色混合变暗，如果采用单色 LED 照明，使用滤光片隔绝环境干扰，采用几何学原理来考虑样品、光源和相机位置，考虑光源形状和颜色以加强测量物体和背景的对比度。

分拣模块选用环形光源，其外观如图 4-7 所示。环形光源可提供不同照射角度、不同颜色组合，更能突出物体的三维信息，高密度 LED 阵列，高亮度多种紧凑设计，节省安装空间，解决对角照射阴影问题，可选配漫射板导光，光线均匀扩散。

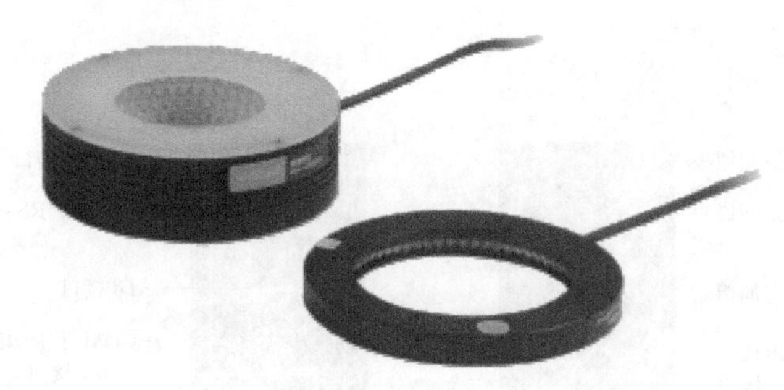

图 4-7　环形光源

光源需要配置相应光源控制器给光源供电，同时控制光源的亮度及照明状态（亮灭），还可以通过给控制器触发信号来实现光源的频闪，进而大大延长光源的寿命。

分拣模块选用 2 通道光源控制器 SIC-Y242-A，其外观如图 4-8 所示。

图 4-8　2 通道光源控制器 SIC-Y242-A

三、工业相机软件介绍

工业相机视觉编程软件为 X-SIGHT VISIONSTUDIO Edu，其软件界面如图 4-9 所示。

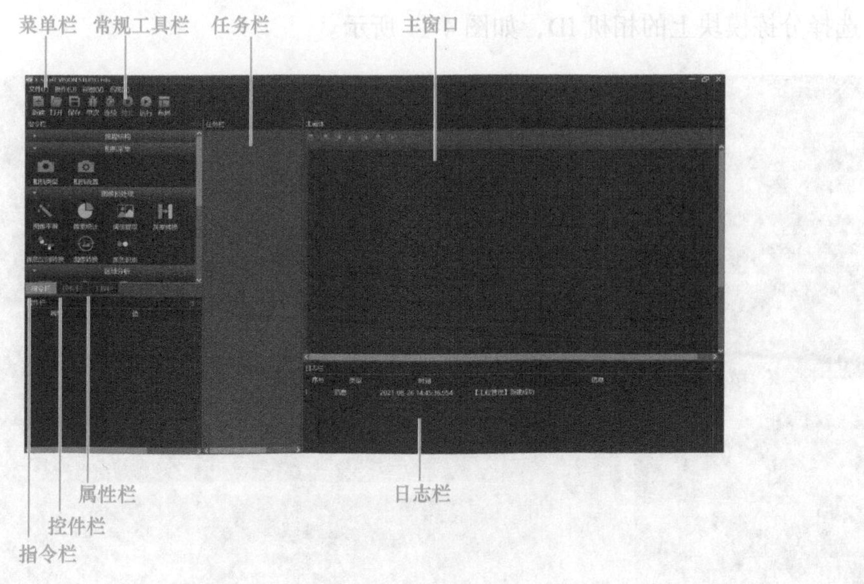

图 4-9　工业相机软件界面

任务实施

以工业视觉颜色识别编程为例，介绍任务实施过程。

步骤 1：选择相机类型。打开视觉编程软件 X-SIGHT VISIONSTUDIO Edu，在“指令栏 - 相机采集 - 相机类型”中选择“MV 工业相机”，单击“确定”按钮，如图 4-10 所示。

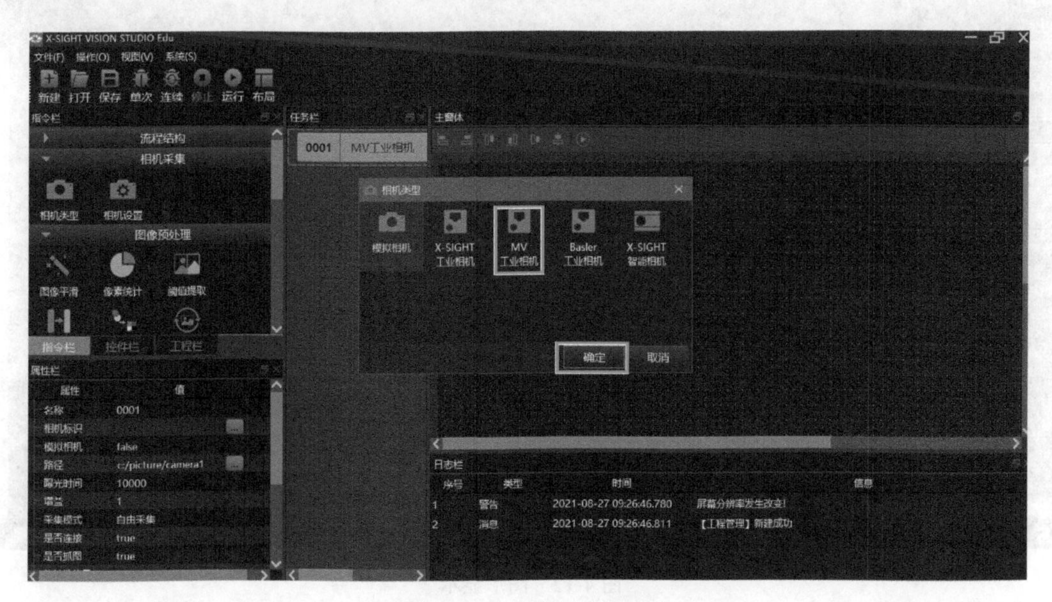

图 4-10　选择相机类型

步骤 2：相机标识。在“属性栏”中单击“相机标识”，弹出“相机列表选择”对话框，选择分拣模块上的相机 ID，如图 4-11 所示。

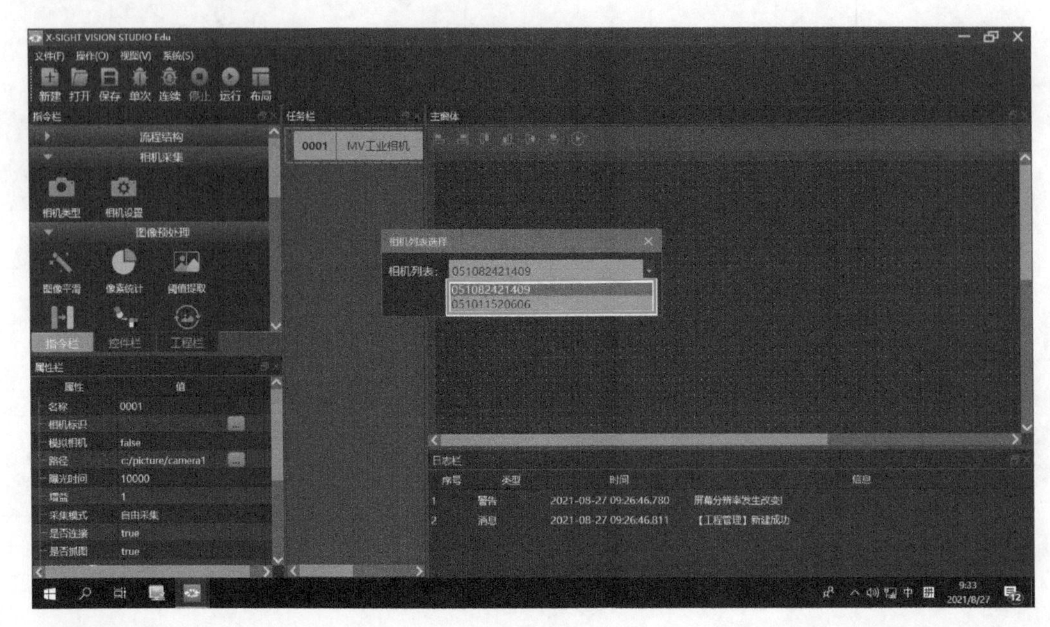

图 4-11　选择相机标识

步骤 3：图形显示。在“控件栏－特殊控件”中单击“图形显示”拖入主窗体，如图 4-12 所示。

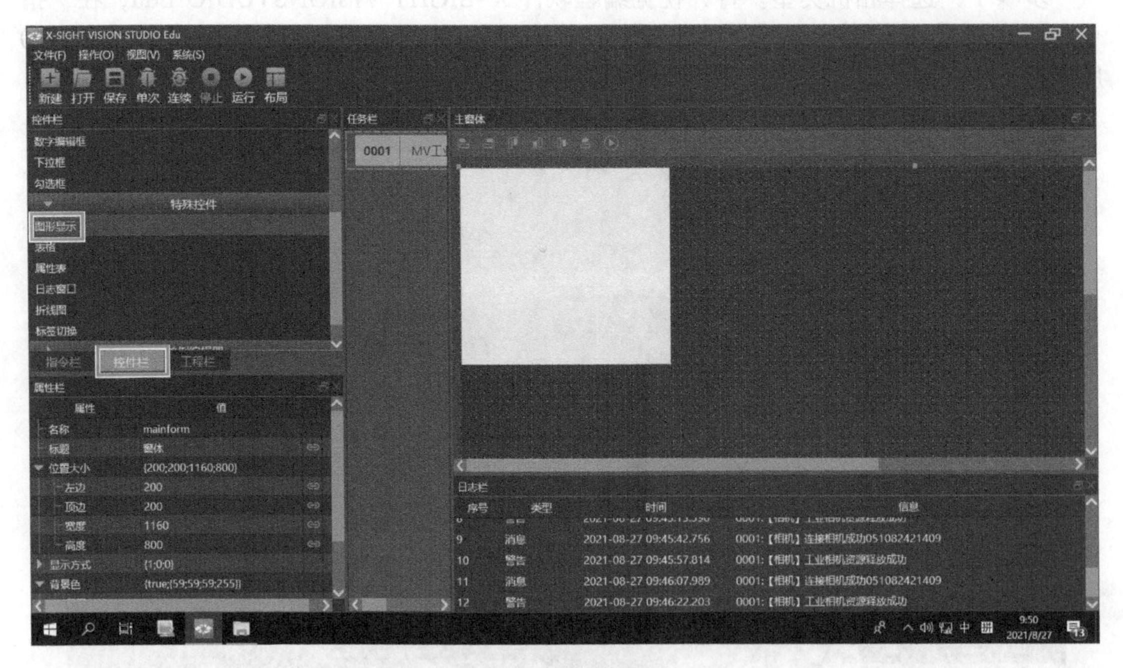

图 4-12　图形显示

步骤 4：旋转图片。有时相机拍摄的图片方向显示与实际不符，或者不便于观察，可以根据需要对图片进行旋转操作，在“指令栏－图像预处理”中单击“图像转换”，弹出

“图像转换”对话框，选择“旋转图片”，单击“确定”按钮，如图 4-13 所示。

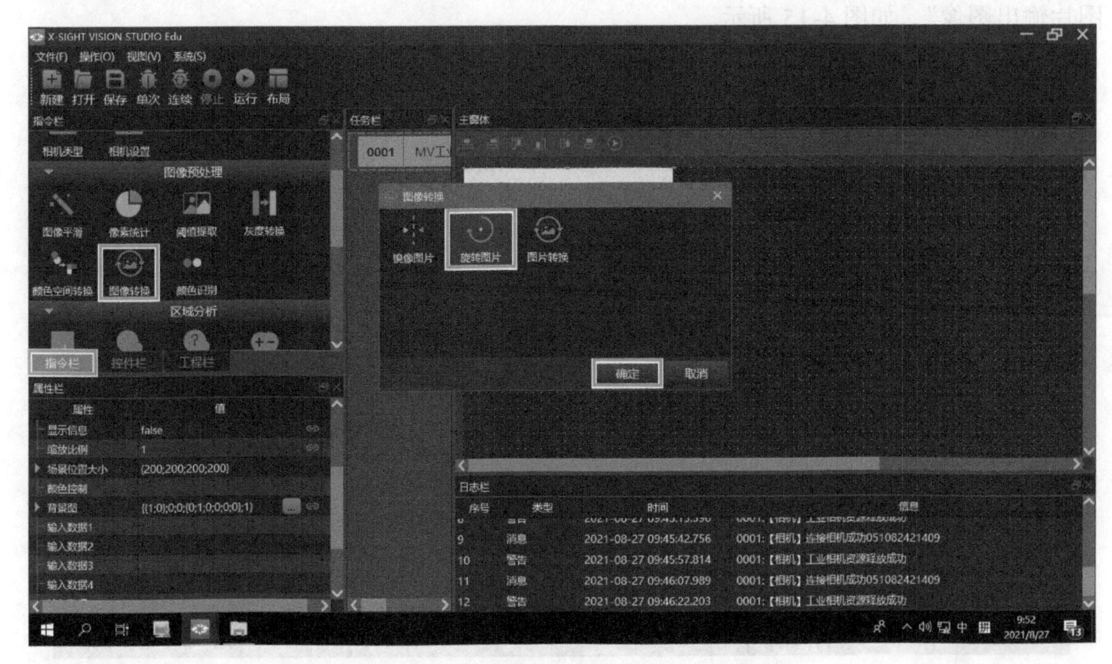

图 4-13　旋转图片

步骤 5：旋转图片属性设置。在“旋转图片 - 属性栏 - 输入图像”选择“MV 工业相机输出图像”，旋转角度选择“顺时针 270°”，这里的角度根据实际情况确定，如图 4-14 所示。

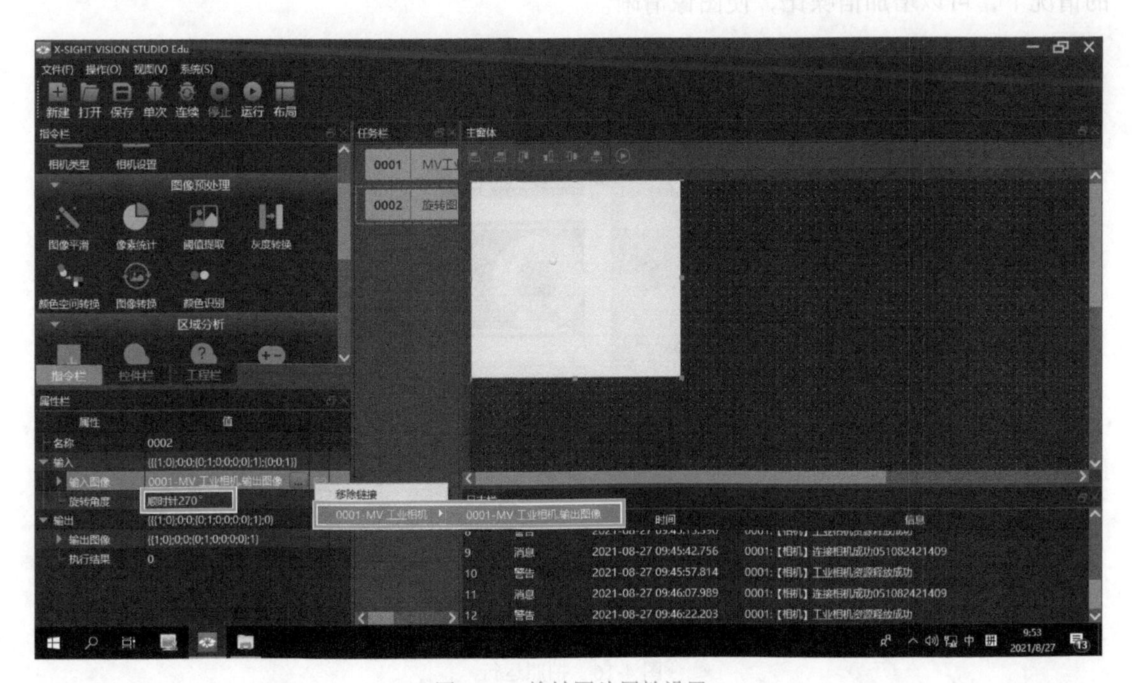

图 4-14　旋转图片属性设置

步骤 6：背景图设置。在主窗体中单击图形显示，在“属性栏 – 背景图”选择“旋转图片输出图像”，如图 4-15 所示。

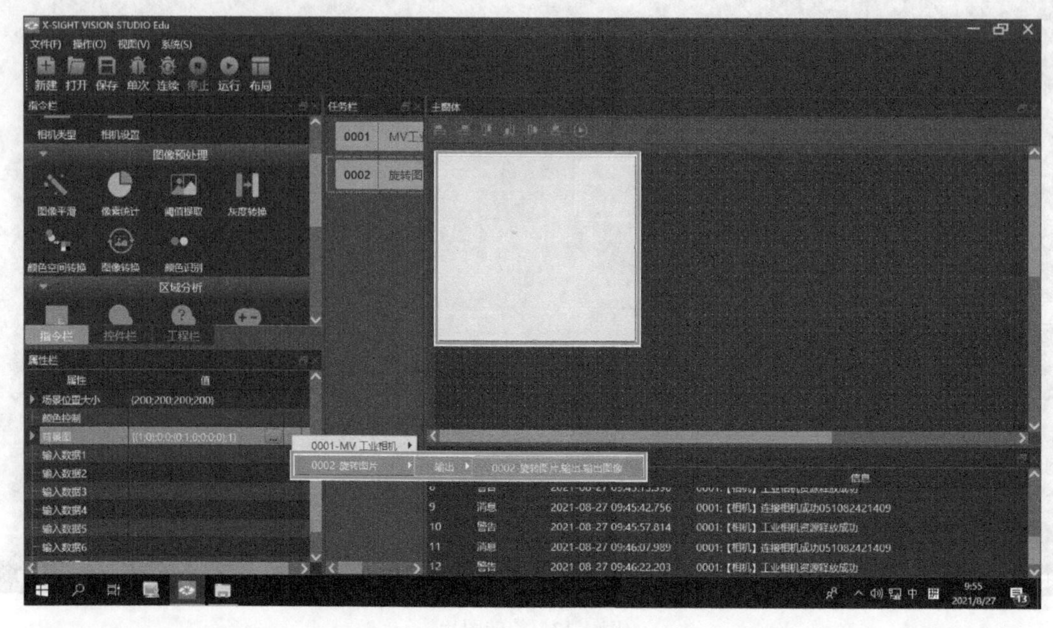

图 4-15　背景图设置

步骤 7：拍照运行。单击“连续”按钮，主窗体图形显示框中显示当前视觉拍摄的图片，如图 4-16 所示。若图片不够清晰，可以调节光圈，或者加大曝光时间。曝光时间长则进光较多，适合光线条件较差的情况；曝光时间短则适合光线较好的情况。在不过曝的情况下，可以增加信噪比，使图像清晰。

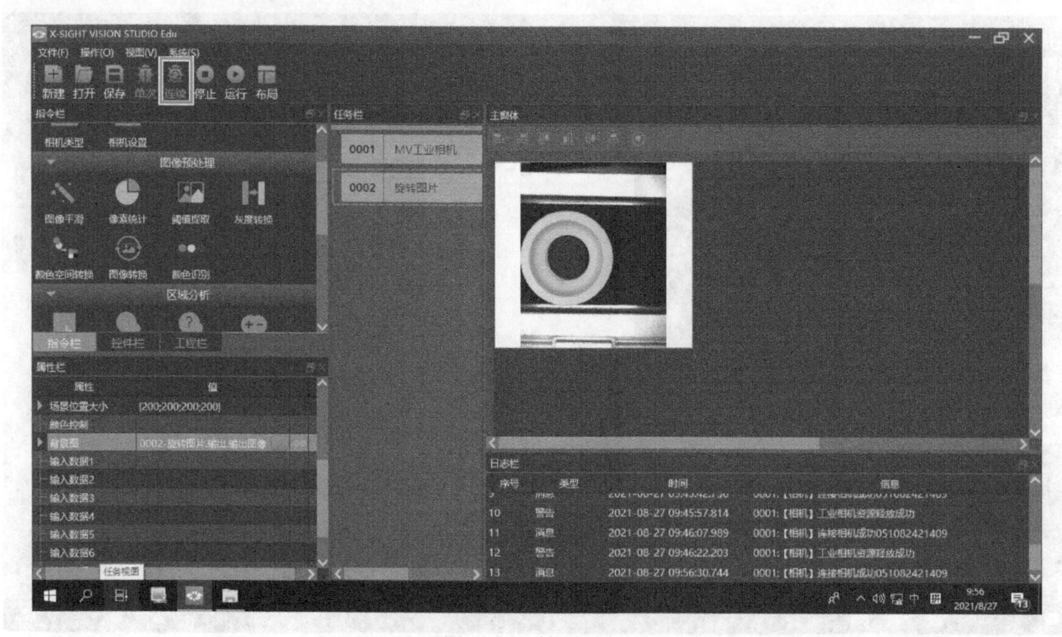

图 4-16　拍照运行

步骤 8：创建区域。进行颜色识别，需要先进行颜色提取，首先创建一个区域，在“指令栏 – 区域分析”单击“创建区域”，弹出“创建区域”对话框，单击“矩形区域”，单击“确定”按钮，如图 4-17 所示。

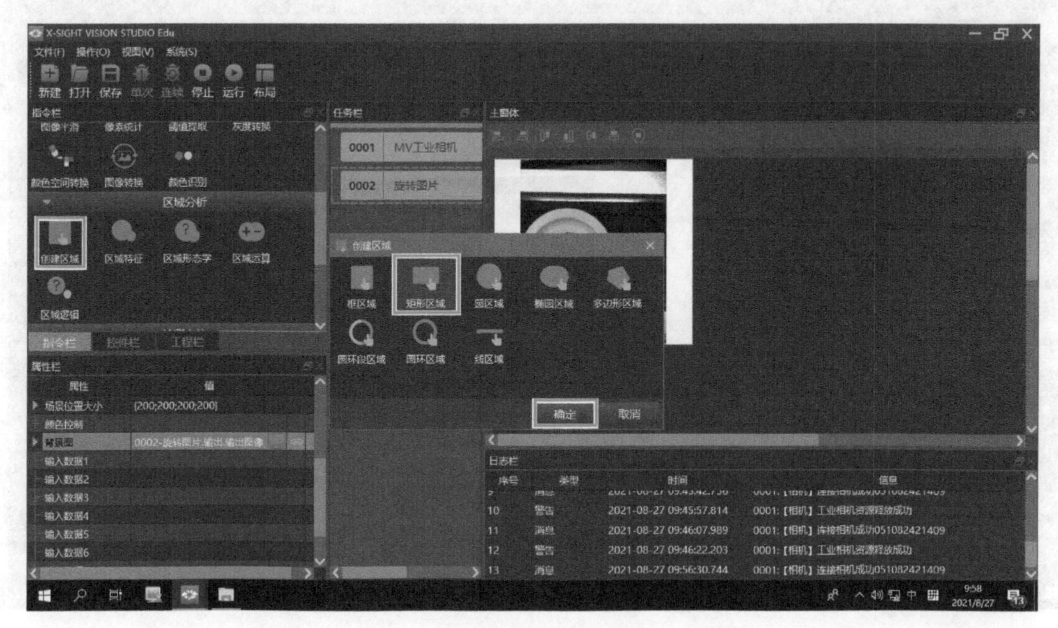

图 4-17　矩形区域创建

步骤 9：矩形区域图像关联。设置区域关联图像，单击任务栏中的“矩形区域”，在“属性栏 – 参考图像”中选择旋转图片输出图像，如图 4-18 所示。

图 4-18　矩形区域图像关联

步骤 10：绘制检测区域。单击“输入矩形”，弹出“图形编辑”对话框，在图形中绘制检测的区域，单击“确定”按钮，如图 4-19 所示。有效宽度和有效高度选择旋转图片输出图像的宽度和高度，如图 4-20 所示。

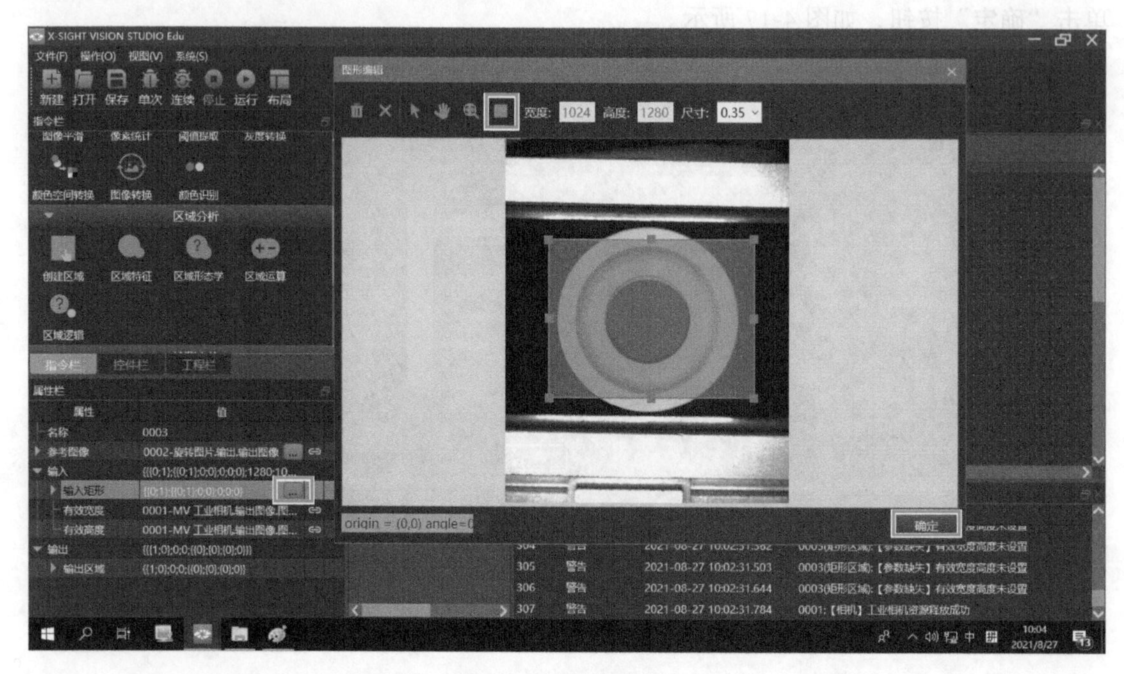

图 4-19 绘制检测区域

图 4-20 矩形区域宽度、高度图像关联

步骤 11：图形显示创建。再次创建图形显示窗口，单击“控件栏 – 特殊控件 – 图形显示”拖入主窗体，如图 4-21 所示，两个图形显示窗口，右侧为彩色阈值化图形显示窗口。

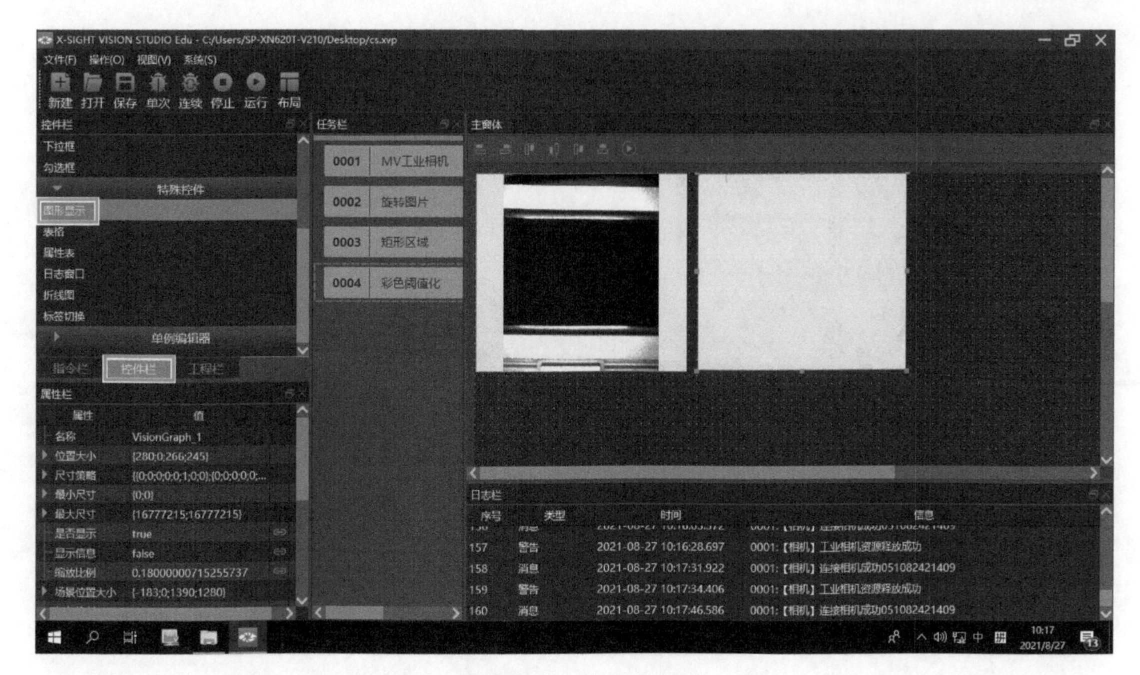

图 4-21 图形显示创建

同样，图形显示图像关联背景图选择“旋转图片”输出图像，在主窗体中单击“图形显示 – 属性栏 – 背景图”选择“旋转图片”输出图像，“显示信息”选择“true”，如图 4-22 所示。

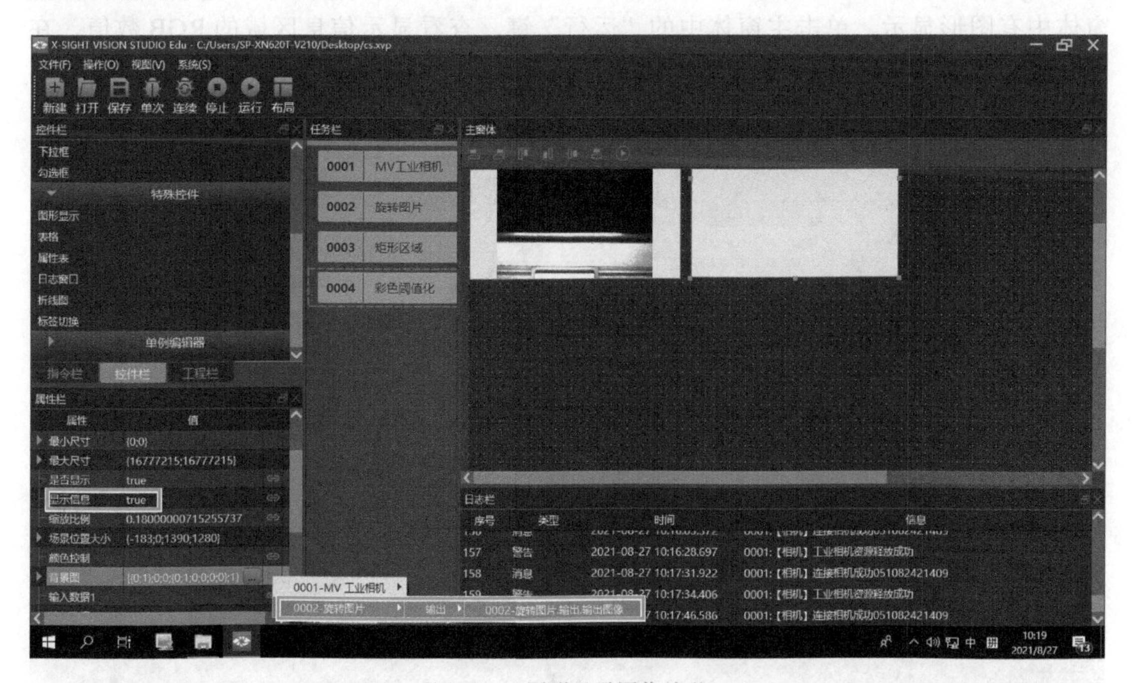

图 4-22 图形显示图像关联

步骤 12：创建彩色阈值化。在“指令栏 – 图像预处理”单击“阈值提取”，选择“彩色阈值化”，单击“确定”按钮，如图 4-23 所示。

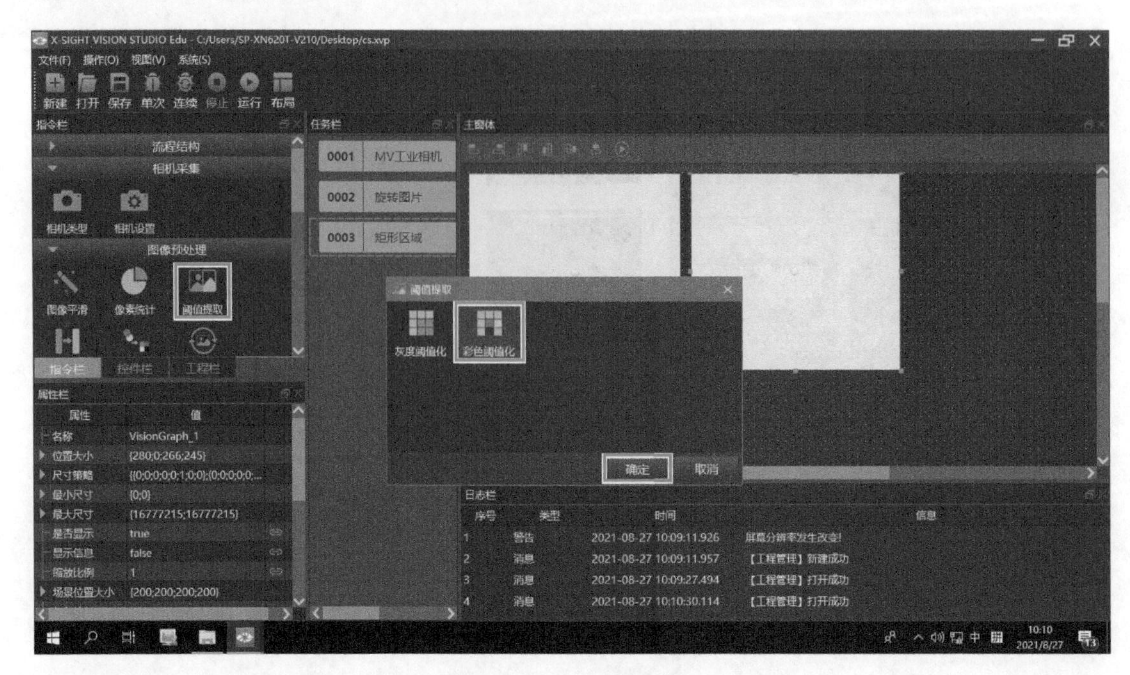

图 4-23　创建彩色阈值化

步骤 13：彩色阈值化。在任务栏单击“彩色阈值化”，在“属性栏 –输入图像”选择“旋转图片 – 输出 – 输出图像”“感兴趣区域”选择“矩形区域 – 输出 – 输出区域”，如图 4-24 所示。在视觉相机下方，人工放入绿色工件，单击“单次”或“连续”拍照，主窗体中有图形显示，单击主窗体中的“运行”键，查看显示信息区域的 RGB 数值，在“属性栏”更改 RGB 三个通道的最大值为 50（根据实际值进行修改），如图 4-25 所示。

图 4-24　彩色阈值化图像关联

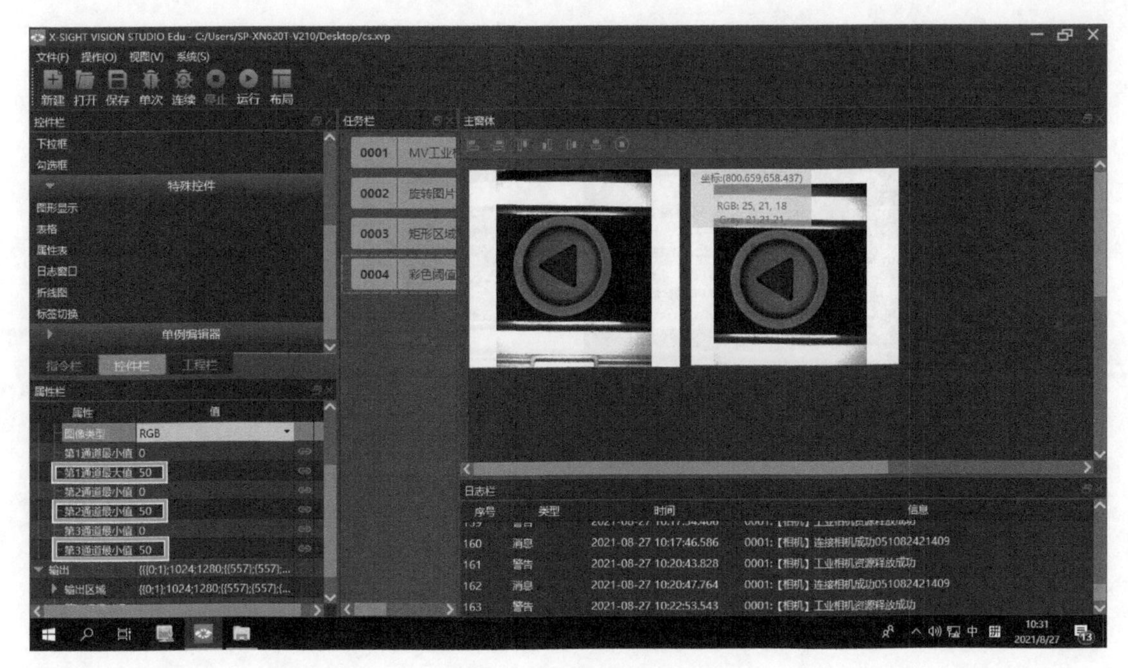

图 4-25 RGB 通道值修改

步骤 14：创建区域差集。在“指令栏 – 区域分析”单击“区域运算”，在对话框中选择“区域差集”，单击“确定”按钮，如图 4-26 所示，在区域差集属性栏中“输入区域1”选择“矩形区域 – 输出 – 输出区域”“输入区域 2”选择“彩色阈值化 – 输出 – 输出区域”，如图 4-27 所示。

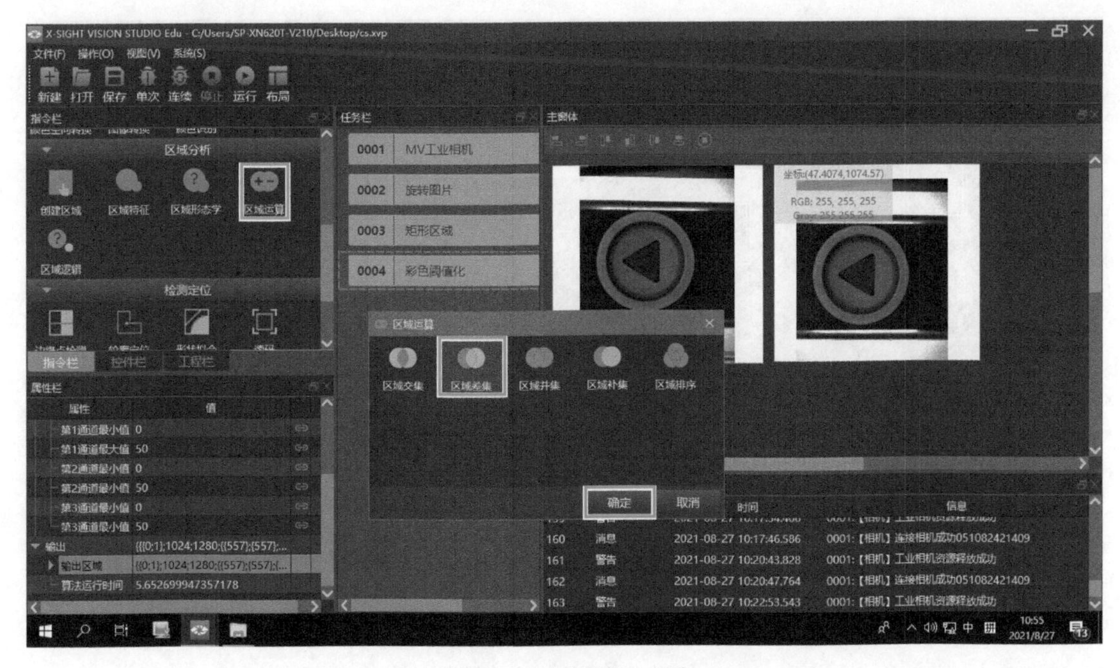

图 4-26 区域差集的创建

图 4-27 区域差集输入区域关联

步骤 15：创建形态变换。在“指令栏 – 区域分析”单击“区域形态学”，在对话框中选择“形态变换”，单击“确定”按钮，如图 4-28 所示，在形态变换属性栏中“输入区域”选择“区域差集 – 输出 – 输出区域”，“运算类型”选择“开运算”“核宽”“核高”设置为“5”，如图 4-29 所示（形态变换开运算主要用于去除图像中的噪点）。

图 4-28 形态变换的创建

图 4-29　形态变换属性设置

步骤 16：形态变换图形显示。在主窗体中选择“图形显示”，在“属性栏 – 背景图”选择“旋转图片 – 输出 – 输出图像”“输入数据 1”选择“形态变换 – 输出 – 输出区域”，如图 4-30 所示。

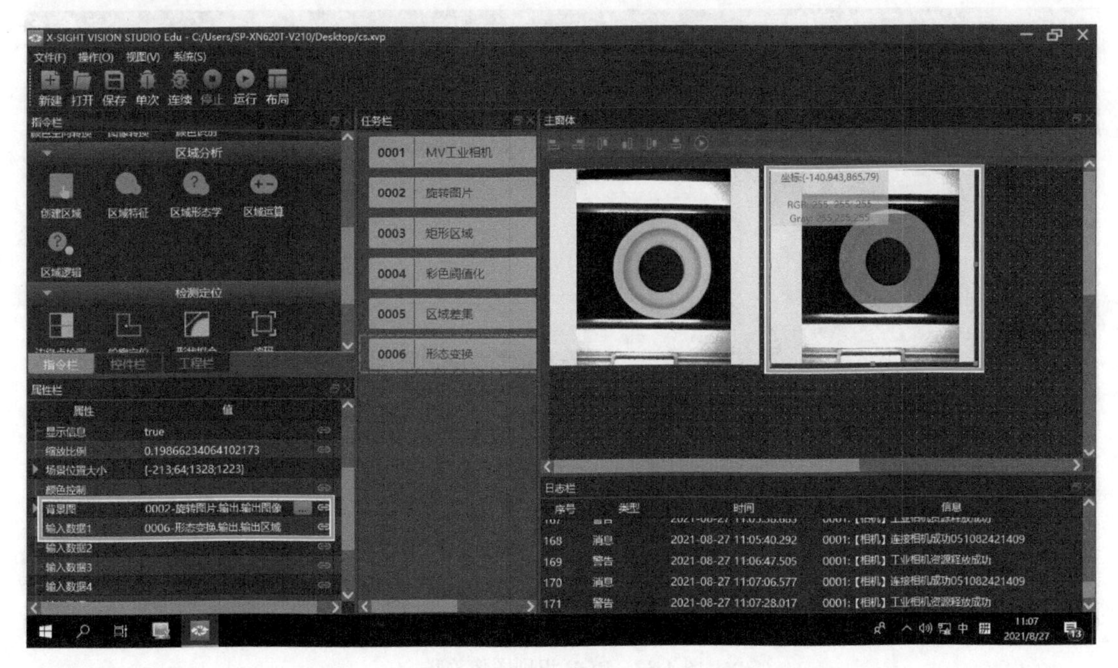

图 4-30　形态变换图形显示

步骤 17：RGB 识别。在“指令栏 – 图像预处理”单击“颜色识别”，在对话框中选择“RGB 识别”单击“确定”按钮，如图 4-31 所示，在 RGB 识别“属性栏 – 输入图像”

选择“旋转图片 – 输出 – 输出图像”“感兴趣区域”选择“形态变换 – 输出 – 输出区域”，如图 4-32 所示。

图 4-31 RGB 识别

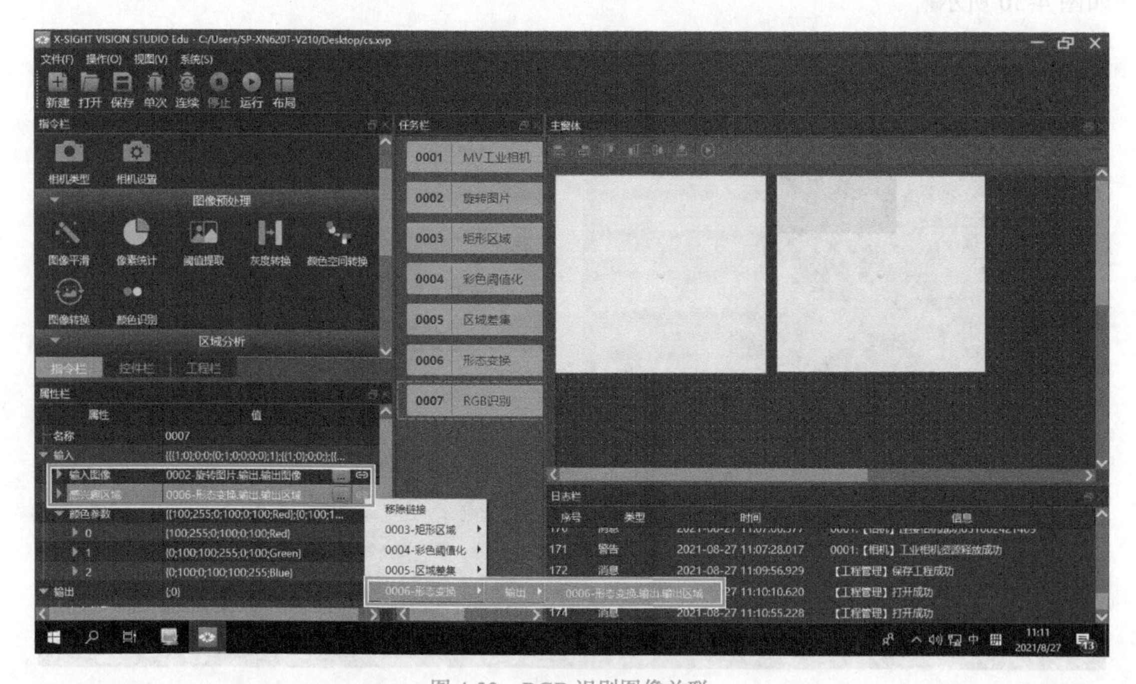

图 4-32 RGB 识别图像关联

步骤 18：RGB 识别添加颜色子项。RGB 识别颜色参数默认红绿蓝 3 种主色，其他颜色需要添加子项，修改相应 RGB 数值。在 RGB 识别属性栏单击“颜色参数 – 添加子项”

修改 RGB 数值，1 通道最小值：100，最大值：255；2 通道最小值：100，最大值：255；3 通道最小值：0，最大值：100，颜色名称：Yellow，如图 4-33 所示。

图 4-33　黄色 RGB 通道参数

步骤 19：创建显示窗。在“控件栏 – 常规控件”将“编辑框”拖入主窗体，选择编辑框，在“属性栏”“文本”选项中“关联 RGB 识别输出 – 输出 – 颜色类型”，如图 4-34 所示。

图 4-34　显示窗创建

步骤 20：字符串比较。在“指令栏 – 系统指令”单击“字符串”，在对话框中选择

“字符串比较”，单击“确定”按钮，如图 4-35 所示，在字符串比较属性栏中，“字符串1”选择“RGB 识别 – 输出 – 颜色类型”“字符串 2”选择“red”“是否区别大小写”选择“false”，如图 4-36 所示。

图 4-35　字符串比较

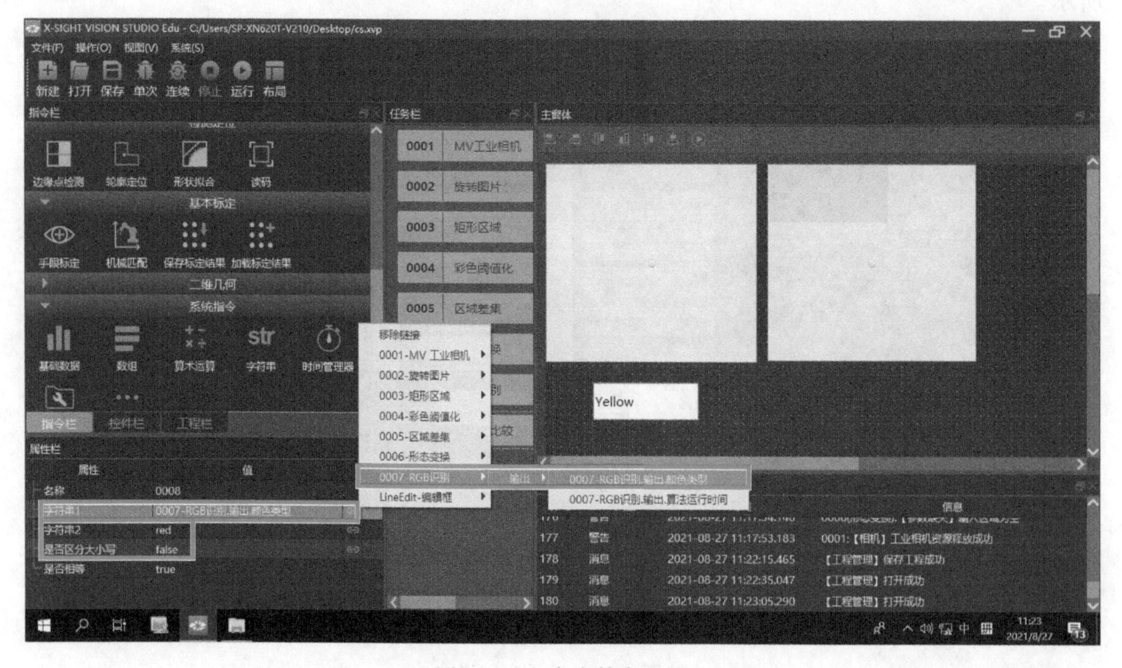

图 4-36　红色字符串比较

步骤 21：创建 if 语句。在“指令栏 – 流程结构”选择“If”语句，在“表达式编辑”

对话框中单击“添加 –Main 入口函数 – 字符串比较 –outValue 是否相等”，如图 4-37 所示。创建表达式“X0==1”，单击“确定”按钮，如图 4-38 所示。

图 4-37　添加变量

图 4-38　字符串比较输出

步骤 22：创建 ModbusTCP 通信。在“指令栏 – 通信”下单击“Modbus”，在对话框中选择“ModbusTCP”，单击“确定”按钮，如图 4-39 所示，单击“ModbusTCP”，在属性栏中设置服务器（从站）的 IP 地址：192.168.0.2，端口：502，如图 4-40 所示。

图 4-39 ModbusTCP 通信的创建

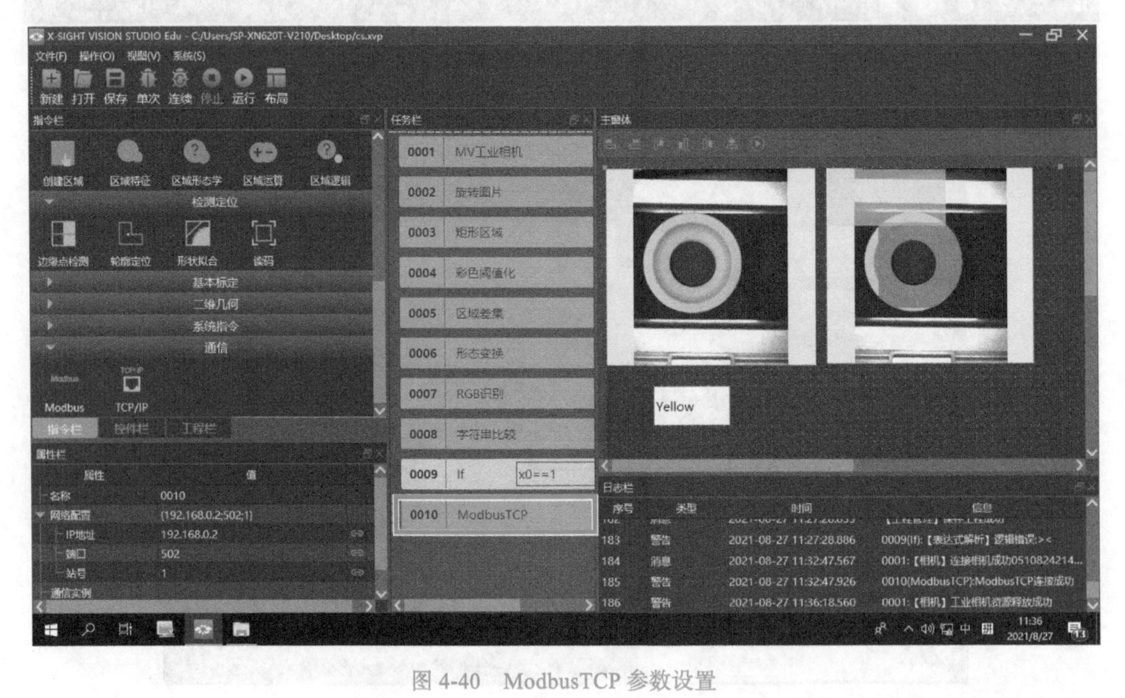

图 4-40 ModbusTCP 参数设置

步骤 23：写单字。If 条件成立，选择“写单字”，如果为红色，寄存器 D0 写入数值 1。在任务栏中将 ModbusTCP 语句拖拽至任务栏语句第一行，单击任务栏中行 10If 语句，在“指令栏 – 通信”单击“ Modbus”，在对话框中选择“写单字”单击“确定”按钮，如图 4-41 所示。将任务栏中的写单字语句拖入到 if 语句下，单击“写单字”，在“属性栏”中单击“写入单字数组”，选择“添加子项”，如图 4-42 所示。

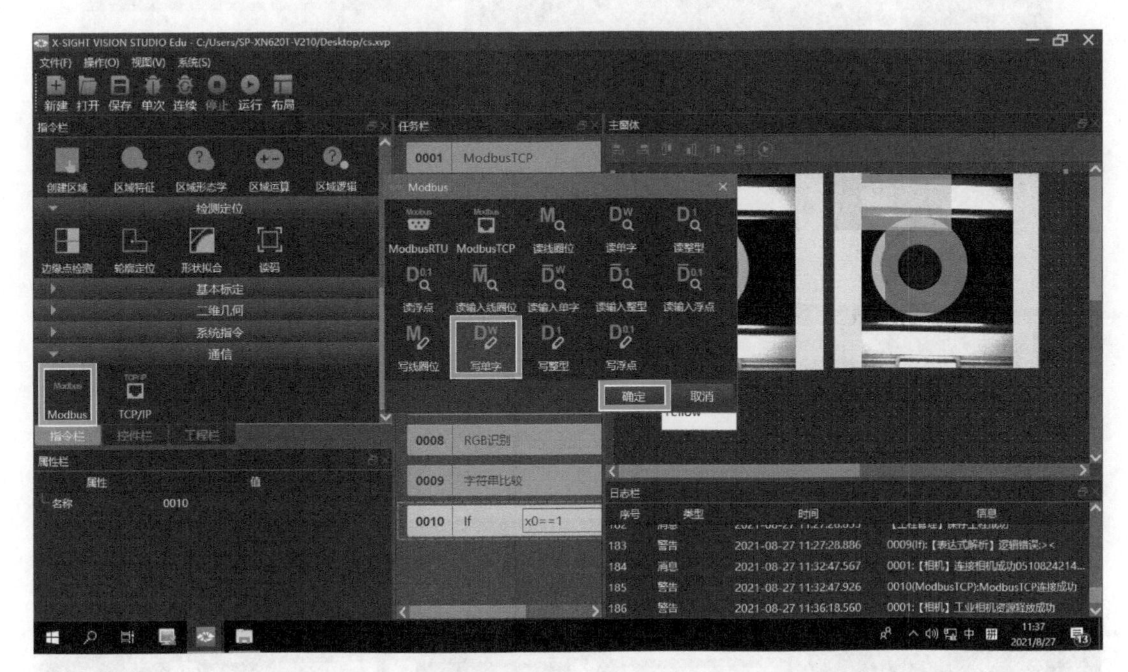

图 4-41　写单字

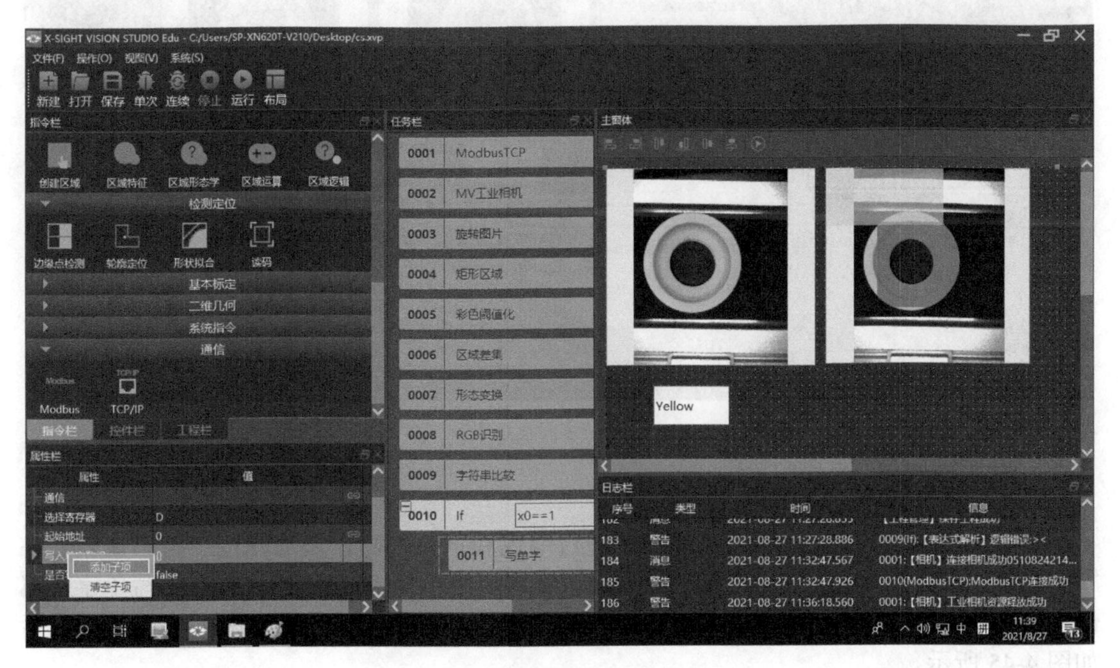

图 4-42　添加子项

在写单字属性栏“写入单字数组”中写入“1”，如图 4-43 所示，“通信”选择“ModbusTCP 通信实例”，如图 4-44 所示。

图 4-43　写子项数据

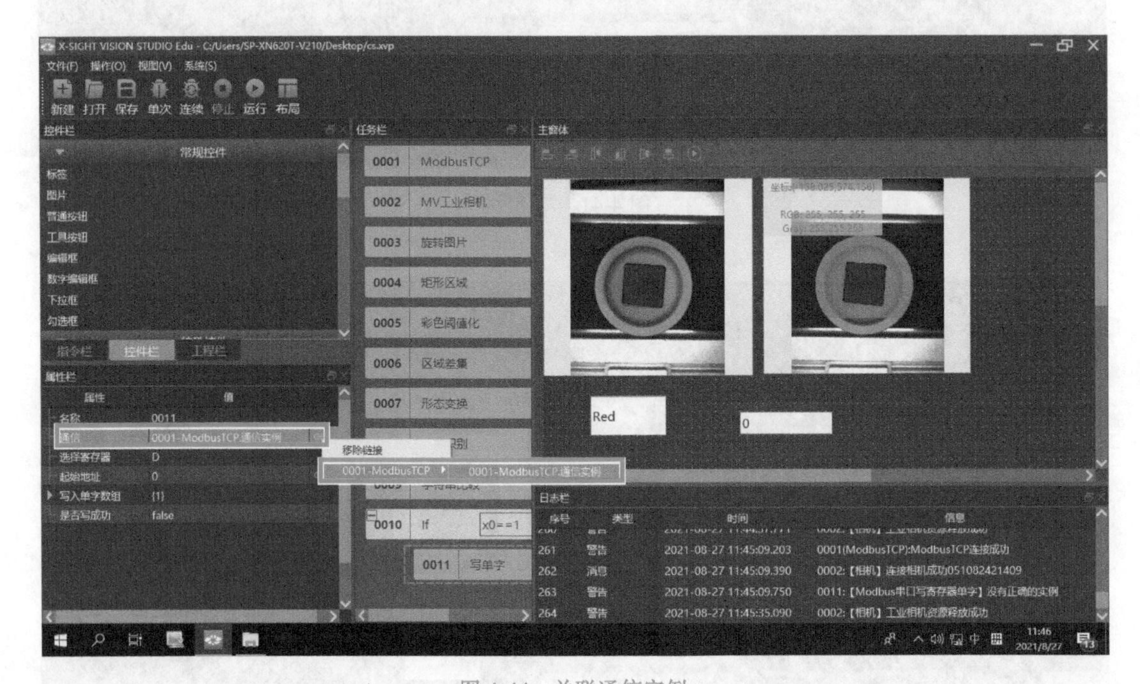

图 4-44　关联通信实例

步骤 24：颜色判断。用同样的方法进行绿色和黄色判断，增加绿色字符串比较，在“写单字”属性栏“写入单字数组”中写入“2”；增加黄色字符串比较，在“写单字”属性栏“写入单字数组”中写入“3”，“通信”选择“ ModbusTCP 通信实例”，编写完成后如图 4-45 所示。

步骤 25：视觉 IoT 控制器 IP 设置。设置视觉 IoT 控制器与 PLC 连接的网口 IP 地址为“192.168.0.4”，如图 4-46 所示。

步骤 26：PLC IP 设置。设置 S7–1200 PLC IP 地址：192.168.0.2，子网掩码：255.255.255.0，如图 4-47 所示。

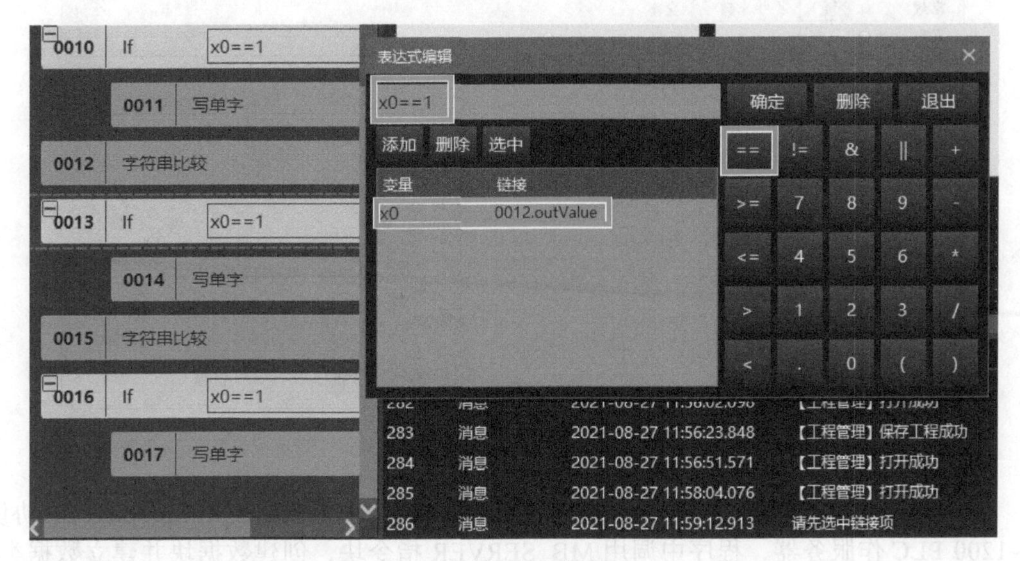

图4-45　颜色判断

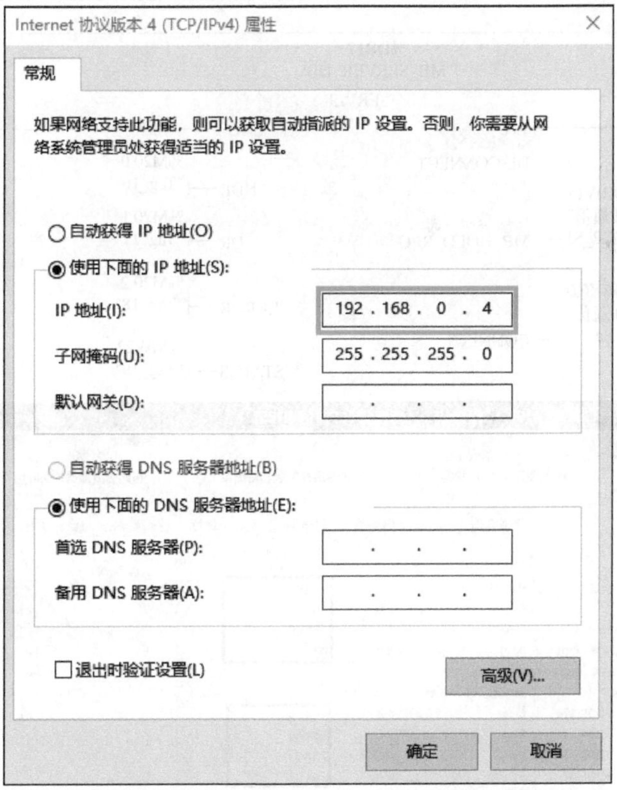

Internet 协议版本 4 (TCP/IPv4) 属性

常规

如果网络支持此功能，则可以获取自动指派的 IP 设置。否则，你需要从网络系统管理员处获得适当的 IP 设置。

○自动获得 IP 地址(O)

◉使用下面的 IP 地址(S):

IP 地址(I): 192 . 168 . 0 . 4

子网掩码(U): 255 . 255 . 255 . 0

默认网关(D): . . .

○自动获得 DNS 服务器地址(B)

◉使用下面的 DNS 服务器地址(E):

首选 DNS 服务器(P): . . .

备用 DNS 服务器(A): . . .

☐退出时验证设置(L)　　高级(V)...

确定　取消

图4-46　IoT 控制器 IP 设置

图 4-47　PLC IP 设置

步骤 27：Modbus/TCP 服务器设置。S7-1200 PLC 与视觉通信使用 ModbusTCP 协议，S7-1200 PLC 作服务器，程序中调用 MB_SERVER 指令块，创建数据块并建立数据类型为“TCON_IP_v4”的数据 Server 和接受的数据 RCV_TCP_SJ，如图 4-48 所示。

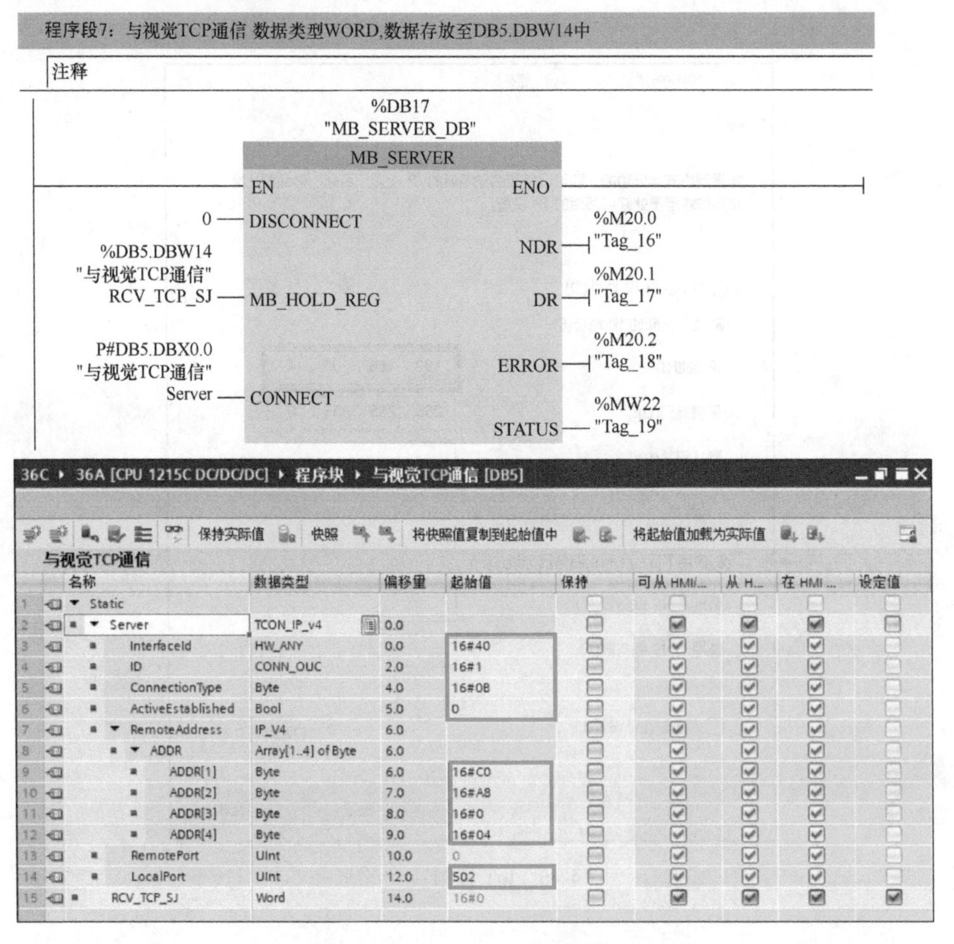

	名称	数据类型	偏移量	起始值	保持	可从 HMI/...	从 H...	在 HMI ...	设定值
1	▼ Static								
2	▼ Server	TCON_IP_v4	0.0		☐	☑	☑	☑	☐
3	InterfaceId	HW_ANY	0.0	16#40	☐	☑	☑	☑	☐
4	ID	CONN_OUC	2.0	16#1	☐	☑	☑	☑	☐
5	ConnectionType	Byte	4.0	16#0B	☐	☑	☑	☑	☐
6	ActiveEstablished	Bool	5.0	0	☐	☑	☑	☑	☐
7	▼ RemoteAddress	IP_V4	6.0		☐	☑	☑	☑	☐
8	▼ ADDR	Array[1..4] of Byte	6.0		☐	☑	☑	☑	☐
9	ADDR[1]	Byte	6.0	16#C0	☐	☑	☑	☑	☐
10	ADDR[2]	Byte	7.0	16#A8	☐	☑	☑	☑	☐
11	ADDR[3]	Byte	8.0	16#0	☐	☑	☑	☑	☐
12	ADDR[4]	Byte	9.0	16#04	☐	☑	☑	☑	☐
13	RemotePort	UInt	10.0	0	☐	☑	☑	☑	☐
14	LocalPort	UInt	12.0	502	☐	☑	☑	☑	☐
15	RCV_TCP_SJ	Word	14.0	16#0	☐	☑	☑	☑	☑

图 4-48　Modbus/TCP 服务器设置

将视觉相机的触发模式改成外触发，控制西门子 PLC Q3.1 闭合，触发视觉拍照（上升沿触发），拍照完成后，监视西门子 PLC DB5.DBW14 中的数据，至此，视觉与 PLC 通信并进行颜色识别编程已完成。

任务检查与评价（评分标准）

评分点		得分
硬件连接、调试（25分）	能完成视觉系统硬件搭建（20分）	
	相机光源、光圈、焦距调试合理（5分）	
软件（25分）	相机拍照触发模式设置正确（5分）	
	可实现视觉控制器与 PLC 之间的通信（5分）	
	编写相机程序可正确识别物料中的不良品（15分）	
安全素养（10分）	存在危险用电等情况（每次扣3分，上不封顶）	
	存在带电插拔工作站上的电缆、导线的情况（每次扣3分，上不封顶）	
	穿着不符合生产要求（每次扣4分，上不封顶）	
6S 素养（20分）	桌面物品及工具摆放整齐、整洁（10分）	
	地面清理干净（10分）	
发展素养（20分）	表达沟通能力（10分）	
	团队协作能力（10分）	

任务2　变频器调速系统设计

任务分析

变频器是对电动机进行调速控制的电气设备，是一种集起停控制、变频调速、显示及按键设置功能等于一体的电动机控制装置。变频器已广泛应用于各个行业，成为主流的电动机调速设备。本项目选用的 VH5 系列变频器，是信捷公司开发的一款简易型变频器。本任务主要是熟练应用信捷 VH5 变频器以不同方式控制电动机的运行。

一、控制要求

1. 应用 VH5 变频器对电动机进行多段速运转控制。
2. 应用 VH5 变频器对电动机进行模拟量控制。
3.VH5 变频器的 Modbus 通信控制。

二、学习目标

1. 了解信捷 VH5 系列变频器的组成。
2. 理解变频器的工作原理。
3. 掌握变频器的外部接线。
4. 掌握设置和调节变频器的参数。
5. 掌握变频器调速控制程序的编制。

三、实施条件

分类	名称	型号 / 配置	数量
硬件准备	变频器	VH5-20P7	1
	PLC	CPU 1215C	1

任务准备

一、变频器相关知识学习

变频器（Frequency Converter）是利用电力电子半导体器件的通断作用，把电压、频率固定不变的交流电转换成电压、频率都可调的交流电，通过改变电动机工作电源频率的方式来控制交流电动机的电力控制设备。变频器主要由整流（交流变直流）、滤波、逆变（直流变交流）、制动单元、驱动单元、检测单元、微处理单元等组成。现在使用的变频器主要采用交－直－交的工作方式，先把工频交流电整流成直流电，再把直流电逆变为频率、电压均可控制的交流电。

交流异步电动机的转速表达式为

$$n=60f(1-s)/p$$

式中，n 为异步电动机转速（r/min）；f 为异步电动机工作电源频率（Hz）；s 为电动机转差率；p 为电动机极对数。

由上式可知，电动机转速 n 与频率 f 成正比，只要改变频率 f 即可改变电动机转速。我国交流电工频为 50Hz，当频率 f 在 0 ～ 50Hz 范围内变化时，电动机转速调节范围非常宽，变频器就是通过改变电动机工作电源频率实现速度调节的。

变频器调速有多种方法，包括选用固定频率的多段速调速、通过模拟量信号控制变频器实现无级调速、通过变频器通信方式进行调速等。

二、VH5 系列变频器简介

VH5 系列变频器采用矢量控制技术实现异步电动机的开环矢量控制，同时也强化了产品的可靠性和环境适应性。它拥有 220V 和 380V 两种电压等级，适配电动机功率范围为 0.75 ～ 5.5kW，可满足众多应用需求，如传送带、搅拌机、挤出机、水泵、风机、压缩机及一些基本的物料处理机械等。

本项目分拣系统选用的 VH5 系列变频器为通信型开环矢量变频器，输入电压等级为交流 220V，功率等级为 0.75kW，其外观如图 4-49 所示。

图 4-49 信捷 VH5 系列变频器外观

三、VH5 变频器的配线

1. 主电路端子与配线

VH5 系列变频器的主电路配线如图 4-50 所示，图中断路器、接触器、交流电抗器、熔断器、制动电阻、输出电抗器均为选配件。

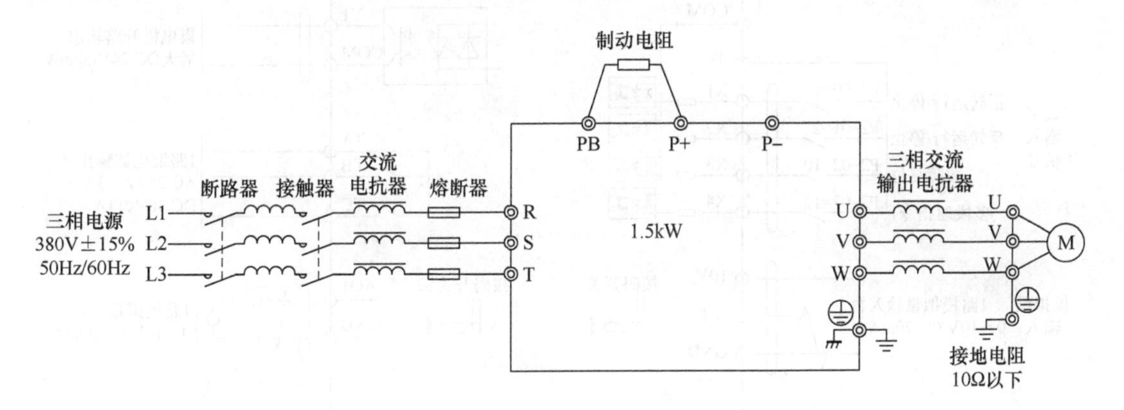

图 4-50 VH5 系列变频器主电路配线图

VH5−20P7 主电路端子排列如图 4-51 所示。

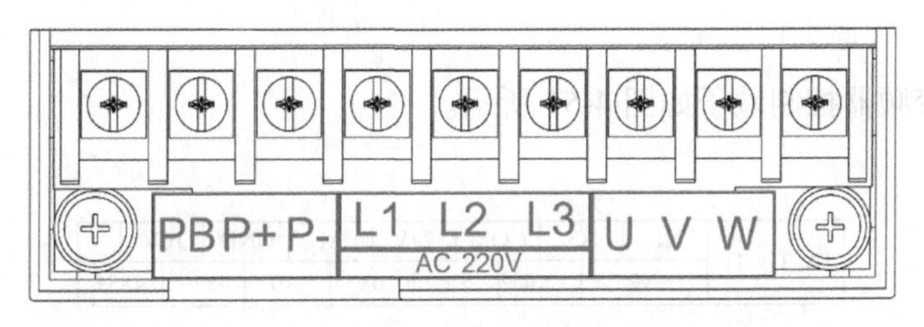

图 4-51 VH5−20P7 主电路端子排列

主电路输入 / 输出端子说明见表 4-2。

表 4-2 主电路输入 / 输出端子说明

端子标记	端子名称	功能说明
R、S、T	三相电源输入端子	交流输入三相电源连接点
U、V、W	变频器输出端子	连接三相电动机
PE	接地端子	保护接地
P+、PB	制动电阻连接端子	制动电阻连接点
P+、P-	直流母线正、负端子	共直流母线输入点

2. 控制电路端子与配线

VH5 系列变频器控制电路配线如图 4-52 所示。

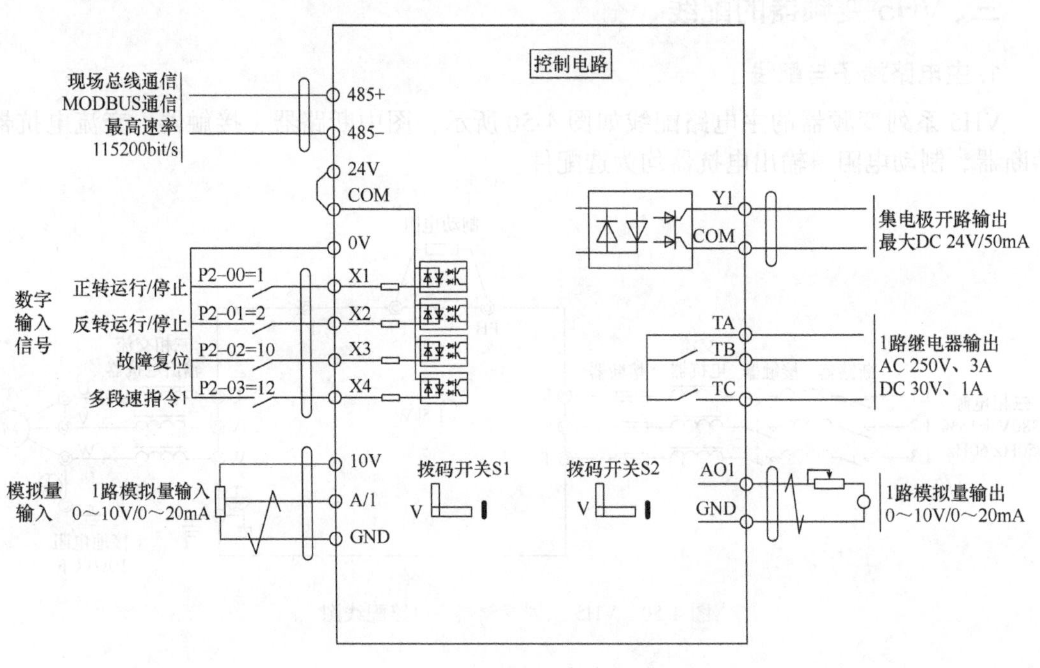

图 4-52 VH5 系列变频器控制电路配线图

VH5 系列变频器控制端子如图 4-53 所示。

TA TB TC	X1	X3	COM	24V	AI	GND	10V
	X2	X4	Y1	0V	A0	485-	485+

图 4-53 VH5 系列变频器控制端子

变频器控制电路端子说明见表 4-3。

表 4-3　变频器控制电路端子说明

类别	端子	名称	端子功能说明
通信	485+、485-	RS485 通信接口	标准 RS485 通信接口，使用双绞线或屏蔽线
电源	10V-GND	10V 电源	对外提供 10V 电源，最大输出电流：20mA 一般用于外接电位器调试使用
模拟量输入	AI-GND	模拟量输入 AI	输入电压范围：0 ～ 10V（输入阻抗：22kΩ） 输入电流范围：0 ～ 20mA（输入阻抗：500Ω） 由拨码开关选择电压 0 ～ 10V/ 电流输出：0 ～ 20mA
模拟量输出	AO-GND	模拟量输出 AO	电压输出范围：0 ～ 10V；外部负载：2kΩ ～ 1MΩ 电压输出范围：0 ～ 20mA；外部负载小于 500Ω 由拨码开关选择电压 / 电流输出
电源	24V-0V	DC 24V 电源	给端子提供 24V 电源，不可外接负载
公共端	COM	输入 X 公共端	COM 与 24V 短接形成 NPN 型输入 COM 与 0V 短接形成 PNP 型输入
数字输入端子	X1-COM	输入端子 1	光耦隔离输入 输入阻抗：R=2kΩ 输入电压范围为 9 ～ 30V；兼容双极性输入 除有 X1 ～ X3 的特点外，还可以作为高速脉冲输入通道 最高频率为 50kHz
	X2-COM	输入端子 2	
	X3-COM	输入端子 3	
	X4-COM	输入端子 4	
数字输出端子	Y1-COM	数字输出端子 1	集电极开路输出 输出电压范围：0 ～ 24V 输出电流范围：0 ～ 50mA
继电器输出端子	TA TB TC	输出继电器 1	可编程定义为多种电器输出端子 TA -TB：常开 TA -TC：常闭 触点容量： AC 250V/2A（cosϕ=1） AC 250V/1A（cosϕ=0.4） DC 30V/1A

四、VH5 系列变频器的功能参数

变频器的功能是通过参数设置来实现的，VH5 系列变频器提供了数百个参数供用户选用。为方便用户使用，VH5 系列变频器的参数按功能进行了分组，以便快速查询。每一个变频器参数都赋有出厂设定值，该值被设置为完成简单的变速运行。如果出厂设定值不能满足负载和操作要求，则要重新设定参数。实际工程中，只需要修改变频器的部分参数就能满足控制要求。

任务实施

一、变频器面板调速

参考图 4-50 将变频器主电路连接完成后，可以通过面板的操作进行电动机调速。VH5 系列变频器的操作面板包括键盘操作单元和显示屏两部分，如图 4-54 所示。键盘的主要功能是向变频器的主控板发出各种指令或信号，显示屏的主要功能是接收主控板提供的各种数据进行显示。

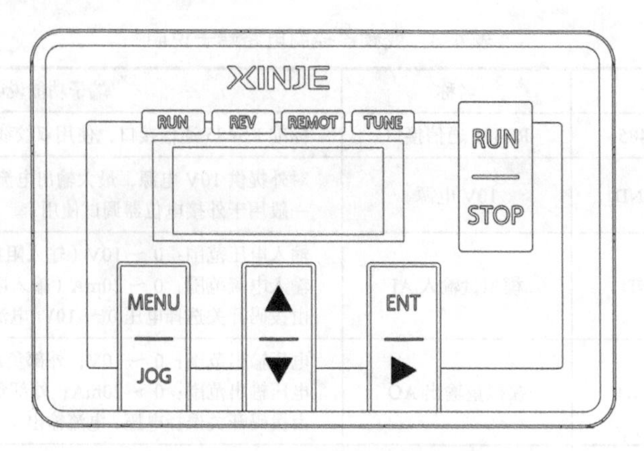

图 4-54　VH5 系列变频器操作面板图

变频器操作键盘上设有 8 个按键，它们的功能定义见表 4-4。

表 4-4　按键功能定义

按键	名称	功能说明
MENU	编程 / 退出键	进入或退出编程状态
ENT	储存 / 切换键	在编程状态时，用于进入下一级菜单或储存参数数据
RUN	正向运行键	在操作键盘运行命令方式下，按该键即可正向运行
STOP	停止 / 复位键	停止 / 故障复位
JOG	多功能按键	通过 P8-00 设置
▲	增加键	数据和参数的递增或运行中暂停频率
▼	减少键	数据和参数的递减或运行中暂停频率
▶	移位 / 监控键	在编辑状态下，可以选择设定数据的修改位；在其他状态下，可切换显示状态监控参数

VH5 系列变频器操作面板上有 5 位 8 段 LED 数码管、4 个状态指示灯。4 个状态指示灯位于 LED 数码管的上方，自左到右分别为 RUN、REV、REMOT、TUNE。表 4-5 为状态指示灯说明。

表 4-5　状态指示灯说明

指示灯	含义	功能说明
RUN	运行指示灯	灯亮：运转状态 灯灭：停机状态
REV	反转指示灯	灯亮：反转运行状态 灯灭：正转运行状态 灯闪：切换状态
REMOT	命令源指示灯	熄灭：面板启停 常亮：端子启停 闪烁：通信启停
TUNE	调谐指示灯	灯慢闪：调谐状态 灯快闪：故障状态 灯常闪：转矩状态

本例使用变频器面板进行调速，需参考表 4-6 设置参数。

表 4-6　变频器面板调速参数设置

变频器面板调速		
参数	名称	设定值
P0-02	命令源选择	0：操作面板运行通道
P0-03	主频率源 A 输入通道选择	1：数字设定（掉电记忆）
P0-10	预置频率	15Hz
P8-00	JOG/REV 键功能选择	3：反转点动
PC-00	点动运行频率	8.05Hz

以参数 PC-00（点动运行频率）从 5.00Hz 更改设定为 8.05Hz 为例，参数设置的具体步骤如图 4-55 所示。

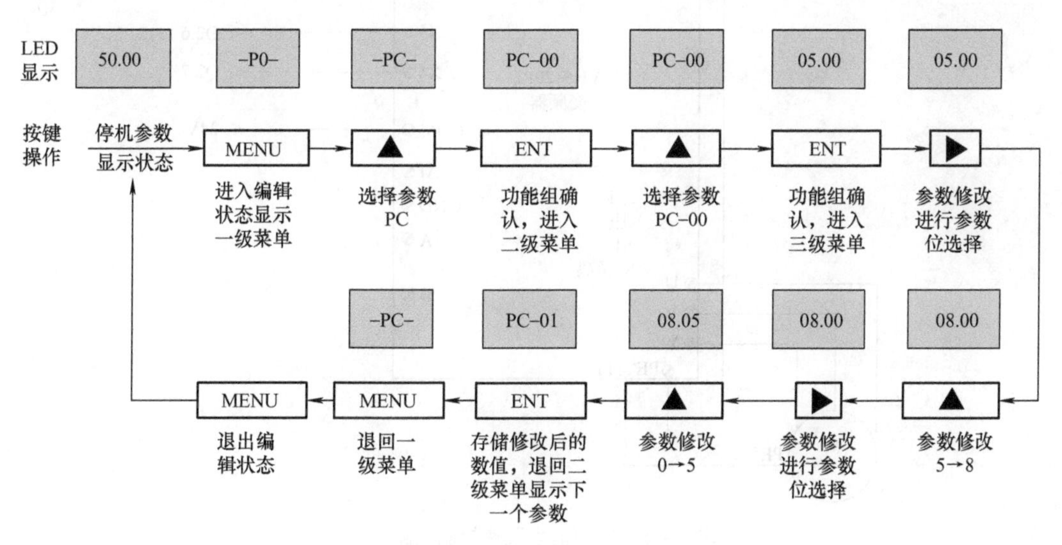

图 4-55　参数设置操作示例

参数设置完成后，按下面板上的“RUN”按钮，变频器以 15Hz 的预置频率正向运行，此时，按下增加键或减少键可以进行频率调节。按下“STOP”按钮，则变频器停止运行。按下“JOG/REV”多功能键可以改变电动机转向或使电动机以点动方式运行，具体功能需通过设置参数 P8-00 和 PC-00 实现。本例中，按下“JOG/REV”多功能键，变频器以 8.05Hz 的频率反向点动运行。

二、变频器多段速运行控制

1. 变频器多段速控制端子配置

变频器控制电路一般包括输入电路、输出电路和辅助接口等部分。输入电路接收 PLC 的指令信号，输出电路输出变频器的状态信息，辅助接口包括通信接口等。分拣系统通常在安装调试过程中通过面板发出起动和停止命令，指定运行频率；在设备运行过程中，则通过控制端子接收 PLC 发出的命令和频率设定值。多段速控制就是一种常用的数字量端子控制，控制端子 X1、X2、X3、X4 用于接收 PLC 的控制信号实现多段速运行，如图 4-56 所示。

VH5 系列变频器的控制端子 X1、X2、X3、X4 可以通过相应的功能参数设置实现不同的功能。若要将这四个端子全部配置为多段速控制端子，则需按表 4-7 进行参数设置。

这 4 个多段速指令端子可以通过各自的 ON/OFF 状态组合，最多实现 16 段速的运行频率，具体组合见表 4-8。

当频率源选择为多段速时，功能码 PB-00 ～ PB-15 设置的是最高频率 P0-13 的百分比而不是频率值。例如，将 PB-01 置为 20%，那么实际运行频率为 50Hz20%=10Hz。设置范围是 -100.0% ～ 100.0%，正值为正转，负值为反转。

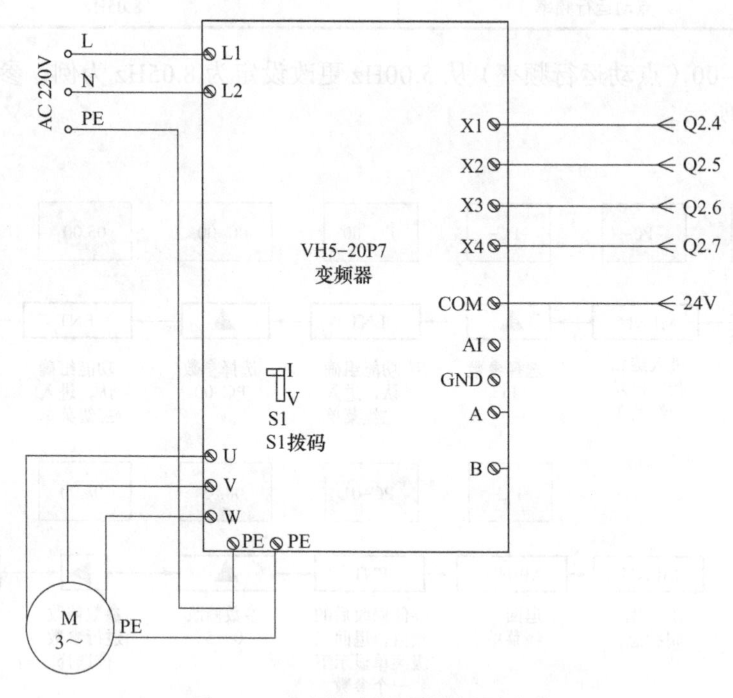

图 4-56　变频器多段速控制电路接线

表 4-7　控制端子功能参数设置

参数	名称	设定值与功能
P2-00	X1 端子功能选择	12：多段指令端子 1
P2-01	X2 端子功能选择	13：多段指令端子 2
P2-02	X3 端子功能选择	14：多段指令端子 3
P2-03	X4 端子功能选择	15：多段指令端子 4

表 4-8　多段速运行选择

K4	K3	K2	K1	指令设定	对应参数
OFF	OFF	OFF	OFF	多段指令 0	PB-00
OFF	OFF	OFF	ON	多段指令 1	PB-01

（续）

K4	K3	K2	K1	指令设定	对应参数
OFF	OFF	ON	OFF	多段指令 2	PB-02
OFF	OFF	ON	ON	多段指令 3	PB-03
OFF	ON	OFF	OFF	多段指令 4	PB-04
OFF	ON	OFF	ON	多段指令 5	PB-05
OFF	ON	ON	OFF	多段指令 6	PB-06
OFF	ON	ON	ON	多段指令 7	PB-07
ON	OFF	OFF	OFF	多段指令 8	PB-08
ON	OFF	OFF	ON	多段指令 9	PB-09
ON	OFF	ON	OFF	多段指令 10	PB-10
ON	OFF	ON	ON	多段指令 11	PB-11
ON	ON	OFF	OFF	多段指令 12	PB-12
ON	ON	OFF	ON	多段指令 13	PB-13
ON	ON	ON	OFF	多段指令 14	PB-14
ON	ON	ON	ON	多段指令 15	PB-15

参考图 4-56 进行变频器与 PLC 的连接，本例中变频器 X1、X2 端子接收正反转控制信号，以 X3、X4 端子为多段指令端子进行 3 段速控制，使变频器起动后按照 10Hz、15Hz、20Hz 的顺序循环运行，每个段速的运行时间为 10s，变频器参数设置详见表 4-9。

表 4-9 变频器多段速控制参数设置

变频器多段速控制		
参数	名称	设定值
P0-02	命令源选择	1：端子运行命令通道
P0-03	主频率源 A 输入通道选择	7：多段指令
P2-00	输入端子 X1 功能选择	1：正转运行 FWD 命令
P2-01	输入端子 X2 功能选择	2：反转运行 REV 命令
P2-02	输入端子 X3 功能选择	12：多段指令端子 1
P2-03	输入端子 X4 功能选择	13：多段指令端子 2
P2-10	端子命令方式	0：两线式 1
PB-01	多段频率 1	20%：10Hz
PB-02	多段频率 2	30%：15Hz
PB-03	多段频率 3	40%：20Hz
P0-18	加速时间 1	0.1s
P0-19	减速时间 1	0.1s

2. PLC 控制程序

本例中，PLC 输入端子 I4.5 和 I4.6 分别连接起动和停止按钮。当按下起动按钮，变频器正转运行；同时多段速端子接收 Q2.6 和 Q2.7 的信号，使变频器按照预设的频率运行，参考程序如图 4-57 所示。

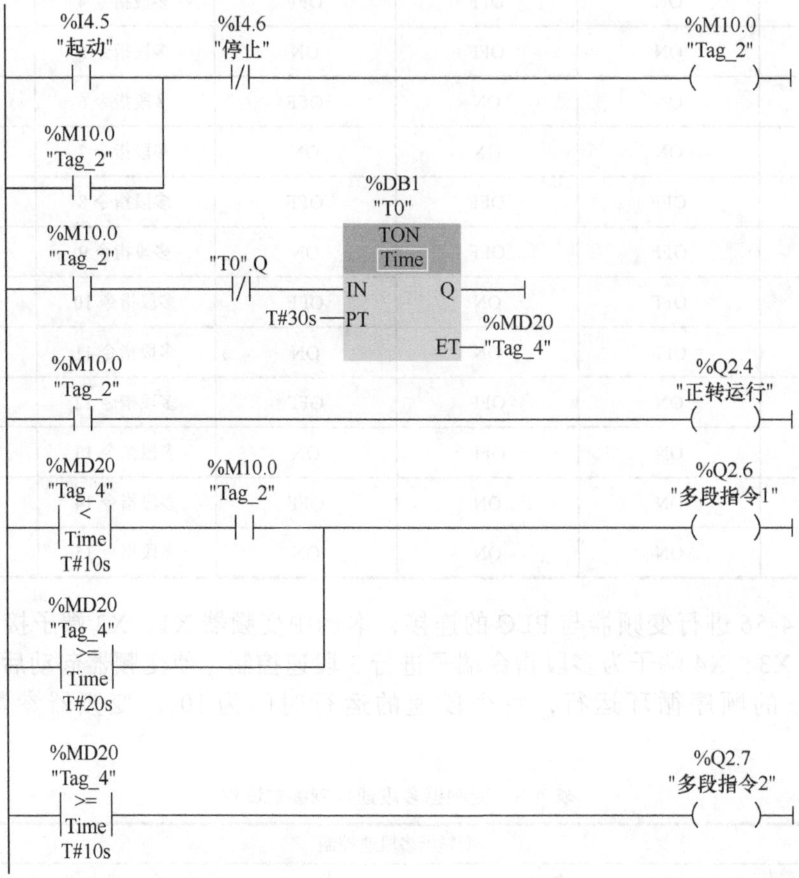

图 4-57 多段速控制参考程序

三、变频器模拟量端子控制

1. 变频器模拟量配置

在变频控制系统中，为了实现变频器输出频率连续调节的目的，需采用模拟量端子控制的方法。本项目使用 SM1232 AQ4 模拟量输出模块的通道 2 给变频器发送模拟量频率信号，正反转起停信号由数字量端子 X1、X2 提供。VH5 系列变频器模拟量端子接收模拟信号输入，可通过拨码开关选择输入电压信号（0 ～ 10V）或电流信号（0 ～ 20mA），本例将拨码开关 S1 拨至 ON 状态，选择电流模式，具体接线如图 4-58 所示。

为了使变频器的频率信号由模拟通道给定，还需参考表 4-10 进行参数设置，参数 P2-22 ～ P2-25 设置指定变频器接收的电流信号范围为 4 ～ 20mA，对应频率为 0 ～ 50Hz。

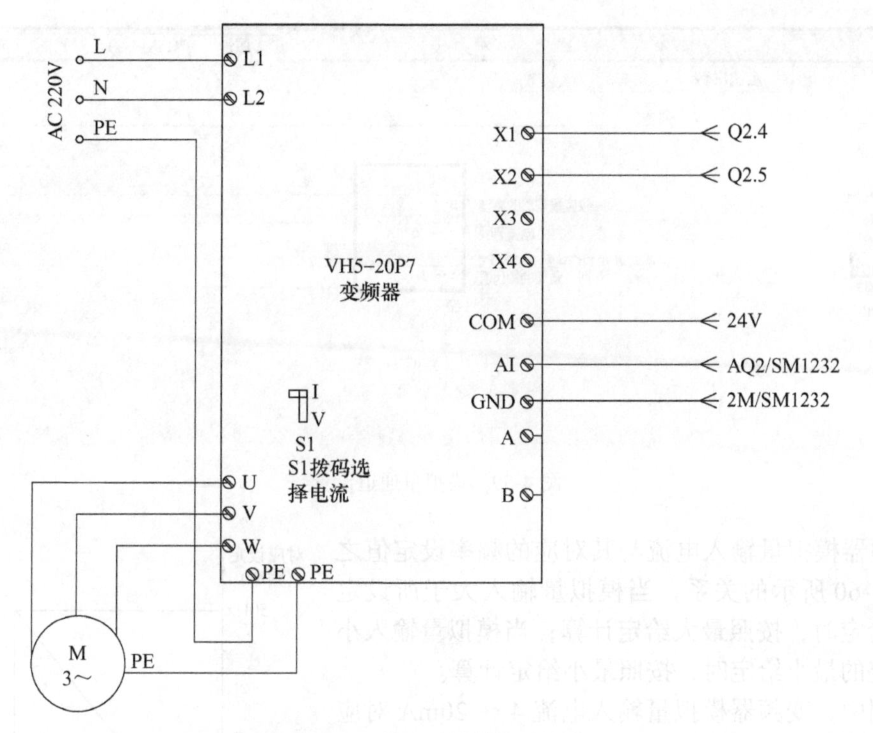

图 4-58　模拟量控制端子接线

表 4-10　模拟量控制参数设置

模拟量控制		
参数	名称	设定值
P0-02	命令源选择	1：端子运行命令通道
P0-03	主频率源 A 选择	3：AI
P2-00	输入端子 X1 功能选择	1：正转运行 FWD 或运行命令
P2-01	输入端子 X2 功能选择	2：反转运行 REV 或正反运行方向
P2-22	AI 曲线 2 最小给定	2：4mA
P2-23	AI 曲线 2 最小给定对应频率百分比	0%：0Hz
P2-24	AI 曲线 2 最大给定	10：20mA
P2-25	AI 曲线 2 最大给定对应频率百分比	100%：50Hz
P2-54	AI 曲线选择	十位：AI 曲线选择 2：曲线 2

2. PLC 控制程序

首先，将模拟量输出模块通道 2 的模拟量输出类型设置成“电流”，电流范围设置成“4 ～ 20mA”，通道的替代值设置成 4mA，与变频器设置相匹配，如图 4-59 所示。

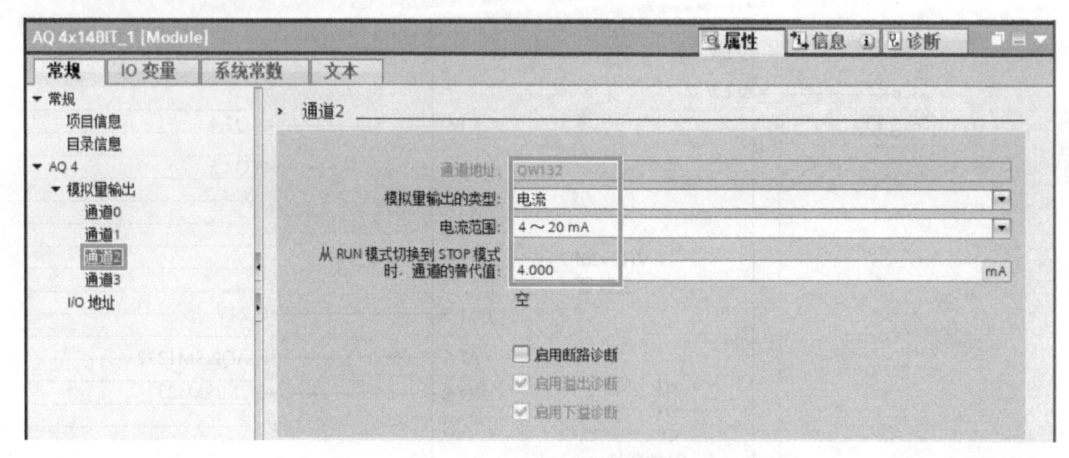

图 4-59　模拟量通道设置

变频器模拟量输入电流与其对应的频率设定值之间为图 4-60 所示的关系，当模拟量输入大于所设定的最大给定时，按照最大给定计算；当模拟量输入小于所设定的最小给定时，按照最小给定计算。

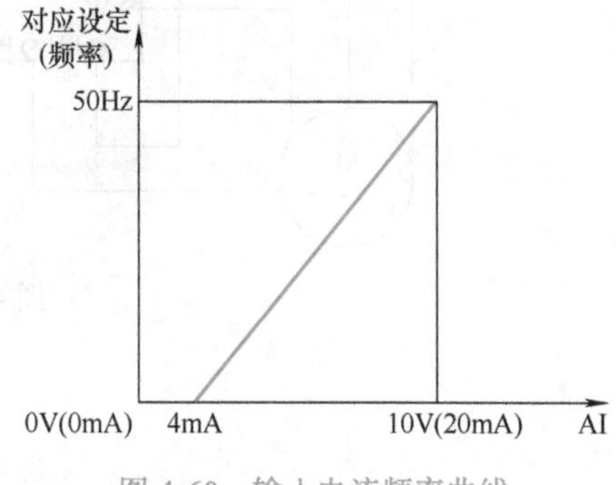

图 4-60　输入电流频率曲线

本例中，变频器模拟量输入电流 4 ～ 20mA 对应的输出频率为 0 ～ 50Hz，PLC 的模拟量输出模块将 0 ～ 27648 范围的数字量转换为 4 ～ 20mA 的电流输出。因此，PLC 中的数字量 0 ～ 27648 即对应变频器的运行频率 0 ～ 50Hz。在 PLC 程序中，通过标准化指令 NORM_X 与缩放指令 SCALE_X 将 0 ～ 50Hz 范围内的频率转换成 0 ～ 27648 范围内的数字量，经 SM1232 AQ4 模块转换输出相应的电流信号给变频器，即可实现变频器频率的模拟量控制，详细程序如图 4-61 所示。按下起动按钮，变频器按指定频率正转运行，运行频率可由程序或触摸屏通过 MD20 任意给定，实现无级调速。

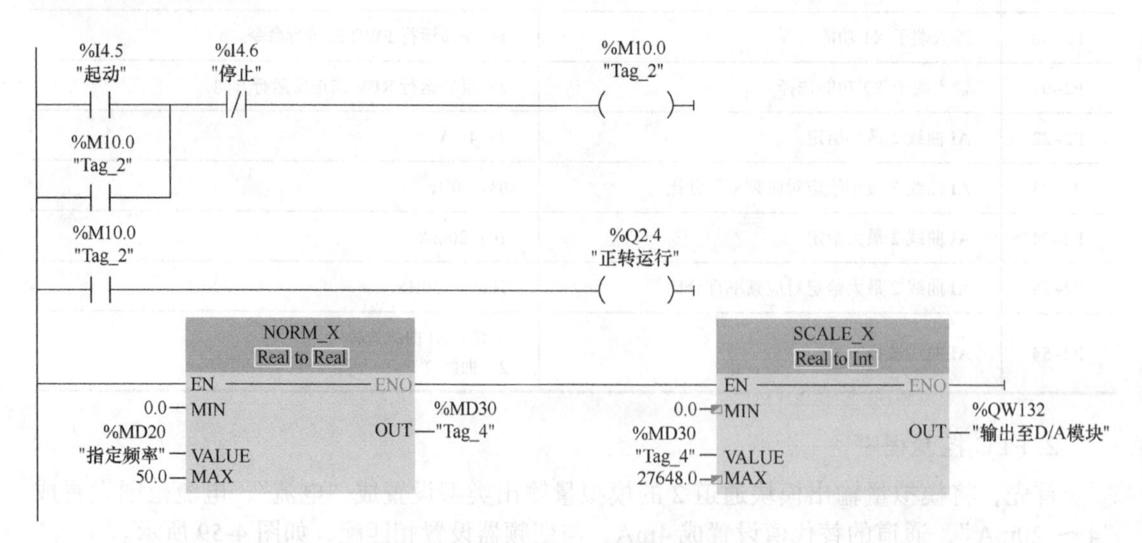

图 4-61　模拟量控制程序

四、变频器 Modbus 通信控制

VH5 系列变频器向用户提供工业控制中通用的 RS485 通信接口，通信协议采用 Modbus 标准通信协议。该变频器可以作为从机与具有相同通信接口并采用相同通信协议的上位机（如 PLC 控制器、PC）进行通信，实现对变频器的集中监控。另外，用户也可以使用一台变频器作为主机，通过 RS485 接口连接数台变频器作为从机，以实现变频器的多机联动。

1. 变频器 Modbus 通信配置

本例使用西门子 1200 PLC 作为主站，对从站变频器进行控制。PLC 上配备 CB1241 RS485 信号板，可提供一个 RS485 接口，与变频器的 RS485 接口进行通信连接，接线方法如图 4-62 所示。

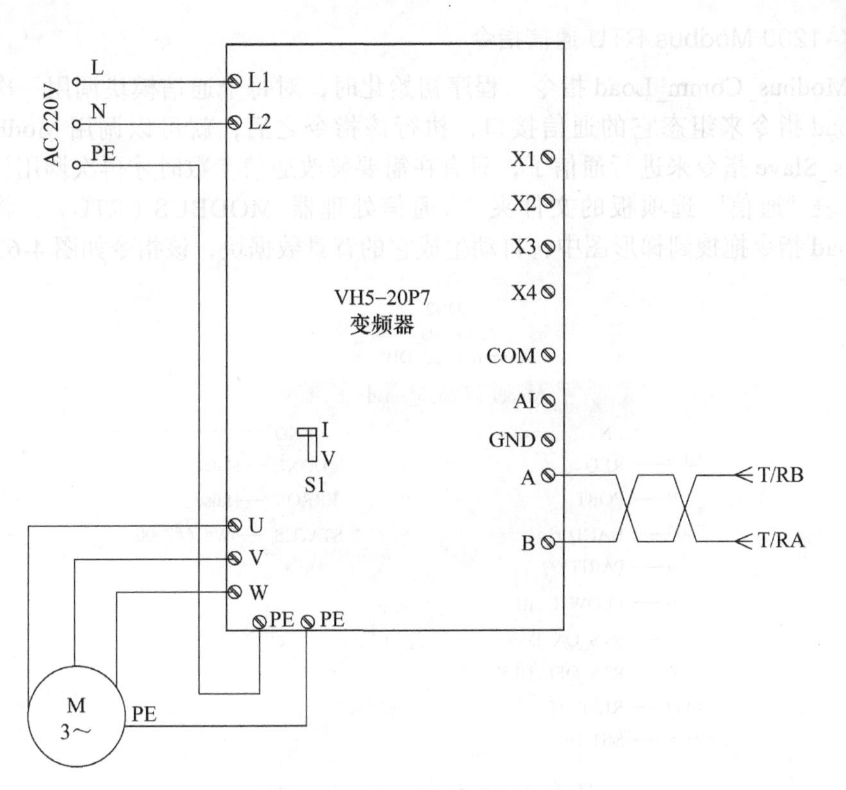

图 4-62 变频器通信控制接线

Modbus 具有两种串行传输模式，分别为 ASCII 和 RTU，S7-1200 采用 RTU 模式。Modbus 是一种单主站的主从通信模式，主站在 Modbus 网络上没有地址，从站的地址范围为 0 ～ 247，其中 0 为广播地址。

通过 Modbus RTU 控制变频器需要设置变频器的若干关键参数：P0-02、P0-03 和 P9-00 ～ P9-03。参数 P0-02 设置变频器运行命令通道，参数 P0-03 设置变频器的运行频率给定通道，参数 P9-00 ～ P9-03 设置变频器通信的相关参数，包括通信的波特率、奇偶校验方式、停止位的位数和数据位的位数。具体的参数设置见表 4-11。

表 4-11　变频器通信控制参数设置

Modbus 通信控制		
参数	名称	设定值
P0-02	命令源选择	2：串行口运行命令通道
P0-03	主频率源 A 选择	6：通信给定
P9-00	通信协议选择	0：Modbus RTU 协议
P9-01	本机地址	1：地址为 1
P9-02	通信波特率	6：19200bit/s
P9-03	Modbus 数据格式	3：无校验：数据格式 <8，N，1>

2. S7-1200 Modbus RTU 通信指令

（1）Modbus_Comm_Load 指令　程序初始化时，对每个通信模块调用一次 Modbus_Comm_Load 指令来组态它的通信接口，执行该指令之后，就可以调用 Modbus_Master 或 Modbus_Slave 指令来进行通信了，只有在需要修改通信参数时才再次调用该指令。打开指令列表“通信”选项板的文件夹“\通信处理器\MODBUS（RTU）”，将 Modbus_Comm_Load 指令拖拽到梯形图中，自动生成它的背景数据块，该指令如图 4-63 所示。

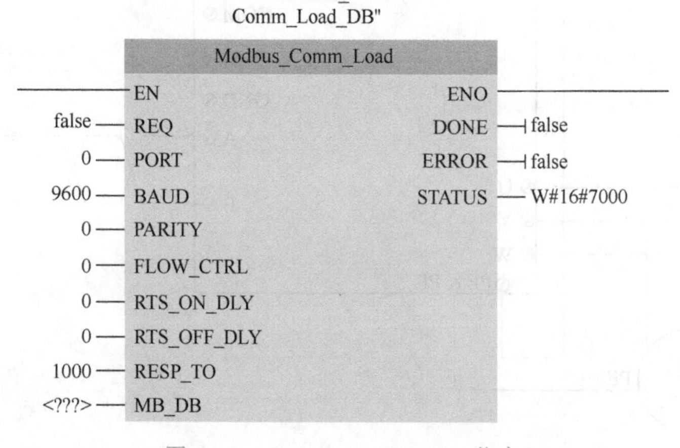

图 4-63　Modbus_Comm_Load 指令

指令参数说明见表 4-12。

表 4-12　Modbus_Comm_Load 指令参数说明

参数和类型	数据类型	说明
REQ	Bool	在输入参数 REQ 的上升沿时执行该指令
PORT	Port	通信端口的硬件标识符
BAUD	UDInt	波特率：可选 300 ～ 115200bit/s
PARITY	UInt	奇偶校验位选择：0、1、2 分别对应不使用校验、奇校验、偶校验

（续）

参数和类型	数据类型	说明
FLOW_CTRL	UInt	用于 RS232 接口通信
RTS_ON_DLY	UInt	
RTS_OFF_DLY	UInt	
RESP_TO	UInt	响应超时时间，默认值为 1000ms
MB_DB	Variant	Modbus_Master 或 Modbus_Slave 函数块背景数据块中的静态变量
DONE	Bool	为 1 状态表示指令执行完且没有出错
ERROR	Bool	为 1 状态表示检测到错误
STATUS	Word	错误代码

Modbus_Comm_Load 指令背景数据块中的静态变量“MODE”用于描述 PTP 模块的工作模式，该静态变量默认数据为 0（RS232 全双工模式），本项目中修改为 4（半双工 RS485 二线制模式）。

（2）Modbus_Master 指令　Modbus_Master 指令作为 Modbus 主站利用之前执行 Modbus_Comm_Load 指令组态的端口与指定的从站进行通信。将 Modbus_Master 指令放入程序时自动分配背景数据块。指定 Modbus_Comm_Load 指令的 MB_DB 参数时将使用该 Modbus_Master 背景数据块。该指令如图 4-64 所示。

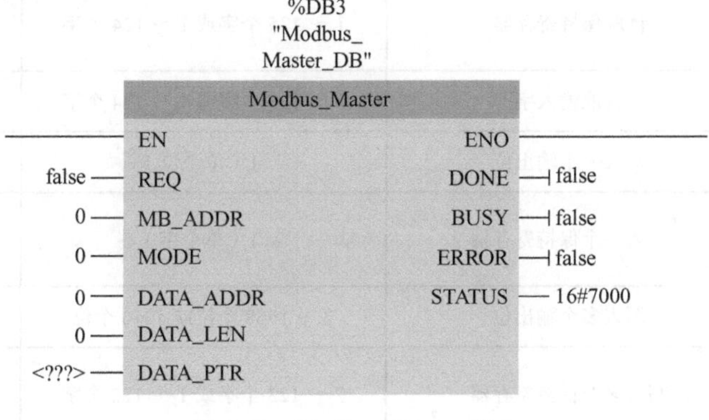

图 4-64　Modbus_Master 指令

指令参数说明见表 4-13。

表 4-13　Modbus_Master 指令参数说明

参数和类型	数据类型	说明
REQ	Bool	在输入参数 REQ 的上升沿请求向 Modbus 从站发送数据
MB_ADDR	UInt	Modbus RTU 从站地址
MODE	USInt	用于选择 Modbus 功能的类型
DATA_ADDR	UDInt	用于指定要访问从站中数据的 Modbus 起始地址
DATA_LEN	UInt	用于指定要访问的数据长度（位数或字数）
DATA_PTR	Variant	数据指针，指向 CPU 的数据块或位存储器地址

（续）

参数和类型	数据类型	说明
DONE	BOOL	为 1 状态表示指令已完成请求的对 Modbus 从站的操作
BUSY	BOOL	为 1 状态表示正在处理 Modbus_Master 任务
ERROR	BOOL	为 1 状态表示检测到错误
STATUS	Word	错误代码

DATA_ADDR 和 MODE 参数用于选择 Modbus 功能类型，Modbus_Master 指令使用 MODE 输入而非功能代码输入，MODE 和 Modbus 地址一起确定实际 Modbus 消息中使用的功能代码。表 4-14 列出了不同模式下支持的功能代码及对应的寄存器操作含义。

表 4-14　不同模式下支持的功能代码及对应的寄存器操作含义

Mode	Modbus 功能	操作	DATA_LEN	Modbus 地址（DATA_ADDR）
0	01H	读取输出位	1 ～ 2000 个位或 1 ～ 1992 个位	1 ～ 09999
0	02H	读取输入位	1 ～ 2000 个位或 1 ～ 1992 个位	10001 ～ 19999
0	03H	读取保持寄存器	1 ～ 125 个字或 1 ～ 124 个字	40001 ～ 49999 或 400001 ～ 465535
0	04H	读取输入字	1 ～ 125 个字或 1 ～ 124 个字	30001 ～ 39999
1	05H	写入一个输出位	1（单个位）	1 ～ 09999
1	06H	写入一个保持寄存器	1（单个字）	40001 ～ 49999 或 400001 ～ 465535
1	15H	写入多个输出位	2 ～ 1968 个位或 1960 个位	1 ～ 09999
1	16H	写入多个保持寄存器	2 ～ 123 个字或 1 ～ 122 个字	40001 ～ 49999 或 400001 ～ 465535
2	15H	写一个或多个输出位	1 ～ 1968 个位或 1960 个位	1 ～ 09999
2	16H	写一个或多个保持寄存器	1 ～ 123 个字或 1 ～ 122 个字	40001 ～ 49999 或 400001 ～ 465535
11	读取从站通信状态字和事件计数器，状态字为 0 表示指令未执行，为 0xFFFF 表示正在执行。每次成功传送一条消息时，事件计数器的值加 1。该功能忽略“Modbus_Master”指令的 DATA_ADDR 和 DATA_LEN 参数			
80	通过数据诊断代码 0x0000 检查从站状态，每个请求 1 个字			
81	通过数据诊断代码 0x000A 复位从站的事件计数器，每个请求 1 个字			

3. 变频器通信协议参数

VH5 系列变频器通信协议部分参数定义见表 4-15。

表 4-15 通信协议参数定义

定义	Modbus 地址	功能说明	备注
通信设定	1000H	通信频率	写
控制命令	1100H	1：正转运行 2：反转运行 3：正转点动 4：反转点动 5：减速停机 6：自由停机 7：故障复位	写
运行状态	1200H	1：正转运行 2：反转运行 3：停机	读

4. PLC 控制程序

首先，设置通信板 CB1241 的参数，与变频器通信参数一致，如图 4-65 所示。

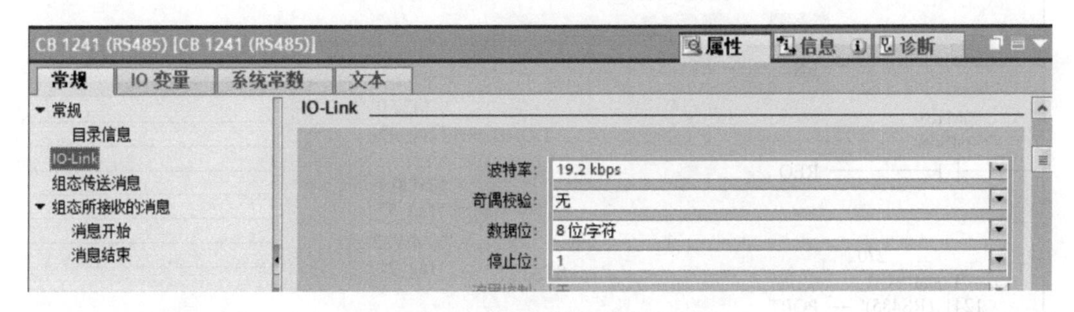

图 4-65 CB1241 参数设置

然后创建通信数据块 DB4，块属性中取消“优化的块访问”，建立数据类型为 WORD 的数组变量进行通信数据的读写，如图 4-66 所示。

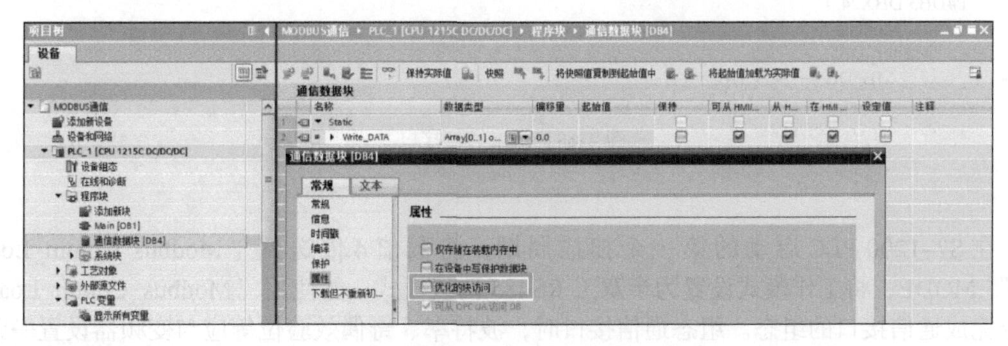

图 4-66 通信数据块设置

主要控制程序如图 4-67 和图 4-68 所示。

▼ 程序段1：......

注释

%M1.0 "FirstScan" — MOVE: EN — ENO; 4 — IN; OUT1 — "Modbus_Comm_Load_DB".MODE

图 4-67 设置通信端口模式

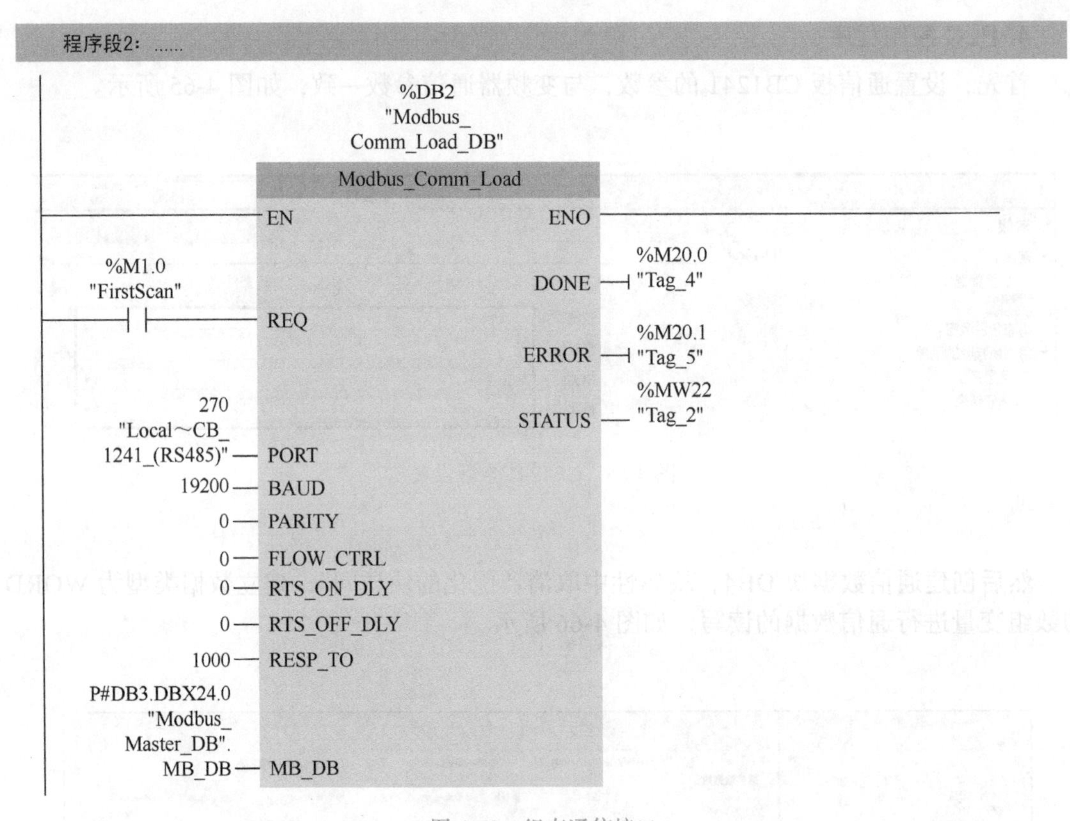

图 4-68 组态通信接口

在 S7-1200 PLC 启动的第一个扫描周期，将数值 4 传送到“Modbus_Comm_Load.DB”.MODE，将工作模式设置为半双工 RS485 两线模式，并使用“Modbus_Comm_Load”指令完成通信接口的组态。组态通信接口时，波特率、奇偶效验位等应与变频器设置一致；通信端口的硬件标识符 PORT 可在系统常量中查看，如图 4-69 所示。

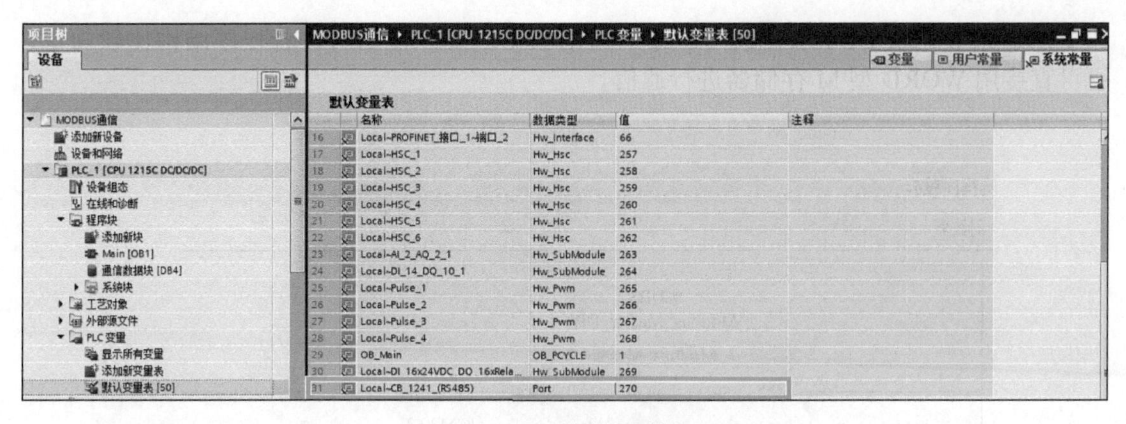

图 4-69 硬件标识符

本例实现功能为：按下起动按钮，变频器以指定频率运行；按下停止按钮，变频器停止运行。因此，当按下起动和停止按钮时，需要将相应的数据写入通信数据块的数组中，如图 4-70 所示。DB4 数组 Write_DATA 的元素 Write_DATA［1］为变频器控制命令，参考表 4-15 对其赋 1 表示变频器正转运行，赋 5 则减速停机。数组元素 Write_DATA［0］为变频器运行频率，应根据以下公式对其赋值：

$$设定频率（Hz）=\frac{\text{Data}\times 最大输出频率P0-13}{10000}$$

式中，Data 为要赋给 Write_DATA［0］的值。

在图 4-70 中，对 Write_DATA［0］赋值 6000，即设定运行频率为 30Hz。

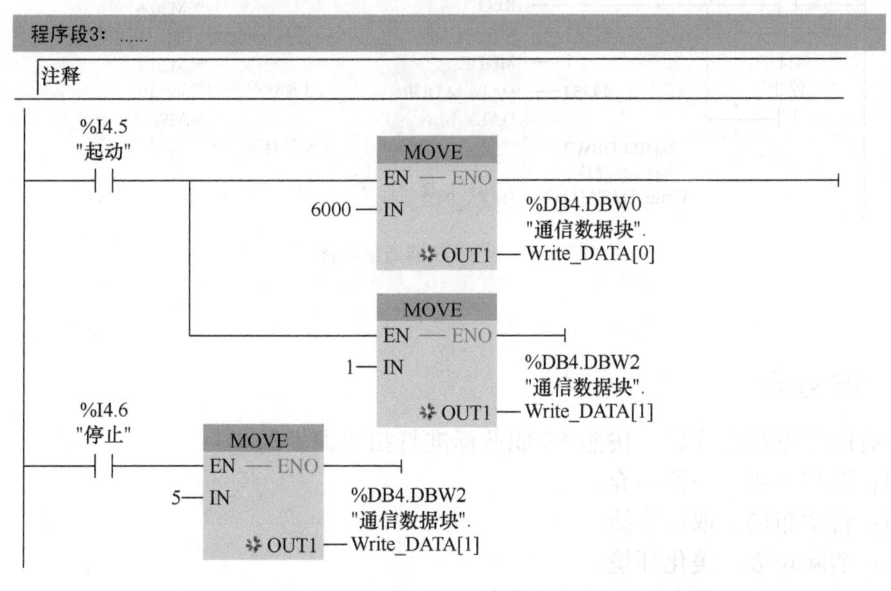

图 4-70 频率与运行命令赋值程序

最后，通过“Modbus_Master”指令将通信数据块 DB4 中 WORD 数组变量 Write_DATA 的值分别写入 Modbus RTU 1 号从站 1000H、1100H 开始的 1 个寄存器中，其 Modbus 起始地址分别为 44097、44353，如图 4-71 所示。本任务中，为优化程序结构，建立了通信数据块DB4来存放与从站的通信数据。实际使用时，若程序结构比较简单，也可直接用WORD型M存储器进行通信。

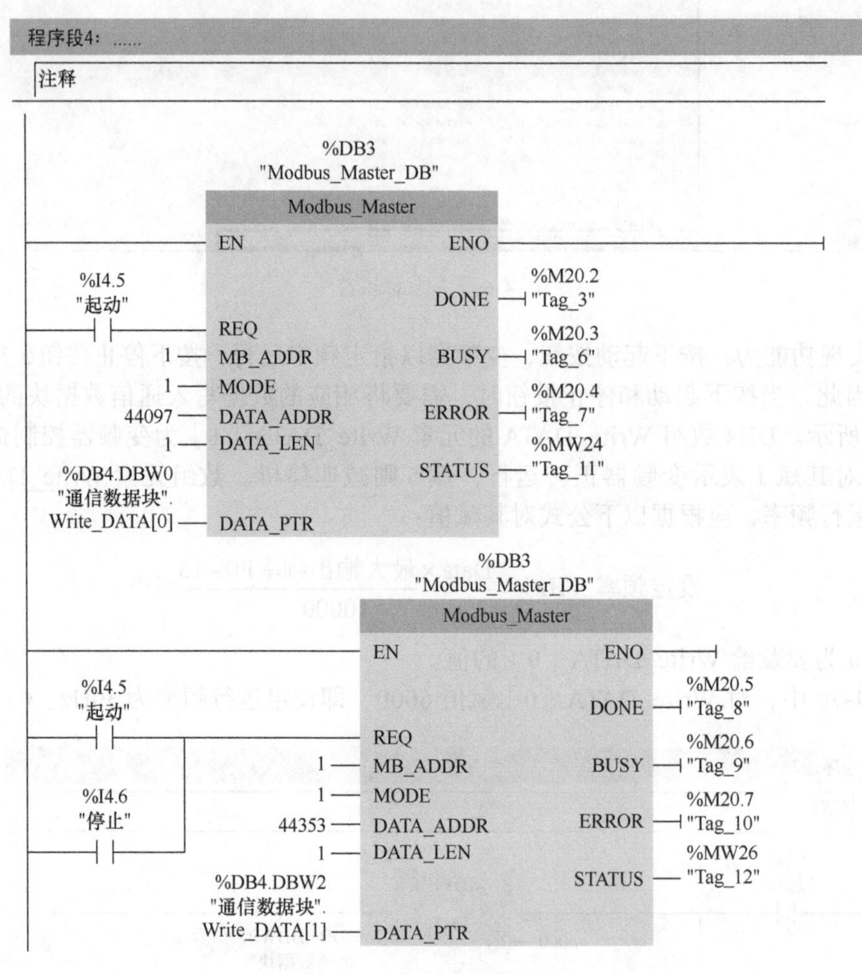

图4-71　与变频器通信程序

五、6S整理

在所有的任务都完成后，按照6S职业标准打扫实训场地。

整理：要与不要，一留一弃。

整顿：科学布局，取用快捷。

清扫：清除垃圾，美化环境。

清洁：清洁环境，贯彻到底。

素养：形成制度，养成习惯。

安全：安全操作，以人为本。

任务检查与评价（评分标准）

评分点		得分
硬件连接、调试（35 分）	能绘制出变频器调速系统电路原理图（20 分）	
	能正确连接变频器多段速控制电路（5 分）	
	能正确连接变频器模拟量控制电路（5 分）	
	能正确连接变频 Modbus 通信控制电路（5 分）	
参数设置（15 分）	能正确设置变频器多段速控制参数（5 分）	
	能正确设置变频器模拟量控制参数（5 分）	
	能正确设置变频器 Modbus 通信控制参数（5 分）	
安全素养（10 分）	存在危险用电等情况（每次扣 3 分，上不封顶）	
	存在带电插拔工作站上的电缆、导线的情况（每次扣 3 分，上不封顶）	
	穿着不符合生产要求（每次扣 4 分，上不封顶）	
6S 素养（20 分）	桌面物品及工具摆放整齐、整洁（10 分）	
	地面清理干净（10 分）	
发展素养（20 分）	表达沟通能力（10 分）	
	团队协作能力（10 分）	

任务 3　分拣系统控制电路设计

任务分析

分拣系统的功能是把待加工物料传送到视觉检测区域内，完成物料的视觉检测，然后把检测完成后的物料进行分拣的过程。

本任务主要进行分拣电路的设计，完成分拣电路的系统硬件接线。

一、控制要求

根据分拣系统工作过程及控制要求，对上一单元送来的物料进行分拣，通过视觉检测使不同颜色或形状的物料从不同的位置分流。需要进行分拣系统 PLC 控制电路的设计，完成 PLC 控制系统外部接线图的绘制及硬件的安装与接线。

二、学习目标

1. 了解分拣系统的机械结构组成。
2. 理解光纤传感器、旋转编码器的工作原理。
3. 掌握传感器、变频器与 PLC 的连接方法。
4. 掌握变频器的参数设置，能够调节光纤传感器。
5. 掌握绘制分拣系统外部接线图的方法。

三、实施条件

分类	名称	型号	数量
硬件准备	变频器	VH5-20P7	1
	相机	SV-M130C-1/2	1
	相机电源线	SC-FID-H5	1
	光源	SI-YD100A00-W	1
	光源控制器	SIC-Y242-A	1
	视觉控制器	SP-XN620T-V210	1

任务准备

一、分拣系统的组成

分拣系统装置侧是一台整合了分拣功能的带传送装置，主要由视觉相机、推料气缸、旋转编码器等部件组成，如图 4-72 所示。

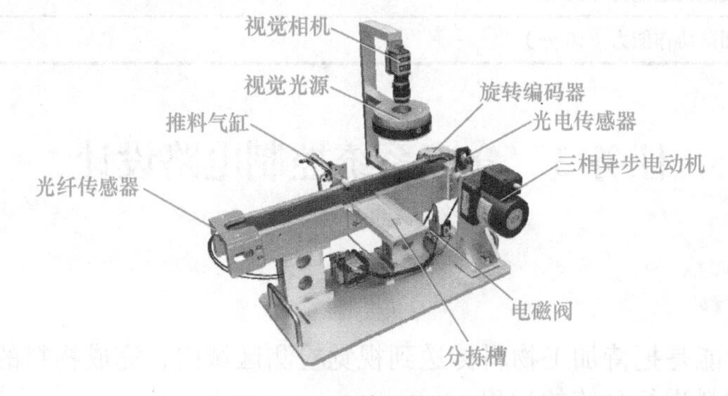

图 4-72　分拣系统的组成

1. 带传送机构

带传送机构用于传送物料，把物料移到视觉镜头下方进行视觉分拣及传送视觉检测通过的物料，它主要由三相异步电动机、编码器、传送带等组成。三相异步电动机通过联轴器带动传送带转动，实现物料在传送带上的水平移动，电动机转速则由变频器进行控制。

2. 分拣机构

由图 4-72 可以看出，带传送机构上安装有分拣槽、推料气缸等，它们构成了分拣机构。分拣系统可以分成两个区域，从光电传感器到视觉系统为检测区；其后至光纤传感器是分拣区。待检测物料通过视觉系统检测后，按工作任务要求被推入分拣槽或传送至传送带末端。

出料槽的推料气缸是笔形气缸，由二位五通单电控电磁阀驱动，用于将待分拣物料推进分拣槽。分拣机构气动控制回路的工作原理如图 4-73 所示。图中 1B 为安装在推料气缸前限位用的磁感应接近开关，气缸的初始位置处于缩回状态。

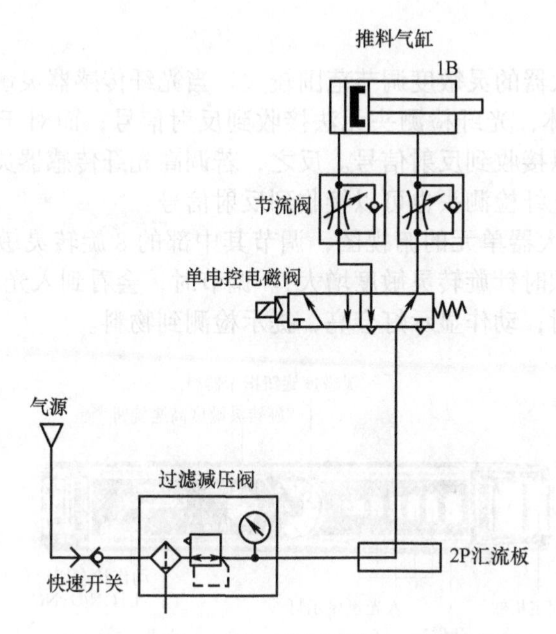

图 4-73 分拣机构气动控制回路的工作原理图

3. 视觉系统

视觉系统用于对物料进行测量、识别、缺陷定位等。它主要由相机、光源、工业控制器等组成。

二、分拣系统的传感器

分拣系统中使用了光电传感器、光纤传感器、磁性开关、旋转编码器等传感器，本任务重点介绍光纤传感器和增量式旋转编码器。

1. 光纤传感器

光纤传感器是光电传感器的一种，由光纤检测头、光纤放大器两部分组成，放大器和光纤检测头是分离的两个部分，光纤检测头的尾端部分分成两条光纤，使用时分别插入放大器的两个光纤孔。光纤传感器组件及放大器的安装示意图如图 4-74 所示。

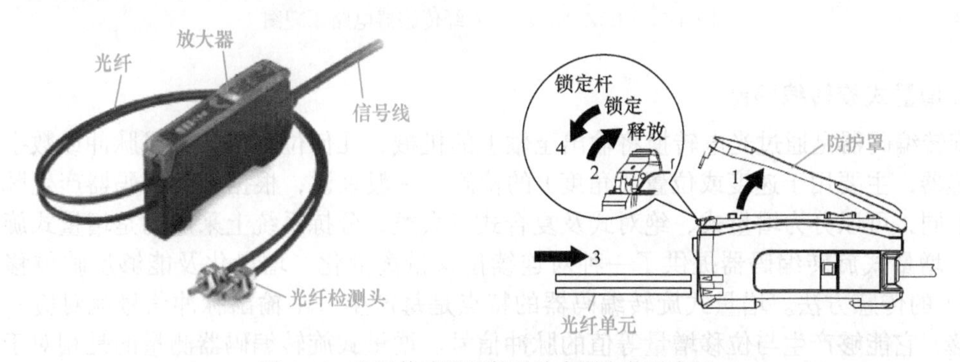

图 4-74 光纤传感器组件及放大器安装示意图

光纤传感器由于光纤检测头中完全没有电气部分，因此具有抗电磁干扰、可工作于恶劣环境、传输距离远、使用寿命长等优点。此外，由于光纤头具有较小的体积，所以可以安装在很小的空间。

光纤传感器中放大器的灵敏度调节范围较大。当光纤传感器灵敏度调得较小时，对于反射性较差的黑色物体，光纤检测头无法接收到反射信号；而对于反射性较好的白色物体，光纤检测头就可以接收到反射信号。反之，若调高光纤传感器灵敏度，则即使对反射性较差的黑色物体，光纤检测头也可以接收到反射信号。

图 4-75 给出了放大器单元的俯视图，调节其中部的 8 旋转灵敏度高速旋钮就能进行放大器灵敏度调节（顺时针旋转灵敏度增大）。调节时，会看到入光量显示灯发光的变化。当探测器检测到物料时，动作显示灯会亮，提示检测到物料。

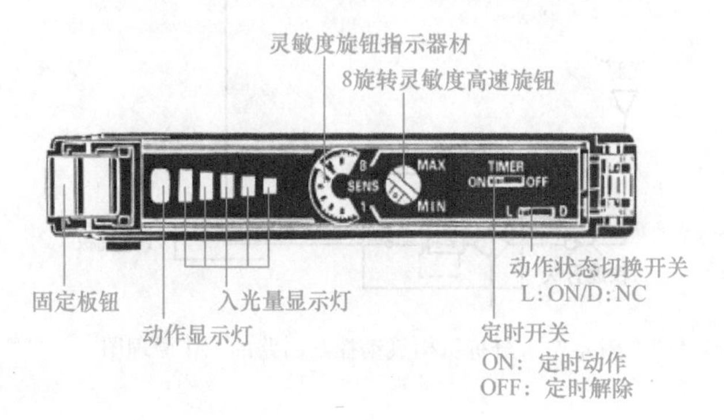

图 4-75 光纤传感器放大器单元的俯视图

本任务使用的 E3Z-NA11 型光纤传感器电路原理图如图 4-76 所示。接线时，注意根据导线颜色判断电源极性和信号输出线，切勿把信号输出线直接连接到电源 24V 端。

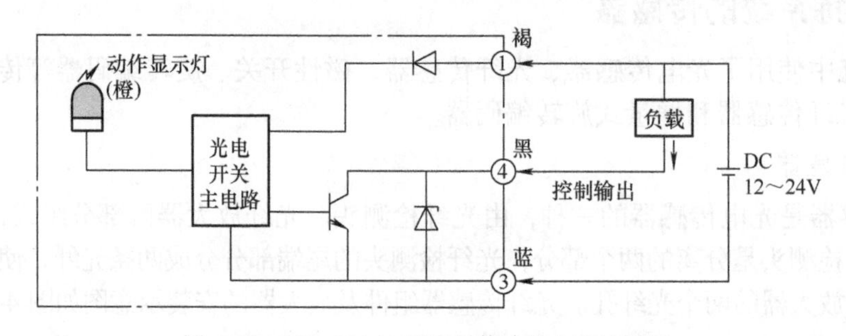

图 4-76 E3Z-NA11 型光纤传感器电路原理图

2. 增量式旋转编码器

旋转编码器是通过光电转换将输出至轴上的机械、几何位移量转换成脉冲或数字信号的传感器，主要用于速度或位置（角度）的检测。一般来说，根据旋转编码器产生脉冲方式的不同，可以分为增量式、绝对式及复合式三大类，分拣系统上采用的是增量式旋转编码器。增量式旋转编码器提供了一种对连续位移量离散化、增量化及能够反映位移变化（速度）的传感方法。增量式旋转编码器的特点是每产生一个输出脉冲信号就对应一个增量位移，它能够产生与位移增量等值的脉冲信号。增量式旋转编码器测量的是相对于某个基准点的相对位置增量，而不能够直接检测出绝对位置信息。

如图 4-77 所示，增量式旋转编码器主要由光源、码盘、检测光栅、光电检测器件和转换电路组成。在码盘上刻有节距相等的辐射状透光缝隙，相邻两个透光缝隙之间代表一个增量周期。检测光栅上刻有 A、B 两组与码盘相对应的透光缝隙，用以通过或阻挡光源和光电检测器件之间的光线，它们的节距和码盘上的节距相等，并且两组透光缝隙错开1/4 节距，使得光电检测器件输出的信号在相位上相差 90°。当码盘随着被测转轴转动时，检测光栅不动，光线透过码盘和检测光栅上的透光缝隙照射到光电检测器件上，光电检测器件就输出两组相位相差 90° 的近似于正弦波的电信号，电信号经过转换电路的信号处理，就可以得到被测轴的转角或速度信息。

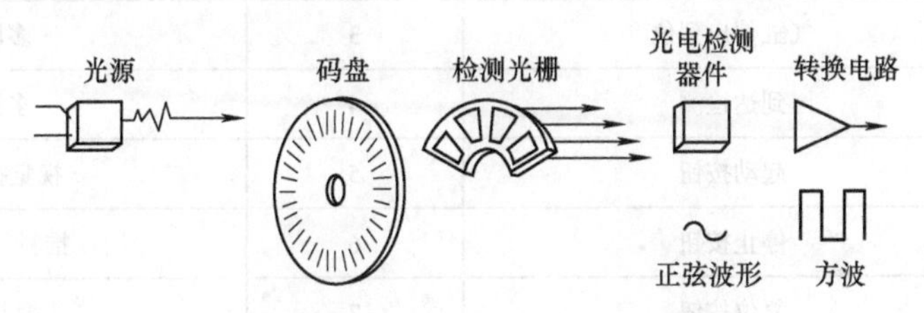

图 4-77　增量式旋转编码器结构示意图

增量式旋转编码器直接利用光电转换原理输出三组方波脉冲 A、B 和 Z 相；A、B 两组脉冲相位差 90°，用于辨向。当 A 相脉冲超前 B 相时，为正转方向；而当 B 相脉冲超前 A 相时，则为反转方向。Z 相为每转一个脉冲，用于基准点定位，如图 4-78 所示。

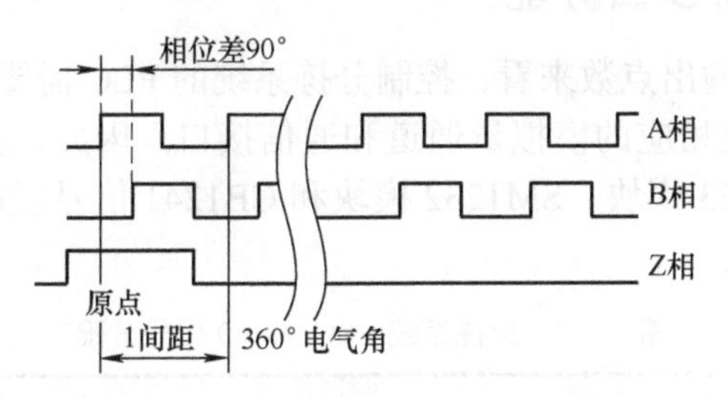

图 4-78　增量式旋转编码器输出的三组方波脉冲图

分拣系统使用了这种 A、B 两相具有 90º 相位差的通用型旋转编码器，用于计算物料在传送带上的位置，编码器直接连接到传送带主动轴上。该旋转编码器的三相脉冲采用NPN 型集电极开路输出，分辨率为 500P/r（脉冲 / 转），工作电源为 DC 12 ～ 24V。

任务实施

一、分拣系统的输入 / 输出信号

根据分拣系统的控制要求，分拣系统要采集旋转编码器、光纤传感器等的检测信号，还需对变频器进行运动控制，对气动机构进行逻辑控制，由此相关输入 / 输出信号需求如下：

1）为实现传送带的定位控制，PLC 需使用高速计数器对旋转编码器的输出脉冲进行计数。考虑到整个系统的信号分配，分拣系统对旋转编码器的 B 相脉冲进行单相计数。

2）VH5 系列变频器可根据不同的控制要求实现频率的多段速控制、模拟量控制、通信控制，需要分配相应的端子信号。

3）除系统中各传感器和按钮的开关量信号外，还应考虑视觉系统的触发信号等。

根据上述需求，分拣系统的输入 / 输出信号见表 4-16。

表 4-16 分拣系统的输入 / 输出信号

序号	输入信号	序号	输出信号
1	编码器 B 相	1	变频器正转
2	入料检测	2	变频器反转
3	气缸伸出到位	3	多段速 1
4	到达检测	4	多段速 2
5	起动按钮	5	视觉拍照触发
6	停止按钮	6	推料阀（气缸）
7	复位按钮	7	变频器 AI
8	单机 / 联机转换开关	8	变频器 GND
9	急停按钮	9	变频器 485 通信

二、分拣系统的 I/O 口分配

从分拣系统的输入 / 输出点数来看，控制分拣系统的 PLC 需要 9 点以上的输入点、6 点以上的数字量输出点以及相应的模拟量通道和通信接口。因此，分拣系统选用 CPU1215C 为主控单元，配合 SM1223 模块、SM1232 模块和 CB1241 信号板能够满足控制要求，PLC 的 I/O 信号分配见表 4-17。

表 4-17 分拣系统 PLC 的 I/O 信号分配

输入信号			输出信号		
序号	PLC 输入点	信号名称	序号	PLC 输出点	信号名称
1	I0.0	编码器 B 相	1	Q2.4	变频器正转
2	I2.5	入料检测	2	Q2.5	变频器反转
3	I2.6	气缸伸出到位	3	Q2.6	多段速 1
4	I2.7	到达检测	4	Q2.7	多段速 2
5	I4.5	起动按钮	5	Q3.1	视觉拍照触发
6	I4.6	停止按钮	6	Q3.2	推料阀（气缸）
7	I4.7	复位按钮	7	2（AQ4）	变频器 AI
8	I5.0	单机 / 联机转换开关	8	2M（AQ4）	变频器 GND
9	I5.1	急停按钮	9	T/RA/T/RB	变频器 485 通信

三、接线原理图设计

根据分拣系统的 I/O 信号分配，除去按钮等系统共用部分，其接线主要分为传感器等部件的信号与变频器信号两部分。其中，装置侧的传感器等信号与 PLC 侧的 I/O 信号通过快换接头 DB5 连接，如图 4-79 所示。

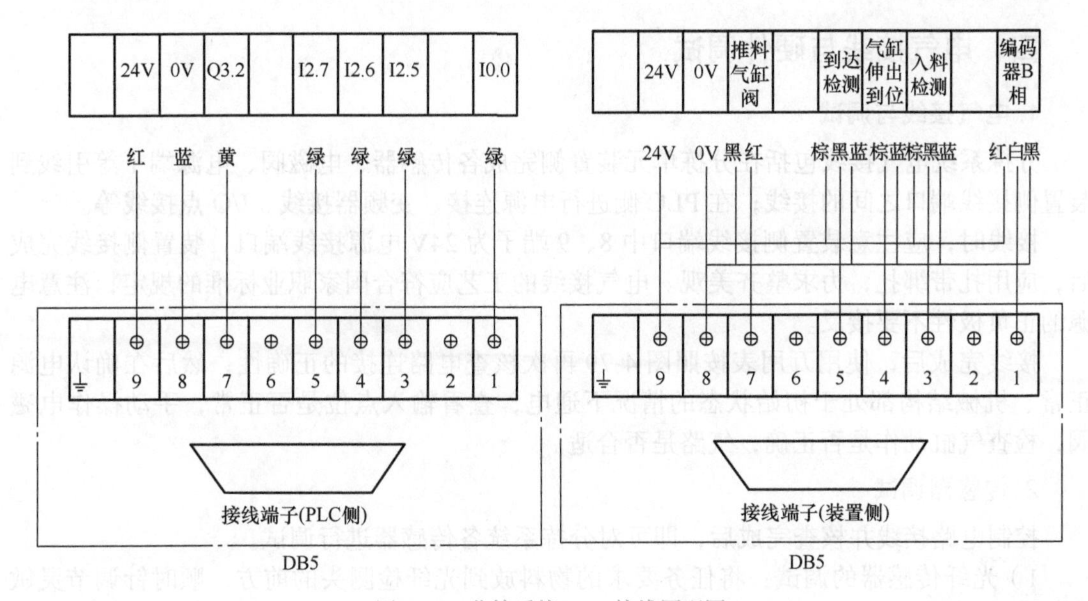

图 4-79　分拣系统 DB5 接线原理图

VH5 系列变频器 L1、L2、PE 为单相 220V 交流电输入，U、V、W、PE 接传动电动机；AI、GND 接 PLC 扩展模块 SM1232 的 2 通道，进行模拟量控制；RS485 通信端口 A、B 接 PLC 通信板 CB1241 的 T/RB、T/RA 端子，进行通信控制；数字量控制端子则通过信号转换板 SF0810 与 PLC 连接，如图 4-80 所示。

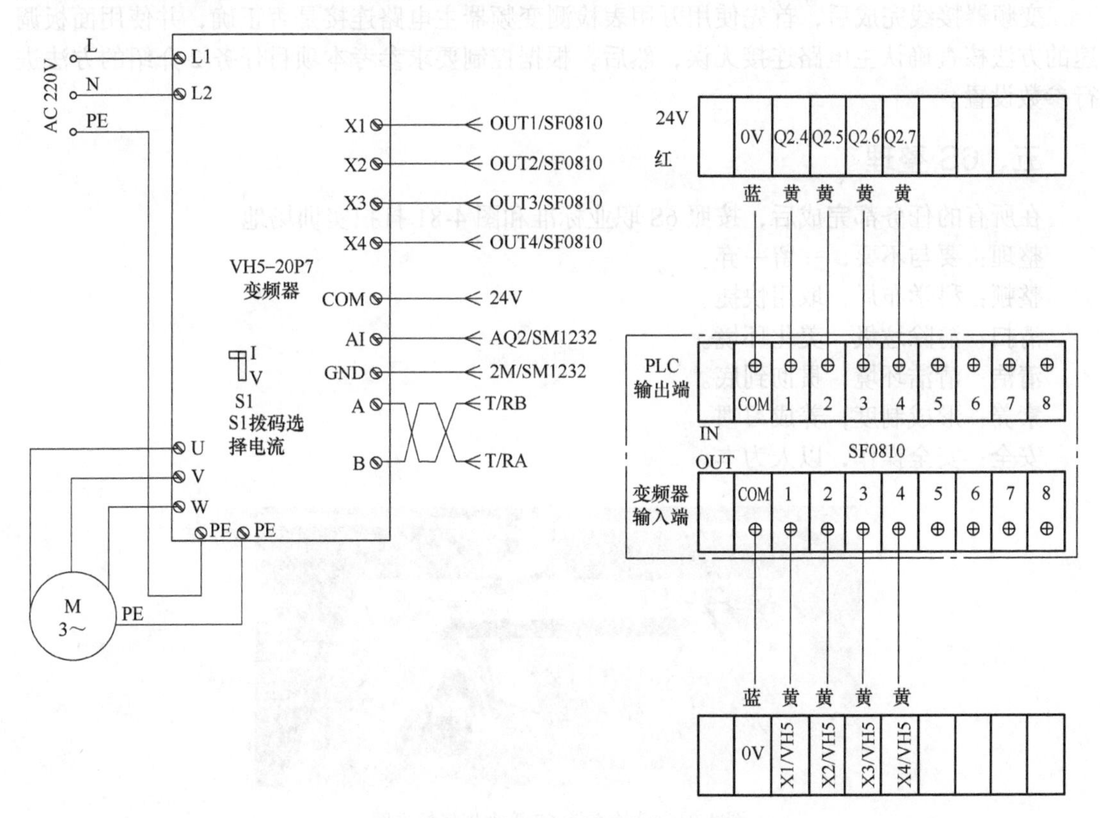

图 4-80　分拣系统变频器接线原理图

四、电气接线与硬件调试

1. 电气接线与调试

分拣系统电气接线包括在分拣单元装置侧完成各传感器、电磁阀、电源端子等引线到装置侧接线端口之间的接线；在 PLC 侧进行电源连接、变频器接线、I/O 点接线等。

接线时，应注意装置侧接线端口中 8、9 端子为 24V 电源接线端口，装置侧接线完成后，应用扎带绑扎，力求整齐美观。电气接线的工艺应符合国家职业标准的规定，注意电源的正负极性不要接反。

接线完成后，使用万用表按照图 4-79 再次核查电路连接的正确性，然后在确认电源正常、机械结构都处于初始状态的情况下通电，查看输入点位是否正常，手动操作电磁阀，检查气缸动作是否正确，气路是否合适。

2. 传感器调试

控制电路接线并核查完成后，即可对分拣系统各传感器进行调试。

1）光纤传感器的调试：将任务要求的物料放到光纤检测头的前方，顺时针调节灵敏度旋钮，当动作指示灯点亮时完成调试，不同颜色的物料需根据控制要求分别进行调试。

2）推料到位磁性开关的调试：用小螺钉旋具将推料电磁阀手控旋钮旋到“LOCK”位置，推料气缸活塞杆将伸出，把物料推入分拣槽。然后调整“推料到位”磁性开关，使其在稳定的动作位置，最后紧定固定螺栓。

3. 变频器参数设置

变频器接线完成后，首先使用万用表检测变频器主电路连接是否正确，并使用面板调速的方法核查确认主电路连接无误；然后，根据控制要求参考本项目任务 2 介绍的方法进行参数设置。

五、6S 整理

在所有的任务都完成后，按照 6S 职业标准和图 4-81 打扫实训场地。

整理：要与不要，一留一弃。

整顿：科学布局，取用快捷。

清扫：清除垃圾，美化环境。

清洁：清洁环境，贯彻到底。

素养：形成制度，养成习惯。

安全：安全操作，以人为本。

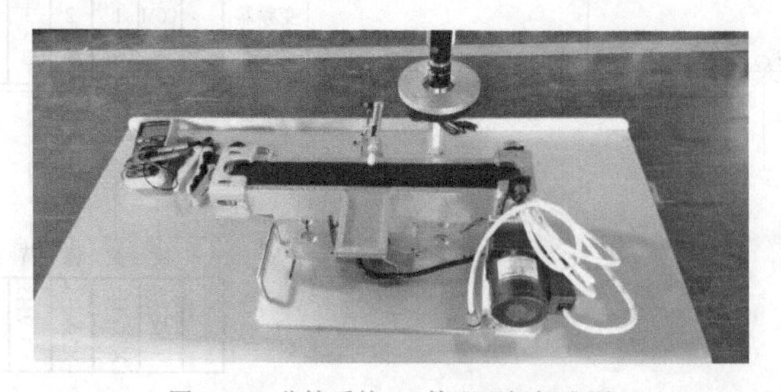

图 4-81　分拣系统 6S 管理现场标准图

任务检查与评价（评分标准）

评分点		得分
硬件设计、连接（50分）	能绘制出分拣系统电路原理图（20 分）	
	光电编码器安装正确（5 分）	
	光电编码器接线正确（5 分）	
	变频器电动机接线正确（5 分）	
	分拣系统 PLC 输入 / 输出接线正确（5 分）	
	会进行变频器的参数设置（10 分）	
安全素养（10分）	存在危险用电等情况（每次扣 3 分，上不封顶）	
	存在带电插拔工作站上的电缆、导线的情况（每次扣 3 分，上不封顶）	
	穿着不符合生产要求（每次扣 4 分，上不封顶）	
6S 素养（20分）	桌面物品及工具摆放整齐、整洁（10 分）	
	地面清理干净（10 分）	
发展素养（20分）	表达沟通能力（10 分）	
	团队协作能力（10 分）	

任务 4　分拣系统程序设计

任务分析

一、控制要求

1）初始状态：设备上电和气源接通后，推料气缸处于缩回位置，传送带处于停止状态，若设备在上述初始状态，则“正常工作”黄色指示灯常亮，表示设备已准备好。否则，该指示灯以 1Hz 频率闪烁。

2）若设备已准备好，按下起动按钮，设备起动，“设备运行”绿色指示灯常亮。入料口光电传感器检测到工件时，三相异步电动机起动，将工件送往视觉检测区域。检测到是成品工件时，则正常通过视觉检测区域，视觉检测装置输出结果给 PLC，在工件到达传送带末端且被光纤传感器检测到时，电动机停止运行，取走工件。如果是非成品工件，工件被传送到废料槽区域并被推料气缸推入废料槽中，如果没有停止信号输入，当再有工件放到入料口时，分拣模块开始下一周期工作。

3）在工作过程中，若按下停止按钮，分拣模块在完成本周期的动作后停止工作，绿色指示灯熄灭。

二、学习目标

1. 掌握高速计数器指令及参数配置。
2. 掌握 PLC 与变频器模拟量的控制。
3. 掌握分拣系统的 PLC 程序编写。

三、实施条件

分类	名称	型号	数量
硬件准备	变频器	VH5-20P7	1
	PLC	CPU 1215C	1
	相机	SV-M130C-1/2	1
	相机电源线	SC-FID-H5	1
	光源	SI-YD100A00-W	1
	光源控制器	SIC-Y242-A	1
	视觉控制器	SP-XN620T-V210	1

任务准备

一、Modbus 协议

分拣系统以西门子 S7-1200 PLC 为核心，与变频器通信采用 Modbus RTU 协议，与视觉通信采用 Modbus TCP 协议。

Modbus 是 Modicon 公司为其 PLC 通信而开发的一种通信协议。如今 Modicon 公司已经被施耐德收购成为施耐德旗下品牌。从 1979 年问世至今，Modbus 已经成为工业通信领域的业界标准，最初的 Modbus 仅支持串口，分为 RTU 和 ACSII 两种信号传输模式。而随着时代的变迁，Modbus 新增了 TCP 版本，可以通过以太网进行通信，Modbus TCP 相当于以太网上的 Modbus 总线。

与其他工业通信协议相比，Modbus 的主要优点包括内容公开、无版权要求、不用支付额外的费用、硬件简单、容易部署。

Modbus TCP 采用客户端和服务器的通信方式，这里 PLC 是服务器，视觉为客户端。

S7-1200 Modbus TCP 控制指令如图 4-82 所示，它包含客户端指令 MB_CLIENT 和服务器指令 MB_SERVER。

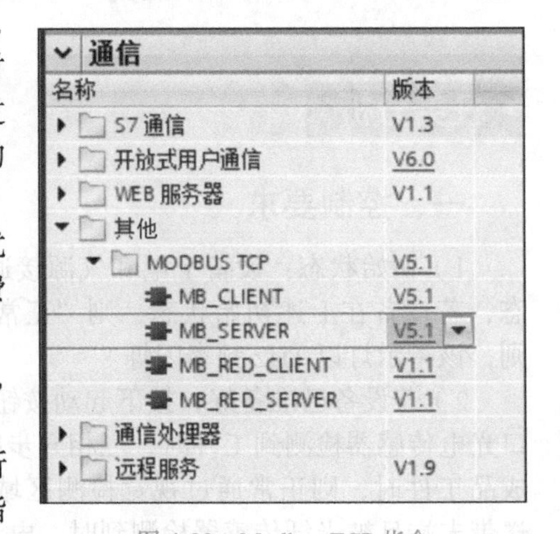

图 4-82 Modbus TCP 指令

1. MB_CLIENT 指令

“MB_CLIENT”指令作为 Modbus TCP 客户端通过 PROFINET 连接进行通信。通过“MB_CLIENT”指令，可以在客户端和服务器之间建立连接、发送 Modbus 请求、接收响应并控制 Modbus TCP 客户端的连接终端。

Modbus TCP 客户端可以支持多个 TCP 连接，连接的最大数目取决于所使用的 CPU。一个 CPU 的总连接数包括 Modbus TCP 客户端和服务器的连接数，不能超过所支持的最大连接数。Modbus TCP 连接还可由“MB_CLIENT”或“MB_SERVER”共用。

使用各客户端连接时，遵守以下规则：

1）每个“MB_CLIENT”连接都必须使用唯一的背景数据块。

2）对于每个“MB_CLIENT”连接，必须指定唯一的服务器 IP 地址。

3）每个“MB_CLIENT”连接都需要一个唯一的连接 ID。该指令的各背景数据块都必须使用各自相应的连接 ID。连接 ID 与背景数据块组合成对，对每个连接，组合对都必须唯一。

4）根据服务器组态，可能需要或不需要 IP 端口的唯一编号。

MB_CLIENT 指令如图 4-83 所示。

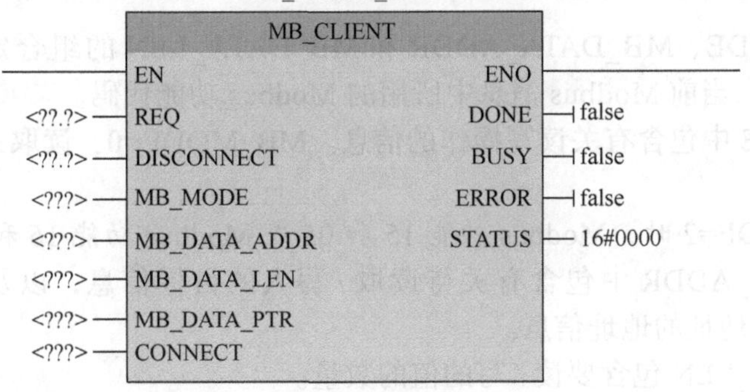

图 4-83 MB_CLIENT 指令

MB_CLIENT 指令参数说明见表 4-18。

表 4-18 MB_CLIENT 指令参数说明

参数和类型		数据类型	说明
REQ	Input	BOOL	FALSE= 无 Modbus 通信请求 TRUE= 请求与 Modbus TCP 服务器通信
DISCONNECT	Input	BOOL	DISCONNECT 参数允许程序控制与 Modbus 服务器设备的连接和断开 如果 DISCONNECT=0 且不存在连接，则 MB_CLIENT 尝试连接到分配的 IP 地址和端口号 如果 DISCONNECT=1 且存在连接，则尝试断开连接操作 每当启用此输入时，无法尝试其他操作
MB_MODE	Input	USInt	模式选择：分配请求类型（读、写或诊断）。请参见下面的 Modbus 功能表了解详细信息
MB_DATA_ADDR	Input	UDInt	Modbus 起始地址：分配 MB_CLIENT 访问数据的起始地址。有效地址的相关信息，请参见下面的 Modbus 功能表
MB_DATA_LEN	Input	UInt	Modbus 数据长度：分配此请求中要访问的位数或字数 有效长度的相关信息，请参见下面的 Modbus 功能表
MB_DATA_PTR	InOut	VARIANT	指向 Modbus 数据寄存器的指针：寄存器缓冲数据进入 Modbus 服务器或来自 Modbus 服务器 该指针必须分配一个标准全局 DB 或一个 M 存储器地址
CONNECT	InOut	VARIANT	引用包含系统数据类型为“TCON_IP_v4”的连接参数的数据块结构
DONE	Out	BOOL	上一请求已完成且没有出错后，DONE 位将保持为 TRUE 一个扫描周期时间

（续）

参数和类型		数据类型	说明
BUSY	Out	BOOL	0：无 MB_CLIENT 操作正在进行 1：MB_CLIENT 操作正在进行
ERROR	Out	BOOL	MB_CLIENT 执行因错误而结束后，ERROR 位将在一个扫描周期时间内保持为 TRUE STATUS 参数中的错误代码仅在 ERROR=TRUE 的一个循环周期内有效
STATUS	Out	WORD	执行条件代码

参数 MB_MODE、MB_DATA_ADDR 和 MB_DATA_LEN 的组合定义了 MB_MODE 值为 0、1 和 2 时，当前 Modbus 消息中所用的 Modbus 功能代码。

① MB_MODE 中包含有关读写操作的信息。MB_MODE=0：读取；MB_MODE=1 和 2：写入。

注：MB_MODE=2 时，Modbus 功能 15 和 05 或 Modbus 功能 16 和 06 无区别。

② MB_DATA_ADDR 中包含有关待读取 / 写入的目标信息，以及“MB_CLIENT”指令用于计算远程地址的地址信息。

③ MB_DATA_LEN 包含要读 / 写的值的数量。

示例：MB_MODE=1、MB_DATA_ADDR=1、MB_DATA_LEN=1 构成的组合设定的功能代码是 05。将从远程地址 0 开始写 1 个输出位。MB_MODE=1、MB_DATA_ADDR=1、MB_DATA_LEN=2 构成的组合设定的功能代码是 15。将从远程地址 0 开始写 2 个输出位。

以下情况适用于 MB_MODE 值 101 ～ 106 和 115 ～ 116：

① MB_MODE 定义 Modbus 功能代码。

② MB_DATA_ADDR 包含远程地址。

③ MB_DATA_LEN 包含要读 / 写的值的数量。

示例：MB_MODE=104，MB_DATA_ADDR=17834，MB_DATA_LEN=125。MB_MODE=104 定义功能代码 04（读输入字）。MB_DATA_ADDR=17834 定义远程地址 17834。MB_DATA_LEN=125 定义待读取 125 个值。

2. MB_SERVERT 指令

“MB_SERVER”指令作为 Modbus TCP 服务器通过 PROFINET 连接进行通信。“MB_SERVER”指令将处理 Modbus TCP 客户端的连接请求，接收并处理 Modbus 请求并发送响应。

可以创建多个服务器连接，这允许一个单独 CPU 能够同时接受来自多个 Modbus TCP 客户端的连接。Modbus TCP 服务器可以支持多个 TCP 连接，连接的最大数目取决于所使用的 CPU。一个 CPU 的总连接数包括 Modbus TCP 客户端和服务器的连接数，不能超过所支持的最大连接数。

Modbus TCP 连接还可由“MB_CLIENT”或“MB_SERVER”共用。

连接服务器时，请记住以下规则：

1）每个“MB_SERVER”连接都必须使用唯一的背景数据块。

2）每个“MB_SERVER”连接都必须使用唯一的连接 ID。该指令的各背景数据块都必须使用各自相应的连接 ID。连接 ID 与背景数据块组合成对，对每个连接，组合对都必须唯一。

3）对于每个连接，都必须单独调用“MB_SERVER”指令。

MB_SERVER 指令如图 4-84 所示。

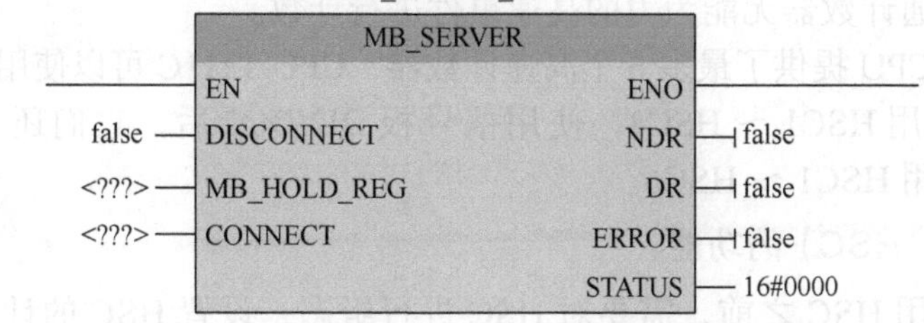

图 4-84 MB_SERVER 指令

MB_SERVER 指令参数说明见表 4-19。

表 4-19 MB_SERVER 指令参数说明

参数和类型		数据类型	说明
DISCONNECT	Input	BOOL	“MB_SERVER”指令建立与一个伙伴模块的被动连接。服务器会响应在 CONNECT 参数 SDT“TCON_IP_v4”中输入的 IP 地址的连接请求 接受一个连接请求后，可以使用该参数进行控制： • 0：在无通信连接时建立被动连接 • 1：终止连接初始化。如果已置位该输入，那么不会执行其他操作。成功终止连接后，STATUS 参数将输出值 0003
MB_HOLD_REG	InOut	VARIANT	指向“MB_SERVER”指令中 Modbus 保持性寄存器的指针 MB_HOLD_REG 引用的存储区必须大于两个字节 保持性寄存器中包含 Modbus 客户端通过 Modbus 功能 3（读取）、6（写入）、16（多次写入）和 23（在一个作业中读写）可访问的值 作为保持性寄存器，可以使用具有优化访问权限的全局数据块，也可以使用位存储器的存储区
CONNECT	InOut	VARIANT	指向连接描述结构的指针 可以使用下列结构（SDT）： • TCON_IP_v4：包括建立指定连接时所需的所有地址参数。默认地址为“0.0.0.0”（任何 IP 地址），但也可输入具体 IP 地址，以便服务器仅响应来自该地址的请求。使用 TCON_IP_v4 时，可通过调用指令“MB_SERVER”建立连接 • TCON_Configured（仅限 S7-1500）：包括所组态连接的地址参数。使用 TCON_Configured 时，会在下载硬件配置后由 CPU 建立连接
NDR	Output	BOOL	“New Data Ready”： • 0：无新数据 • 1：从 Modbus 客户端写入的新数据
DR	Output	BOOL	“Data Read”： • 0：未读取数据 • 1：从 Modbus 客户端读取的数据
ERROR	Output	BOOL	如果在调用“MB_SERVER”指令过程中出错，则将 ERROR 参数的输出设置为“1”。有关错误原因的详细信息，将由 STATUS 参数指定
STATUS	Output	WORD	指令的详细状态信息

二、高速计数器

PLC 普通计数器的计数过程与扫描工作方式有关，CPU 通过每一个扫描周期读取一次被测信号的方法来捕捉被测信号的上升沿，被测信号的频率较高时，会丢失计数脉冲，因为普通计数器的最高工作频率一般仅有几十赫兹。高速计数器可以对普通计数器无能为力的高速事件进行计数。

S7-1200 V4.0 CPU 提供了最多 6 个高速计数器，CPU 1211C 可以使用 HSC1 ～ HSC3，CPU 1212C 可以使用 HSC1 ～ HSC4，使用信号板 DI2/DO2 后，它们还可以使用 HSC5。CPU 1214C 可以使用 HSC1 ～ HSC6。

1. 高速计数器（HSC）的功能

在用户程序使用 HSC 之前，需要对 HSC 进行组态，设置 HSC 的计数模式。大多数 HSC 的参数只能在项目的设备组态中设置，某些 HSC 的参数在设备组态中初始化后可以用程序来修改。

HSC 有 4 种工作模式：内部方向控制的单相计数器、外部方向控制的单相计数器、两路计数脉冲输入的双向计数器和 A/B 相计数器。

并非每个 HSC 都能提供所有的模式，每种 HSC 模式都可以使用或不使用复位输入。复位输入为 1 状态时，HSC 的当前值被清除。直到复位输入变为 0 状态，才能启动计数功能。

高速计数器有两种功能：频率测量功能和计数功能。

某些 HSC 模式可以选用 3 种频率测量的周期（0.01s、0.1s 和 1.0s）来测量频率值。频率测量周期决定了多长时间计算和报告一次新的频率值。得到的是根据信号脉冲的计数值和测量周期计算出的频率平均值，频率的单位为 Hz（每秒的脉冲数）。

1217C 可测量的脉冲频率最高为 1MHz，其他型号的 S7-1200 V4.0 CPU 可测量到的单相脉冲频率最高为 100kHz，A/B 相最高为 80kHz。如果使用信号板还可以测量单相脉冲频率高达 200kHz 的信号，A/B 相最高为 160kHz。S7-1200 V4.0 CPU 和信号板具有可组态的硬件输入地址，因此可测量到的高速计数器频率与高速计数器号无关，而与所使用的 CPU 和信号板的硬件输入地址有关。

CPU 集成点输入的最大频率见表 4-20，信号板输入的最大频率见表 4-21。

表 4-20　CPU 集成点输入的最大频率

CPU	CPU 输入通道	运行阶段：单相或两相	运行阶段：A/B 计数器或 A/B 计数器的四相
1211C	la.0 ～ la.5	100kHz	80kHz
1212C	la.0 ～ la.5	100kHz	80kHz
	la.6、la.7	30kHz	20kHz
1214C 和 1215C	la.0 ～ la.5	100kHz	80kHz
	la.6 ～ lb.5	30kHz	20kHz
1217C	la.0 ～ la.5	100kHz	80kHz
	la.6 ～ lb.1	30kHz	20kHz
	lb.2 ～ lb.5（.2+、.2- ～ .5+、.5-）	1MHz	1MHz

表 4-21 信号板输入的最大频率

SB 信号板	SB 输入通道	运行阶段：单相或两相	运行阶段：A/B 计数器或 A/B 计数器的四相
SB 1221，200kHz	le.0 ～ le.3	200kHz	160kHz
SB 1223，200kHz	le.0、le.1	200kHz	160kHz
SB 1223	le.0、le.1	30kHz	20kHz

2. 高速计数器的默认地址

表 4-22 给出了用于高速计数器的计数脉冲、方向控制和复位输入点的地址。同一个输入点不能同时用于两种不同的功能，但是高速计数器当前模式未使用的输入点可以用于其他功能。例如，HSC1 未使用外部复位输入 I0.3 时，可以将 I0.3 用于边沿中断或用于 HSC2。

表 4-22 高速计数器的输入点

描述			输入点定义			功能
HSC	HSC1	使用 CPU 集成 I/O、信号板或监控 PTO 0	I0.0 I4.0 PTO 0	I0.1 I4.1 PTO 0 方向	I0.3	
	HSC2	使用 CPU 集成 I/O 或监控 PTO 0	I0.2 PTO 1	I0.3 PTO 1 方向	I0.1	
	HSC3	使用 CPU 集成 I/O	I0.4、I0.5		I0.7	
	HSC4	使用 CPU 集成 I/O	I0.6、I0.7		I0.5	
	HSC5	使用 CPU 集成 I/O 或信号板	I1.0 I4.0	I1.1 I4.1	I1.2	
	HSC6	使用 CPU 集成 I/O	I1.3、I1.4		I1.5	

HSC1 和 HSC2 可以分别用来监视脉冲列输出 PTO1 和 PTO2。I4.0 和 I4.1 是 2DI/2DO 信号板的输入点，I0.0 ～ I1.5 是 CPU 集成的输入点，复位信号和 Z 相脉冲仅用于计数模式。

数字量 I/O 点指定给 HSC、PWM（脉冲宽度调制）和 PTO（脉冲列输出）后，不能用监视表的强制功能来修改这些 I/O 点。

HSC1～HSC6 的当前值数据类型为 DInt，默认的地址为 ID1000～ID1020，见表 4-23，可以在组态时修改地址。

表 4-23 HSC 默认地址

高速计数器（HSC）	当前值数据类型	当前值默认地址
HSC1	DInt	ID1000
HSC2	DInt	ID1004
HSC3	DInt	ID1008
HSC4	DInt	ID1012
HSC5	DInt	ID1016
HSC6	DInt	ID1020

3. 高速计数器输入点滤波时间

高速计数器输入点滤波时间与可检测到的最大输入频率的关系见表4-24。按分拣单元三相异步电动机同步转速1500r/min，即25r/s，考虑减速比1:20，分拣站主动轴转速理论最大值为1.25r/s，编码器500线（500pls/r），所以PLC脉冲输入的最大频率为1.25×500pls/s=625pls/s，即625Hz，实际运行达不到此速度，故可选0.8ms。

表4-24 输入点滤波时间与可检测到的最大输入频率的关系

输入点滤波时间 /μs	可检测到的最大输入频率 / kHz	输入点滤波时间 / ms	可检测到的最大输入频率 / Hz
0.1	1000	0.05	10000
0.2	1000	0.1	5000
0.4	1000	0.2	2500
0.8	625	0.4	1250
1.6	312	0.8	625
3.2	156	1.6	312
6.4	78	3.2	156
10	50	6.4	78
12.8	39	10	50
20	25	12.8	39

4. 高速计数器组态

高速计数器组态步骤如下：

1）在设备组态界面选择CPU的“属性”选项卡，并选择“DI14/DQ10”设置“数字量输入”通道0的输入滤波器时间0.4ms，如图4-85所示。

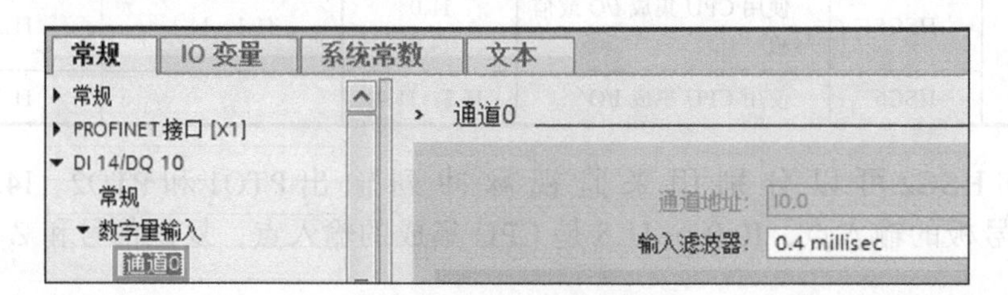

图4-85 滤波器时间组态

2）在设备组态界面选择CPU的“属性”选项卡，并选择HSC1高速计数器，在“常规”栏中勾选“启用该高速计数器”复选框，如图4-86所示。

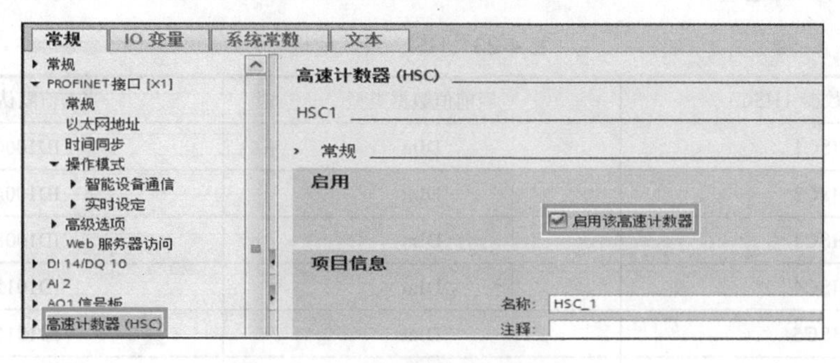

图4-86 启用HSC

3）在“功能”栏中设置“计数类型”为“计数”，“工作模式”为“单相”，“计数方向取决于”为“用户程序（内部方向控制）”，“初始计数方向”为“加计数”，如图4-87所示。

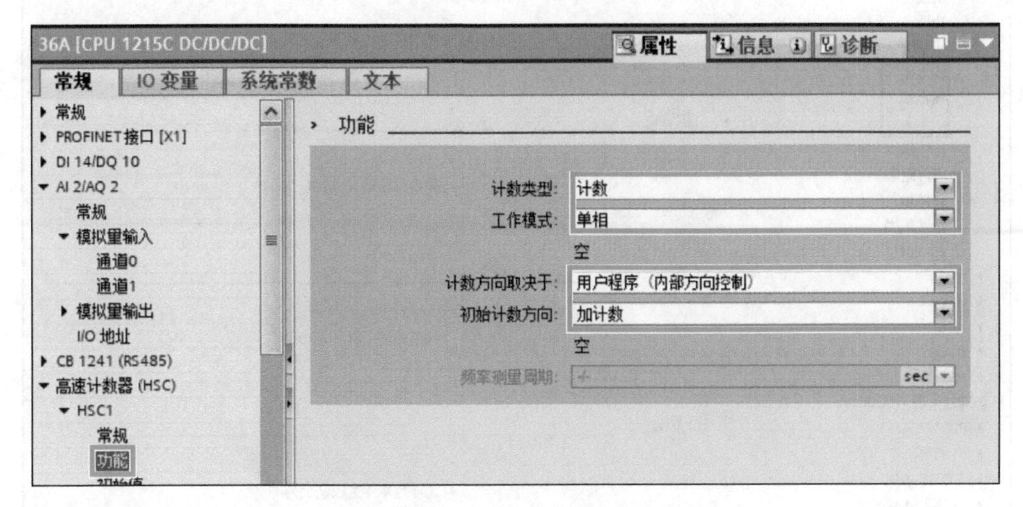

图4-87　HSC功能组态

4）在“初始值”栏中设置“初始计数器值”“初始参考值”“初始参考值2”均为0，如图4-88所示。

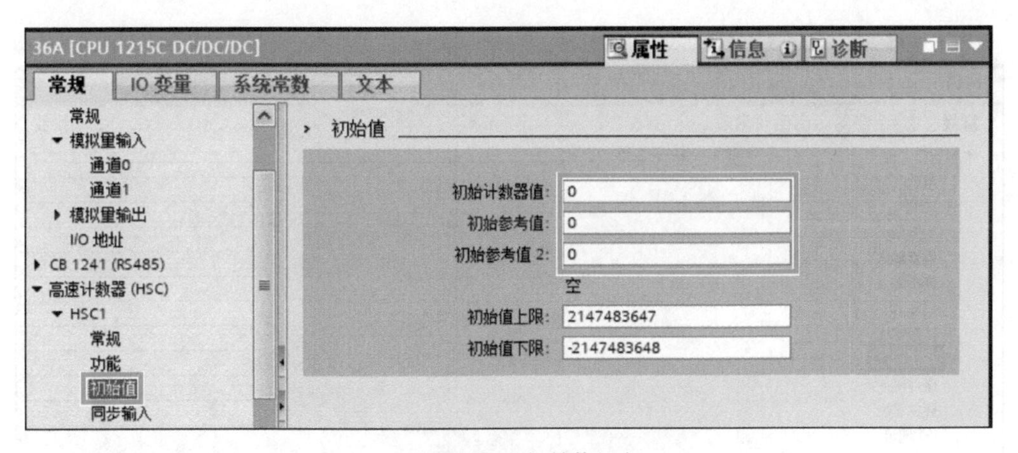

图4-88　HSC初始值组态

5）同步输入是指通过外部输入信号给计数器设置起始值；捕捉输入是指可使用“捕获”功能通过外部参照信号来保存当前计数值；门输入是用来控制是否进行计数；启用“比较输出”功能会生成一个可组态脉冲，每次发生组态的事件时便会产生脉冲。这里在“同步输入”“捕捉输入”“门输入”栏中均使用默认设置，如图4-89所示。

6）在“事件组态”栏中可以启用“为计数器值等于参考值这一事件生成中断”“为同步事件生成中断”“为方向变化事件生成中断”复选项，本任务中保持默认设置，如图4-90所示。

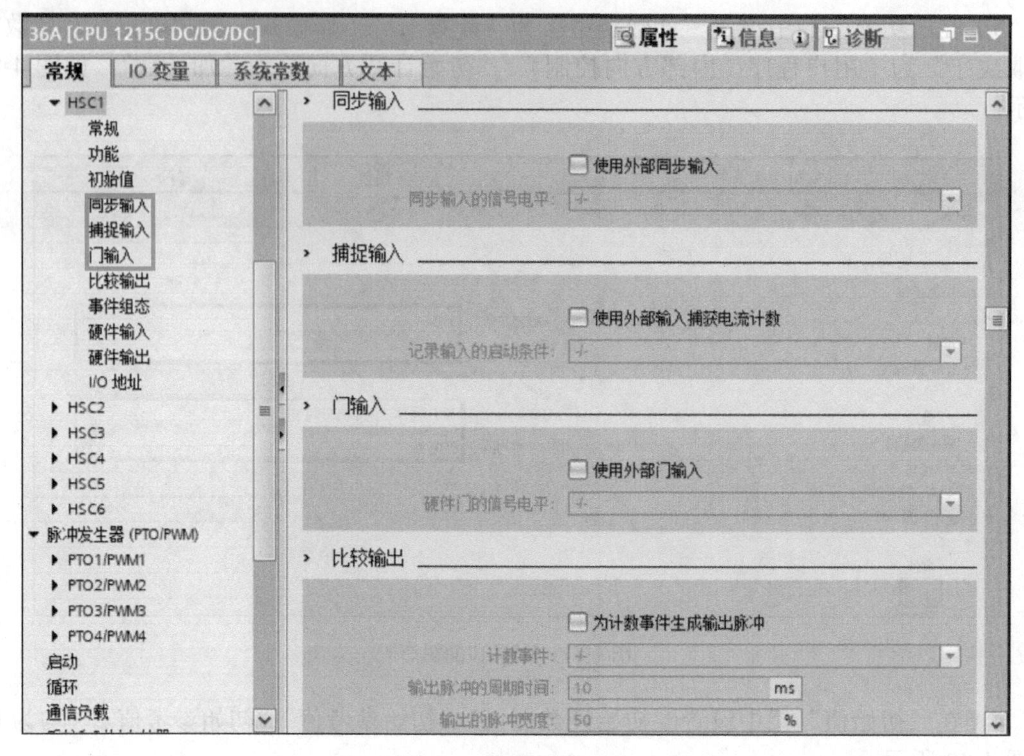

图 4-89 HSC 输入组态

图 4-90 HSC 事件组态

7）在“硬件输入”栏中设置“时钟发生器输入”地址 I0.0，如图 4-91 所示。

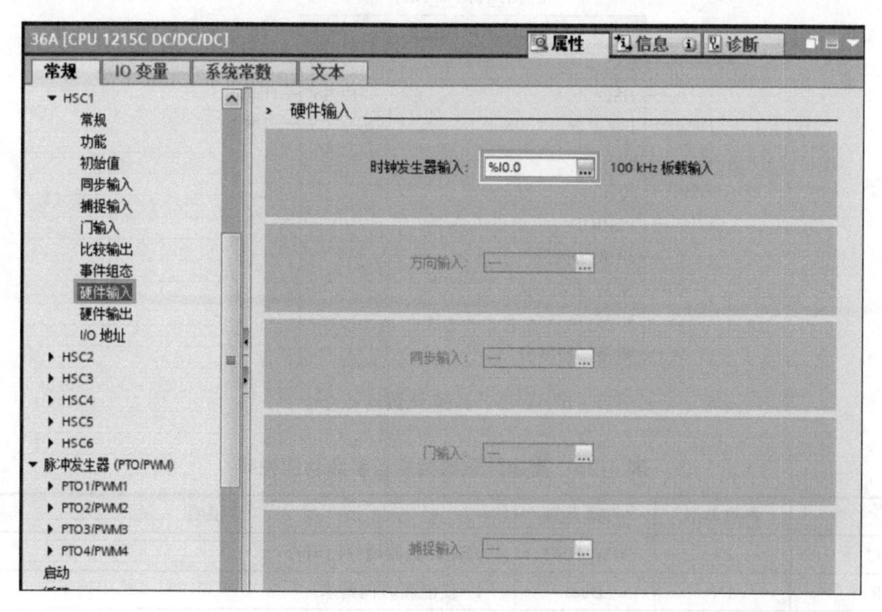

图 4-91 硬件输入组态

8）“硬件输出”保持默认设置，在“I/O 地址”栏中可以设定输入起始地址，系统提供默认值 1000，如图 4-92 所示。

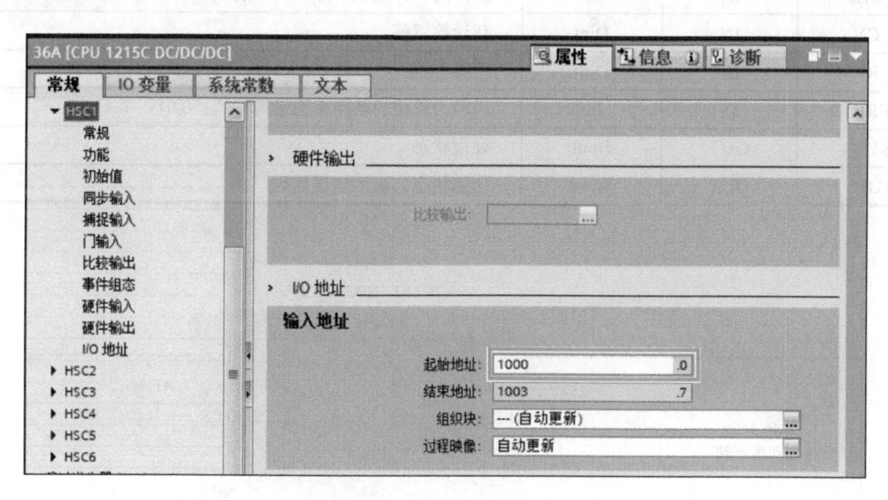

图 4-92 硬件输出组态

5. 高速计数器指令

高速计数器指令的符号如图 4-93 所示，需要使用指定背景数据块存储参数。必须先在项目的 PLC 设备配置中组态高速计数器，然后才能在程序中使用高速计数器指令。指令各参数功能说明见表 4-25。

高速计数器编程示例如图 4-94 所示。

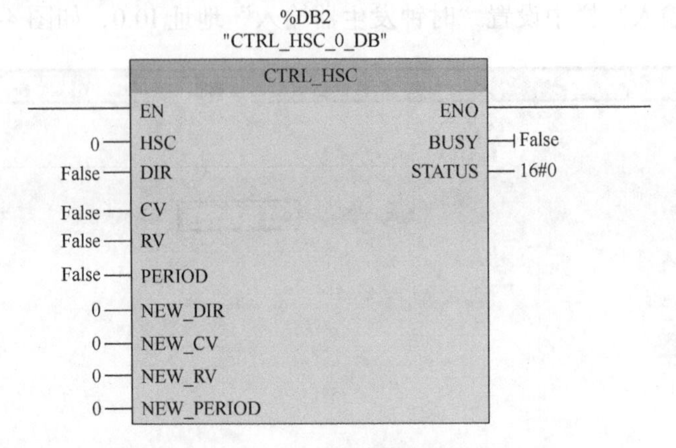

图 4-93　高速计数器指令

表 4-25　高速计数器指令各参数功能说明

参数	参数类型	数据类型	说明
HSC	IN	HW_HSC	高速计数器硬件标识符
DIR	IN	Bool	1= 使能新方向请求
CV	IN	Bool	1= 使能新的计数器值
RV	IN	Bool	1= 使能新的参考值
PERIOD	IN	Bool	1= 使能新的频率测量周期值（仅限频率测量模式）
NEW_DIR	IN	Int	新方向：1= 正方向，-1= 反方向
NEW_CV	IN	Dint	新计数器值
NEW_RV	IN	Dint	新参考值
NEW_PERIOD	IN	Int	以秒为单位的新频率测量周期值：0.01s、0.1s、1s
BUSY	OUT	Bool	处理状态
STATUS	OUT	Word	功能状态，显示错误代码

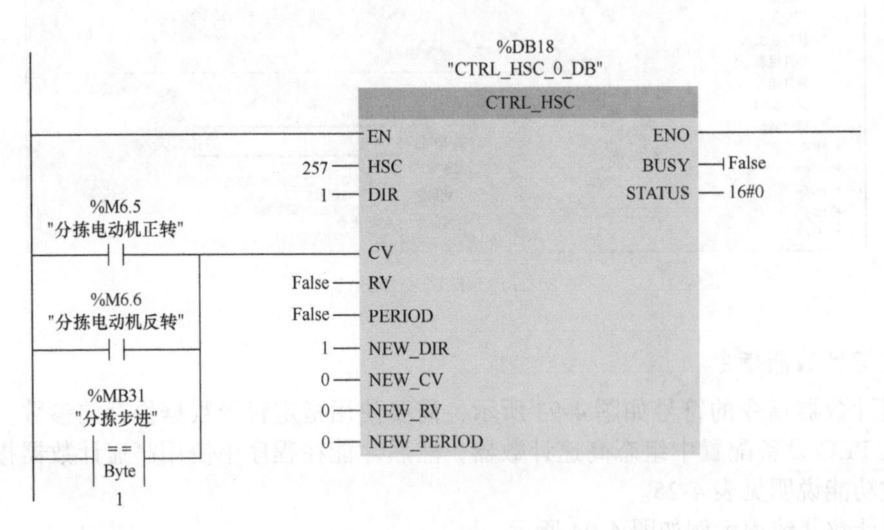

图 4-94　HSC 编程示例

使用高速计数器的计数值如图 4-95 所示。

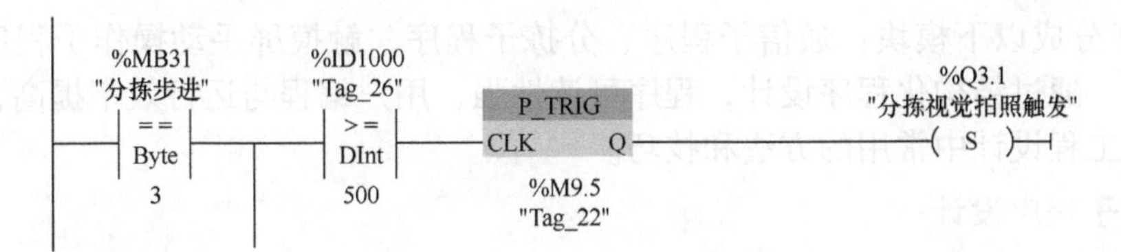

图 4-95 HSC 计数值使用示例

任务实施

一、程序设计

分拣系统工作过程如下：按下“复位”按钮，设备复位到原点（推料气缸缩回到位）。按下“起动”按钮，起动设备运行。若传送带上有工件送来并被入料口漫射式光电传感器检测到时，则延时 2s 后，变频器以 30Hz 频率开始运行。此时，电动机驱动传送带工作，把工件带进视觉检测区域，由视觉检测装置进行检测。如果视觉检测结果为非成品，则由推料气缸把非成品推入废件槽内；如果视觉检测结果为成品，则由变频器驱动传输带运行，将工件传输至分拣传送带末端的检测口，由人工取走工件。按照以上流程反复循环。

如果在运行期间按下停止按钮，则该工作单元在本工作周期结束后停止运行。

具体控制流程如图 4-96 所示。

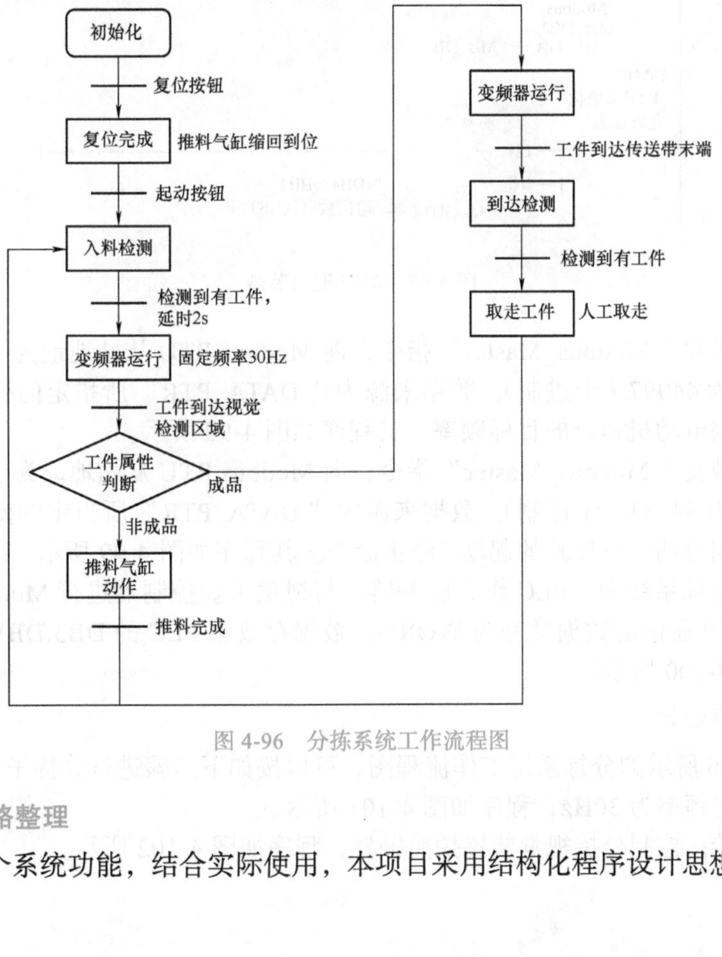

初始化 → 复位按钮 → 复位完成（推料气缸缩回到位） → 起动按钮 → 入料检测 → 检测到有工件，延时2s → 变频器运行（固定频率30Hz） → 工件到达视觉检测区域 → 工件属性判断

非成品 → 推料气缸动作 → 推料完成 → 返回入料检测

成品 → 变频器运行 → 工件到达传送带末端 → 到达检测 → 检测到有工件 → 取走工件（人工取走） → 返回入料检测

图 4-96 分拣系统工作流程图

1. 编程思路整理

考虑到整个系统功能，结合实际使用，本项目采用结构化程序设计思想。将分拣系统

的 PLC 程序分成以下模块：通信子程序、分拣子程序、触摸屏手动操作子程序及状态指示灯子程序。通过结构化程序设计，程序可读性强，用户编程与运行效率提高，操作使用方便，这是工程设计中常用的方法和技巧。

2. 通信子程序设计

分拣系统中，传送带由变频器驱动。这里采用 PLC 与变频器之间的 Modbus RTU 通信方式实现对电动机的正反转控制及运行频率控制。为此，在进行子程序设计时，需要对 CB1241 串口通信板进行初始化。其初始化程序如图 4-97 所示。

初始化成功后，需要由 PLC 利用 Modbus_Master 指令对变频器进行写操作，以实现对变频器的频率设置及正反停等控制命令写入。通信写入的步骤如下：

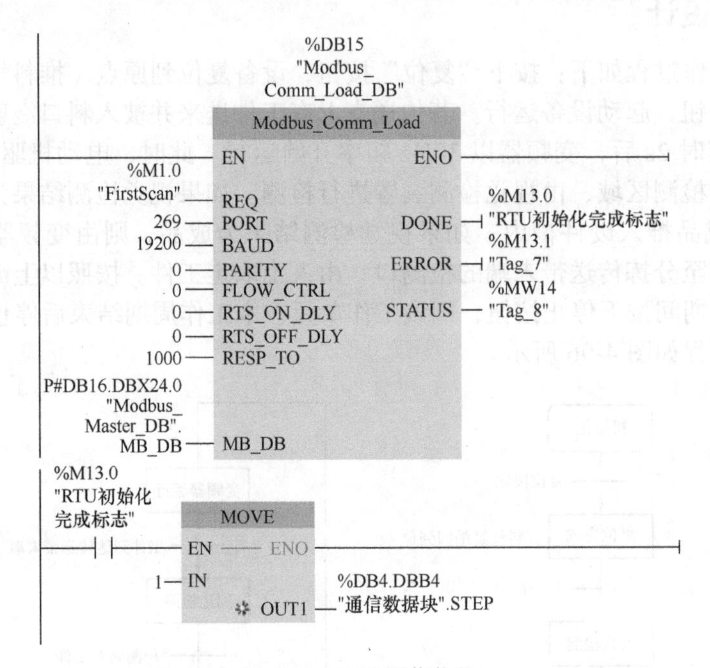

图 4-97　RTU 通信装载

步骤 1：触发“Modbus_Master”指令，向 Modbus RTU 从站地址为 1 的设备写入数据，目标地址为 44097（十进制），数据来源为“DATA_PTR”所指定的变量。其通信数据为变频器控制电动机运行的目标频率。其程序如图 4-98 所示。

步骤 2：触发“Modbus_Master”指令，向 Modbus RTU 从站地址为 1 的设备写入数据，目标地址为 44353（十进制），数据来源为“DATA_PTR”所指定的变量。其通信数据为变频器控制电动机正反转的起动 / 停止命令。其程序如图 4-99 所示。

另外，在分拣系统中，PLC 作为服务器，与视觉工业控制器进行 Modbus TCP 通信。PLC 与视觉 TCP 通信的数据类型为 WORD，数据存放至 PLC 的 DB5.DBW14 中。为此，设计程序如图 4-100 所示。

3. 分拣程序设计

根据图 4-96 所示的分拣系统工作流程图，可以按如下步骤进行分拣子程序的设计。

电动机给定频率为 30Hz，程序如图 4-101 所示。

电动机正转，控制分拣视觉装置拍照触发，程序如图 4-102 所示。

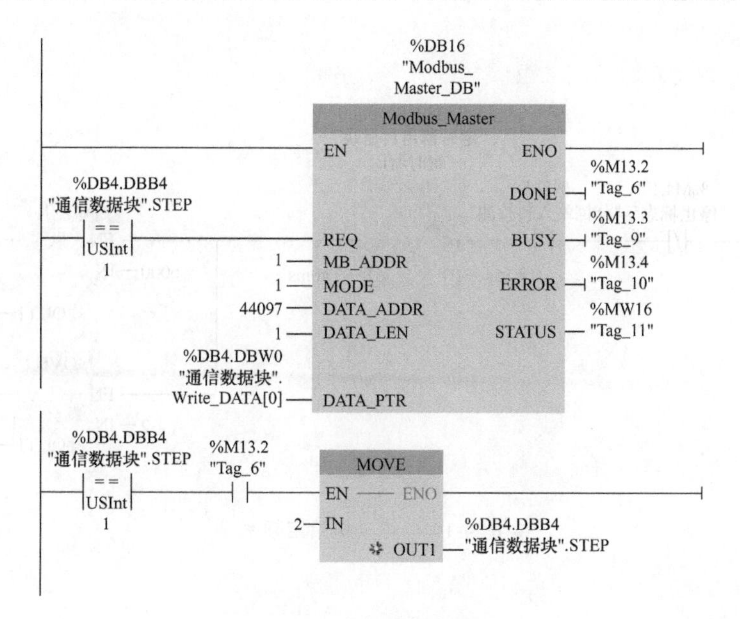

图 4-98　变频器频率设置

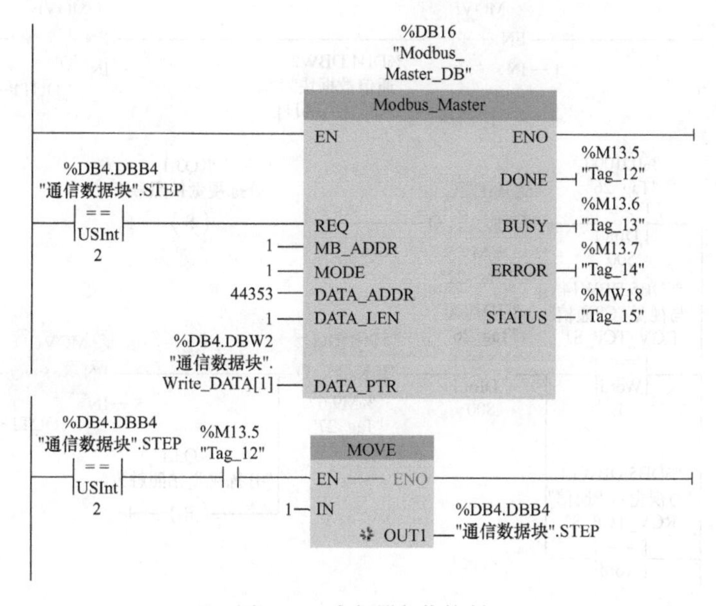

图 4-99　变频器起停控制

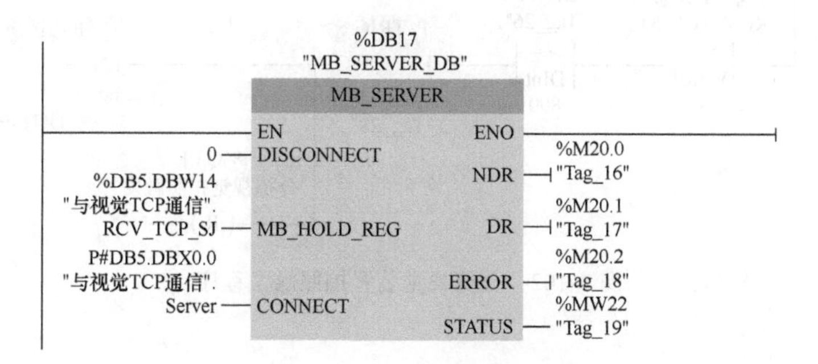

图 4-100　TCP 通信程序

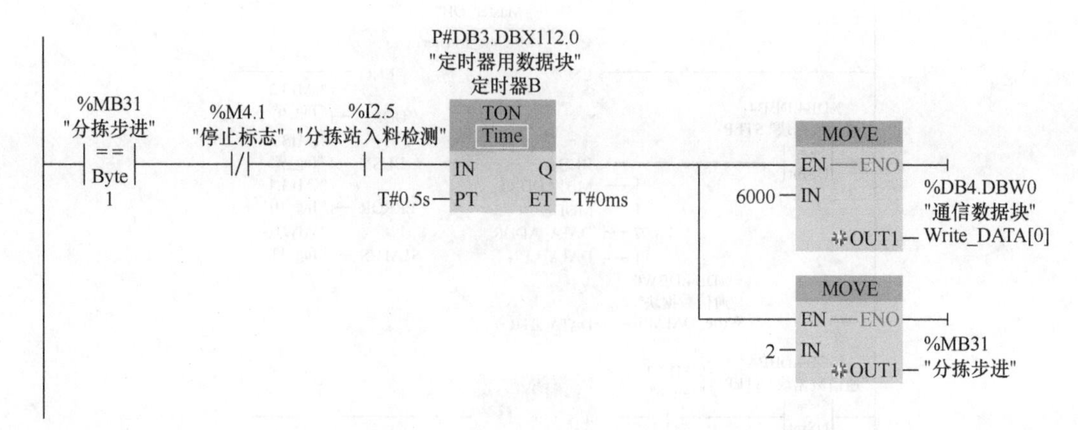

图 4-101　电动机给定频率

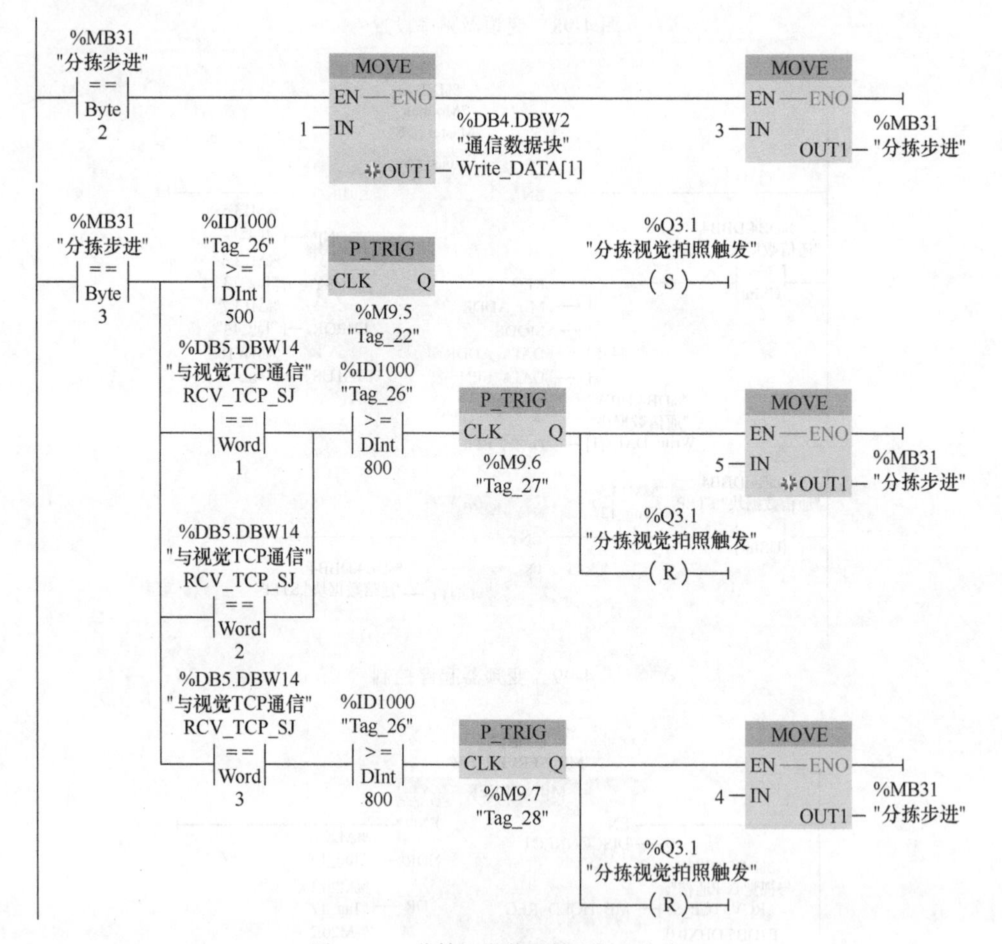

图 4-102　分拣视觉装置拍照触发程序

非成品由推料气缸处理，程序如图 4-103 所示。

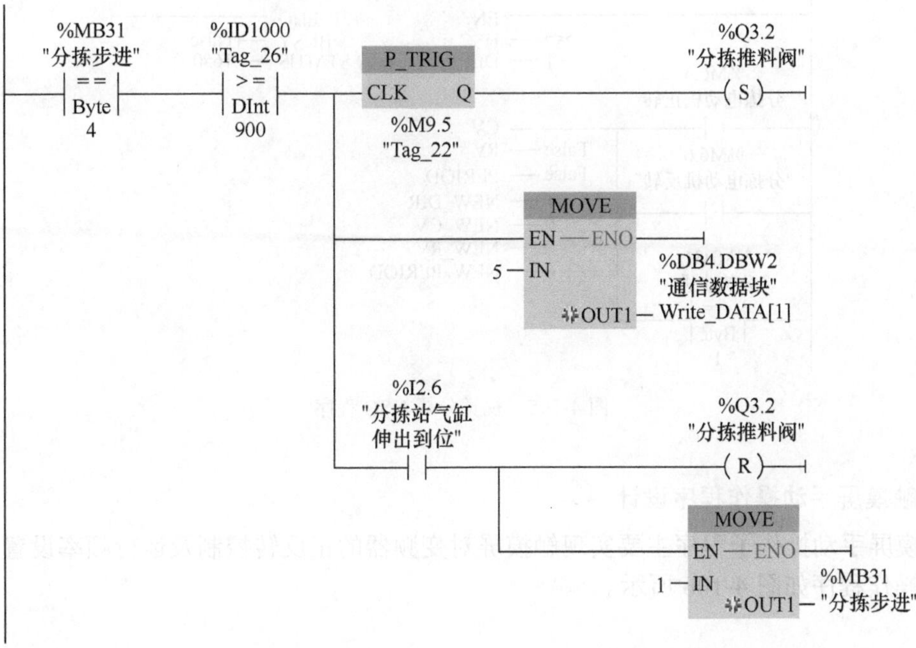

%MB31
"分拣步进"
==
Byte
4
%ID1000
"Tag_26"
>=
DInt
900
P_TRIG
CLK
Q
%M9.5
"Tag_22"
%Q3.2
"分拣推料阀"
S
MOVE
EN
ENO
5
IN
%DB4.DBW2
"通信数据块"
OUT1
Write_DATA[1]
%I2.6
"分拣站气缸
伸出到位"
%Q3.2
"分拣推料阀"
R
MOVE
EN
ENO
1
IN
%MB31
OUT1
"分拣步进"

图 4-103　不合格成品处理程序

成品由变频器驱动传送带运送至分拣末端检测口，其 PLC 程序如图 4-104 所示。

%MB31
"分拣步进"
==
Byte
5
%ID1000
"Tag_26"
>=
DInt
1900
%I2.7
"分拣站到达检测"
MOVE
EN
ENO
5
IN
%DB4.DBW2
"通信数据块"
OUT1
Write_DATA[1]
MOVE
EN
ENO
1
IN
%MB31
OUT1
"分拣步进"

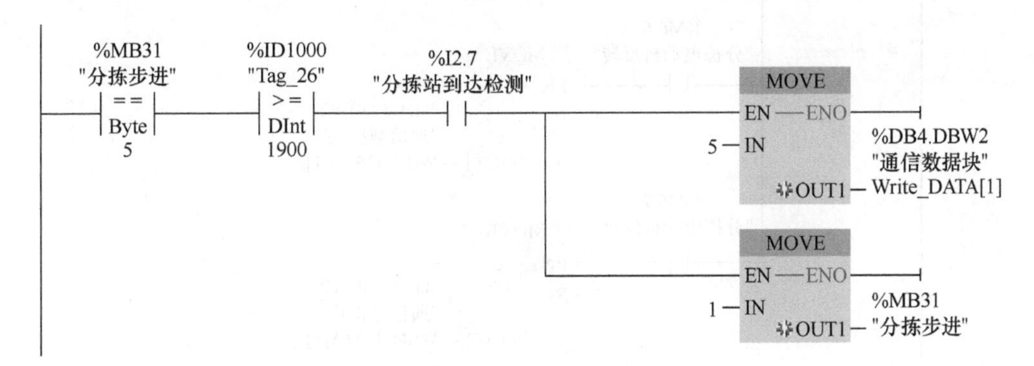

图 4-104　合格成品处理程序

在变频器驱动传送带带动工件运动的过程中，工件的位置由 PLC 内置的高速计数器计数反馈实现。视觉分拣高速计数器程序如图 4-105 所示。

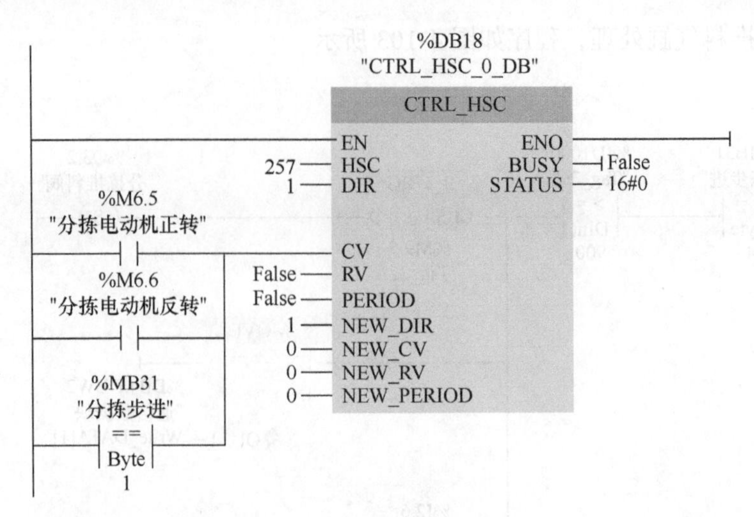

图 4-105 视觉分拣 HSC 程序

4. 触摸屏手动操作程序设计

触摸屏手动操作子程序主要实现触摸屏对变频器的正反转控制及运行频率设置。触摸屏手动操作程序如图 4-106 所示。

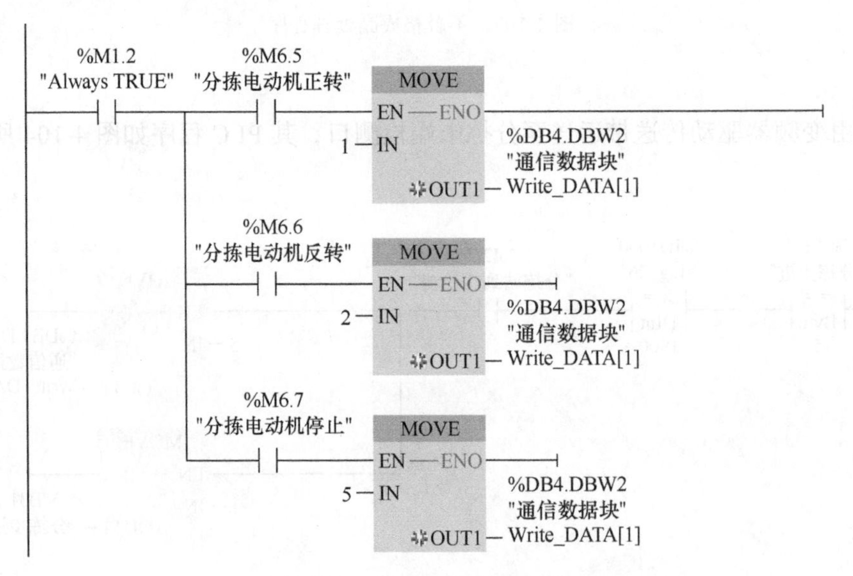

图 4-106 触摸屏手动操作程序

5. 状态指示灯程序设计

系统有三种颜色的状态指示灯，黄色闪烁表示系统未就绪，黄色常亮表示系统就绪，绿色表示系统运行，红色闪烁表示系统停止，红色常亮表示系统急停，急停同时蜂鸣器报警，程序如图 4-107 所示。

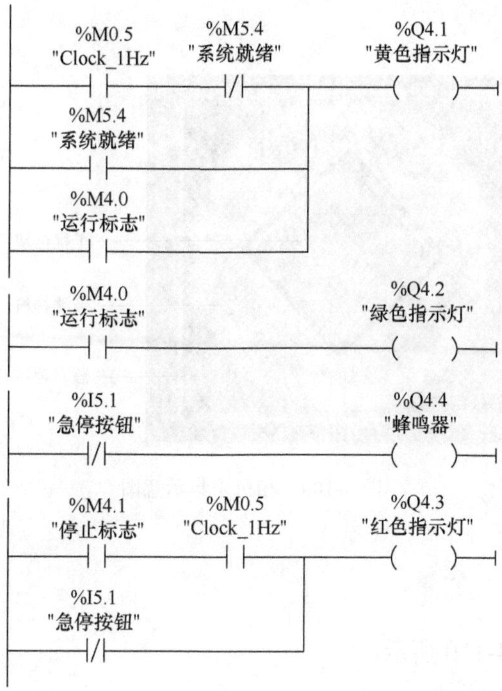

%M0.5
"Clock_1Hz"
%M5.4
"系统就绪"
%Q4.1
"黄色指示灯"
%M5.4
"系统就绪"
%M4.0
"运行标志"
%M4.0
"运行标志"
%Q4.2
"绿色指示灯"
%I5.1
"急停按钮"
%Q4.4
"蜂鸣器"
%M4.1
"停止标志"
%M0.5
"Clock_1Hz"
%Q4.3
"红色指示灯"
%I5.1
"急停按钮"

图 4-107　状态指示灯程序

二、触摸屏组态设计

视觉分拣单元手动操作界面如图 4-108 所示。

视觉分拣单元手动操作界面
入料检测
伸出到位
到达检测
电动机运行频率
0
电动机正转
电动机反转
电动机停止
编码器当前计数
视觉拍照反馈数据
0
0
视觉拍照触发
推料阀

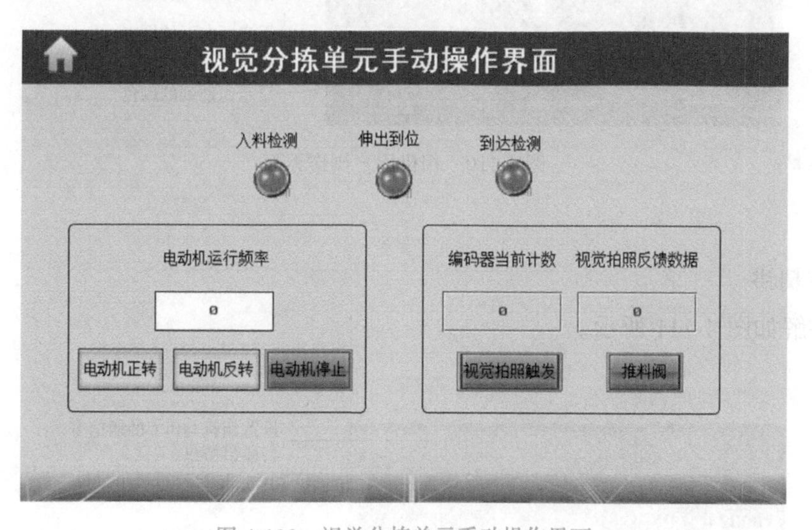

图 4-108　视觉分拣单元手动操作界面

三、相机程序

1. 相机采图

相机采集示意图如图 4-109 所示。

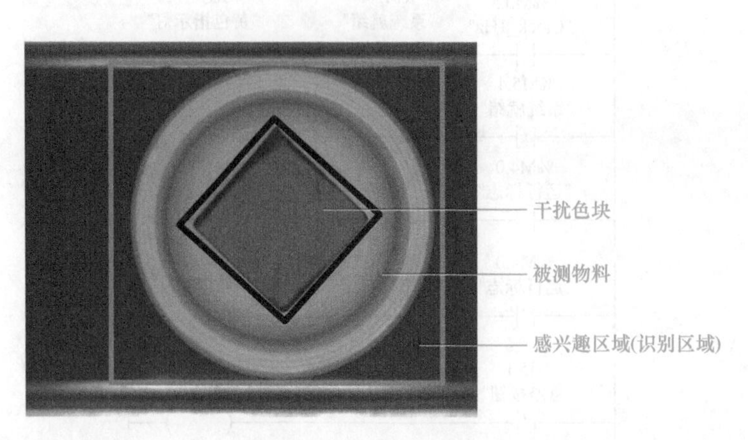

图 4-109　相机采集示意图

2. 用户操作界面

用户操作界面如图 4-110 所示。

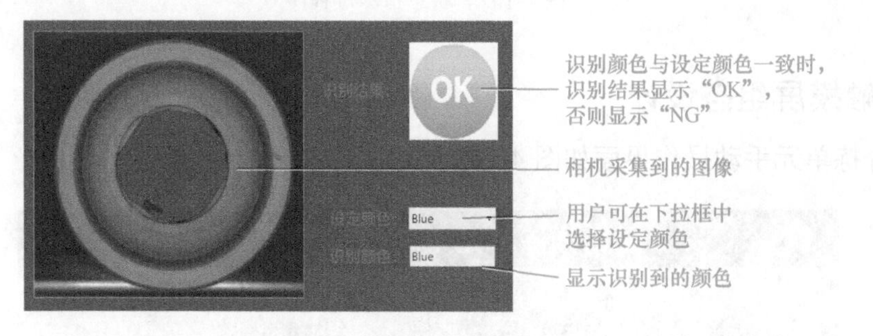

图 4-110　相机用户操作界面

3. 程序精讲

程序讲解如图 4-111 所示。

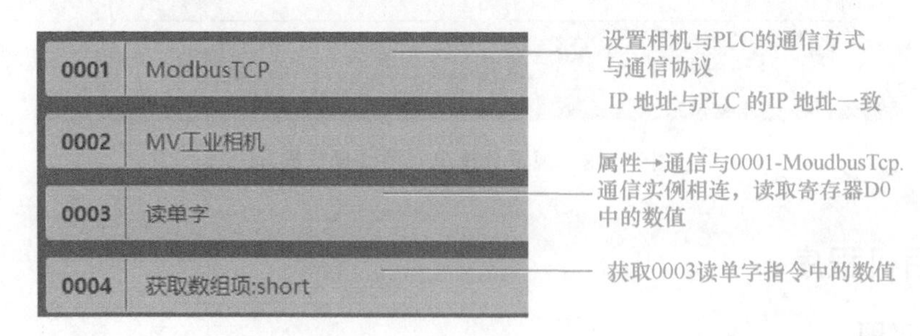

图 4-111　相机程序讲解

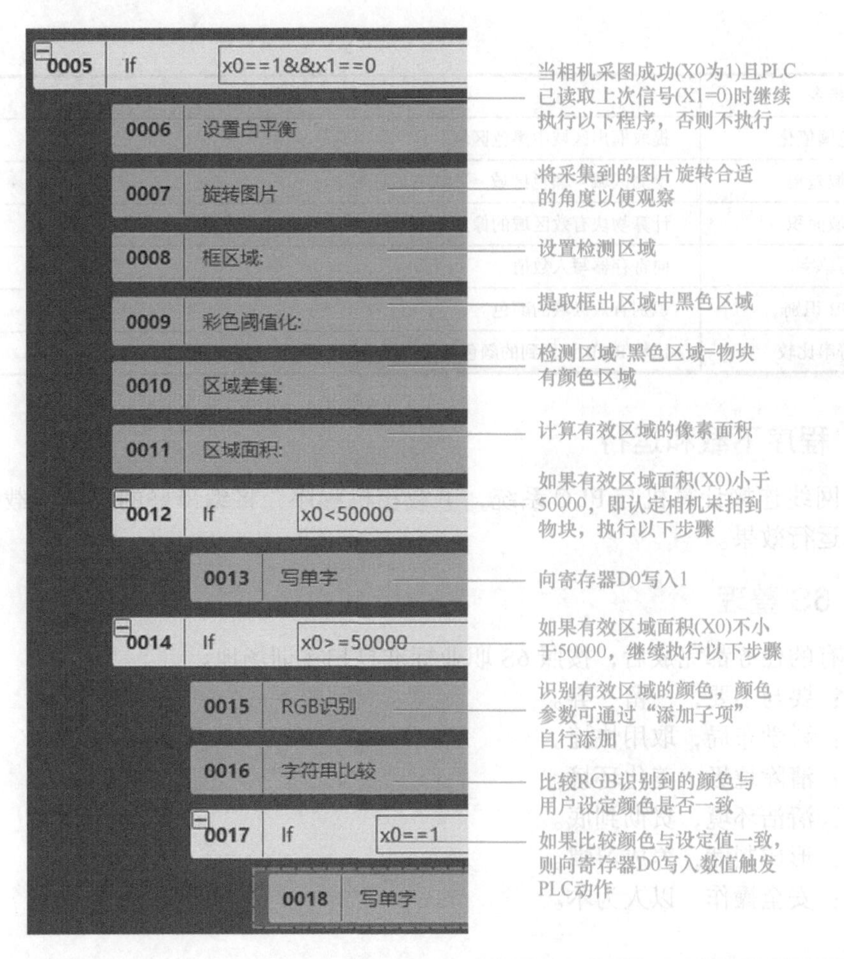

图 4-111　相机程序讲解（续）

4. 指令说明

指令说明见表 4-26。

表 4-26　指令说明

指令	说明
Modbus TCP	设置相机与 PLC 的通信方式与通信协议 （IP 地址与 PLC 的 IP 地址一致）
MV 工业相机	采集模式：外触发 曝光时间：根据现场需求设置（15000μs 左右） 设置增益：一般为 1
读单字	读取寄存器 D0 的值
获取数组项：short	获取 0003 读单字指令中的数值
If 指令	根据条件判断以下指令是否执行
设置白平衡	可选择手动校正白平衡或自动校正白平衡
旋转图片	将采集到的图片旋转合适的角度以便观察
框区域	设置检测区域

（续）

指令	说明
彩色阈值化	提取框出区域中黑色区域
区域差集	检测区域 – 黑色区域 = 物块有效区域
区域面积	计算物块有效区域的像素面积
写单字	向寄存器写入数值
RGB 识别	识别有效区域的颜色
字符串比较	比较 RGB 识别到的颜色与用户设定颜色是否一致

四、程序下载和运行

使用网线连接计算机与 PLC 系统，下载相机程序，将编译好的程序下载到 PLC 中，观察实际运行效果。

五、6S 整理

在所有的任务都完成后，按照 6S 职业标准打扫实训场地。

整理：要与不要，一留一弃。

整顿：科学布局，取用快捷。

清扫：清除垃圾，美化环境。

清洁：清洁环境，贯彻到底。

素养：形成制度，养成习惯。

安全：安全操作，以人为本。

任务检查与评价（评分标准）

评分点		得分
软件（60 分）	按下复位按钮后，传送带立即停止运行（5 分）	
	按下复位按钮后，各气缸可回到初始位置（5 分）	
	按下停止按钮后，传送带立即停止运行（5 分）	
	按下停止按钮后，气缸立即停止动作（5 分）	
	手动模式下，可以点动控制传送带进行正反转，速度可设置（5 分）	
	手动模式下，可以点动控制推料气缸动作（5 分）	
	自动模式下，按下起动按钮，系统运行可剔除传送带中的不良品（5 分）	
	工业相机的光圈、光源、焦距调试正确（5 分）	
	工业相机触发拍照功能正确（5 分）	
	工业相机与 PLC 通信调试正确（5 分）	
	分拣系统程序调试功能正确（10 分）	
6S 素养（20 分）	桌面物品及工具摆放整齐、整洁（10 分）	
	地面清理干净（10 分）	
发展素养（20 分）	表达沟通能力（10 分）	
	团队协作能力（10 分）	

项目5

输送系统设计与调试

证书技能要求

可编程控制器应用编程职业技能等级证书技能要求（中级）	
序号	职业技能要求
1.2.1	能够根据要求完成位置控制系统（伺服）的方案设计
1.2.2	能够根据要求完成位置控制系统（伺服）的设备选型
1.2.3	能够根据要求完成位置控制系统（伺服）的原理图绘制
1.2.4	能够根据要求完成位置控制系统（伺服）的接线图绘制
2.1.2	能够根据要求完成 PLC 系统组态
2.1.3	能够根据要求完成 PLC 脉冲参数配置
2.1.4	能够根据要求完成 PLC 通信参数配置
2.2.3	能够根据要求完成伺服参数配置
3.2.1	能够根据要求计算脉冲当量
3.2.3	能够根据要求完成伺服控制系统原点回归程序的编写
3.2.4	能够根据要求完成伺服控制系统的单段速位置控制编程
4.2.1	能够完成 PLC 程序的调试
4.2.2	能够完成 PLC 与伺服系统的调试
4.2.4	能够完成位置控制系统（伺服）参数调整
4.2.5	能够完成位置控制系统（伺服）的优化
4.2.6	能够完成伺服系统和其他站点的数据通信及联机调试

项目导入

输送系统是自动生产线中常见的模块，其主要作用是通过传输带与机械手的配合，实现工件的自动转移。输送系统中一般集成了各类位置传感器、电动机、减速机构、气动装置、远程 I/O、控制器、人机交互装置等。在本项目中主要是使用伺服系统进行位置控制，到达指定位置后利用机械手抓取工件放到温控模块，再抓取工件放到带传送模块。

本项目包括两个任务：任务 1 为输送系统控制电路的设计，重点介绍伺服驱动控制系统的结构组成、工作原理等，学习伺服驱动器和槽形光电开关的原理及接线，学习伺服电动机的结构，完成输送系统各部分接线，设计 I/O 接线图；任务 2 为输送系统的程序设计，继续深入学习 PLC 内部高速脉冲输出定位控制指令，学习伺服系统位置控制相关参数的计算及配置、远程 I/O 配置、伺服系统参数配置等，完成输送系统的程序设计与调试。

学习目标

本项目通过输送系统的软硬件设计与装接、调试，使学生掌握伺服系统、槽形光电开关的原理及接线，远程 I/O 及伺服脉冲参数的配置方法，提高学生伺服系统位置控制及运动控制程序编写的能力。

知识目标	了解输送系统的机械结构组成 了解伺服驱动器的内部结构组成 理解槽形光电开关的工作原理 理解相对坐标与绝对坐标的概念 理解伺服驱动系统的工作原理 熟悉远程 I/O 的设置 熟悉高速脉冲输出定位控制指令的回零动作流程
技能目标	能够将指令、硬件结构结合，进行伺服驱动器的相关参数计算 能够设置远程 I/O 和伺服驱动器的参数 能够绘制 PLC 的 I/O 接线图 能够编制输送控制系统程序 能够进行输送系统的硬件装调 能够解决输送系统中常见的故障
素养目标	养成安全用电的意识 逐步培养团结协作的能力 培养精益求精、勇于创新的工匠精神

培训条件

分类	名称	实物图 / 型号	数量 / 备注
硬件准备	输送系统		1
软件准备	西门子 PLC 编程软件	STEP 7（TIA Portal）V15.1 及以上	软件版本周期性更新
	TouchWin 编辑工具软件	TouchWin V2.E.5 及以上	软件版本周期性更新
	图尔克远程 I/O 配置工具	Service Tool V3.1.0 及以上	软件版本周期性更新

任务1 输送系统控制电路设计

任务分析

一、控制要求

输送系统的功能是将工件从分拣模块放到温控模块，加热完毕后再自动将工件放到下一级带传送模块。输送系统的外观如图5-1所示，输送单元主要由伺服电动机、机械手、直线模组等组成。其中机械手由四个气缸驱动，实现对工件的抓取、放下、夹取动作，直线模组由伺服电动机驱动，实现对工件的位置控制。

输送系统的控制要求：按下起动按钮，机械手自动进行抓料，回旋摆台转动180°至加热模块后放下工件，等待加热模块工作完成后，机械手再次起动进行抓料，抓料完成后继续回旋180°，然后起动伺服电动机驱动直线模组带动机械手前行至下一级传输带工件位置，机械手放下工件后，伺服电动机再次起动，带动机械手后退至初始位置。请根据控制要求完成输送系统的硬件电路设计及装调。

二、学习目标

1. 了解输送系统的机械结构组成。
2. 了解伺服驱动器以及伺服电动机的结构组成。
3. 理解槽形光电传感器的工作原理。
4. 掌握伺服驱动器的接线方法。
5. 掌握伺服驱动器的参数设置与流程。
6. 掌握输送系统电气接线图的绘制方法。
7. 熟悉装接输送系统硬件电路的方法。
8. 熟悉输送系统硬件电路的检查与测试。

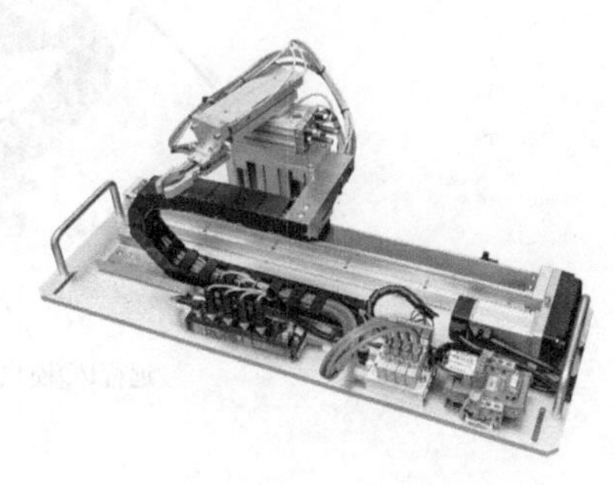

图5-1 输送系统外观

三、实施条件

分类	名称	型号	数量
硬件准备	手爪气缸	MHC2-10D	1
	双联双杆气缸	CXSJM10-75	1
	旋转气缸	MSQB10R	1
	薄型气缸	CDQ2B32-20D	1
	磁性开关	D-M9BL	7
	槽形光电传感器	LU674-5NA	3
	电磁阀	SY3120-5LZD-M5	4
	直线模组	ATH5-L10-400-BR	1
	远程I/O模块	TBEN-S1-8DXP	1
	伺服驱动器	DS5C-20P1-PTA	1
	伺服电动机	MS6H-40CS30B1-20P1	1

任务准备

一、了解输送系统的组成

输送系统的结构如图 5-2 所示，它主要包括伺服电动机、气缸、电磁阀组、远程 I/O 模块及直线模组等。其中，伺服电动机主要用来驱动直线模组带动工件传输，气缸主要用作机械手进行物料的抓放动作。

1. 气缸及气动回路原理图

系统中主要包含 Y 形手爪气缸、伸出气缸、旋转气缸和抬升气缸等。这些气缸分别由 4 个二位五通带手控开关的单电控电磁阀驱动，实现夹取、伸出、旋转、抬升的功能。其对应的气动控制回路的工作原理图如图 5-3 所示。

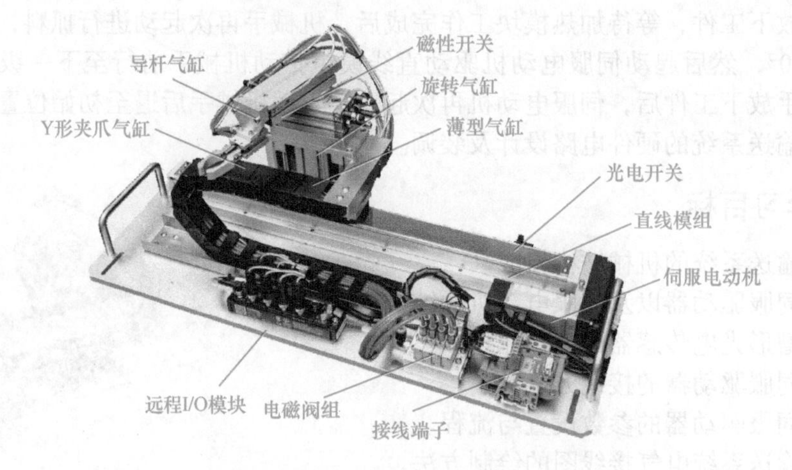

图 5-2 输送系统结构图

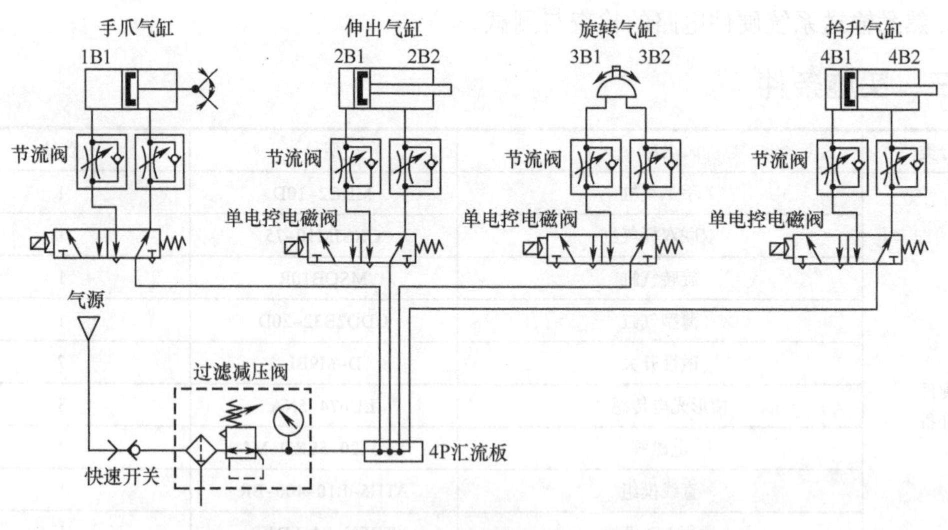

图 5-3 输送模块气动控制回路工作原理图

其中，各气缸的位置检测用磁性接近开关来实现，本任务选用的型号为无触点磁性开关 D-M9BL，该型号为两线制传感器，根据安装位置的不同，本任务所用到的各个磁性开关的说明见表5-1。

表5-1 磁性开关说明

代号	安装位置	作用
1B1	Y形手爪气缸	检测气缸是否夹紧到位，ON：已夹紧到位
2B1	伸出气缸	检测气缸是否已缩回到位，ON：已缩回到位
2B2	伸出气缸	检测气缸是否已伸出到位，ON：已伸出到位
3B1	旋转气缸	检测气缸是否已摆动至左限位，ON：已到达左限位
3B2	旋转气缸	检测气缸是否已摆动至右限位，ON：已到达右限位
4B1	抬升气缸	检测气缸是否已抬升到位，ON：已抬升到位
4B2	抬升气缸	检测气缸是否已下降到位，ON：已下降到位

2. 直线模组内的滚珠丝杠传动机构

输送系统中，主要利用直线模组实现机械手的直线运动。直线模组内部带有滚珠丝杠。滚珠丝杠传动机构是一种精密直线传动机构，主要由伺服电动机、滚珠丝杠、滑台、导轨等组成。通过伺服电动机转动带动丝杠转动，滑台在丝杠的转动作用下沿导轨做直线运动。

对于滚珠丝杆传动机构，最常考虑的主要是两个参数：公称直径和导程。其中，公称直径即丝杆的外径，直径越大，负载能力越强。导程也称为螺距，就是丝杆转动一周，滑台直线运动的距离，在输入速度一定的情况下，导程越大，速度越快。

本任务选用的直线模组的导程为10，即电动机转动一周，滑台直线运动为10mm。

二、熟悉输送系统的工作过程

输送系统工作过程：当用户按下起动按钮后，若前道工序有工件送至指定位置，对应的光电传感器检测到工件时，将信号传给PLC，PLC接收到信号之后，机械手开始工作，即伸出气缸伸出，伸出到位之后，气动手爪抓取工件，然后抬升气缸抬升，抬升到位之后，伸出气缸收回，将工件从料槽中取出。取出工件后，抬升气缸下落，PLC控制伺服电动机转动，带动直线模组，机械手运动到温度控制模块位置，摆动气缸向左摆动180°，摆动到位后，抬升气缸抬升，抬升到位后，伸出气缸伸出，将工件放到温度控制模块，然后气动手爪松开，工件自动落到温控模块的料槽中。等待加热完成（系统中默认设置为2s）之后，抬升气缸抬升，伸出气缸伸出，气动手爪再次夹紧工件，伸出气缸缩回，将工件取出，之后抬升气缸下落，摆动气缸向右摆动180°。摆动到位后，PLC控制伺服电动机转动，带动直线模组向前运动，待机械手到达下道带传输单元工件入口后停止，机械手自动将工件放到传送带料槽上。然后所有气缸复位，伺服电动机反转，机械手回到起始位置，等待下一工件到来，如此循环往复工作。

三、认识槽形光电开关

槽形光电开关是对射式光电开关的一种，是一款红外感应光电产品，由红外线发射管和红外线接收管组合而成，其槽宽决定了感应接收信号的强弱与接收信号的距离。槽形光电开关以光为媒介，由发光体与受光体之间的红外光进行接收与转换，以检测物体的位置。

1. 槽形光电开关的主要特点

1）检测距离长。与接近开关等比较，槽形光电开关的检测距离非常长，且是无接触式的，所以不会损伤检测物体，也不受检测物体的影响。

2）响应速度快。与接近开关相同，由于无机械运动，槽形光电开关能对高速运动的物体进行检测。

2. 输送系统使用的槽形光电开关

本任务使用的光电开关为深圳华怡丰科技有限公司的 LU674-5NA 型槽形光电开关，该型号为 NPN 传感器，该开关动作时，电流方向为从外部负载流入传感器，其实物和外部接线原理图如图 5-4 和图 5-5 所示。

图 5-4 LU674-5NA 型槽形光电开关实物

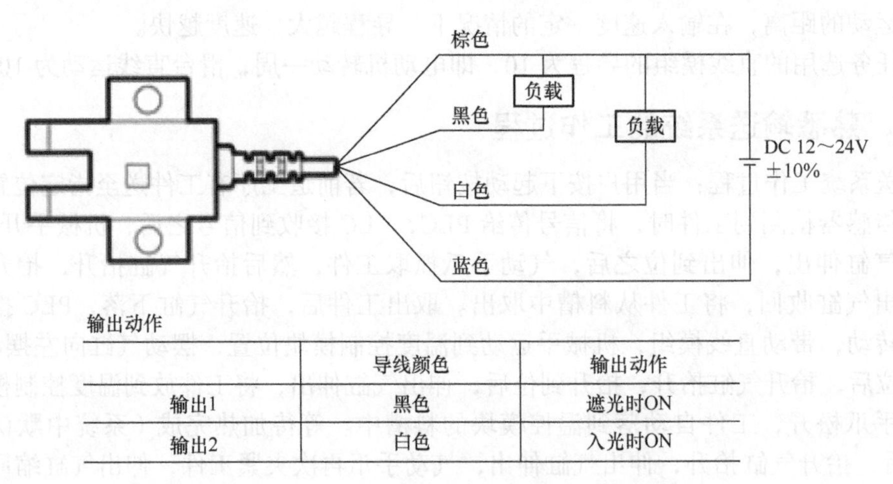

输出动作

	导线颜色	输出动作
输出1	黑色	遮光时ON
输出2	白色	入光时ON

图 5-5 LU674-5NA 型槽形光电开关接线原理图

四、认识远程 I/O 模块

以前人们在铺设传感器与控制器之间的线路时，必须点对点连接，大大增加了线缆的成本和施工时间，而且如果距离较远还需要面对电压衰减、信号干扰等问题。如今，通过远程 I/O 模块可以有效地解决这个问题。

所谓远程 I/O 模块，就是工业级远程采集与控制模块，模块提供了无源节点的开关量输入采集、继电器输出、高频计数器等功能。它可将系统内多个模块进行总线组网，使得 I/O 点数得到灵活扩展，模块可以由远程命令进行控制。

在实际应用中，假使控制柜距离现场 200m，在不使用远程 I/O 的情况下，每一条信号线均需要放线 200m。通过在现场安装远程 I/O 模块，可以节省线缆成本，减少施工所需人工，并大幅度降低后期维护工作量。

本设备中气缸位置检测开关使用远程 I/O 模块接入控制器，选用的型号为图尔克 TBEN-S1-8DXP，带 8 个输入 / 输出通用型通道，每个通道最大负载电流为 0.5A，采用 PNP 接法，其实物如图 5-6 所示，其各接口端子示意图如图 5-7 所示。

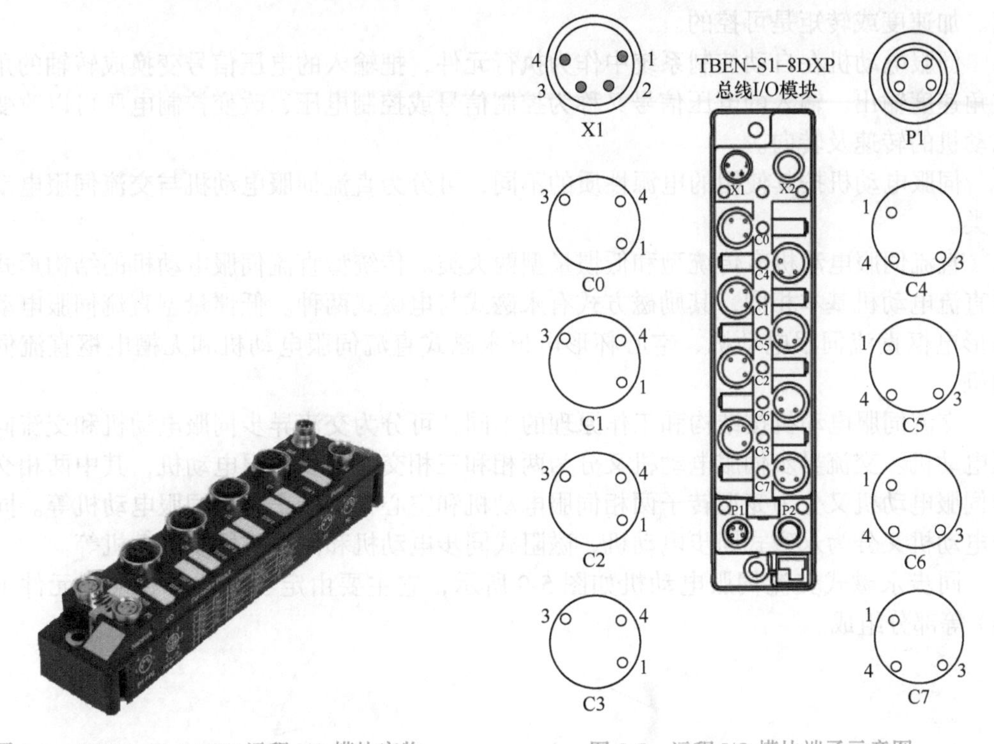

图 5-6 TBEN-S1-8DXP 远程 I/O 模块实物

图 5-7 远程 I/O 模块端子示意图

五、认识交流伺服控制系统

伺服控制系统也称为随动系统，是一种能够跟踪输入的指令信号进行动作，从而获得精确的位置、速度及转矩输出的自动控制系统，它常用来控制被控对象的角位移或线位移，使其自动、连续、精确地复现输入指令的变化。

伺服控制系统一般包括伺服控制器、伺服驱动器、执行机构（伺服电动机）、被控对象（工作台）、测量 / 反馈环节等五部分组成，如图 5-8 所示。

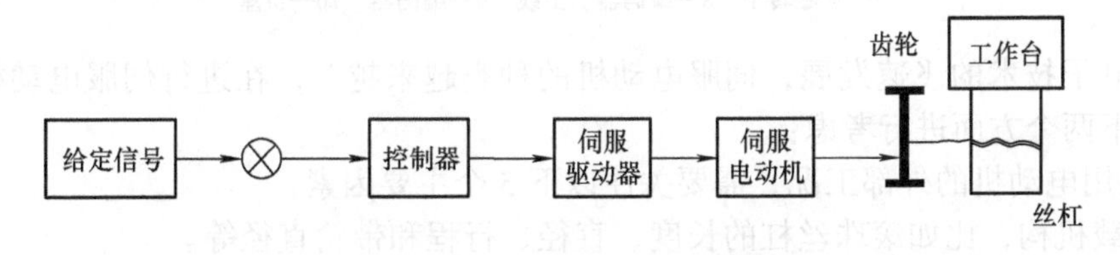

图 5-8 伺服控制系统框图

在图 5-8 中，伺服驱动器通过执行控制器的指令来控制伺服电动机，进而驱动机械装备的运动部件，实现对机械装备的速度、载荷和位置的快速、准确和稳定的控制；反馈元件是伺服电动机上的光电编码器或旋转编码器，能够将实际机械运动速度、位置等信息反馈至电气控制装置，从而实现闭环控制。控制器是按照系统的给定值和反馈装置测量的实际运行值偏差调节控制量，使伺服电动机按照要求执行相关动作。

1. 伺服电动机概述

伺服电动机是一种应用于运动控制系统中的控制电动机。它的输出参数，如位置、速度、加速度或转矩是可控的。

伺服电动机在自动控制系统中作为执行元件，把输入的电压信号变换成转轴的角位移或角速度输出。输入的电压信号又称为控制信号或控制电压，改变控制电压可以改变伺服电动机的转速及转向。

伺服电动机按其使用的电源性质的不同，可分为直流伺服电动机与交流伺服电动机两大类。

直流伺服电动机有传统型和低惯量型两大类。传统型直流伺服电动机的结构形式和普通直流电动机基本相同，其励磁方式有永磁式与电磁式两种。低惯量型直流伺服电动机有盘形电枢直流伺服电动机、空心杯形电枢永磁式直流伺服电动机和无槽电枢直流伺服电动机。

交流伺服电动机按结构和工作原理的不同，可分为交流异步伺服电动机和交流同步伺服电动机。交流异步伺服电动机又分为两相和三相交流异步伺服电动机，其中两相交流异步伺服电动机又分为笼型转子两相伺服电动机和空心杯形转子两相伺服电动机等。同步伺服电动机又分为永磁式同步电动机、磁阻式同步电动机和磁滞式同步电动机等。

同步永磁式交流伺服电动机如图 5-9 所示，它主要由定子、转子和检测元件（编码器）等部分组成。

图 5-9 伺服电动机的内部结构图

1—端盖 2—定子绕组出线 3—定子铁心 4—定子绕组 5—转轴 6—轴承
7—永磁转子 8—编码器引出线 9—编码器 10—机座

随着电子技术的飞速发展，伺服电动机的种类越来越多，在进行伺服电动机选型时，主要从以下两个方面进行考虑：

1）使用电动机的外部工况，需要关注以下 5 个主要因素：

① 负载机构，比如滚珠丝杠的长度、直径、行程和带轮直径等。

② 动作模式，需要根据控制对象的动作模式换算为电动机轴上的动作形式，从而确定运行模式，包括加速时间、匀速时间、减速时间、停止时间、循环时间和运动距离等

参数。

③ 负载的惯量、转矩和转速，由此换算可得到电动机轴上的全负载惯量和全负载转矩。

④ 定位精度，需要确认编码器的脉冲数是否满足系统要求规格的分辨率。

⑤ 使用环境，如环境温度、湿度及振动冲击等。

根据以上的信息，基本可以完成电动机的初选，然后在选用对应伺服电动机规格的基础上，对伺服电动机的具体参数进行细选。

2）伺服电动机铭牌参数的细选需要关注以下 6 个方面：

① 电动机容量。

② 电动机额定转速。

③ 额定扭矩及最大扭矩。

④ 转子惯量。

⑤ 抱闸（制动器），这里主要需要根据动作机构的设计，考虑在停电状态或静止状态下，电动机是否有转动趋势。如果有转动趋势，就需要选择带抱闸的伺服电动机。

⑥ 体积、重量、尺寸等。MS6 系列伺服电动机型号命名如图 5-10 所示，在选择时需要根据实际工况来进行。

①惯量类型

符号	惯量
MS6S	低惯量电动机
MS6G	中惯量电动机
MS6H	高惯量电动机

②机座号

符号	机座号
40	40机座
60	60机座
80	80机座
100	100机座
130	130机座
180	180机座

③编码器构造

符号	规格
C	磁编码器
T	光电编码器

④编码器规格

符号	规格
S	单圈17位
M	多圈17位
L	多圈23位

⑤额定转速

符号	额定转速/(r/mim)
15	1500
20	2000
25	2500
30	3000

⑥电动机轴规格

符号	轴规格
A	有键、无油封、有螺纹孔
B	有键、有油封、有螺纹孔
C	无键、无油封、有螺纹孔
D	无键、有油封、有螺纹孔
E	特殊轴规格(长度、轴径等)

⑦失电制动器

符号	失电制动器
Z	带抱闸
空	不带抱闸

⑧电动机接头类型

符号	接头类型
1	安普插头
2	航插接头
3	连接件形式

⑨供电电压

符号	供电电压
2	220V
4	380V

⑩额定功率

符号	额定功率/kW
0P1	0.1
0P2	0.2
0P4	0.4
0P7	0.75
0P8	0.85
1P0	1
1P3	1.3
1P5	1.5
1P8	1.8
2P0	2.0
2P3	2.3
3P0	3.0
4P4	4.4
5P5	5.5
7P5	7.5

图 5-10 MS6 高性能伺服电动机型号命名

本任务选用的伺服电动机型号为 MS6H–40CS30B1–20P1，功率为 0.1kW，额定转速为 3000r/min。

2. 伺服驱动器的工作原理及控制方式

伺服驱动器又称为伺服控制器、伺服放大器，是用来控制伺服电动机的一种控制器，其作用类似于变频器作用于普通交流电动机，属于伺服系统的一部分，主要应用于高精度的定位系统。

伺服驱动器一般通过位置、转矩和速度三种方式对伺服电动机进行控制，实现高精度的传动系统定位。

（1）位置控制　位置控制模式一般是通过外部输入脉冲的频率来确定转动速度的大小，通过脉冲的个数来确定转动的角度，也有些伺服驱动器可以通过通信方式直接对速度和位移进行赋值。由于位置控制模式可以对速度和位置都有很严格的控制，所以一般应用于定位装置。

本任务中，机械手根据传感器信号来确定自身所在的位置，因此采用的控制模式为位置控制模式。

（2）转矩控制　转矩控制方式是通过外部模拟量的输入或直接的地址赋值来设定电动机轴对外输出转矩的大小，可以通过即时改变模拟量的设定或通过通信方式来改变设定的转矩大小。其主要应用在对材质有严格要求的缠绕和放卷的装置中，例如，绕线装置或拉光纤设备，转矩的设定要根据缠绕半径的变化随时更改，以确保材质的受力不会随着缠绕半径的变化而改变。

（3）速度控制　通过模拟量的输入或脉冲频率都可以进行转动速度的控制，在有上位机控制装置的外环 PID 控制中，速度模式也可以进行定位，但必须把电动机的位置信号或负载的位置信号反馈给上位机。

3. 认识 DS5C 型伺服驱动器

本输送系统中所选用的伺服驱动器为信捷 DS5C 型伺服驱动器，其实物如图 5-11 所示。

图 5-11　DS5C 型伺服驱动器实物

（1）DS5C 型伺服驱动器的型号命名含义　DS5C 型伺服驱动器型号命名含义如图 5-12 所示。在选用伺服驱动器时，需要关注其电压类型、功率及配置的编码器类型等，要与伺服电动机及控制要求相匹配。

DS 5□-□ □P□ -PTA-H

① ② ③ ④ ⑤ ⑥

①名称

符号	产品名称
DS	伺服驱动器

②类型

符号	产品系列
5C	EtherCAT总线型
5E	X-NET总线型
5F	全功能型
5K	标准型
5L	脉冲型
5C1	小体积总线型
5L1	小体积脉冲型

③电压规格

符号	额定输入电压
2	AC 220V
4	AC 380V

④驱动器功率

符号	额定输出功率/W
0P1	0.1
0P2	0.2
0P4	0.4
0P7	0.75
1P0	1.0
1P5	1.5
2P3	2.3
2P6	2.6
3P0	3.0
4P5	4.5
5P5	5.5
7P5	7.5
11P0	11
15P0	15
22P0	22
32P0	32

⑤编码器规格

符号	编码器规格
PTA	通信型编码器

⑥产品类型

符号	产品类型
H	增强型驱动器

图 5-12　DS5C 型伺服驱动器型号命名含义

考虑到与伺服电动机配套使用，本任务选用的伺服驱动器型号为 DS5C-20P1-PTA，带 EtherCAT 总线，工作电压为单相 220V，功率为 0.1kW。

（2）DS5C 型伺服驱动器的端子配置　本模块选用的伺服驱动器型号为 DS5C-20P1-PTA，其端子的具体配置如图 5-13 所示，主要包含主电路端子（供电电源、电动机接线）、控制信号端子（信号端 CN0、标准 RJ45 网口 CN1、编码器口 CN2）等。

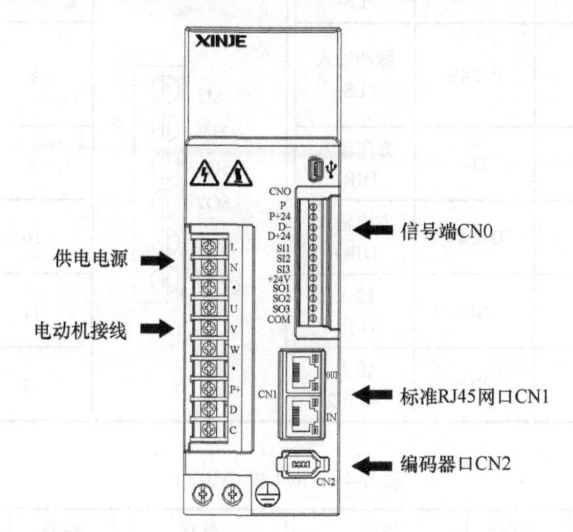

图 5-13　DS5C-20P1-PTA 型伺服驱动器端子配置

（3）DS5C 型伺服驱动器的主电路端子配置　在伺服驱动器的左侧盖板下为主电路接线端口，按照从上到下的顺序，端子功能依次见表 5-2。

表 5-2　DS5C 型伺服驱动器主电路端子说明

外观	端子	功能	使用说明
L	L	电源输入端子	接入单相交流电源
N	N	供电端子	
•	•	空引脚	–
U	U	电动机连接端子	连接至伺服电动机，其中地线在散热片上，请上电前检查
V	V	电动机连接端子	
W	W	电动机连接端子	
•	•	空引脚	–
P+	P+	再生电阻公共端	1）默认情况下，P+ 与 D 已短接，使用伺服器内部再生电阻，设置参数 P0-24=0 2）使用外部电阻前，需先拆除 P+ 和 D 短接线，将外部电阻接入 P+ 与 C 之间，设置 P0-24=1，P0-25= 功率值，P0-26= 电阻值
D	D	内置再生电阻端子	
C	C	外置再生电阻端子	

（4）DS5C 型伺服驱动器的控制信号端子配置　DS5C 型伺服驱动器主要包括 CN0、CN1 以及 CN2 三大类控制信号端子。其中，CN0 端口为控制信号电路接线，其端口说明见表 5-3；CN1 端口采用标准 RJ45 网口，用于实现扩展总线功能，其端口说明见表 5-4；

CN2 为编码器口，用于连接伺服电动机上的编码器，其端口说明见表 5-5。

表 5-3　CN0 端口说明

外观	编号	名称	说明	外观	编号	名称	说明
P− P+24V D− D+24V SI1 SI2	1	P−	脉冲输入 PLS−	SI3 24V SO1 SO2 SO3 COM	7	SI3	输入端子 3
	2	P+24V	脉冲输入 PLS+		8	24V	输入端子公共端 24V
	3	D−	方向输入 DIR−		9	SO1	输出端子 1
	4	D+24V	方向输入 DIR+		10	SO2	输出端子 2
	5	SI1	输入端子 1		11	SO3	输出端子 3
	6	SI2	输入端子 2		12	COM	输出端子地

表 5-4　CN1 端口说明

外观	编号	名称	说明	外观	编号	名称	说明
8 7 6 5 4 3 2 1	1	TX A+	进线口 IN	16 15 14 13 12 11 10 9	9	TX B+	出线口 OUT
	2	TX A−			10	TX B−	
	3	RX A+			11	RX B+	
	4	−			12	−	
	5	−			13	−	
	6	RX A−			14	RX B−	
	7	−			15	−	
	8	−			16	−	

表 5-5　CN2 端口说明

连接器外观	序号	定义
1 3 5 / 2 4 6	1	5V
	2	GND
	3	−
	4	−
	5	A
	6	B

4. DS5C 型伺服驱动器参数设置

（1）操作面板介绍　伺服驱动器的操作面板按键功能介绍如图 5-14 所示。可以通过伺服驱动器操作面板来完成基本状态的切换、运行状态的显示、参数的设定、报警状态等操作。

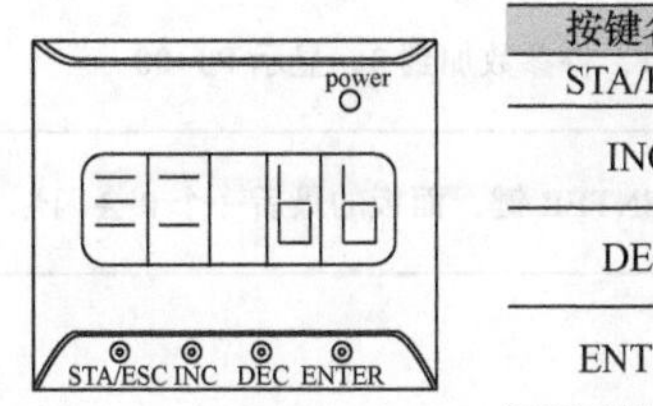

按键名称	操作说明
STA/ESC	短按：状态的切换，状态返回
INC	短按：显示数据的递增 长按：显示数据连续递增
DEC	短按：显示数据的递减 长按：显示数据连续递减
ENTER	短按：移位 长按：设定和查看参数

图 5-14　操作面板按键功能介绍

当按下 STA/ESC 键后，将按照图 5-15 所显示的顺序依次切换。

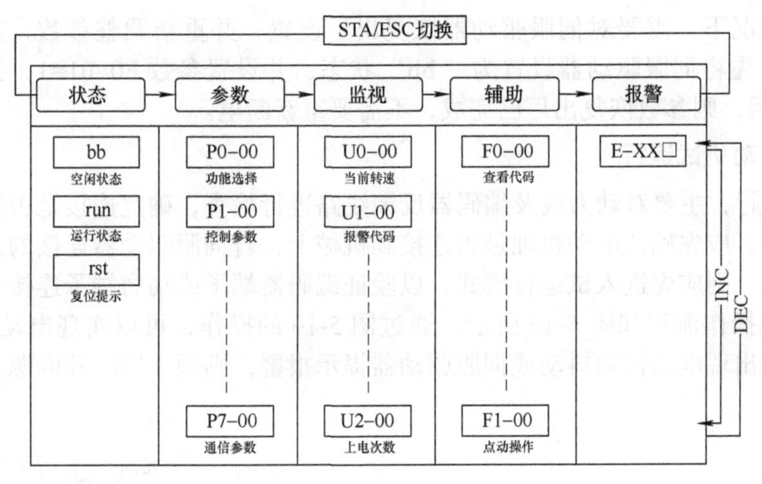

图 5-15　切换操作流程图

（2）参数类别　伺服驱动器内置参数设定、监视状态、辅助功能及报警状态四大类参数。

参数设定 P×—××：第一个 × 表示组号，后面两个 × 表示该组下的参数序号。

监视状态 U×—××：第一个 × 表示组号，后面两个 × 表示该组下的参数序号。

辅助功能 F×—××：第一个 × 表示组号，后面两个 × 表示该组下的参数序号。

报警状态 E—××□：×× 表示报警大类，□表示大类下的小类。

（3）伺服参数设定

例 5-1　假设需要将伺服驱动器内置参数 P3–09 的内容由 2000 变更为 3000，则具体操作步骤见表 5-6。

表 5-6 伺服参数设定步骤

步骤	面板显示	具体操作
1	bb	无须任何操作
2	P0-00	按一下 STA/ESC 键进入参数设置功能
3	P3-00	按 INC 键，按一下就加 1，将参数加到 3，显示 P3-00
4	P3-00	短按（短时间按）一下 ENTER 键，面板的最后一个 0 会闪烁
5	P3-09	按 INC 键，加到 9
6	P3-09	长按（长时间按）ENTER 键，进入 P3-09 内部进行数值更改
7	3000	按 INC、DEC、ENTER 键进行加减和移位，更改完之后，长时间按 ENTER 确认

5. 伺服驱动器恢复出厂设置

在某些情况下，需要对伺服驱动器恢复出厂设置，并重新调整参数，其操作过程为：先将伺服驱动器设置为“bb”状态，并设置参数 F0-01=1，按 ENTER 确认后，则参数恢复出厂已完成，不需要重新断电。

6. 伺服电动机试运行

所谓试运行，主要对动力线及编码器反馈线路进行检查，确定连接是否正常。在进入试运行模式前，应先确认电动机轴是否连接到机械上，若伺服驱动器连接的是非原配编码器线或动力线，则应先进入试运行模式，以验证编码器端子或动力端子连接是否正确。

试运行的操作流程如图 5-16 所示。通过图 5-16 的操作，可以实现电动机的正反转。若操作过程中出现电动机轴抖动或伺服驱动器提示报警，则须立即断开电源，重新检查接线情况。

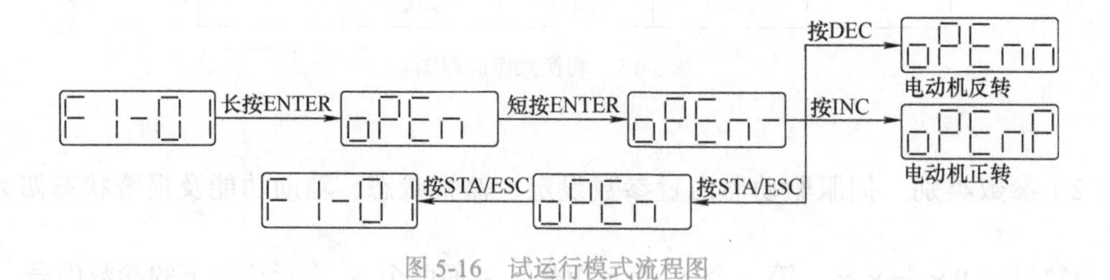

图 5-16 试运行模式流程图

任务实施

一、输送系统输入 / 输出信号

根据对输送系统的控制要求分析发现，机械手的气动手爪、伸出气缸、抬升气缸和旋转气缸的到位信号由磁性开关检测，机械手位置通过光电开关检测，合计需要 10 路输入。机械手左右位置由伺服电动机驱动控制，这里采用脉冲 + 方向控制的方式，因此需要配有 1 路高速脉冲输出端口及 1 路方向控制端口；气缸动作由单电控电磁阀驱动，所以也需要配置 4 路输出端口。合计需要 6 路输出。其输入 / 输出信号见表 5-7。

表 5-7　输送系统输入 / 输出信号

序号	输入信号	序号	输出信号
1	输送站原点	1	伺服电动机转动方向信号
2	输送站左限位	2	伺服电动机转动脉冲信号
3	输送站右限位	3	手爪抬升阀
4	输送模块上升到位	4	手爪旋转阀
5	输送模块下降到位	5	手爪伸缩阀
6	输送模块左旋到位	6	手爪夹紧阀
7	输送模块右旋到位		
8	输送模块伸出到位		
9	输送模块缩回到位		
10	输送模块夹紧检测		

二、输送系统 I/O 口及设备地址分配

通过对输送系统的控制要求分析，结合表 5-7，从接线方便、配置灵活等角度全面考虑，这里选用了远程 I/O 模块连接气缸的到位信号（其配置方法见任务 2），采用西门子 CPU1215C DC/DC/DC 为主控单元，配置 PLC 的 I/O 信号见表 5-8。

表 5-8　输送单元 PLC 的 I/O 信号

序号	信号名称	PLC 输入点	序号	信号名称	PLC 输出点
1	输送站原点	I0.6	1	脉冲	Q0.0
2	输送站左限位	I0.7	2	方向	Q0.1
3	输送站右限位	I1.0	3	手爪抬升阀	Q0.6
4	输送模块上升到位	I6.0	4	手爪旋转阀	Q0.7
5	输送模块下降到位	I6.1	5	手爪伸缩阀	Q1.0
6	输送模块左旋到位	I6.2	6	手爪夹紧阀	Q1.1
7	输送模块右旋到位	I6.3			
8	输送模块伸出到位	I6.4			
9	输送模块缩回到位	I6.5			
10	输送模块夹紧检测	I6.6			

模块中所用到的部分设备之间通过以太网进行连接，相关设备的 IP 地址分配见表 5-9。

表 5-9 输送单元设备地址分配

设备名称	型号	IP 地址分配	说明
触摸屏	TGM765S-ET	192.168.0.1	IP 地址可根据需要进行调整，但需保证在同一网段内
主控 PLC	CPU1215C	192.168.0.2	
远程 I/O	TBEN-S1-8DXP	192.168.0.5	

三、输送系统硬件电路设计

输送系统的硬件电路主要包括三部分：第一部分为模块的输入 / 输出设备与 PLC 之间的连接电路；第二部分为直线模组用伺服电动机驱动电路；第三部分为气缸的输入限位与远程 I/O 模块之间的连接图。

1. 模块输入 / 输出信号与 PLC 的连接

模块与 PLC 之间的信号连接采用 DB9 端子台的形式，可以快速有效地实现模块线路的连接与分离，其端子信号定义如图 5-17 所示。

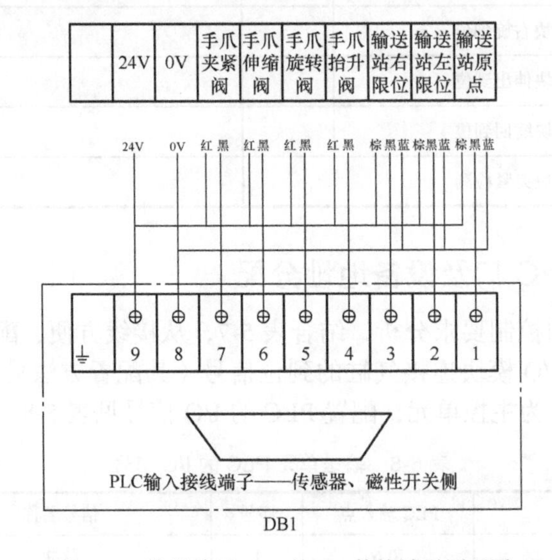

图 5-17 输送单元 PLC 的 I/O 快换端子原理图

其中，PLC 输出端主要连接机械手爪抓放电磁阀线圈；PLC 输入端主要连接机械手左右限位及原点位置信号，气缸的限位信号主要通过 PLC 与远程 I/O 模块通信实现。

2. 伺服驱动器的接线及参数设置

直线模组用伺服电动机驱动电路如图 5-18 所示，其中，Q0.0 为 PLC 输出的高速脉冲信号，Q0.1 为 PLC 输出的伺服电动机方向控制信号；I0.6、I0.7、I1.0 为伺服电动机位置开关信号。

本任务中，伺服驱动器采用位置模式进行控制，该模式下主要有以下常用参数：

（1）P0-00 驱动器类型选择　根据伺服驱动器的类型，可以对该参数进行相应的选择，与 P0-01 参数配合使用，确定控制模式的选择，见表 5-10。

（2）P0-01 控制模式选择　当选择的伺服驱动器为普通通用类型（P0-00=0）或 EtherCAT 类型（P0-00=1）时，P0-01 设置的数值与控制模式对应关系见表 5-11。

例如，输送系统中伺服驱动器为位置控制模式，因此假设设定驱动器为普通型，即P0-00=0，那么P0-01=6。

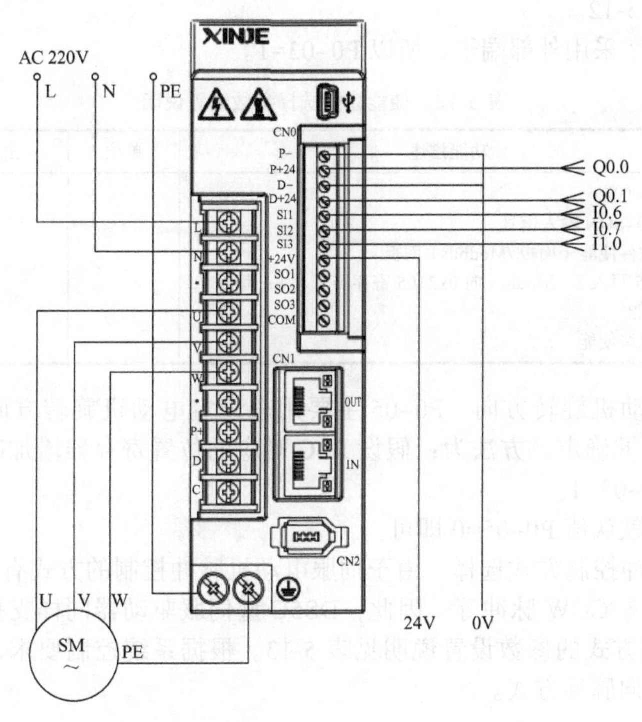

图 5-18 直线模组用伺服电动机驱动电路

表 5-10 伺服驱动器类型选择说明

参数	功能描述	单位	出厂值	设定值
P0-00	0：普通通用类型 1：EtherCAT 类型	-	0	0

表 5-11 P0-01 参数值与控制模式选择对应表

参数	功能描述	单位	出厂值	设定值
P0-01	P0-00=0：普通通用类型时 1- 内部转矩模式 2- 外部模拟量转矩模式 3- 内部速度模式 4- 外部模拟量速度模式 5- 内部位置模式 6- 外部脉冲位置模式 7- 外部脉冲速度模式 P0-00=1：EtherCAT 类型时 1- 轮廓位置控制模式（PP） 3- 轮廓速度控制模式（PV） 4- 轮廓转矩控制模式（TQ） 6- 原点回归模式（HM） 8- 周期同步位置控制模式（CSP） 9- 周期同步速度控制模式（CSV） 10- 周期同步转矩控制模式（CST）	-	6	6

（3）P0-03 使能模式选择　当需要驱动伺服电动机时，伺服驱动器必须使能。其使能的方式有三种：IO /SON 输入信号使能、面板 /Modbus 使能、总线使能。其使能模式选择参数设置说明见表 5-12。

由于本项目方案采用外部端子，所以 P0-03=1。

表 5-12　使能模式选择参数设置说明

参数	功能描述	单位	出厂值	设定值
P0-03	0：不使能 1：IO /SON 输入信号 2：软件使能（面板 /Modbus）面板 F1-05 写入 1，Modbus 向 0x2105 寄存器写入 1；写入 0，取消使能 3：总线使能	-	1	1

（4）P0-05 电动机旋转方向　P0-05 主要用来设定电动机旋转方向。该参数的设定值需要根据外部机械确定。方法为：假设 PLC 对应的位置寄存器增加时，机械正移，则 P0-05=0，否则 P0-05=1。

本任务中保留默认值 P0-05=0 即可。

（5）P0-10 脉冲控制方式选择　由于伺服电动机脉冲控制的方式有多种，如 AB 相脉冲、方向脉冲或 CW/CCW 脉冲等。因此，DS5C 型伺服驱动器同样支持以上几种脉冲控制方式。脉冲控制方式的参数设置说明见表 5-13。根据系统控制要求，此处保留默认设置 P0-10=2，即方向脉冲方式。

表 5-13　脉冲控制方式的参数设置说明

参数	功能描述	单位	出厂值	设定值
P0-10	0：CW/CCW 1：AB 2：P+D	-	2	2

（6）P0-11、P0-12 每转脉冲数　P0-11、P0-12 两个参数主要用来设定电动机每转一圈所需要的脉冲个数。其计算方法如下：

电动机每转脉冲数 =（P0-12 值）× 10000+（P0-11 值）

脉冲当量是当控制器输出一个定位控制脉冲时所产生的定位控制的位移，对直线运动来说，是指直线移动的距离。

设螺距为 D，编码器分辨率为 P_m，即电动机转 1 圈的需要的脉冲为 P_m，假设当上位机发出脉冲数为 P，丝杠转动 N_s 圈，电动机转动 N 圈，则行程 $d=DN_s$。当机械减速比为 1 时，$N=N_s$，则脉冲当量 $\delta=d/P=DN_s/P=DN/P$，因为 $N=P/P_m$，所以脉冲当量 $\delta=DP/P_mP=D/P_m$。

本任务中，直线模组中丝杠导程为 10，也就是螺距为 10mm，机械减速比为 1，根据参数设置，伺服驱动器每接收到 10000 个脉冲，伺服电动机转动一圈，如果需要让滑台带动机械手直线移动 25mm，则 PLC 需要发出的脉冲数为（25/10）10000 个 =25000 个。

（7）P0-13、P0-14 电子齿轮比　为了配合机械运动工程量与整数个脉冲之间的对应关系，往往通过调整电子齿轮比使脉冲量与工程量相对应，从而消除运行误差。其中，P0-13 为电子齿轮比中的分子；P0-14 为电子齿轮比中的分母。这两个参数仅在 P0-11 和

P0-12 均为 0 时生效。

（8）每转脉冲数和电子齿轮比的设置

1）电子齿轮比概述。由于伺服电动机是通过上位机发送脉冲进行位置控制的，而电动机旋转位移是用编码器来测量的，但是上位机发送的脉冲数和伺服电动机旋转过程中测量的脉冲数不是一一对应的关系，二者之间有一个比值，这个比值就称为电子齿轮比。因此，电子齿轮比等于编码器接收脉冲数与上位机发送脉冲数之比。

例如，丝杠螺距设置为 5mm，伺服电动机编码器分辨率为 131072，当想要上位机发送一个脉冲时，丝杠走 0.001mm，那么丝杠走 5mm，上位机就需要发送 5000 个脉冲，正好电动机转了一圈，编码器采集到的数值正好为 131072，则电子齿轮比为 131072/5000。

电子齿轮比的设置通常有以下两方面的应用：

① 在上位机发出的高速脉冲频率已经达到上限，但电动机转速还未达到要求的情况下可以通过调整电子齿轮比达到要求的转速。

② 在精确定位中，设定 1 指令脉冲对应的物理单位长度，便于计算。

例如，假设某机械结构如图 5-19 所示。其伺服电动机自带的编码器为 131072（17 位），丝杠节距为 6mm。若指定单位脉冲对应工件移动 1μm，则负载轴旋转一圈需要的指令脉冲数为 6mm/1μm=6000 个。在减速比为 1∶1 的情况下，可直接设定每转脉冲数 P0-11=6000，P0-12=0，则上位机发出 6000 个脉冲，工件移动 6mm。

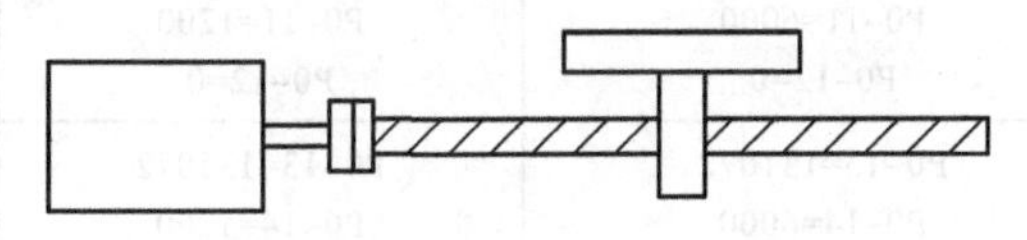

图 5-19　滚珠丝杠示意图

若不更改电子齿轮比，则电动机旋转 1 圈为 131072 个脉冲（P0-11=0，P0-12=0 时）。电动机旋转 1 圈工件移动 6mm，则所需脉冲数为 131072 个，将工件移动 10mm，则需要脉冲数为 10/6×131072 个≈218453.333 个，实际发送脉冲时会舍去小数，因而会产生误差。

2）每转脉冲数和电子齿轮比的计算。每转脉冲数和电子齿轮比的计算步骤见表 5-14。

表 5-14　每转脉冲数和电子齿轮比的计算步骤

步骤	内容	说明
1	确认机械规格	确认减速比 n:m（伺服电动机旋转 m 圈时负载轴旋转 n 圈）、滚珠丝杠节距、滑轮直径等
2	确认编码器脉冲数	确认所用伺服电动机的编码器分辨率
3	决定指令单位	决定指令控制器的 1 个脉冲对应实际运行的距离或角度
4	计算负载轴旋转 1 圈的指令量	以决定的指令单位为基础，计算负载轴旋转 1 圈的指令量 N
5	计算电动机轴旋转 1 圈的脉冲数 M	电动机轴旋转 1 圈的指令脉冲数 $M=N/(m/n)$
6	设定每圈脉冲数（P0-11/P0-12） 或电子齿轮比（P0-13/P0-14）	P0-11=M%10000 P0-12=M/10000 $\frac{P0-13}{P0-14}=\frac{编码器分辨率}{M}=\frac{编码器分辨率\times m}{Nn}$ 备注：优先级由高到低

3）每转脉冲数和电子齿轮比的设定示例。每转脉冲数和电子齿轮比的设定示例见表5-15。

表5-15 每转脉冲数和电子齿轮比的设定示例

步骤	名称	滚珠丝杠	圆台	传送带＋滑轮
		负载轴 P P：节距 1旋转=$\frac{P}{指令单位}$	负载轴 1旋转=$\frac{360°}{指令单位}$	πD 负载轴 D：滑轮直径 1旋转=$\frac{\pi D}{指令单位}$
1	确认机械规格	滚珠丝杠节距为6mm 机械减速比1:1	1圈旋转角为360° 减速比为1:3	滑轮直径为100mm 减速比为1:2
2	确认编码器脉冲数	编码器分辨率为131072	编码器分辨率为131072	编码器分辨率为131072
3	决定指令单位	1指令单位：0.001mm	1指令单位：0.1°	1指令单位：0.02mm
4	计算负载轴旋转1圈的指令量	6mm/0.001mm=6000	360/0.1=3600	314mm/0.02mm=15700
5	计算电动机轴转1圈的脉冲数 M	M=6000/（1/1）=6000	M=3600/（3/1）=1200	M=15700/（2/1）=7850
6	设定每圈脉冲数P0-11/P0-12	P0-11=6000 P0-12=0	P0-11=1200 P0-12=0	P0-11=7850 P0-12=0
	设定电子齿轮比P0-13/P0-14	P0-13=131072 P0-14=6000 约分后 P0-13=8192 P0-14=375	P0-13=131072 P0-14=1200 约分后 P0-13=8192 P0-14=75	P0-13=131072 P0-14=7850 约分后 P0-13=65536 P0-14=3925

本任务中，伺服驱动器上电后，根据控制要求，需要进行的完整参数设置见表5-16。

表5-16 输送模块伺服驱动器设置参数

参数号	设定值	说明
F0-01	1	恢复出厂设置
P0-00	0	设置伺服驱动器类型为0，普通型
P0-01	6	使用外部脉冲位置模式
P0-03	1	使能模式选择，1为IO/SON使能信号使能
P5-20	n.0010	将伺服使能信号设定为始终有效
P0-11	0	–
P0-12	1	设置脉冲数为10000

3. 气缸限位信号与远程I/O模块的连接

气缸限位信号接入远程I/O模块的C0～C6端口上，并通过设备组态将位置信号送入PLC，对于远程I/O设备，其X1接口主要是为远程I/O模块提供电源，P1接口主要是实现与远程PLC之间的通信连接；C0～C6接口主要连接气缸的限位开关信号，见表5-17。

表 5-17　远程 I/O 模块端子连接示意表

接口	引脚	线色	I/O 定义	接口	引脚	线色	I/O 定义
X1	1	棕	24V	P1	1	棕	TX+
	2	白	24V		2	白	RX+
	3	灰	0V		3	灰	RX–
	4	黑	0V		4	黑	TX–
C0	1	棕	输送模块上升到位	C4	1	棕	输送模块伸出到位
	3				3	–	
	4	蓝			4	蓝	
C1	1	棕	输送模块下降到位	C5	1	棕	输送模块缩回到位
	3	–			3		
	4	蓝			4	蓝	
C2	1	棕	输送模块左旋到位	C6	1	棕	输送模块夹紧检测
	3	–			3	–	
	4	蓝			4	蓝	
C3	1	棕	输送模块右旋到位	C7	1	–	
	3	–			3	–	
	4	蓝			4	–	

使用远程 I/O 模块时，首先要进行组网配置，然后再基于 ModbusTCP 协议，使用 PLC 自带的以太网通信指令进行数据读写，从而实现远程输入设备的信号采集及远程输出设备的控制。

使用图尔克 Turck-Service Tool 软件，对远程 I/O 模块进行组网配置的步骤如下：

1）打开 Turck-Service Tool 配置工具，如图 5-20 所示。

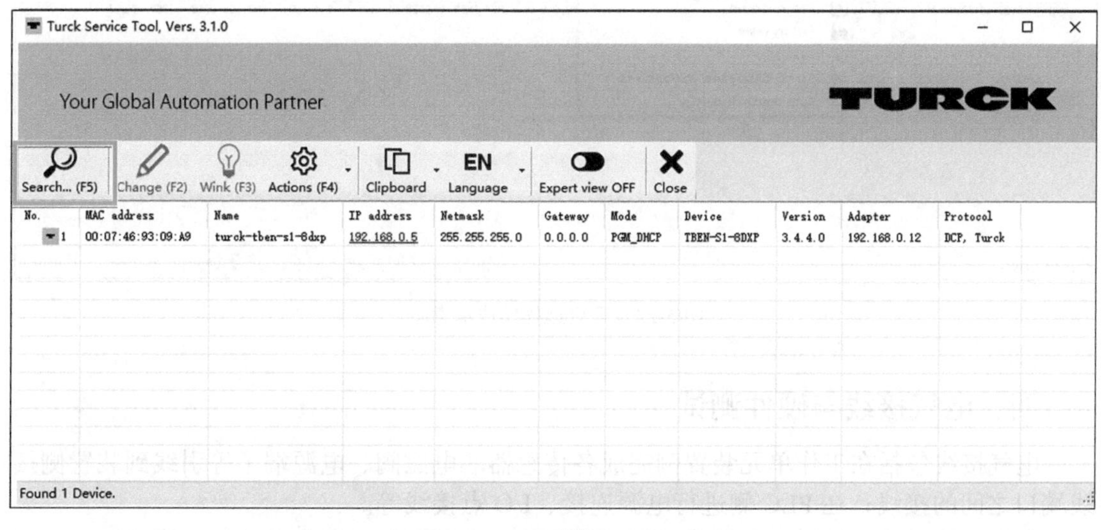

图 5-20　远程模块配置界面

2）双击“Change（F2）”，弹出网络设置对话框，“IP address”设置成“192.168.0.5”“Netmask”设置成“255.255.255.0”，单击“Set in device”完成IP地址设置，如图5-21所示。

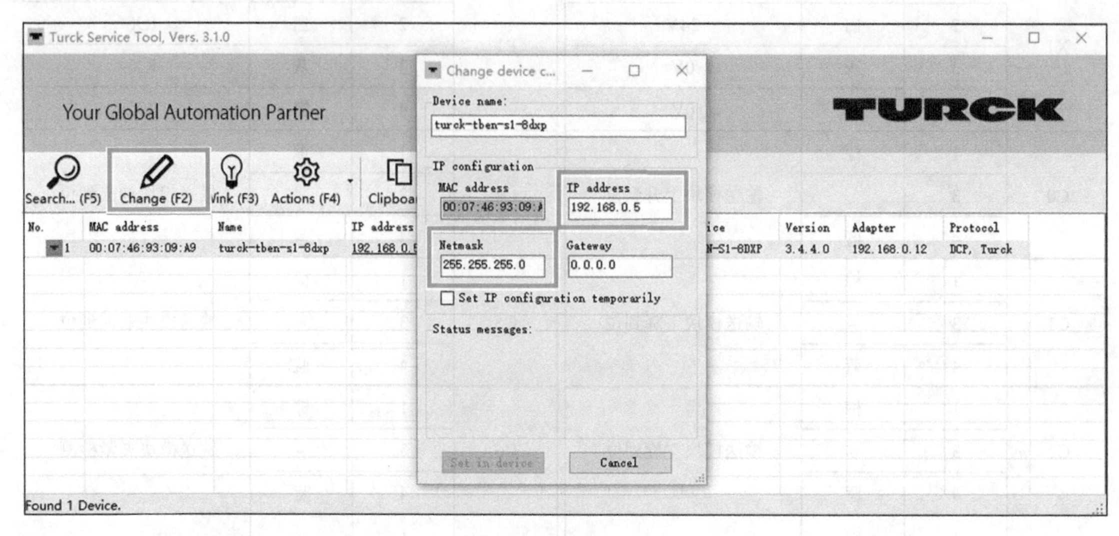

图5-21 远程模块IP地址设置

3）单击“Actions（F4）”，双击“Reboot”，重启设备，IP地址设置生效，如图5-22所示。

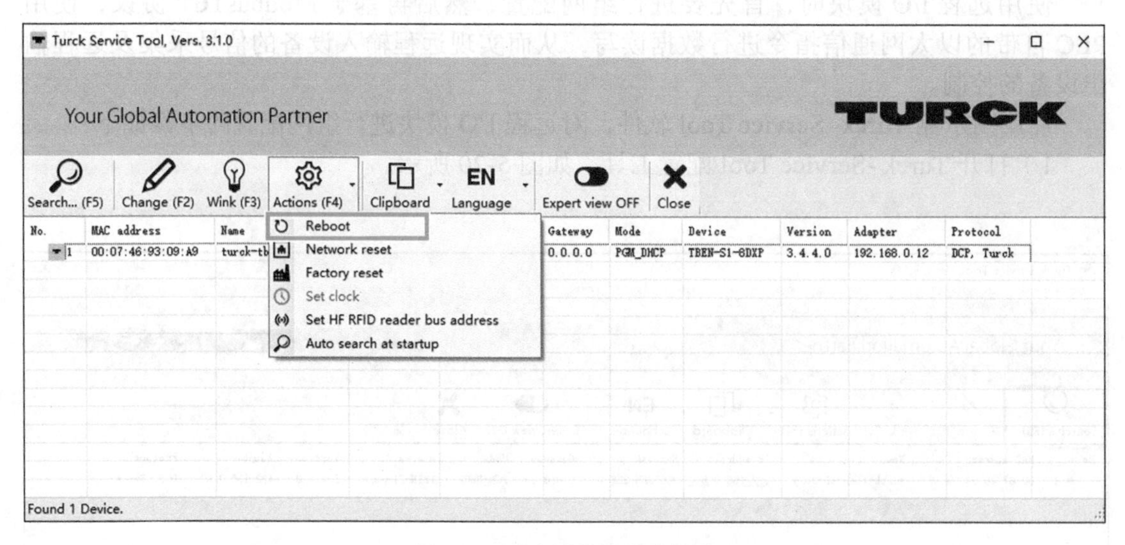

图5-22 重启远程模块示意图

四、电气接线与硬件测试

电气接线包括在工作单元装置侧完成各传感器、电磁阀、电源端子等引线到装置侧接线端口之间的接线；在PLC侧进行电源连接、I/O点接线等。

电气接线时注意按照工艺规范进行线路连接，注意电源的正负极性不要接反。

使用万用表，按照图5-17、图5-18再次核查电路连接的正确性，然后在确认电源正常、机械结构都处于初始状态的情况下通电，查看输入点位是否正常，手动操作电磁阀，检查气缸动作是否正确，气路是否合适。按照前述伺服电动机手动试运行的方法，进行伺服电动机正反转动作试运行。在确认以上均正常的情况下，断电、排气、整理现场。

五、6S 整理

在所有的任务都完成后，按照 6S 职业标准打扫实训场地。

整理：要与不要，一留一弃。

整顿：科学布局，取用快捷。

清扫：清除垃圾，美化环境。

清洁：清洁环境，贯彻到底。

素养：形成制度，养成习惯。

安全：安全操作，以人为本。

任务检查与评价（评分标准）

评分点		得分
硬件设计、连接（50 分）	能绘制出伺服系统电路原理图（20 分）	
	接近传感器安装正确（5 分）	
	接近传感器接线正确（5 分）	
	伺服电动机接线正确（5 分）	
	输送系统 PLC 输入 / 输出接线正确（5 分）	
	会进行伺服驱动器的参数设置（10 分）	
安全素养（10 分）	存在危险用电等情况（每次扣 3 分，上不封顶）	
	存在带电插拔工作站上的电缆、导线的情况（每次扣 3 分，上不封顶）	
	穿着不符合生产要求（每次扣 4 分，上不封顶）	
6S 素养（20 分）	桌面物品及工具摆放整齐、整洁（10 分）	
	地面清理干净（10 分）	
发展素养（20 分）	表达沟通能力（10 分）	
	团队协作能力（10 分）	

任务 2　输送系统程序设计

任务分析

一、控制要求

输送系统的控制要求：按下起动按钮，机械手自动进行抓料，回转气缸动作，机械手旋转 180° 至加热模块工位后，放下工件，等待加热模块工作完成后，机械手再次起动抓料，抓料完成后回转气缸复位，机械手回转 180°，然后起动伺服电动机，驱动直线模组带动机械手前行至下一级带传输单元的工件入口位置，机械手放下工件后，伺服电动机再次起动，带动机械手后退至初始位置。上述流程循环往复，直至按下停止按钮，系统停止。试按照要求完成系统 PLC 程序及触摸屏程序设计与调试。

二、学习目标

1. 掌握远程 I/O 模块的使用。
2. 掌握远程 I/O 模块的参数配置。
3. 掌握 PLC 高速脉冲定位控制指令。
4. 掌握脉冲当量的计算。
5. 掌握伺服驱动器的参数设置。
6. 掌握输送系统的手自动程序设计的方法与流程。
7. 熟练排除输送系统软硬件联调过程中出现的故障。
8. 掌握人机界面组态程序设计方法。

三、实施条件

分类	名称	型号	数量
硬件准备	手爪气缸	MHC2-10D	1
	双联双杆气缸	CXSJM10-75	1
	旋转气缸	MSQB10R	1
	薄型气缸	CDQ2B32-20D	1
	磁性开关	D-M9BL	7
	槽形光电传感器	LU674-5NA	3
	电磁阀	SY3120-5LZD-M5	4
	直线模组	ATH5-L10-400-BR	1
	远程 I/O 模块	TBEN-S1-8DXP	1
	伺服电动机	MS6H-40CS30B1-20P1	1
	伺服驱动器	DS5C-20P1-PTA	1
	可编程控制器	CPU1215C	1
	触摸屏	TGM765S-ET	1

任务准备

一、输送模块轴工艺对象配置

本任务中的伺服系统驱动控制使用了西门子轴工艺对象功能，相关定位指令的使用见前文，本任务中输送模块轴工艺对象配置参数如下：

1）常规配置中驱动器选择“PTO”，测量单位选择“mm”，如图 5-23 所示。

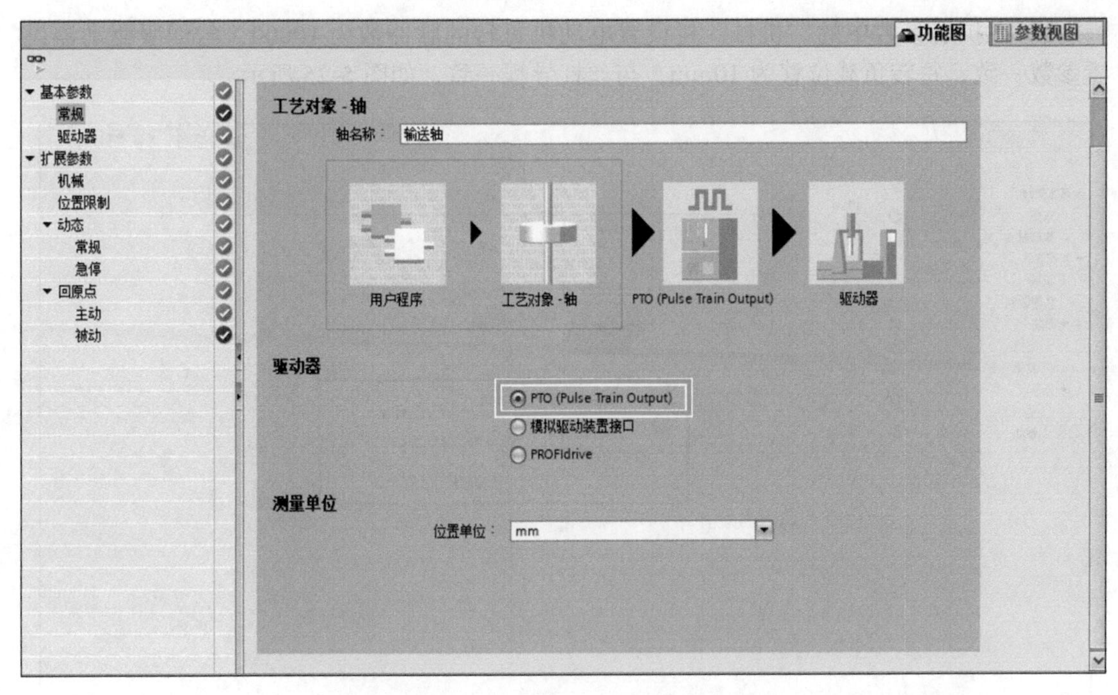

图 5-23 输送轴常规组态界面

2）在基本参数的“驱动器”栏中设定信号类型为“PTO（脉冲 A 和方向 B)”，脉冲输出为 Q0.0，方向输出为 Q0.1，与硬件接线保持一致，如图 5-24 所示。

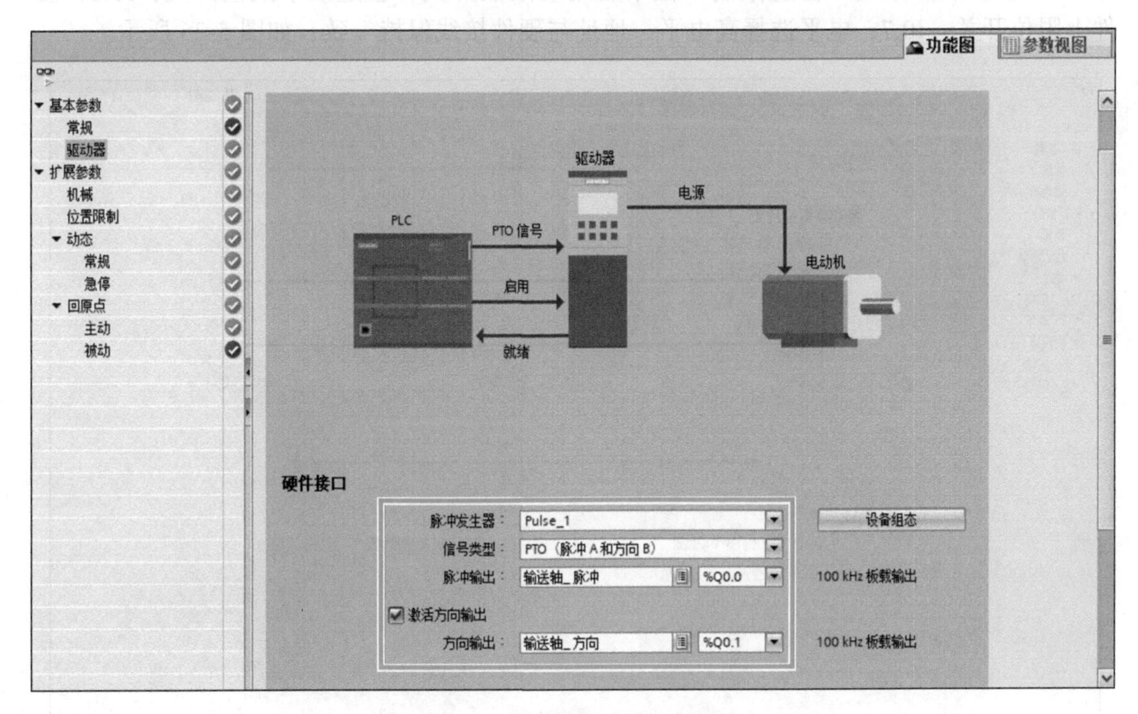

图 5-24 输送轴驱动器组态界面

3）在扩展参数中的“机械”栏设置电动机每转的脉冲数为10000，与伺服驱动器设置参数一致，每转负载位移为10mm，与丝杠导程一致，如图5-25所示。

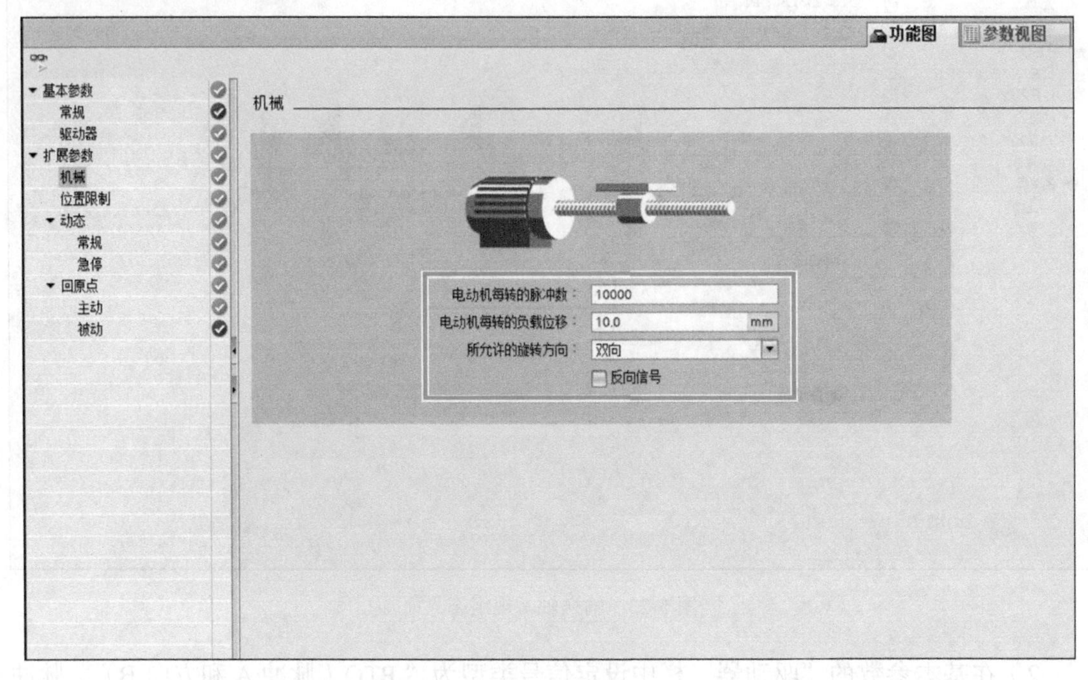

图5-25　输送轴机械组态界面

4）在扩展参数的“位置限制”栏中启用硬限位开关，设定硬下限位开关：I1.0，硬件上限位开关：I0.7，电平选择高电平，地址与硬件接线保持一致，如图5-26所示。

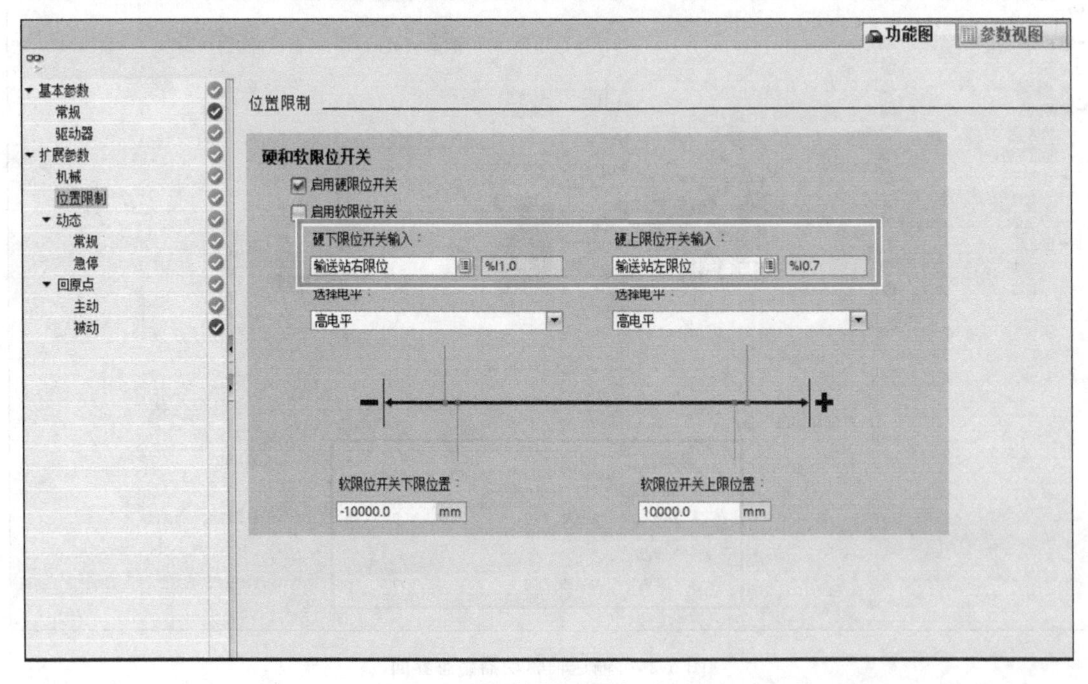

图5-26　输送轴位置限制组态界面

5）在扩展参数中的动态“常规”栏设置最大速度为 60mm/s，加减速为 0.5s，如图 5-27 所示。

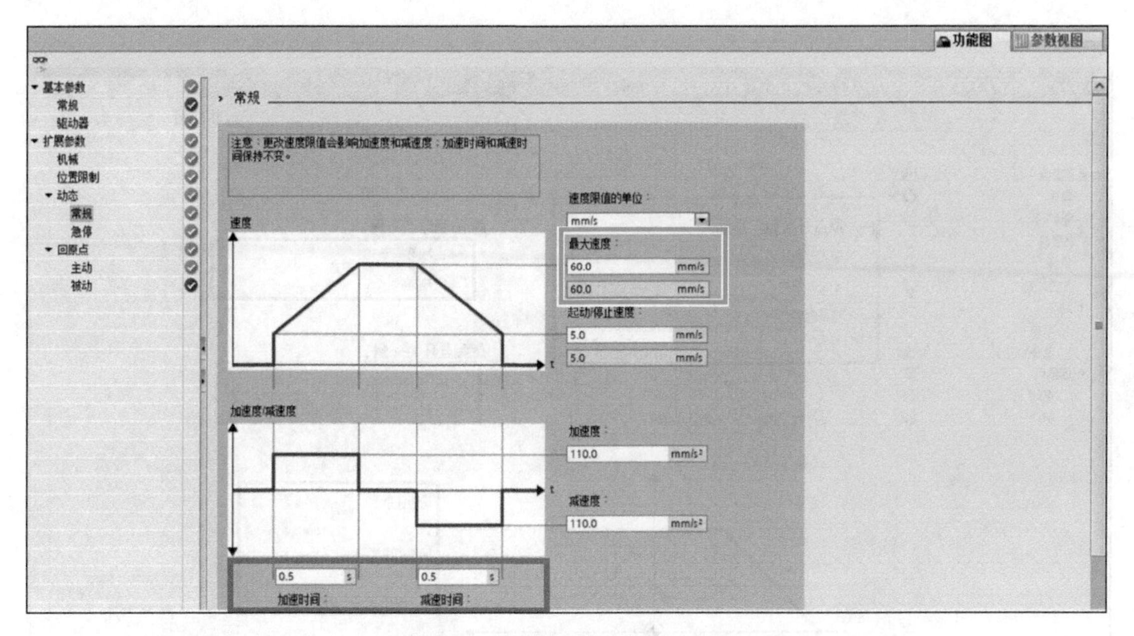

图 5-27　输送轴动态常规组态界面

6）动态“急停”栏的参数设置，急停减速时间为 0.2s，如图 5-28 所示。

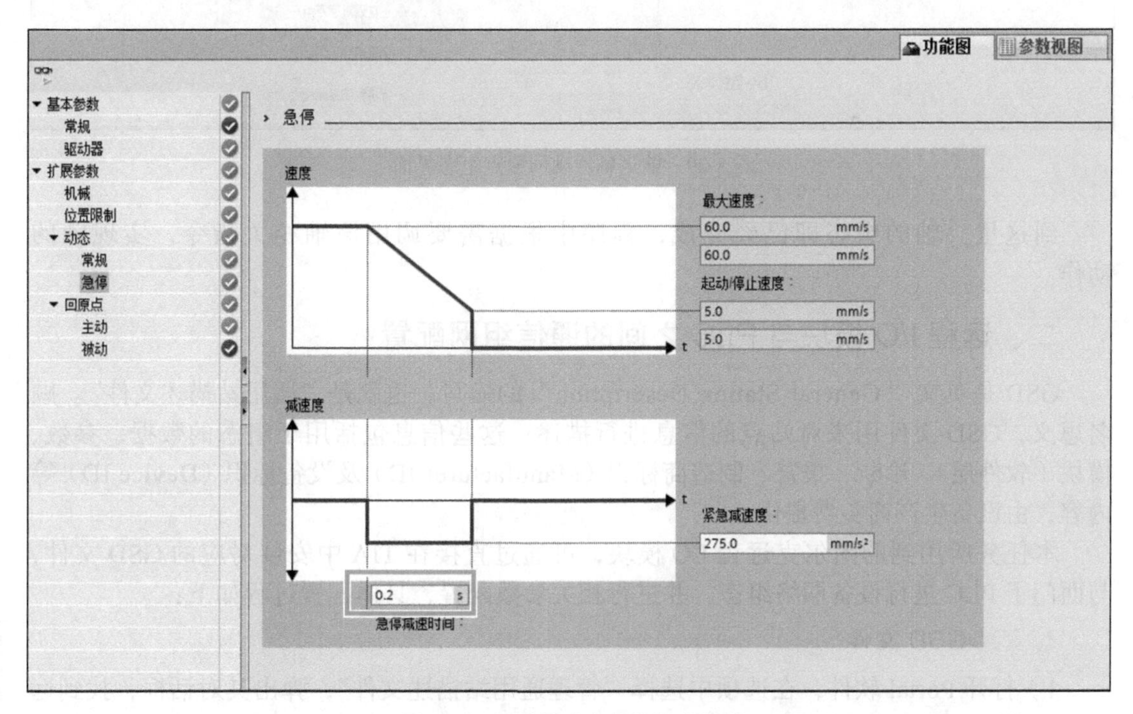

图 5-28　输送轴动态急停组态界面

7）回原点的“主动”栏中原点开关选择I0.6、高电平，勾选“允许硬限位开关处自动反转”，回原点方向选择正方向、参考点开关下侧，如图5-29所示。

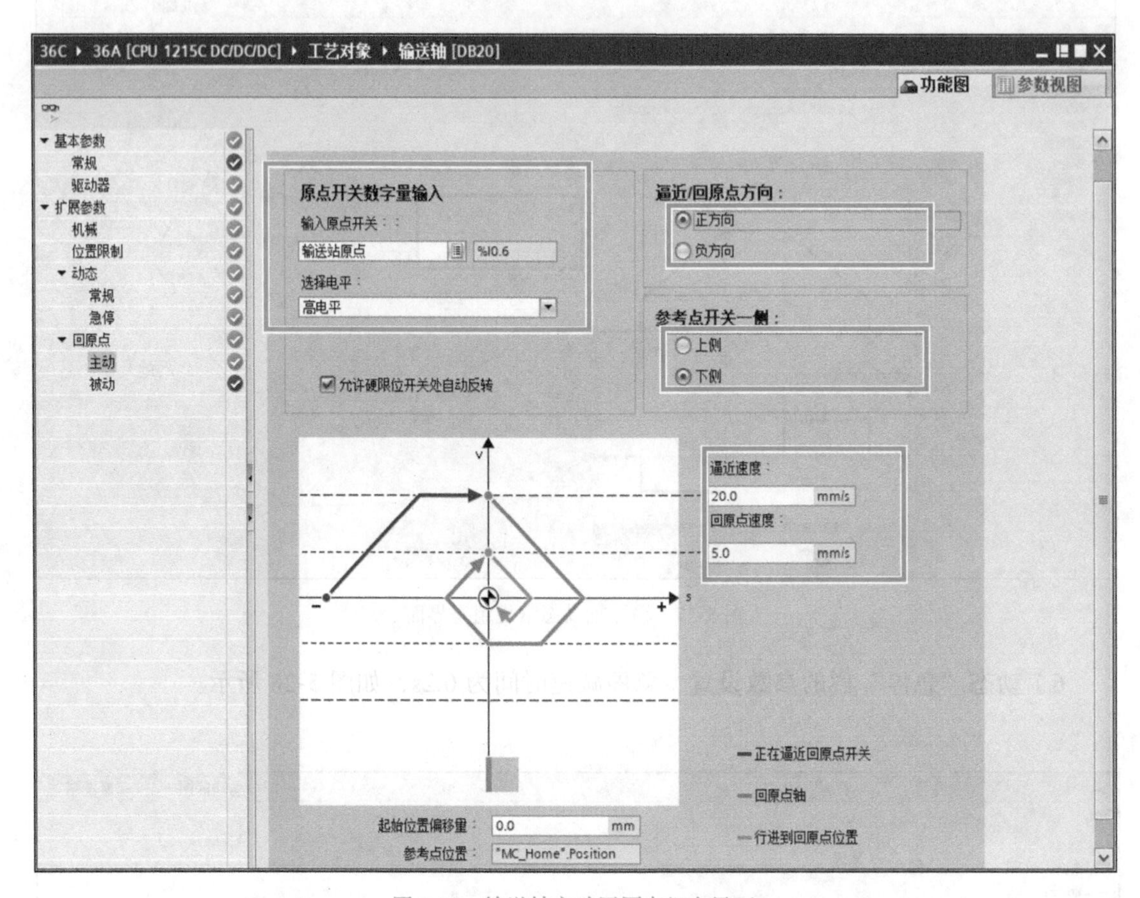

图5-29　输送轴主动回原点组态界面

到这里，轴的组态即已经完成，程序中根据需要调用该轴相关指令，实现轴的动作。

二、远程I/O模块与PLC之间的通信组网配置

GSD是英文“General Station Description”的缩写，也就是“通用站描述文件”。顾名思义，GSD文件用来对站点的信息进行描述，这些信息包括用于组态的数据、参数、模块（软件层）、诊断、报警、制造商标识（Manufacturer ID）及设备标识（Device ID）等内容，由设备生产商免费提供。

本任务所用到的图尔克远程I/O模块，可通过直接在TIA中安装对应的GSD文件，与西门子PLC进行设备网络组态，并进行相关参数配置，具体配置过程如下：

1. 安装GSD文件

1）打开Portal软件，在选项中选择“管理通用站描述文件”，弹出其对话框，找到远程I/O模块存放的路径并单击“确定”按钮，如图5-30所示。

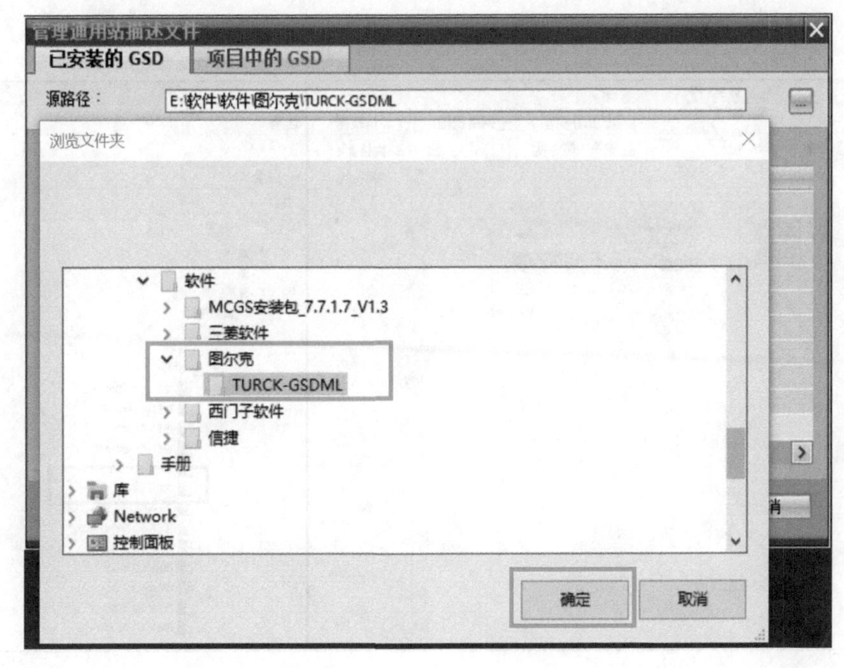

图 5-30　选择 GSD 文件路径界面

2）勾选导入路径的内容，单击“安装”按钮，如图 5-31 所示。

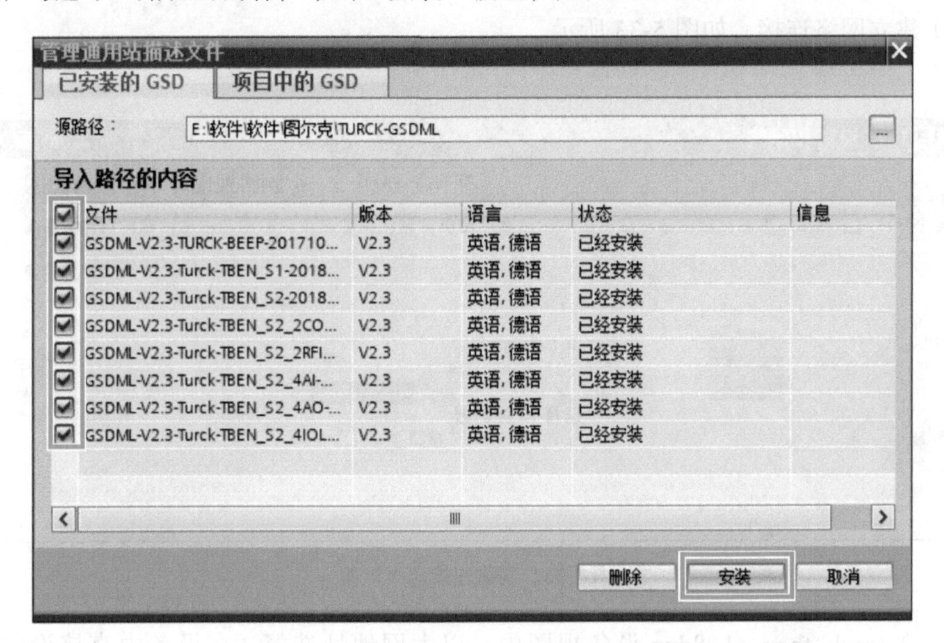

图 5-31　安装 GSD 文件界面

2. 组态设置

1）在硬件目录中找到“其他现场设备”下的“PROFINET IO”文件夹，在该文件夹中找到“I/O”文件夹中的“TBEN–S1–8DXP”模块，如图 5-32 所示。

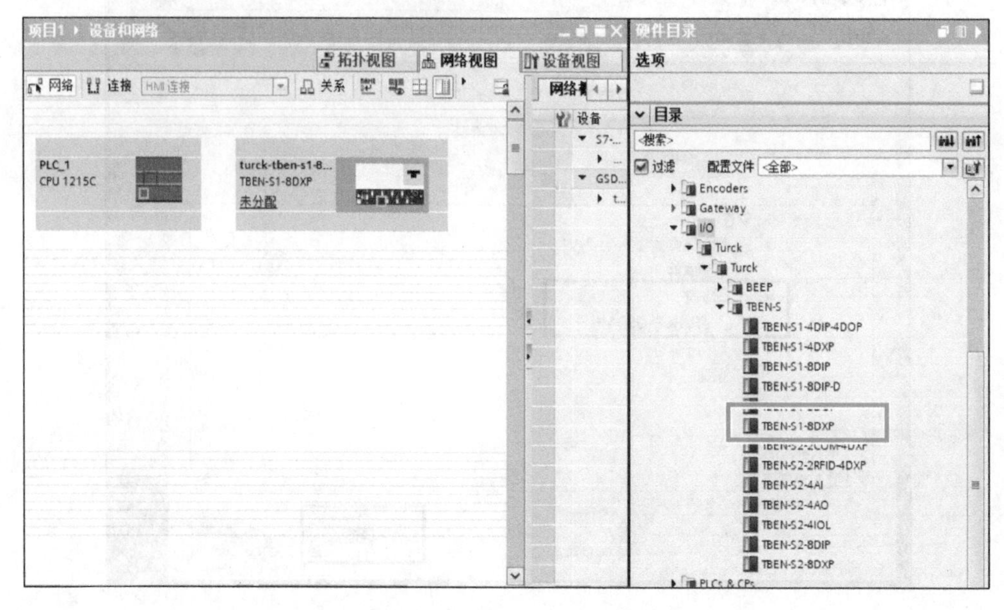

图 5-32　组态 TBEN–S1–8DXP 模块界面

2）建立网络连接，如图 5-33 所示。

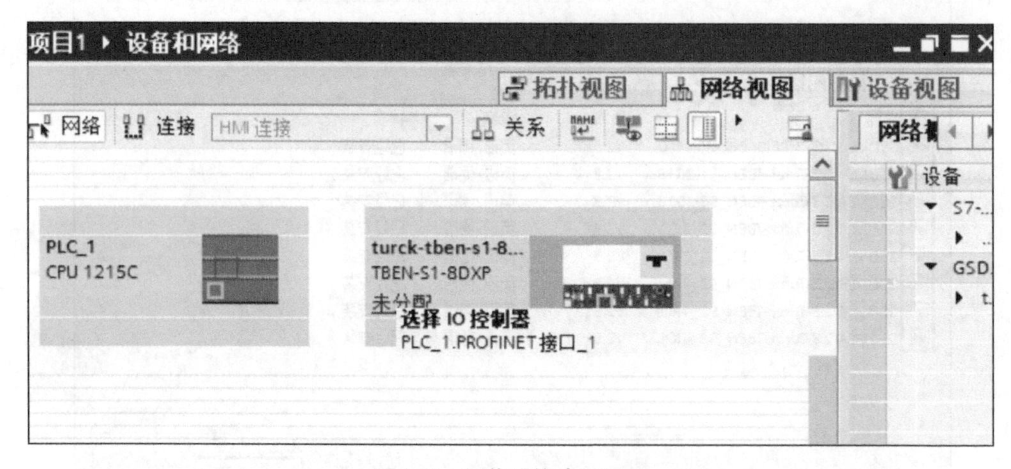

图 5-33　网络连接建立界面

3）在 turck–tben–s1–8dxp 设备视图中，以太网地址选择“在设备中直接设定 IP 地址”，勾选“自动生成 PROFINET 设备名称”，如图 5-34 所示。

4）根据系统的 I/O 分配，在 turck–tben–s1–8dxp 设备概览中设置 I/O 的起始地址为 6，如图 5-35 所示。

至此，我们就已经根据系统的 I/O 分配，对远程 I/O 所连接的传感器完成了 PLC 地址分配，在程序中直接调用该地址即可获得传感器的相关信息。

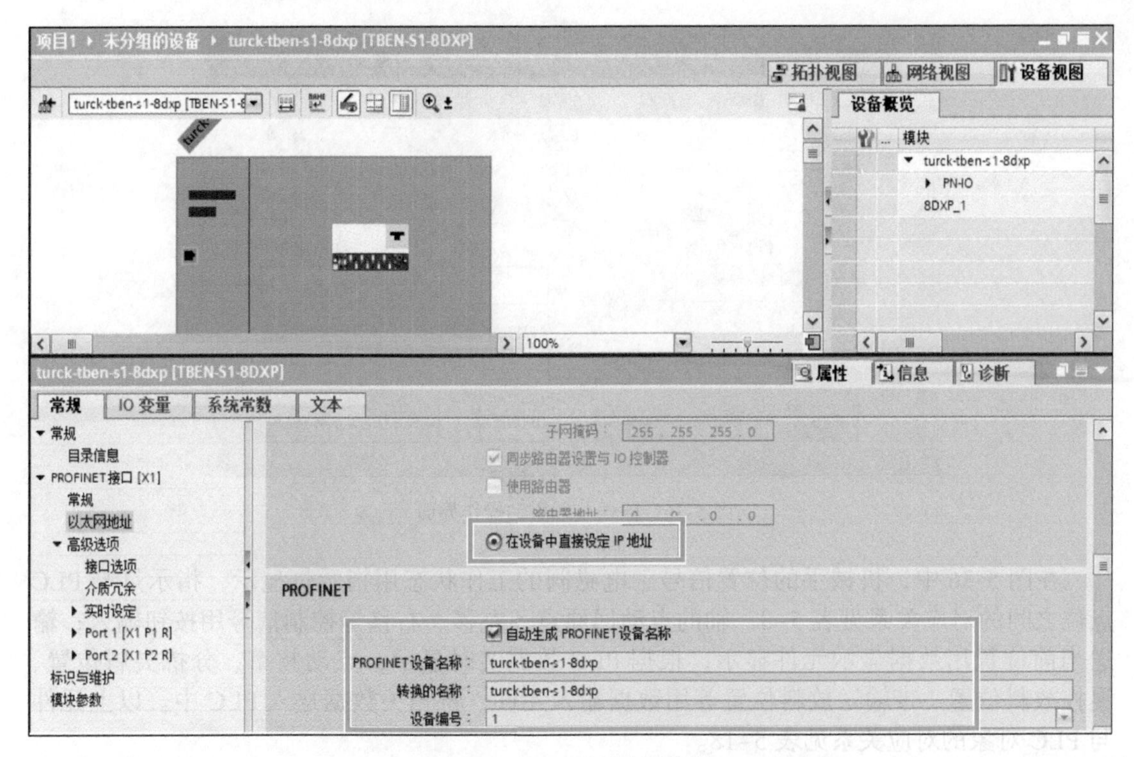

图 5-34 IP 地址设置界面

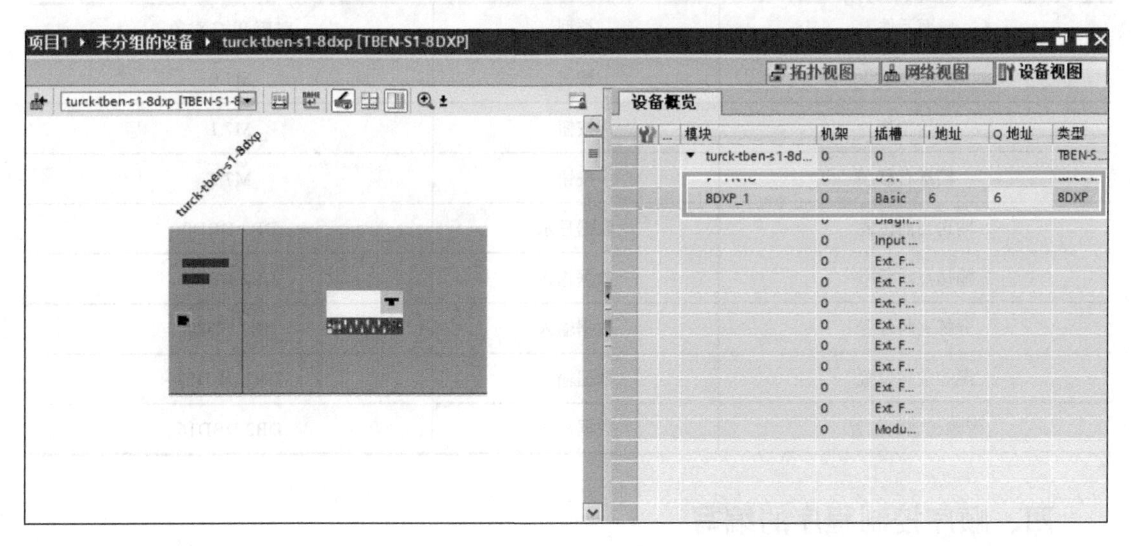

图 5-35 远程 I/O 模块地址设置界面

三、触摸屏画面需求分析与绘制

通过在任务中引入触摸屏，可以在触摸屏画面中进行人机交互，减少外部主令器件和指示器件的使用，大大节约了硬件成本，同时使得整个系统具有更强的灵活交互性，增强用户体验。本任务主要是通过触摸屏画面进行轴的手动操作，并实时显示模块当前各输入 / 输出状态，具体画面如图 5-36 所示。

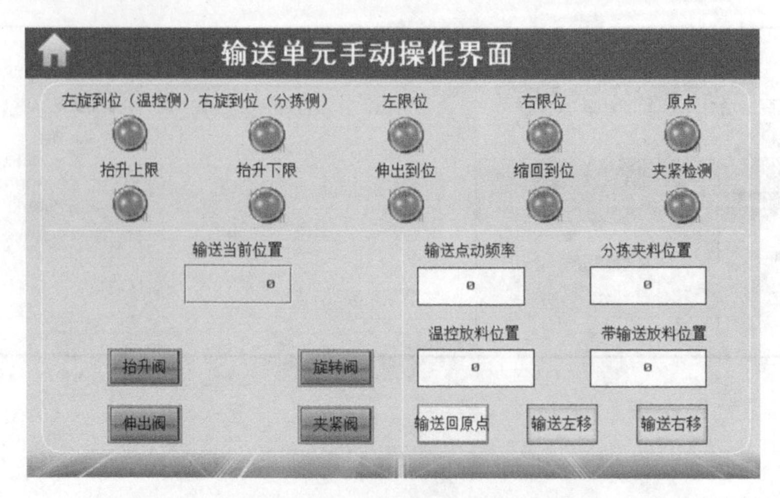

图 5-36　输送单元手动操作界面

在图 5-36 中，机械手的位置信号、电磁阀的工作状态用指示灯显示，指示灯与 PLC 点位之间的对应关系见表 5–8。轴的点动回原点、左移、右移等控制信号用按钮输入；输送当前位置用数据显示元件显示，根据 PLC 数据实时显示；点动频率、分拣夹料位置、温控放料位置、带输送放料位置等用数据输入元件，将相关数据送入 PLC 中。以上元件与 PLC 对象的对应关系见表 5–18。

表 5-18　触摸屏部分元件与 PLC 对象对应表

画面元件	类型	对应 PLC 对象
输送回原点	按钮	M7.0
输送左移	按钮	M7.1
输送右移	按钮	M7.2
输送当前位置	数据显示	DB2.DBD0
输送点动频率	数据输入	DB2.DBD4
分拣夹料位置	数据输入	DB2.DBD8
温控放料位置	数据输入	DB2.DBD12
带输送放料位置	数据输入	DB2.DBD16

四、顺序控制程序的编写

如果一个控制系统可以分解成若干个独立的控制动作，且这些动作必须按照一定的先后顺序执行才能保证生产过程的正常运行，这样的控制系统就称为顺序控制系统。本任务中，气动控制机械手的动作及其左右移位动作均是按照顺序进行的，因此就可以利用顺序控制的方法实现控制。

对于顺序控制系统，可以编写相对应的顺序控制程序来实现所需要的功能，按照顺序控制过程进行程序编写，可以做到思路清晰，便于阅读和理解，减轻调试和维护的工作量。

1. 顺序控制步的分析

对于顺序控制，每一个操作固定的过程称为步，步与步之间的转移通过转移条件来实现，步的输出称为动作。

1）进入条件：设置进入该顺序流程的条件，一般为位逻辑，该位为 1 时，进入该步，该位为 0 时，退出该步。

2）执行动作：该顺序步中需要执行的输出用线圈来实现，退出该步后，输出将被复位，如需要在其他步中保持该状态，需要使用置位指令。

2. 顺序控制程序的编写方法

对于顺序控制程序，首先根据生产工艺进行分析，将系统的工作过程分解成若干个步骤，对每个步骤进行编号，并确定该步骤内的输出，设定系统控制状态字，通过状态字与步骤编号的对比来确定当前执行的动作，并通过修改系统控制状态字，进入不同的步实现单步调试。

例 5-2 红绿灯的顺序控制。某个交通路口的红绿灯控制过程如下：红灯 30s，绿灯 20s，黄灯 3s。系统顺序控制流程如图 5-37 所示，程序示例如图 5-38 所示。

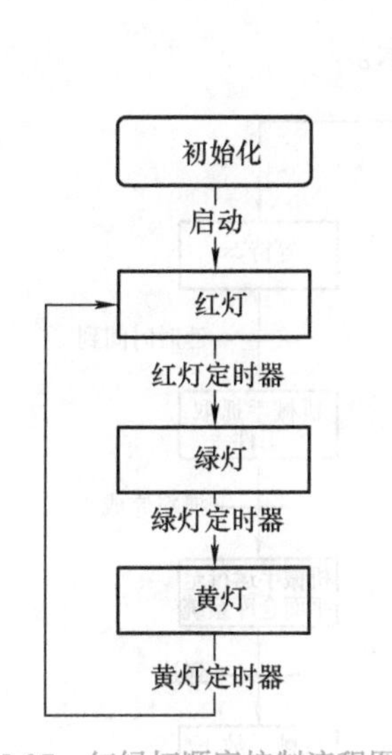

图 5-37 红绿灯顺序控制流程图

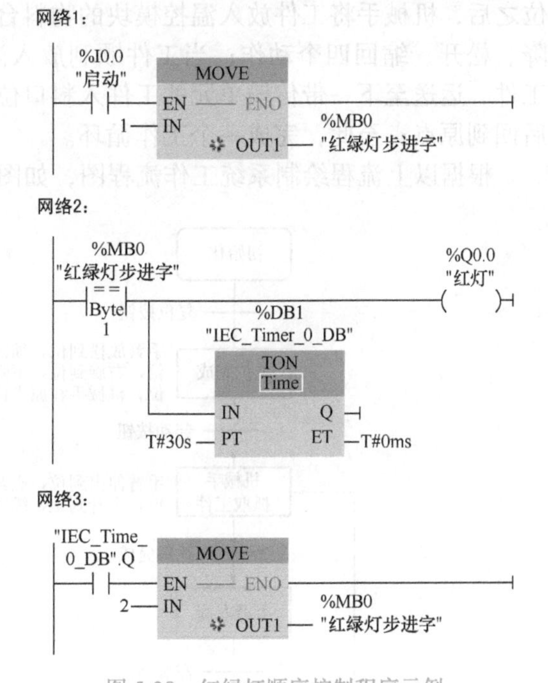

图 5-38 红绿灯顺序控制程序示例

任务实施

一、系统控制分析

根据对输送系统的控制要求分析可知：

1）输送系统的工作目标是实现机械手对工件的输送作业。

为了在输送时能将工件准确送到温控模块和仓库模块进行作业，系统采用的是伺服电动机驱动。所以需要使用脉冲定位指令进行位置控制，PLC 发送的脉冲个数决定机械手的位移，其发送的脉冲频率决定机械手的移动速度。

2）本设备中有4个气缸：手爪气缸、伸出气缸、旋转气缸和抬升气缸，它们构成了机械手。机械手要对工件进行抓取、移动和放下动作，这些动作需要四个气缸共同工作完成，而每个气缸的动作是通过PLC发出信号给相应的电磁换向阀改变气路实现的。

3）为了方便人机交互，实现机械手的操作和位置的控制，整个系统引入触摸屏，通过触摸屏和PLC之间的通信实现设备的状态监控。

二、系统工作流程图的绘制

输送系统支持手动与自动两种工作模式。

1）手动模式下，能够独立进行机械手的原点归位、左右移动等操作。

2）自动模式下，首先检查系统执行机构是否都在初始位置，若不在，则执行复位。复位完成后，若按下起动按钮，假设前道工序有工件送来，则系统开始工作。具体流程：机械手抓取工件，抓取包括伸出、夹紧、放松、缩回四个动作；抓取工件动作完成后，手臂左旋，左旋到位后，伺服电动机带动直线模组移动，机械手将跟随移至温控模块；到位之后，机械手将工件放入温控模块的物料台，其中，机械手放入工件包括手臂伸出、下降、松开、缩回四个动作；当工件顺利放入温控模块的物料台后，等待2s，机械手抓取工件，运送至下一带传输单元的工件入料口位置放下工件，然后机械手臂右旋；右旋到位后回到原点；至此，完成一个工作循环。

根据以上流程绘制系统工作流程图，如图5-39所示。

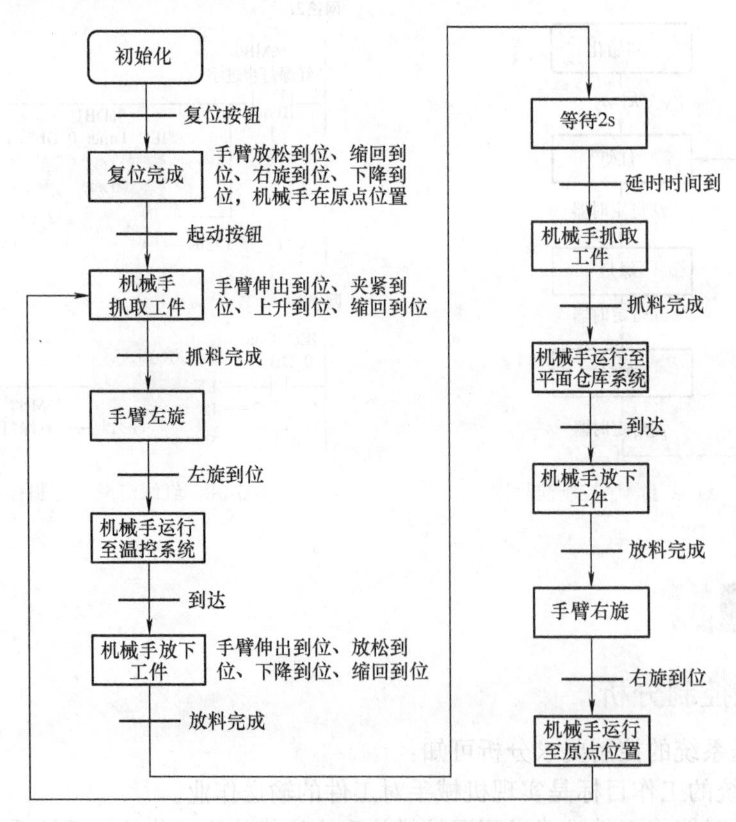

图5-39 输送模块控制程序流程图

三、编程思路及程序设计

1. 编程思路

1）系统有两种工作模式，手动与自动。在自动模式下，首先需要检查执行机构是否在初始位置，所以需要执行复位操作。而系统中考虑到接线方便，对于气缸部分的限位采用了远程 I/O 模块，因此还需要进行通信程序编写。由此可知，系统程序主框架需要包含远程 I/O 模块通信、系统复位操作程序、手动操作程序、自动运行程序四部分。

2）输送单元的主要工作过程是工件的输送，在自动运行程序中需要两次抓取和放下工件，由于两次抓取和放下的步骤相同，每次抓取和放下分别由 4 个动作顺序构成，比较烦琐，因此可编写抓取和放下子程序供主程序调用。

3）复位程序是让机械手回到初始起点，包括伺服电动机原点回归和四个气缸的复位动作。手动控制是分别控制四个气缸单独动作和伺服电动机的正反转，以及程序的启动停止。

4）自动运行程序是一个步进顺控程序，按照程序流程图里面的步骤进行顺序流程指令的编写即可。

另外，手动操作部分需要通过触摸屏对四个气缸和伺服电动机单独控制，因此需要对触摸屏组态软件进行设置和绘制界面。

2. PLC 程序设计

（1）复位程序　复位程序是指当输送流程完成或按下复位按钮等时，PLC 执行复位程序，机械手回到初始状态，包括伺服电动机回原点和四个电磁阀分别驱动四个气缸复位，即气动手爪松开到位、伸出气缸缩回到位、旋转气缸右旋到位、抬升气缸下降到位。程序如图 5-40 ～图 5-42 所示。

如果输送模块几个气缸都动作到位，右旋到位、缩回到位、下降到位、夹紧到位，则说明复位完成，系统就绪标志位置位。

（2）手动操作程序　手动操作程序是通过触摸屏界面实现伺服电动机的正反转点动动作。程序编写如图 5-43 所示，通过调用轴指令 MC_MoveJog，并指定电动机的正转和反转信号来实现。

（3）抓取工件子程序 FC6　输送过程中需要机械手抓取工件，两次抓取工件的动作步骤是相同的，即伸出 - 抓取 - 抬升 - 缩回 - 下降 5 个顺序动作，为避免重复工作，将这 5 步动作编写为子程序，命名为放下工件。当机械手到达工件位置和工件在温控模块加热完成时，主程序只需调用子程序 FC6（见图 5-44）即可。

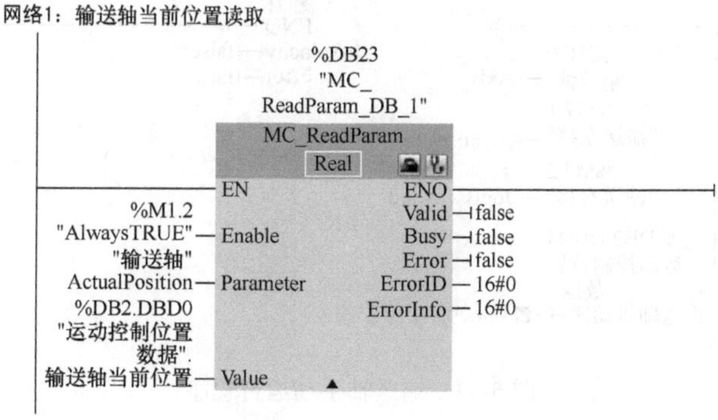

图 5-40　输送轴位置读取程序

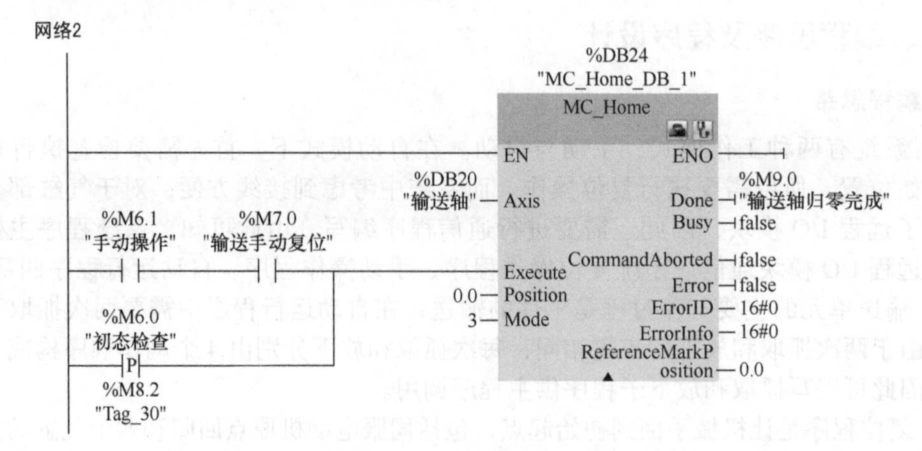

图 5-41 输送轴手动复位程序

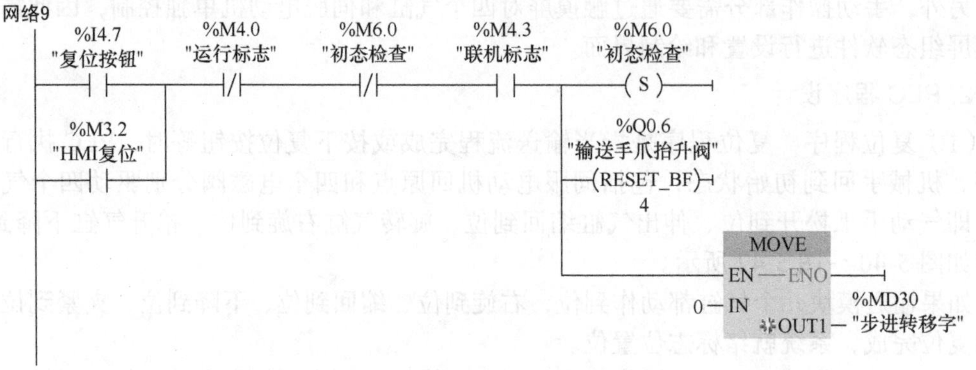

网络9
%I4.7 "复位按钮"
%M4.0 "运行标志"
%M6.0 "初态检查"
%M4.3 "联机标志"
%M6.0 "初态检查"
S
%M3.2 "HMI复位"
%Q0.6 "输送手爪抬升阀"
RESET_BF
4
MOVE
EN ENO
0 IN
%MD30
OUT1 "步进转移字"

图 5-42 输送手爪复位程序

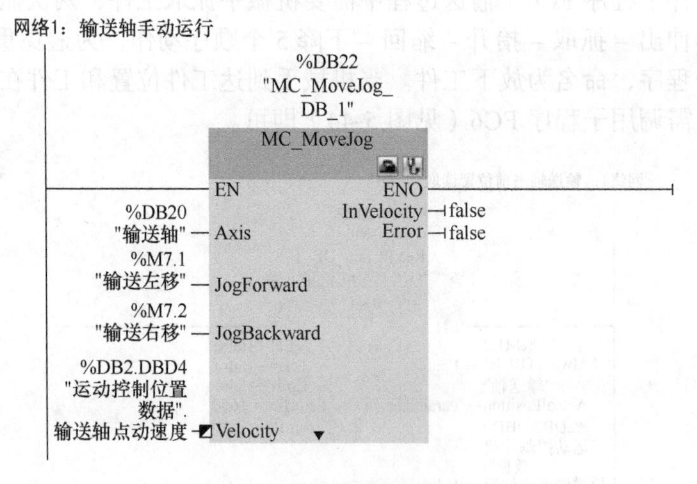

图 5-43 输送轴手动运行程序

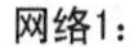

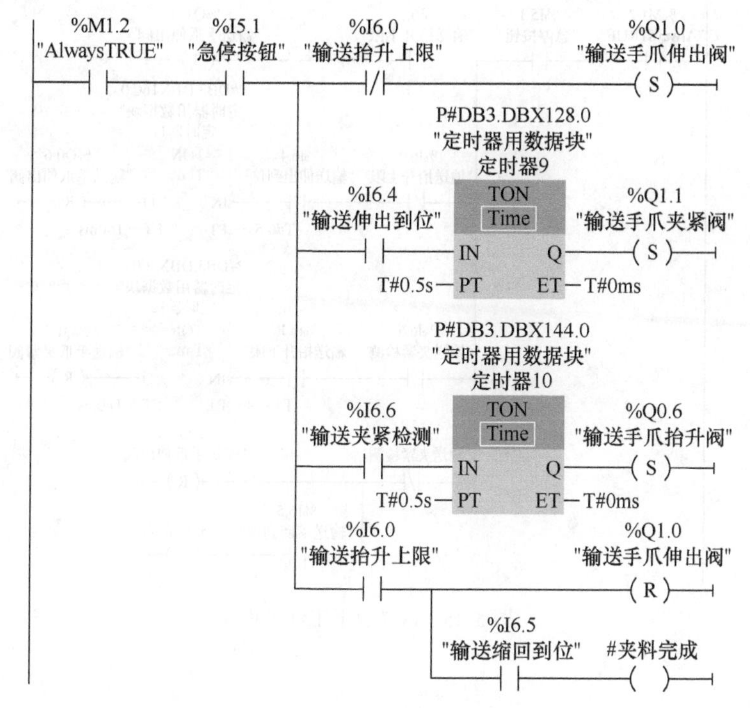

图 5-44　FC6 抓取工件子程序

如图 5-44 所示，首先，伸出阀得电，伸出气缸伸出。伸出到位后，定时 0.5s，0.5s 后夹紧阀得电，夹紧气缸夹紧。夹紧到位后，定时 0.5s，0.5s 后抬升阀得电，抬升气缸抬升。抬升到位后，定时 0.5s，0.5s 后伸出阀失电，伸出气缸缩回。缩回到位后，抬升阀失电，抬升气缸下落。

（4）放下工件子程序 FC7　输送过程中需要机械手放下工件，两次放下工件的动作步骤是相同的，即伸出 - 下降 - 松开 - 缩回 4 个顺序动作，为避免重复工作，设置这 4 步动作为放下工件子程序 FC7。当机械手到达温控模块位置和到达带传送物料入口位置时，主程序只需调用放下工件子程序 FC7（见图 5-45）即可。

放下工件子程序和抓取工件子程序结构和形式相同，只是顺序不一样，在此不再赘述。

（5）自动运行程序　输送过程是一个步进顺控程序，首先检测单机起动按钮或输送模块起动运行程序，当满足条件时，开始执行动作，即抓取工件送入温控模块。送入温控模块后，等待温度达到设定值后进入下一个流程，即抓取工件送到传送带。具体程序如图 5-46 所示。

当处于联机状态且按下起动按钮或单机起动时，如果此时复位完成，则启动标志位置位，表示此时模块处于起动状态。起动状态下，检测到分拣模块已经到位，并且当前温度大于设定温度，此时进入下一流程，即抓取工件送入温控模块，具体程序编写如图 5-47 和图 5-48 所示。

由于篇幅所限，在此不详细讲解所有程序段，扫描二维码可以查看所有程序。

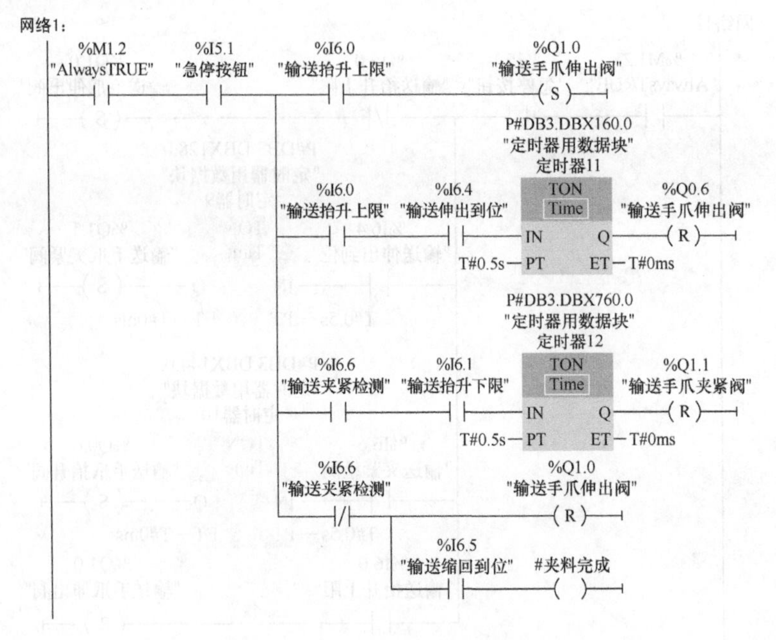

图 5-45　FC7 放下工件子程序

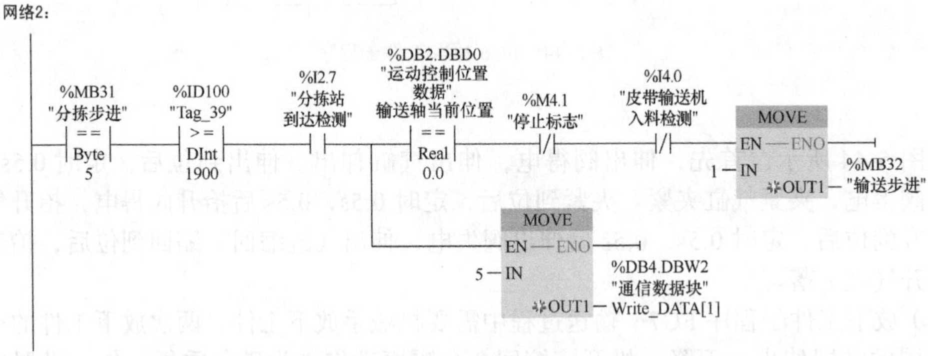

网络2:

%MB31 "分拣步进" == Byte 5　%ID100 "Tag_39" >= DInt 1900　%I2.7 "分拣站到达检测"　%DB2.DBD0 "运动控制位置数据".输送轴当前位置 == Real 0.0　%M4.1 "停止标志"　%I4.0 "皮带输送机入料检测"

MOVE　EN — ENO　1 — IN　OUT1 — %MB32 "输送步进"

MOVE　EN — ENO　5 — IN　OUT1 — %DB4.DBW2 "通信数据块".Write_DATA[1]

图 5-46　输送步进过程开始程序

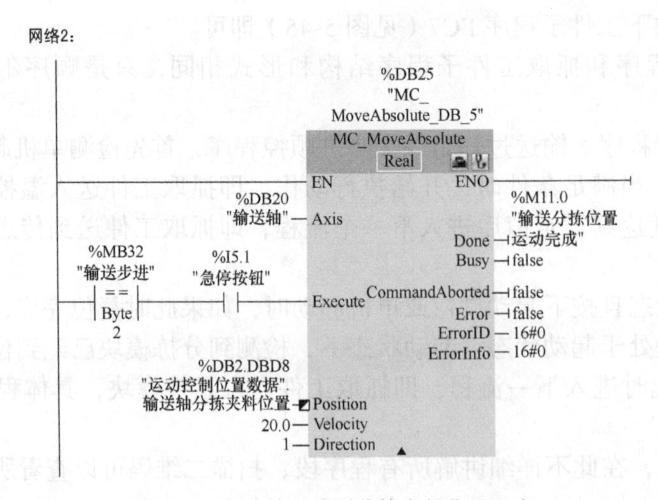

图 5-47　启动轴运动到分拣夹料位置程序

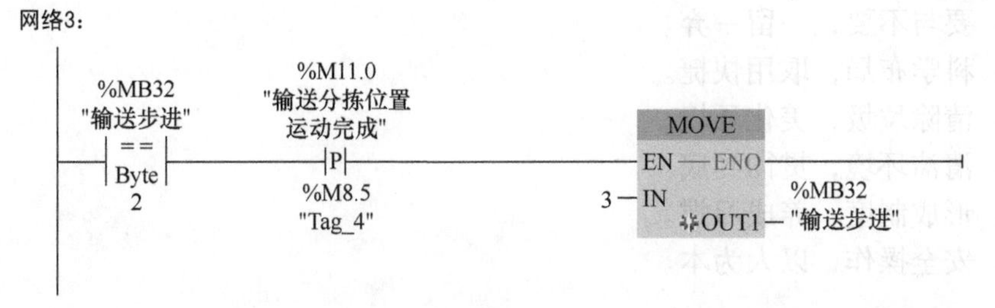

图 5-48　到达分拣位置程序

四、系统调试

1. 硬件电路检查

再次检查电路连接的正确性及电源、气路是否正常，确认无误后上电。

2. 程序下载

依次连接 PLC 及触摸屏，将编译无误后的程序依次下载，并将其置于 RUN 模式。

3. 功能调试

按表 5-19 对系统功能进行调试。

表 5-19　输送系统功能调试

当前状态	观测对象	观测内容
通电调试	PLC 电源指示灯常亮	–
	气缸磁性开关指示灯亮	气缸伸出、缩回到位或旋转到位，不同的磁性开关指示灯亮并且有信号触发
	远程 I/O 电源指示灯亮	气缸到位的磁性开关信号可以被 PLC 读取到
通气调试	气缸初始位置正常	在电磁阀未得电且设备正常供气的情况下，气缸处于正确的初始位置
手动调试	气缸动作正常且流畅	触摸屏手动操作气缸动作，查看气缸是否能正常伸出缩回或旋转。查看气缸动作的流程是否顺滑，如果有卡顿或动作过快的现象可以适当地调节节流阀来控制气缸的速度
	伺服电动机运动正常	手动控制伺服电动机的正反转，查看运动速度及正反转的方向是否正确
自动模式起动按钮按下后	伺服电动机到达指定位置	查看伺服电动机行走到的位置、行走的流程是否准确
	机械手开始抓取物料	机械手抓取或者放下物料的流程是否准确，有无碰撞
	执行机构循环运行	完成一轮动作后，伺服电动机、气缸等执行机构能否重复运行且没有故障
停止按钮按下后	伺服电动机	伺服电动机停止运转
	气缸	气缸停止进一步的动作
复位按钮按下后	气缸回到初始位置	气缸回到初始位置
	伺服电动机	伺服电动机开始回原点，相关寄存器清零

五、6S 整理

在所有的任务都完成后，按照 6S 职业标准和图 5-49 打扫实训场地。

整理：要与不要，一留一弃。
整顿：科学布局，取用快捷。
清扫：清除垃圾，美化环境。
清洁：清洁环境，贯彻到底。
素养：形成制度，养成习惯。
安全：安全操作，以人为本。

图 5-49　输送系统 6S 管理现场标准图

任务检查与评价（评分标准）

	评分点	得分
软件（60分）	按下复位按钮后，伺服电动机可回到原点位置（5分）	
	按下复位按钮后，各气缸可回到初始位置（5分）	
	按下停止按钮后，伺服电动机正常停止（5分）	
	自动模式下，按下起动按钮，输送模块能够到达取料位置（5分）	
	自动模式下，机械手到达取料位置可以完成取料，无磕碰（5分）	
	自动模式下，机械手取料完成后能将工件放置到温控模块的物料台（5分）	
	自动模式下，机械手可以将物料运送到带传送模块工件入口位置（5分）	
	自动模式下，整个动作过程可以重复运行（5分）	
	手动模式下，伺服电动机可以进行正反转，速度可设置（5分）	
	手动模式下，各气缸可以手动操作（5分）	
	输送模块程序调试功能正确（10分）	
6S 素养（20分）	桌面物品及工具摆放整齐、整洁（10分）	
	地面清理干净（10分）	
发展素养（20分）	表达沟通能力（10分）	
	团队协作能力（10分）	

项目 6 龙门搬运系统的设计与调试

证书技能要求

可编程控制器应用编程职业技能等级证书技能要求（中级）	
序号	职业技能要求
1.2.1	能够根据要求完成位置控制系统（伺服）的方案设计
1.2.2	能够根据要求完成位置控制系统（伺服）的设备选型
1.2.3	能够根据要求完成位置控制系统（伺服）的原理图绘制
1.2.4	能够根据要求完成位置控制系统（伺服）的接线图绘制
2.1.2	能够根据要求完成 PLC 系统组态
2.1.3	能够根据要求完成 PLC 脉冲参数配置
2.1.4	能够根据要求完成 PLC 通信参数配置
2.2.3	能够根据要求完成伺服参数配置
3.2.1	能够根据要求计算脉冲当量
3.2.2	能够根据要求完成伺服控制系统的数据通信
3.2.3	能够根据要求完成伺服控制系统原点回归程序的编写
3.2.4	能够根据要求完成伺服控制系统的单段速控制编程
4.2.1	能够完成 PLC 程序的调试
4.2.2	能够完成 PLC 与伺服系统的调试
4.2.4	能够完成位置控制系统（伺服）参数调整
4.2.5	能够完成位置控制系统（伺服）的优化
4.2.6	能够完成伺服和其他站点的数据通信及联机调试

项目导入

自动化生产线上，通过机械配合将物料或工件从一个位置搬运到另一个或几个指定的位置称为搬运输送过程，而其对应的搬运输送系统则是生产中不可缺少的一部分。常用搬运输送系统的构成和工作原理，根据输送物料或工件的性质和形状的变化而变化。本系统采用的龙门机械手，也称为桁架机械手，是一种建立在直角 X、Y、Z 三坐标系统基础上对工件进行工位调整，或实现工件轨迹运动等功能的全自动工业设备。

龙门搬运系统集成了多种传感器、气缸、PLC及多轴伺服控制。通过对本系统的学习，学生可以深入了解信捷XDH型PLC如何控制多个伺服电动机实现龙门搬运。本项目包括2个任务：任务1为龙门搬运系统控制电路设计，主要学习PLC控制伺服系统实现龙门搬运系统电气控制电路的设计，使学生初步了解多轴伺服控制用EtherCAT总线的架构。任务2为龙门搬运系统程序设计，继续深入学习PLC顺序控制和脉冲控制的使用，重点学习PLC内置运动控制指令，学习编写龙门搬运系统程序，继续强化调试及排故的能力。

学习目标

本项目通过对搬运系统的设计，学习PLC控制伺服驱动硬件电路的设计方法、旋转气缸气路的组成和工作原理、顺序控制和伺服系统脉冲控制的程序编程方法。

<table>
<tr><td>知识目标</td><td>了解搬运系统的机械结构组成
掌握运动控制指令的使用
掌握光电传感器的实际应用
掌握顺序控制类程序的设计
掌握脉冲控制伺服程序的设计</td></tr>
<tr><td>技能目标</td><td>能够绘制由PLC作为核心构建的伺服控制系统外部接线图
能够熟练掌握相关伺服驱动器参数的设置
能够根据使用的运动控制指令进行系统参数配置
能够编写完整的搬运系统程序
能够使用软硬件联合方法进行系统排故</td></tr>
<tr><td>素养目标</td><td>培养学生的职业素养及职业道德，培养学生按6S（整理、整顿、清扫、清洁、素养、安全）标准工作的良好习惯
培养学生专注用心、不畏困难的职业精神
培养学生6S职业素养
培养学生积极探究、科学求真、勇于创新的工匠精神
培养协同探究的职业意识</td></tr>
</table>

培训条件

分类	名称	实物图/型号	数量/备注
硬件准备	龙门搬运系统		1套
软件准备	信捷PLC编程软件	XDPPro_3.7.4b	软件版本周期性更新
软件准备	信捷HMI人机界面	TGM765-ET	软件版本周期性更新

任务1 龙门搬运系统控制电路设计

任务分析

一、控制要求

龙门搬运系统的功能是将瓶盖从库位取出，并完成与带传输模块末端送来的工件配套，组装完成后再搬运至对应库位。本任务的主要内容是：根据搬运系统工作过程及伺服驱动和气动回路的控制要求，进行搬运系统 PLC 控制电路的设计，完成 PLC 控制系统外部接线图的绘制及硬件安装。

二、学习目标

1. 了解搬运系统的机械结构组成。
2. 理解伺服电动机不同的控制方式。
3. 理解伺服驱动器、伺服电动机的工作原理。
4. 掌握常见光电传感器与 PLC 的连接。
5. 掌握 EtherCAT 总线控制下的 PLC 与伺服驱动器之间的电路连接。
6. 掌握光电传感器的调节方法。
7. 掌握搬运系统控制电路的设计方法。
8. 熟悉搬运系统硬件电路装接及测试方法。

三、实施条件

分类	名称	设备	数量
硬件设备	同步带模组	CCMW40-10	1
	直线式滑动平台	SLW-1040-BB-10-E0030RG-200-YL-00	1
	手爪气缸	MHC2-10D	1
	旋转气缸	MSQA3A-M9BL	1
	磁性开关	D-M9BL	3
	槽形光电传感器	LU674-5NA	6
	电磁阀	SY3120-5LZD-M5	2
	可编程控制器	XDH-60T4	1
	触摸屏	TGM765S-ET	1
	伺服驱动器	DS5C-20P4-PTA	1
	伺服驱动器	DS5C-20P2-PTA	1
	伺服驱动器	DS5C-20P1-PTA	1
	伺服电动机	MS6H-40CS30BZ1-20P1	1
	伺服电动机	MS6H-60CS30B1-20P2	1
	伺服电动机	MS6H-60CS30B1-20P4	1

任务准备

一、搬运系统的组成

龙门搬运系统的结构如图 6-1 所示。龙门搬运系统主要由龙门机构、仓储机构、搬运机械手、固定底板、快速电路连接器、伺服系统、夹具等组成。其中，仓储机构用于储存工件成品或工件的零部件，其中包含了多个库位；龙门机构用于联动轴系统控制，可进行圆弧插补轨迹、涂胶等作业，与带传送模块组合可进行运动跟随装配作业；搬运机械手主要用于工件的抓放作业，其包含了手爪气缸及旋转气缸等。

有关系统的气动原理分析在传送模块中有详细讲解，限于篇幅不做赘述，在这里仅给出龙门搬运系统的气动原理图，如图 6-2 所示。

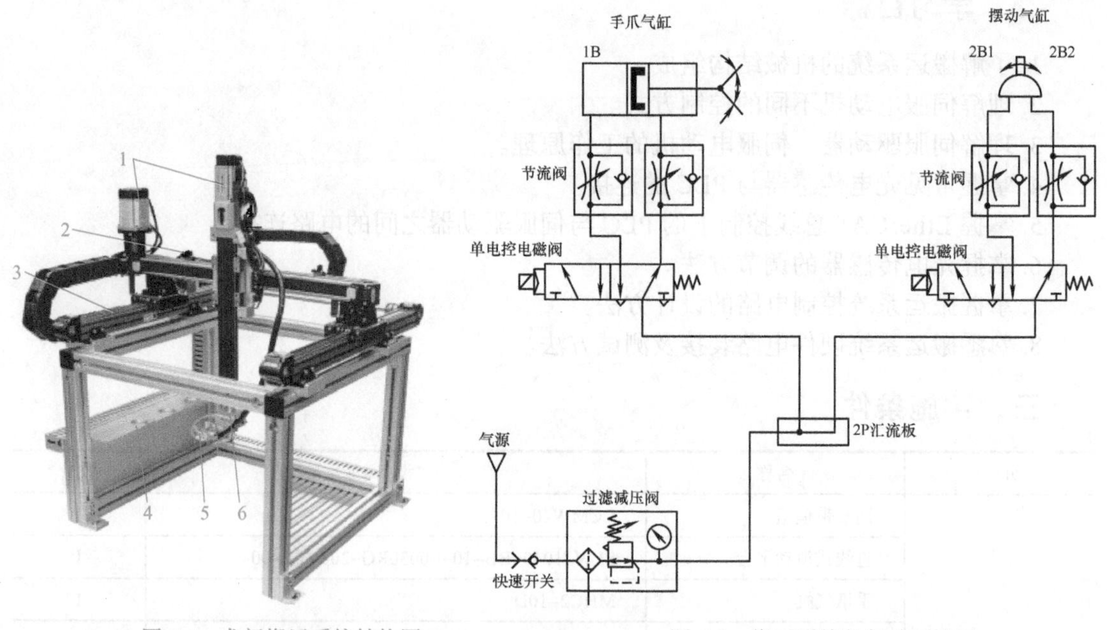

图 6-1　龙门搬运系统结构图

1—伺服电动机　2—光电开关　3—直线模组
4—库位　5—Y 形手爪气缸　6—旋转气缸

图 6-2　搬运系统的气动原理图

二、伺服电动机的控制方式

随着工业自动化技术的快速发展、工业机器人的广泛应用，伺服电动机的需求越来越大，衡量伺服系统的性能指标也越来越高，如系统精度、稳定性、响应特性、工作频率等。为了提高伺服系统的控制精度，增强控制的灵活性，伺服控制技术也在不断发展。常见的伺服电动机控制方式主要有脉冲控制、模拟量控制和通信控制三种。

1. 脉冲控制

采用脉冲控制时，伺服驱动器通常可以接收的脉冲信号有以下三种类型：CW/CCW、A/B、P+D。信号类型见表 6-1。

表 6-1　脉冲控制常见的信号类型

脉冲信号类型	电动机正转	电动机反转
CW/CCW	CCW　OFF CW	CCW CW　OFF
A/B	90° A相 B相	90° A相 B相
P+D	脉冲 方向　ON	脉冲 方向　OFF

A/B 脉冲信号：驱动器接收两路（A、B 路）高速脉冲，通过两路脉冲的相位差确定电动机的旋转方向。由表 6-1 可以看出，如果 A 相比 B 相超前 90°，则电动机正转，否则电动机反转。运行时，这种控制的两相脉冲为交替状，因此也称这样的控制方式为差分控制。这种控制脉冲具有更高的抗干扰能力，在一些干扰较强的应用场景优先选用这种方式。但是这种方式一个电动机轴需要占用两路高速脉冲端口。

CW/CCW 脉冲信号：驱动器依然接收两路高速脉冲，但是两路高速脉冲并不同时存在，一路脉冲处于输出状态时，另一路必须处于无效状态。选用这种控制方式时，一定要确保在同一时刻只有一路脉冲输出。两路脉冲，一路输出为正转运行，另一路为反转运行。与 A/B 脉冲信号情况一样，这种方式也是一个电动机轴需要占用两路高速脉冲端口。

P+D 脉冲信号：只需要给驱动器一路脉冲信号，电动机正反向运行由一路方向输出信号确定。这种控制方式更加简单，高速脉冲口资源占用也最少。在一般的小型系统中，可以优先选用这种方式。需要注意的是，信捷 PLC 仅支持这种脉冲形式。

2. 模拟量控制

在需要使用伺服电动机实现速度控制的应用场景，可以选用模拟量实现电动机的速度控制，模拟量的值决定了电动机的运行速度。模拟量有两种可以选择，即电流或电压。电压方式，只需要在控制信号端加入一定大小的电压即可。该方式实现简单，在有些场景使用一个电位器即可实现控制。但选用电压作为控制信号，在环境复杂的场景，电压容易被干扰，造成控制不稳定。电流方式，需要对应的电流输出模块。但电流信号抗干扰能力强，可以使用于复杂的场景。

3. 通信控制

常见的伺服电动机通信控制方式有 CAN、EtherCAT、Modbus、Profibus 等。使用通信方式对电动机控制，线路连接较为简单，搭建的系统具有极高的灵活性，是目前一些复杂、大系统应用场景首选的控制方式。

三、EtherCAT 运动总线控制

EtherCAT（Ethernet for Control Automation Technology），由德国 Beckhoff Automation GmbH 公司于 2003 年提出，具有数据传输速度快、同步特性好、网络拓扑结构灵活等特点。

（1）EtherCAT 概述　EtherCAT 作为成熟的工业以太网技术，具备高性能、低成本、使用简易等特点。

XDH 系列控制器（主站）和 DS5C 伺服驱动器（从站）符合标准的 EtherCAT 协议，支持最大从站数为 32 轴，32 轴同步周期为 1ms，2 路 Touch probe 探针功能，位置、速度、转矩等多种控制模式，广泛适用于各种行业应用。

（2）系统构成（主站、从站构成）　EtherCAT 的连接形态：总线型连接主站（FA 控制器）和多个从站的网络系统。从站可连接的节点数取决于主站处理能力或通信周期、传送字节数等。

（3）EtherCAT 通信连接说明　EtherCAT 运动控制系统的接线十分简单，得益于 EtherCAT，Ethernet 的星形拓扑结构可以被简单的总线型结构所替代。以信捷 DS5C 系列伺服驱动器为例，由于 EtherCAT 无需集线器和交换机，XDH 系列 PLC 本体和 DS5C 系列伺服驱动器均自带 EtherCAT 通信网口，因而电缆、桥架的用量大大减少，连线设计与接头校对的工作量也大大减少，节省了安装费用。

EtherCAT 通信建议使用总线型接法，其通信连接如图 6-3 所示。

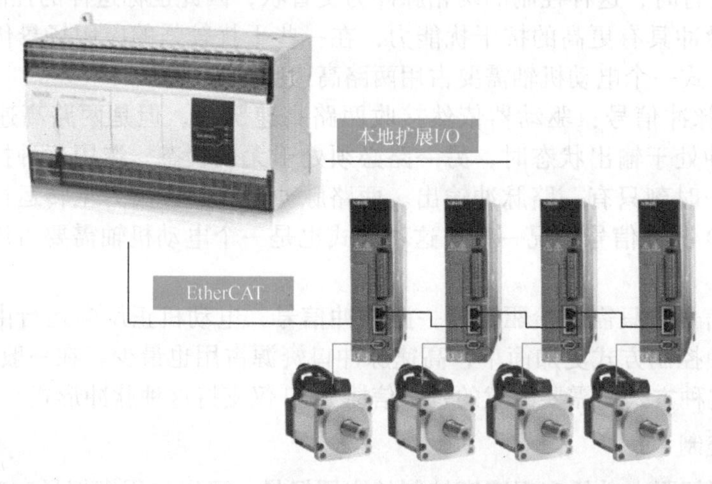

图 6-3　EtherCAT 通信连接图

连接说明：伺服驱动器的两个通信网口遵循“下进上出”的原则，即 XDH 的 LIN2 口必须与第一台伺服驱动器的 LIN1 口下面的网口相连，再由第一台伺服驱动器上面的网口与第二台伺服下面的网口相连，依此类推。通信传输的过程中不可避免地会受到周围电磁环境的影响，建议用户使用工业级超五类网线，总线通信遵循下进上出的规则，总线通信连接实物如图 6-4 所示。

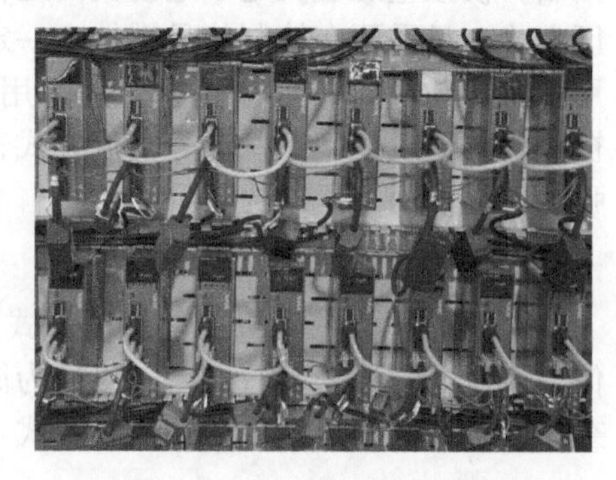

图 6-4　总线通信连接实物

任务实施

一、搬运系统的输入 / 输出信号

根据搬运系统的控制要求，选择信捷 XDH 型 PLC 控制 X、Y、Z 三轴伺服电动机运行。

输入信号包括 X 轴、Y 轴的原点检测信号，2 路；X 轴、Y 轴的左右限位信号，4 路；Z 轴的上下限位信号，2 路；手爪夹紧检测信号，1 路；手爪左旋和右旋到位检测信号，2 路；急停按钮信号，1 路；龙门伺服碰撞输出信号，1 路；系统起动、停止和复位按钮信号，3 路。

输出信号包括 X、Y、Z 三轴的脉冲和方向信号，共 6 路；Z 轴抱闸的解除信号，1 路；手爪旋转电磁阀和夹紧电磁阀信号，2 路，视觉拍照触发信号，1 路。

二、搬运系统 I/O 口的分配

从搬运系统的输入 / 输出分析可以发现，控制搬运系统的 PLC 需要 16 点以上的输入点数、10 点以上的输出点数，因此搬运系统选用型号为 XDH-60T4PLC。PLC 的 I/O 信号分配见表 6-2。

表 6-2 龙门搬运系统 PLC 的 I/O 信号分配

PLC 输入信号		PLC 输出信号	
X 轴原点	X0	X 轴脉冲	Y0
X 轴左限位	X1	Y 轴脉冲	Y1
X 轴右限位	X2	Z 轴脉冲	Y2
Y 轴原点	X3	X 轴方向	Y4
Y 轴左限位	X4	Y 轴方向	Y5
Y 轴右限位	X5	Z 轴方向	Y6
Z 轴上限位	X6	抱闸解除	Y7
Z 轴下限位	X7	输送手爪旋转阀	Y10
手爪夹紧检测	X10	输送手爪夹紧阀	Y11
手爪左旋到位	X11	视觉拍照触发	Y12
手爪右旋到位	X12		
急停按钮	X13		
龙门伺服碰撞输出	X14		
起动按钮（拓展模块）	X10003		
停止按钮（拓展模块）	X10004		
复位按钮（拓展模块）	X10005		

三、接线原理图的设计

龙门搬运系统包含的输入信号主要有龙门架构三轴位置开关信号、手爪位置开关信号、外围按钮输入信号等。输出执行机构主要有手爪动作气缸驱动、三轴伺服电机控制。其中，手爪气缸采用电磁阀线圈控制，工作电源为 24V。X、Y、Z 轴的三台伺服电动机控制需要连接主电路及相应的 PLC 输入 / 输出控制电路。基于以上分析，设计龙门搬运系统对应的 PLC I/O 接线原理图如图 6-5 所示。

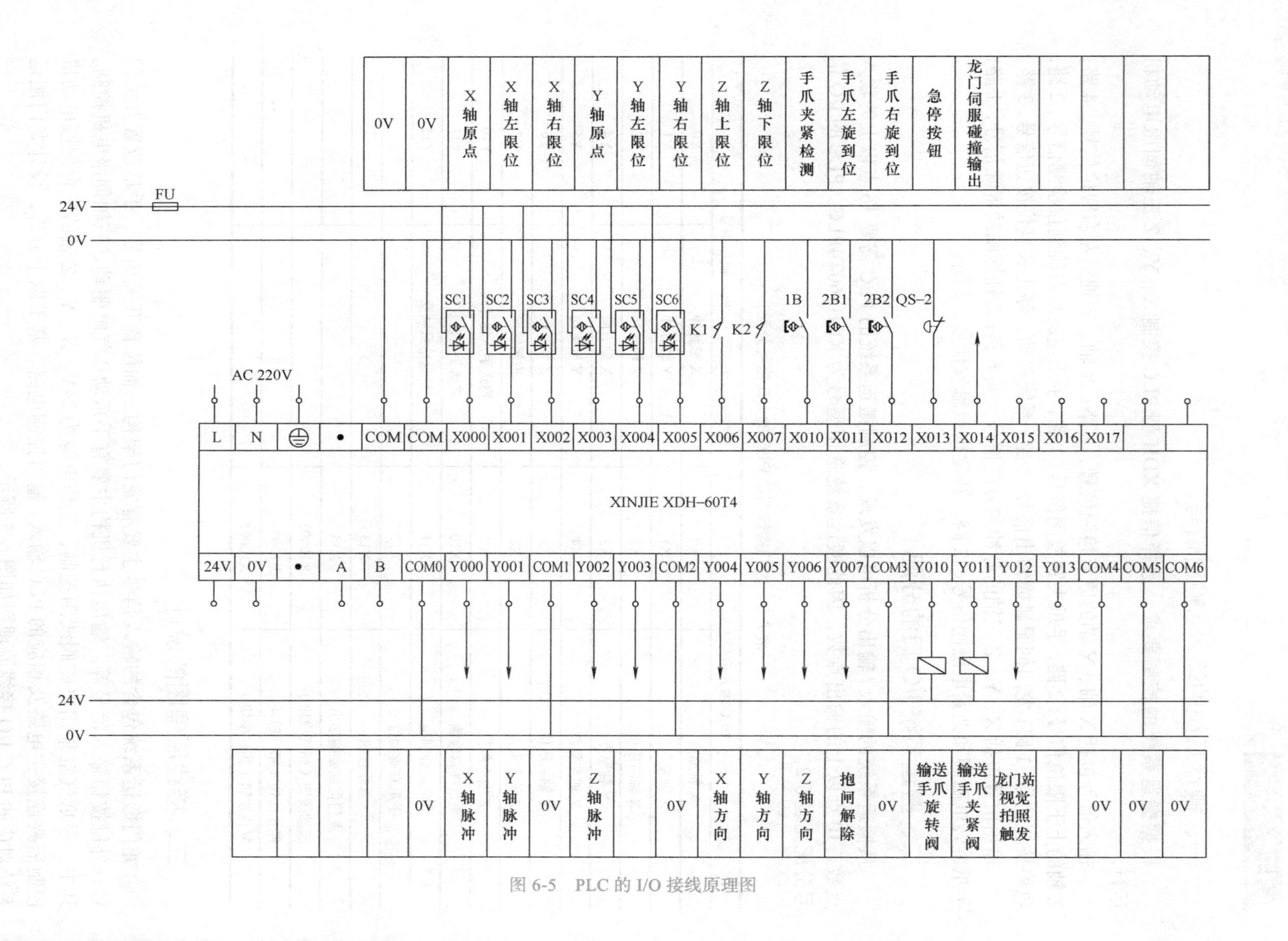

图 6-5 PLC 的 I/O 接线原理图

X 轴伺服驱动器接线原理图如图 6-6 所示。对应的连接线路：Y0 接 P–，Y4 接 D–，X0 接 SI1，X1 接 SI2，X2 接 SI3，X14 接 SO2；开关电源的 24V 接 P+24V、D+24V 和 24V；开关电源的 0V 接 COM。

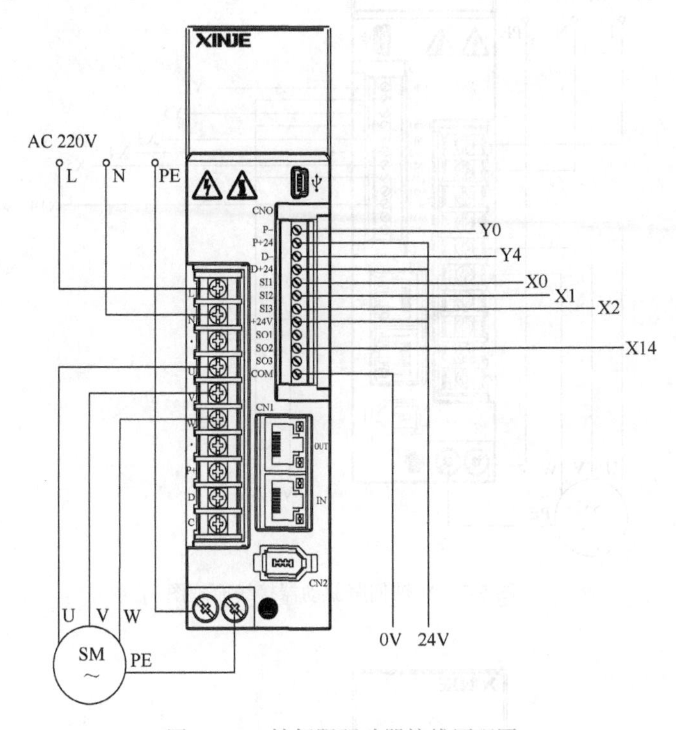

图 6-6 X 轴伺服驱动器接线原理图

X 轴伺服驱动器 CN0 端口与 PLC 端口及回路电源的连接对应见表 6-3。

表 6-3 X 轴伺服驱动器线路连接对应表

伺服驱动器 CN0	P–	D–	SI1	SI2	SI3	SO2	P+24V	D+24V	24V	COM
PLC 端口	Y0	Y4	X0	X1	X2	X14	/	/	/	/
DC 24V 开关电源	/	/	/	/	/	/	24V	24V	24V	0V

Y 轴伺服驱动器接线原理图如图 6-7 所示。对应的连接线路：Y1 接 P–，Y5 接 D–，X3 接 SI1，X4 接 SI2，X5 接 SI3，X14 接 SO2；开关电源的 24V 接 P+24V、D+24V 和 24V；开关电源的 0V 接 COM。

Y 轴伺服驱动器 CN0 端口与 PLC 端口及回路电源的连接对应见表 6-4。

表 6-4 Y 轴伺服驱动器线路连接对应表

伺服驱动器 CN0	P–	D–	SI1	SI2	SI3	SO2	P+24V	D+24V	24V	COM
PLC 端口	Y1	Y5	X3	X4	X5	X14	/	/	/	/
DC 24V 开关电源	/	/	/	/	/	/	24V	24V	24V	0V

Z 轴伺服驱动器接线原理图如图 6-8 所示。对应的连接线路：Y2 接 P–，Y6 接 D–，X6 接 SI1，X7 接 SI2，X14 接 SO2；开关电源的 24V 接 P+24V、D+24V 和 +24V；开关电源的 0V 接 COM。

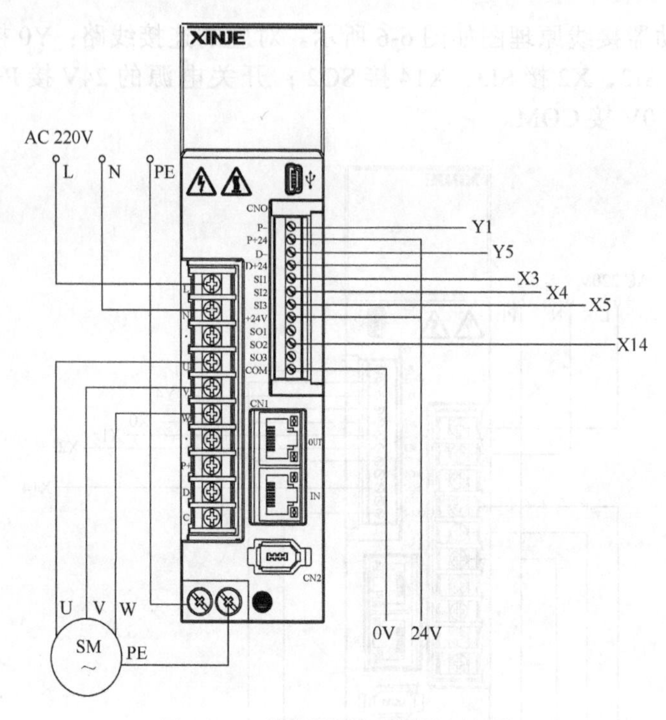

图 6-7　Y 轴伺服驱动器接线原理图

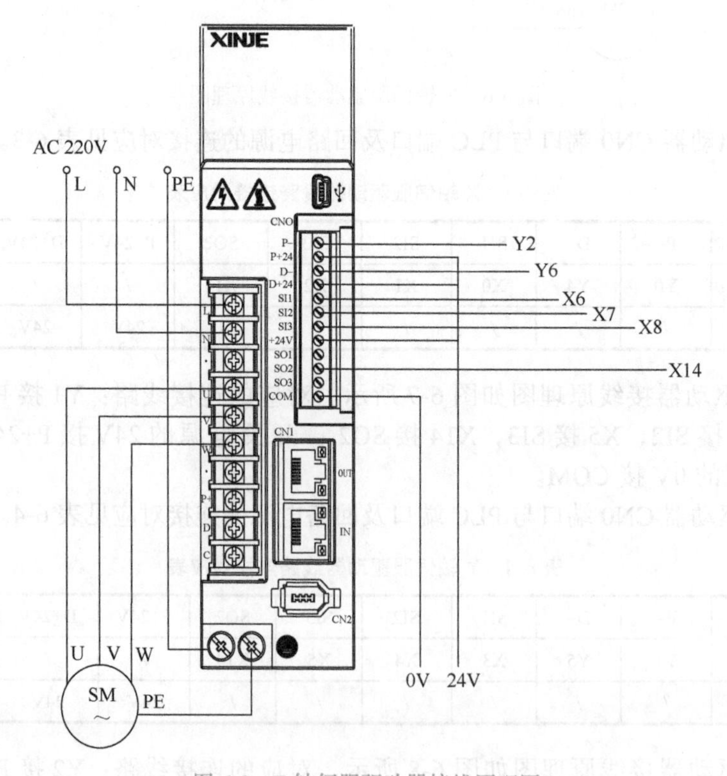

图 6-8　Z 轴伺服驱动器接线原理图

Z 轴伺服驱动器 CN0 端口与 PLC 端口及回路电源的连接对应见表 6-5。

表 6-5　Z 轴伺服驱动器线路连接对应表

伺服驱动器 CN0	P-	D-	SI1	SI2	SO2	P+24V	D+24V	24V	COM
PLC 端口	Y2	Y6	X6	X7	X14	/	/	/	/
DC24V 电源	/	/	/	/	/	24V	24V	24V	0V

四、电气接线与硬件测试

电气接线包括在搬运系统装置侧完成各传感器、电磁阀、电源端子等引线到装置侧接线端口之间的接线；在 PLC 侧进行电源连接、I/O 点接线；在伺服电动机和伺服驱动器间完成主电路和控制电路的连接线。快换模块与 PLC 及传感器、磁性开关之间的接线如图 6-9 ～图 6-12 所示。

电气接线的工艺应符合如下专业规范的规定：

1. 一般规定

1）导线连接时必须用合适的冷压端子；端子制作时切勿损伤导线绝缘部分。

2）连接线须有符合规定的标号；每一端子连接的导线不超过两根；导线金属材料不外露，冷压端子金属部分不外露。

3）电缆在线槽里最少有 10cm 余量（若是一根短接线的话，在同一个线槽里不要求）。

4）电缆绝缘部分应在线槽里。接线完毕后线槽应盖住，没有翘起和未完全盖住的现象。

2. 装置侧接线注意事项

1）输入端口的上层端子（VCC）只能作为传感器的正电源端，切勿用于电磁阀等执行元件的负载。电磁阀等执行元件的正电源端应连接到输出端口上层端子（24V），0V 端子则应连接到输出端口下层端子上。

2）装置侧接线完毕后，应用扎带绑扎，两个绑扎带之间的距离不超过 50mm。电缆和气管应分开绑扎，但当它们都来自同一个移动模块上时，允许绑扎在一起。

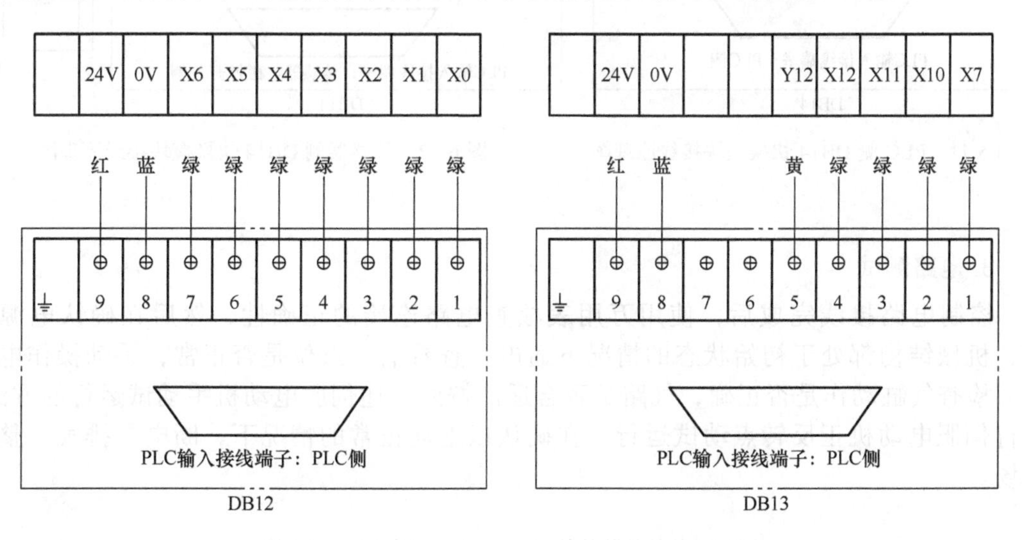

图 6-9　PLC 侧 DB12、DB13 快换模块接线原理图

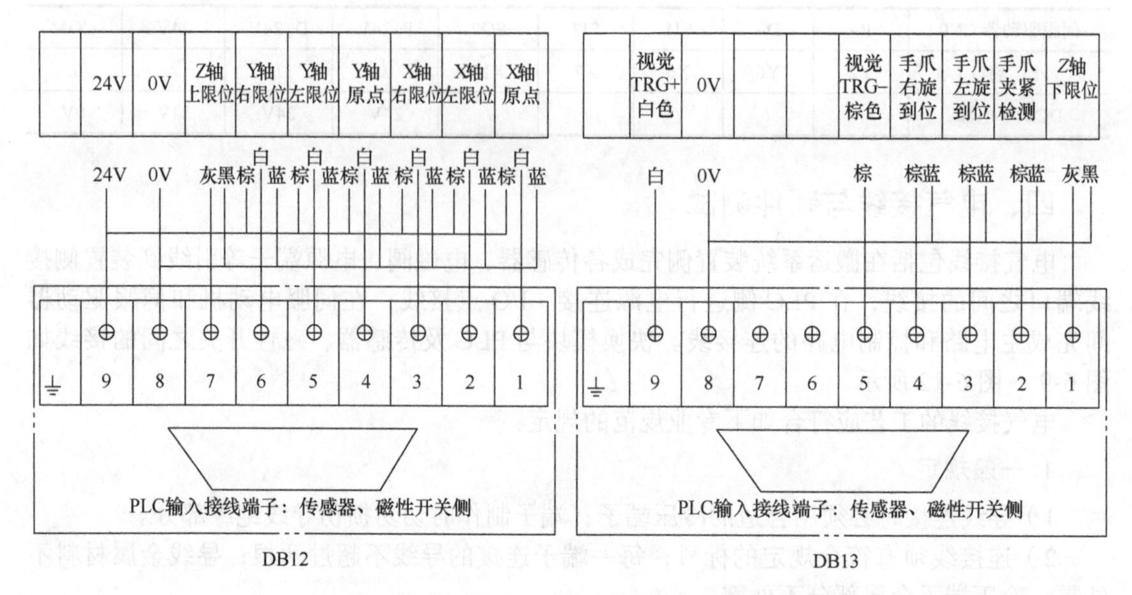

图 6-10　传感器侧 DB12、DB13 快换模块接线原理图

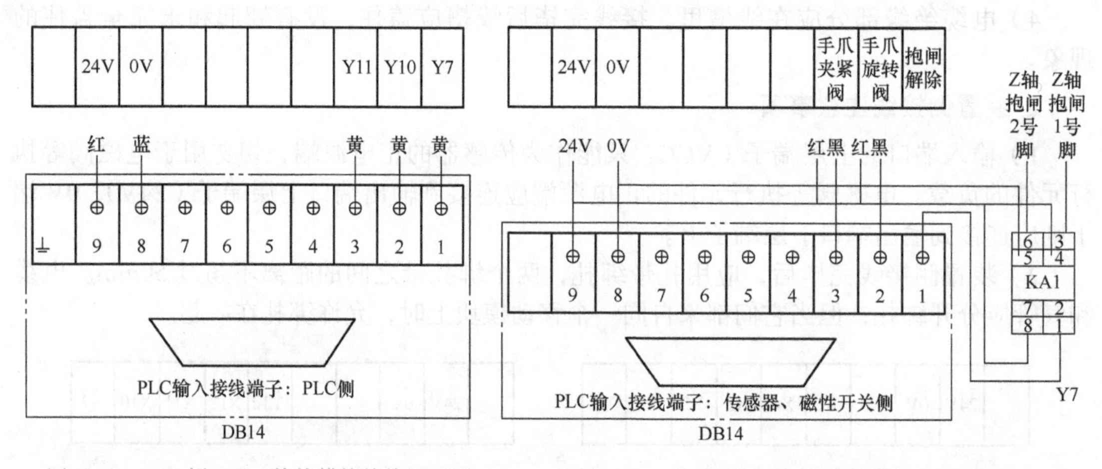

图 6-11　PLC 侧 DB14 快换模块接线原理图　　　图 6-12　传感器侧 DB14 快换模块接线原理图

3. 电路测试

控制电路接线完成后，使用万用表核查电路连接的正确性，然后在确认电源正常、机械结构都处于初始状态的情况下通电，查看输入点位是否正常，手动操作电磁阀，检查气缸动作是否正确，气路是否合适。按照前述伺服电动机手动试运行的方法，进行伺服电动机正反转点动试运行。在确认以上均正常的情况下，断电、排气、整理现场。

任务检查与评价（评分标准）

评分点		得分
硬件设计、连接（50分）	能绘制出龙门搬运系统电路原理图（20分）	
	接近传感器安装正确（5分）	
	接近传感器接线正确（5分）	
	伺服电动机接线正确（5分）	
	龙门搬运系统 PLC 输入 / 输出接线正确（5分）	
	会进行伺服驱动器的参数设置（10分）	
安全素养（10分）	存在危险用电等情况（每次扣3分，上不封顶）	
	存在带电插拔工作站上的电缆、导线的情况（每次扣3分，上不封顶）	
	穿着不符合生产要求（每次扣4分，上不封顶）	
6S 素养（20分）	桌面物品及工具摆放整齐、整洁（10分）	
	地面清理干净（10分）	
发展素养（20分）	表达沟通能力（10分）	
	团队协作能力（10分）	

任务2　龙门搬运系统程序设计

任务分析

一、控制要求

龙门搬运系统的主要任务是完成对输送系统运送来的工件进行封装处理。其控制要求如下：

系统有两种工作模式：手动与自动。

手动模式下，支持对龙门搬运机械手爪进行 X、Y、Z 方向的点动正反转；能够手动控制搬运机械手爪的夹紧、放松、旋转等。

自动模式下，上电先复位。当完成复位后，用户按下起动按钮，若此时检测到带输送系统末端出料位置有工件，则搬运机械手运行到相应库位进行取盖动作；否则，等待工件到位。取盖完成后，搬运机械手运行至传送带末端工件正上方，进行放盖动作，完成放盖动作后，将工件与盒盖组装完成的工件整体搬运到对应库位，摆放完成后，X、Y、Z 三轴返回原点。当带输送单元末端出料位置上再次有工件时，则按照上述流程继续作业。若3个库位均完成放盖，则系统自动停止，X、Y、Z 三轴返回原点。如果在系统运行期间按下停止按钮，该工作单元在本工作周期结束后停止运行。

二、学习目标

1. 理解龙门搬运系统的工作要求，熟练绘制程序设计流程图。
2. 掌握 PLC 总线运动指令。
3. 掌握不同高速脉冲定位控制指令的参数配置。
4. 掌握编写龙门搬运系统 PLC 程序的方法。
5. 熟练运用软硬监控手段辅助系统调试，排查故障。

三、实施条件

分类	名称	实物图	数量
硬件准备	龙门搬运系统		1套

任务准备

一、基本运动指令介绍

信捷 PLC 通过使用不同的指令编程方式，可以进行无加速 / 减速的单向脉冲输出，也可以进行带加速 / 减速的单向脉冲输出，还可以进行多段、正反向输出等，输出频率最高可达 100kHz。脉冲输出相关指令见表 6-6。

表 6-6　脉冲输出相关指令

指令助记符	功能	回路表示及可用软元件
脉冲输出		
PLSR	多段脉冲输出	PLSR S0 S1 S2 D
PLSF	可变频率脉冲输出	PLSF S0 S1 D
DRVI	相对单段定位	DRVI S0 S1 S2 D1 D2
DRVA	绝对单段定位	DRVA S0 S1 S2 D1 D2
ZRN	机械归零	ZRN S0 D
STOP	脉冲停止	STOP S0 S1
GOON	脉冲继续发送	GOON Yn

1. 可变频率脉冲输出［PLSF］

（1）指令形式　可变频率脉冲输出指令如图 6-13 所示。

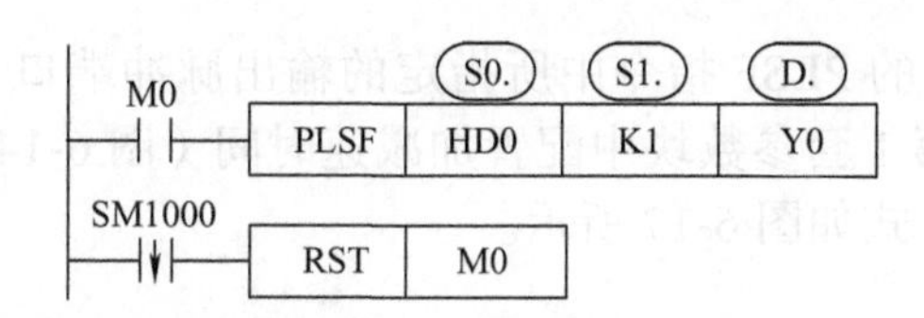

图 6-13　可变频率脉冲输出指令

注：伺服驱动器的脉冲接收频率范围为 1Hz ～ 100kHz 或 -100kHz ～ -1Hz（PLC 可输出 100 ～ 200kHz 的脉冲，但无法保证所有伺服都能正常接受和运行）。

频率为正时，正向发送脉冲；频率为负时，反向发送脉冲。

脉冲方向端子在系统参数中设定。

随着 S0 中设定频率的改变，从脉冲输出端输出的脉冲频率也随之变化。

在寄存器 HSD0（双字）中累积脉冲个数，在寄存器 HSD2（双字）中累积当量。

频率跳变（即加减速）时，按照脉冲上升 / 下降斜率动态调节。

（2）操作数　可变频率脉冲输出指令的操作数见表 6-7。

表 6-7　可变频率脉冲输出指令的操作数

操作数	作用	类型
S0	指定脉冲频率的寄存器地址	32 位，双字
S1	指定系统参数块（1 ～ 4）	32 位，双字
D	指定脉冲输出端口编号	位

（3）指令的添加及配置

1）PLSF 指令写法如图 6-14 所示。

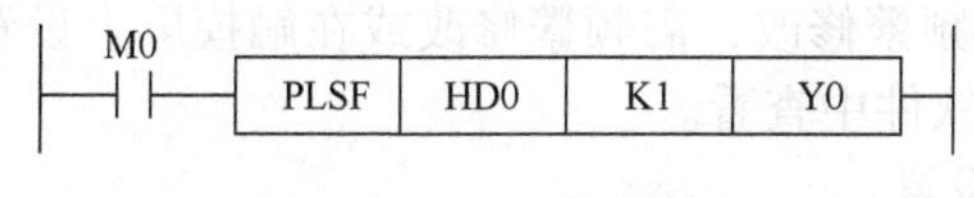

图 6-14　PLSF 指令写法

2）写程序并下载后，在指令上右击，可以选择“PLSF 指令参数配置”命令（见图 6-15），打开指令配置框，如图 6-16 所示。也可以通过工程菜单中 PLC 配置栏下的脉冲参数进行配置，具体配置方式可以参考图 6-25 ～图 6-27。

图 6-15　PLSF 指令参数配置

3）根据图 6-14 所示的 PLSF 指令中所指定的输出脉冲端口 Y0，在公共参数中配置其对应的方向端子；在第 1 套参数块中配置加减速时间（图 6-14 所示程序中指定系统参数块为 K1）。具体配置方式如图 6-17 所示。

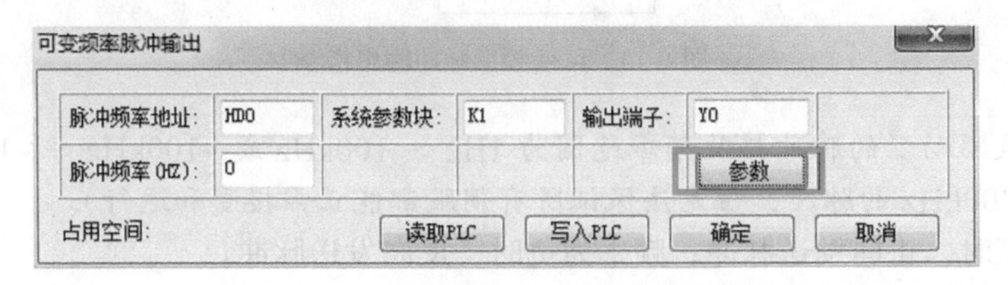

图 6-16　PLSF 指令参数配置对话框

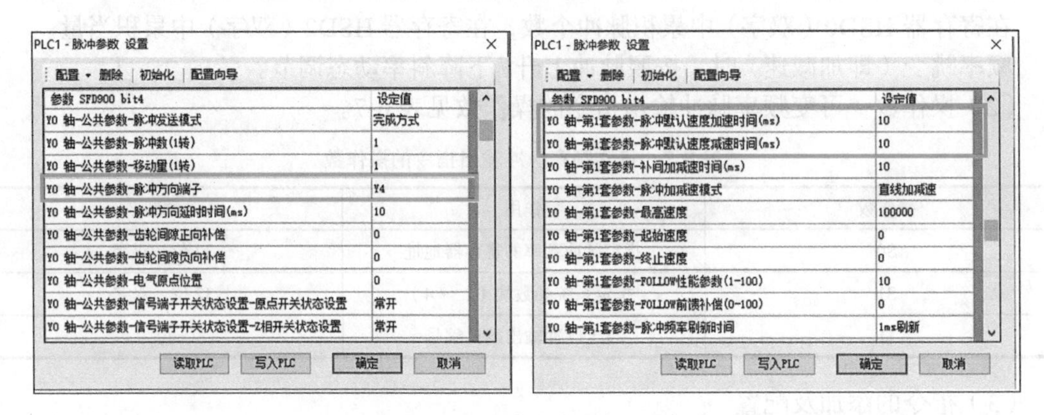

图 6-17　PLSF 指令参数具体配置方式

第 1 ～ 4 套参数不可频繁修改，需频繁修改或在触摸屏上设置加减速时间，请使用第 0 套参数，参数地址可在软件中查看。

4）完成加减速时间设置。

2. 相对单段定位［DRVI］

（1）指令形式　相对单段定位脉冲指令如图 6-18 所示。

注： 加减速时间与默认速度构成加减速时间的斜率。例如默认速度为 1000Hz，加减速时间为 10ms，即频率每变化 1000Hz 需要 10ms，直到变为设定速度为止。

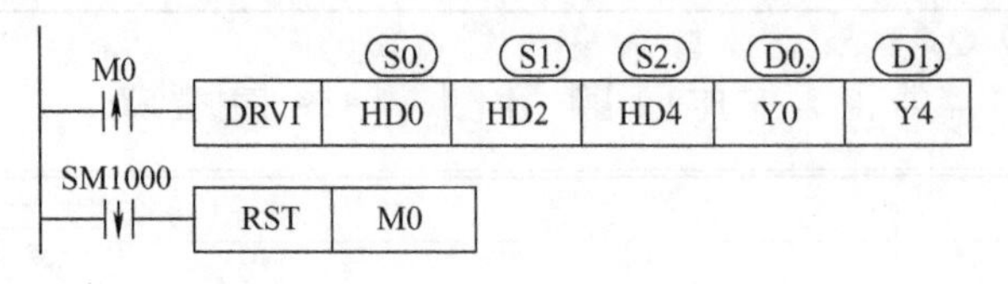

图 6-18　相对单段定位脉冲指令

注： 脉冲输出频率范围为 1Hz ～ 100kHz。

脉冲个数为 K-2，147，483，648 ～ K2，147，483，647；当设定为负数时，表示反向发送脉冲。

所谓相对驱动方式，是指由当前位置开始的移动距离方式（即当前位置到目标位置的距离），即以 HSD0、HSD2、HSD4、HSD6 等特殊停电保持用寄存器的当前值作为参考点。

DRVI 不使用系统参数块配置方式，但系统参数块中若配置了公共参数和第 1 套参数（除加减速参数）的其他参数，则会对 DRVI 生效。

（2）操作数　相对单段定位脉冲指令的操作数见表 6-8。

表 6-8　相对单段定位脉冲指令的操作数

操作数	作用	类型
S0	指定输出脉冲个数的数值或软元件地址编号	32 位，BIN
S1	指定输出脉冲频率的数值或软元件地址编号	32 位，BIN
S2	指定脉冲加减速时间数值或软元件地址编号	16 位，BIN
D0	指定脉冲输出端口的编号	位
D1	指定脉冲方向端口的编号	位

3. 绝对单段定位［DRVA］

（1）指令形式　绝对单段定位脉冲指令如图 6-19 所示。

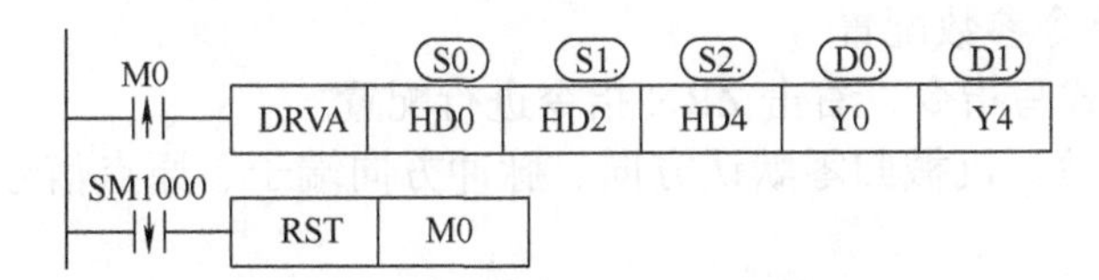

图 6-19　绝对单段定位脉冲指令

注：脉冲输出频率范围为 1Hz ～ 100kHz；脉冲个数为 K–2，147，483，648 ～ K2，147，483，647。

所谓绝对驱动方式，是指运行至由原点（0 点）为基点的对应位置方式（即目标位置相对于原点的坐标位置），是以原点（0 点）作为参考点的。

DRVA 不使用系统参数块配置方式，但系统参数块中若配置了公共参数和第 1 套参数（除加减速参数）的其他参数，则会对 DRVA 生效。

绝对单段定位脉冲指令的方向取决于目标位置是否大于当前位置，如果目标位置大于当前位置（即目标位置在当前位置坐标轴右边），则正向发送脉冲，特殊停电保持用寄存器（HSD0、HSD4、…）数值增加；如果目标位置小于当前位置（即目标位置在当前位置坐标轴左边），则反向发送脉冲，特殊停电保持用寄存器（HSD0、HSD4、…）数值减小；如果目标位置等于当前位置（即目标置在当前位置坐标轴上面），则不发送脉冲。

（2）操作数　绝对单段定位脉冲指令的操作数见表 6-9。

表 6-9　绝对单段定位脉冲指令的操作数

操作数	作用	类型
S0	指定输出脉冲个数的数值或软元件地址编号	32 位，BIN
S1	指定输出脉冲频率的数值或软元件地址编号	32 位，BIN
S2	指定脉冲加减速时间数值或软元件地址编号	16 位，BIN
D0	指定脉冲输出端口的编号	位
D1	指定脉冲方向端口的编号	位

4. 机械归零［ZRN］

（1）指令形式　机械归零脉冲指令如图 6-20 所示。

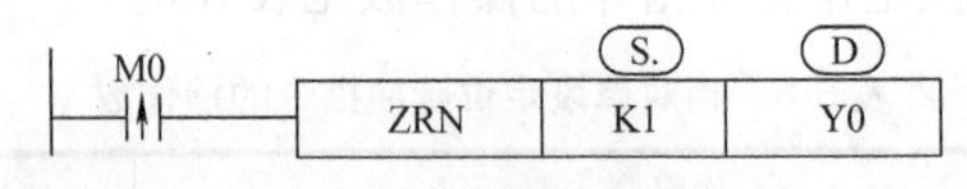

图 6-20　机械归零脉冲指令

（2）操作数　机械归零脉冲指令的操作数见表 6-10。

表 6-10　机械归零脉冲指令的操作数

操作数	作用	类型
S	指定系统参数块地址编号	32 位，双字
D	指定脉冲输出端口的编号	位

（3）机械归零指令参数配置

1）按照指令格式写指令，右击 ZRN 指令进行配置。

2）配置归零参数。机械归零默认方向、脉冲方向端子、原点信号、正负极限在公共参数中配置。

3）回归速度 V_H、爬行速度 V_C 可在公共参数中配置，或在指令中指定参数块中配置。加减速时间在指定参数块中配置。图 6-20 所示程序指定系统参数块为 K1，则在第 1 套参数块中配置。

注：当配置了参数块中的 V_H 和 V_C，则使用参数块中的数值；当参数块中未配置，则使用公共参数中的 V_H 和 V_C。若同时配置，则按套数参数块中的配置执行。

若需频繁修改 V_H、V_C 或加减速时间，请使用第 0 套参数。

加减速时间与默认速度构成加减速时间的斜率。例如默认速度为 1000Hz，加减速时间为 10ms，即频率每变化 1000Hz 需要 10ms，直到变为设定速度为止。

4）配置完后，写入 PLC。

（4）机械归零　机械归零示意图如图 6-21 所示。

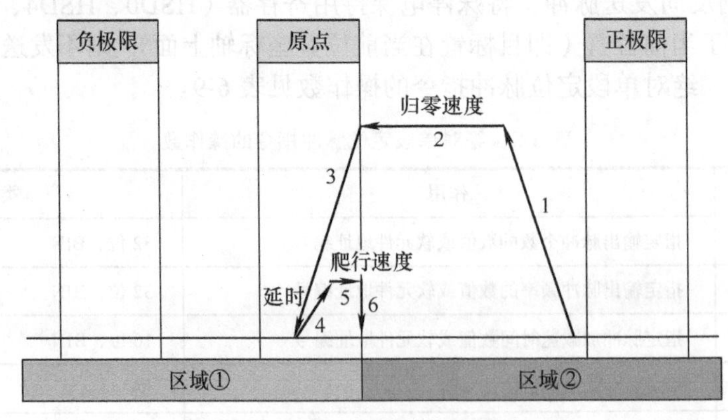

图 6-21　机械归零示意图

5. 脉冲停止［STOP］

（1）指令形式　脉冲停止指令如图 6-22 所示。

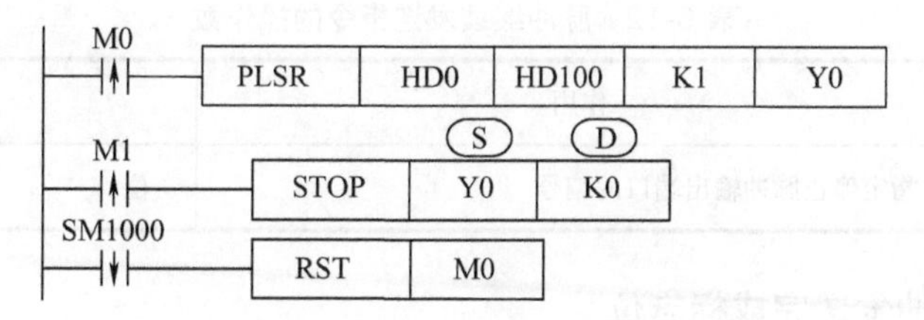

图 6-22　脉冲停止指令

注：有两种脉冲停止方式，分别为 K0（缓停）、K1（急停）。

在 M0 由 OFF → ON 时，PLSR 指令在 Y0 输出脉冲；当输出脉冲个数达到设定值时，停止脉冲输出。

在 M1 上升沿时，STOP 指令立即停止 Y0 口的脉冲输出，由于参数 D 为 K0，所以脉冲将会缓慢停止。

停止所有脉冲，包括 PLSR、PLSF、DRVI、DRVA 和 ZRN。

（2）操作数　脉冲停止指令的操作数见表 6-11。

表 6-11　脉冲停止指令的操作数

操作数	作用	类型
S	指定停止脉冲输出端口的编号	位
D	指定脉冲停止方式（0：缓停，1：急停）	16 位，字

6. 脉冲继续发送［GOON］

（1）指令形式　脉冲继续发送指令如图 6-23 所示。

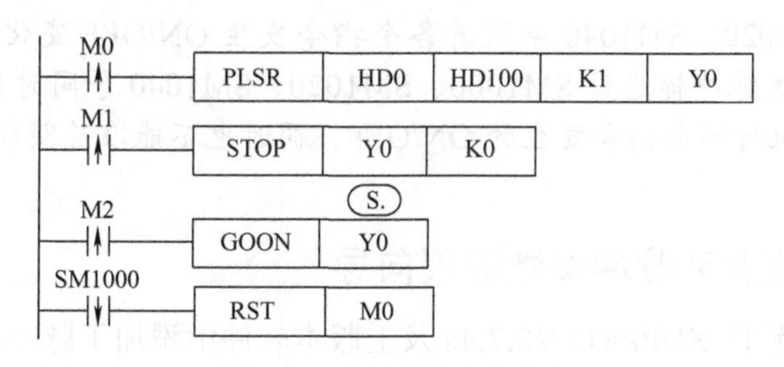

图 6-23　脉冲继续发送指令

注：必须在脉冲停止发送后，再导通 M2，否则 GOON 指令将不发脉冲。

脉冲继续发送指令 GOON 可用于 PLSR、DRVI、DRVA 等指令暂停后的脉冲恢复。

在发脉冲过程中，M1 由 OFF → ON 时，STOP 指令立即停止 Y0 口的脉冲输出，由于参数为 K0，所以脉冲将会缓慢停止。

M2 由 OFF → ON 时，执行 GOON Y0 指令，会将剩余没有发送完的脉冲按照原加减速发送完。

（2）操作数　脉冲继续发送指令的操作数见表 6-12。

表 6-12　脉冲继续发送指令的操作数

操作数	作用	类型
S	指定停止脉冲输出端口的编号	位

7. 定位指令脉冲发送完成标志位

正在发脉冲标志位 SM1000、SM1020、SM1040 等由 ON 变为 OFF 时，意味着指令的动作（脉冲输出动作等）结束了。但是，并不意味着伺服电动机的动作也结束（停止）了。为了确切掌握伺服电动机的动作结束情况，应正确使用正在发脉冲标志位。不同的脉冲输出端口正在发脉冲的标志位变化情况如图 6-24 所示。

序号	线圈	轴数	说明
1	SM1000	Y0	当脉冲发送时，线圈置ON；脉冲发送结束后，立即置OFF。利用线圈的下降沿判断脉冲发送是否结束
2	SM1020	Y1	
3	SM1040	Y2	
4	SM1060	Y3	
5	SM1080	Y4	
6	SM1100	Y5	
7	SM1120	Y6	
8	SM1140	Y7	
9	SM1160	Y10	
10	SM1180	Y11	

图 6-24　不同的脉冲输出端口正在发脉冲标志位变化情况

注：如果编写多个同一脉冲输出端口的定位指令，那么指令执行时，正在发送脉冲标志位 SM1000、SM1020、SM1040 等随着各个指令发生 ON/OFF 变化。因此，如果将多个指令执行正在发送脉冲标志位 SM1000、SM1020、SM1040 等同时用在同一段程序内，则无法判断是因为执行哪条指令发生的 ON/OFF，同时也不能准确获取到各个运动指令所对应的标志位状态。

二、认识伺服驱动脉冲参数配置向导

信捷 PLC 编程软件 XDPPRO V3.7.4a 及上版本软件中添加了脉冲参数配置向导功能。由于脉冲轴的系统参数比较多（包含公共参数和第 1 ～ 4 套参数），对于新手来说可能具有一定的难度，所以针对这个问题，最新的上位机软件中添加了脉冲参数配置向导，可直接通过脉冲参数配置向导对各个脉冲轴的脉冲参数进行配置，使用起来简单方便。

首先，在“PLC 配置”中选择“脉冲参数”，将弹出图 6-25 所示对话框，单击“配置”菜单，可分别配置 Y0、Y1 和 Y2 轴，如图 6-26 所示。若想把每个配置参数都理解透彻，可以单击“配置向导”菜单对各个参数进行查看，如图 6-27 所示。

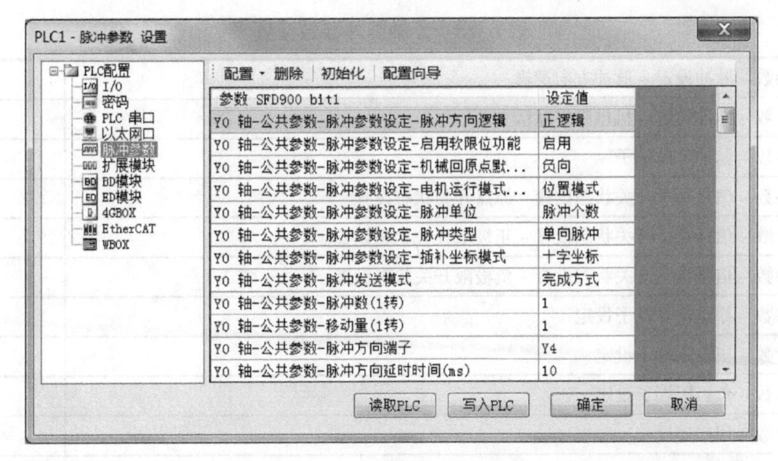

图 6-25 脉冲参数配置对话框

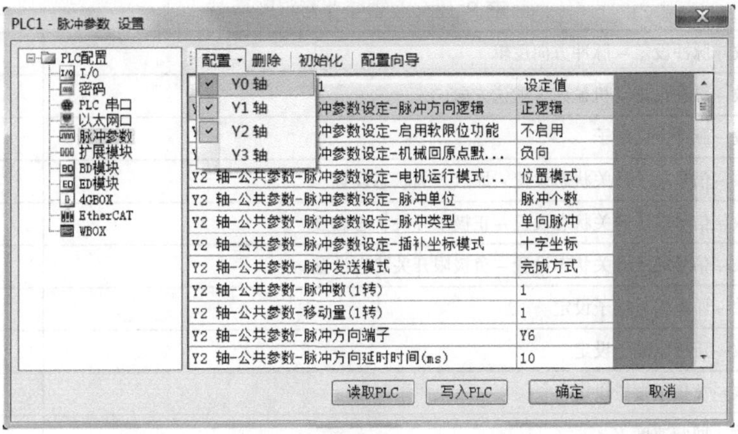

图 6-26 配置三个轴

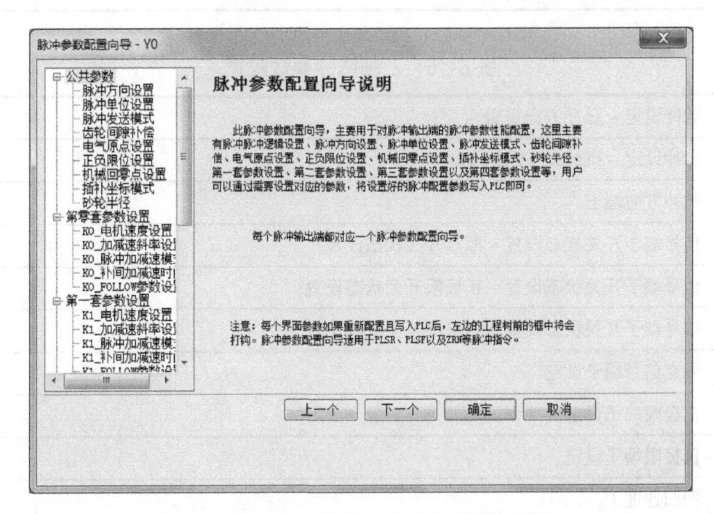

图 6-27 配置向导参数说明

本项目中三个伺服轴的脉冲参数设置可以参考表 6-13 ～表 6-15。

表 6-13　X 轴脉冲参数配置

Y0 轴 – 公共参数 – 脉冲设定 – 脉冲方向逻辑	正逻辑
Y0 轴 – 公共参数 – 脉冲设定 – 机械归零默认方向	正向
Y0 轴 – 公共参数 – 脉冲方向端子	Y4
Y0 轴 – 公共参数 – 信号端子开关状态设置 – 原点开关状态设置	常开
Y0 轴 – 公共参数 – 信号端子开关状态设置 – 正极限开关状态设置	常开
Y0 轴 – 公共参数 – 信号端子开关状态设置 – 负极限开关状态设置	常开
Y0 轴 – 公共参数 – 原点信号端子设定	X0
Y0 轴 – 公共参数 – 正极限端子设定	X1
Y0 轴 – 公共参数 – 负极限端子设定	X2
Y0 轴 – 公共参数 – 回归速度 V_H	5000
Y0 轴 – 公共参数 – 爬行速度 V_C	100

表 6-14　Y 轴脉冲参数配置

Y1 轴 – 公共参数 – 脉冲设定 – 脉冲方向逻辑	正逻辑
Y1 轴 – 公共参数 – 脉冲设定 – 机械归零默认方向	正向
Y1 轴 – 公共参数 – 脉冲方向端子	Y5
Y1 轴 – 公共参数 – 信号端子开关状态设置 – 原点开关状态设置	常开
Y1 轴 – 公共参数 – 信号端子开关状态设置 – 正极限开关状态设置	常开
Y1 轴 – 公共参数 – 信号端子开关状态设置 – 负极限开关状态设置	常开
Y1 轴 – 公共参数 – 原点信号端子设定	X3
Y1 轴 – 公共参数 – 正极限端子设定	X4
Y1 轴 – 公共参数 – 负极限端子设定	X5
Y1 轴 – 公共参数 – 回归速度 V_H	5000
Y1 轴 – 公共参数 – 爬行速度 V_C	100

表 6-15　Z 轴脉冲参数配置

Y2 轴 – 公共参数 – 脉冲设定 – 脉冲方向逻辑	正逻辑
Y2 轴 – 公共参数 – 脉冲设定 – 机械归零默认方向	正向
Y2 轴 – 公共参数 – 脉冲方向端子	Y6
Y2 轴 – 公共参数 – 信号端子开关状态设置 – 原点开关状态设置	常开
Y2 轴 – 公共参数 – 信号端子开关状态设置 – 正极限开关状态设置	常开
Y2 轴 – 公共参数 – 信号端子开关状态设置 – 负极限开关状态设置	常开
Y2 轴 – 公共参数 – 原点信号端子设定	X 无端子
Y2 轴 – 公共参数 – 正极限端子设定	X 无端子
Y2 轴 – 公共参数 – 负极限端子设定	X 无端子
Y2 轴 – 公共参数 – 回归速度 V_H	10000
Y2 轴 – 公共参数 – 爬行速度 V_C	100

任务实施

一、系统控制分析

由前述的龙门搬运系统工作过程可知，封装过程是一个顺序控制过程，是龙门搬运系统的主要控制过程。但这一顺控过程在什么条件下可以启动？启动以后在什么情况下停止？这些条件必须在顺控程序外部确定。因此，除了需要完成搬运过程的动作，还要考虑系统的状态信号，这些状态信号包括上电初始化、工件出料检测、工作状态显示、手爪松紧状态、系统起动、复位和停止操作等环节。为了便于实施，将这些环节简称为主程序的状态检测和启停控制。在进行程序设计时，需要重点考虑状态切换的条件和执行机构需要执行的动作。

二、工作流程图的绘制

由于龙门搬运系统的自动模式是一个顺序执行的过程，因此需要熟悉其搬运的动作过程。首先系统上电后，需要执行复位操作，查看手爪、机械手位置等，若不在初始位置，则需要复位。当复位完成后，如果按下起动按钮，则进行正常的搬运、封装作业。根据对任务的控制要求分析，可以绘制出图 6-28 所示的系统工作流程图。

三、编程思路及程序设计

1. 编程思路

龙门搬运系统执行的动作与项目 5 所述输送系统有相似的功能，主要就是控制气缸动作及伺服运动。区别在于这里需要控制 X、Y、Z 三轴的位置，所以在进行回零及位置控制时需要注意系统参数的设定、轴号的对应及每个轴所对应的位置坐标。另外，就是抓放工件的动作流程相同，所以为了便于重复调用，这里可以采用前面项目中所使用的方法，进行抓放工件的子程序封装，直接调用即可。

该项目的难点在于两个方面：第一，带传输模块末端是否有工件，这个信号需要通过以太网通信的方式传输给龙门搬运系统的 PLC，其通信程序是关键；第二，运行期间如果按下停止按钮，则需要在完成当前工作周期后停止运行。这个在采用顺序控制设计法时，需要考虑其停止按钮按下的动作如何记忆。

2. 程序设计

龙门搬运系统 PLC 程序主要包含：主站 PLC 与带传输单元 PLC 之间的以太网通信，手动控制，自动模式下的复位、取盖、三轴位置运动及抓放工件等程序模块。

（1）系统通信　两台 PLC 采用以太网通信进行数据交互。其实现的步骤如下：

步骤 1：通过“指令配置”中的“以太网连接配置”面板进行 S_OPEN 指令参数配置，如图 6-29 所示。

步骤 2：进行 Modbus_TCP 指令配置，如图 6-30 所示。

步骤 3：完成指令配置后，单击“确定”按钮，在梯形图中生成对应的指令，设计出如图 6-31 所示的梯形图。

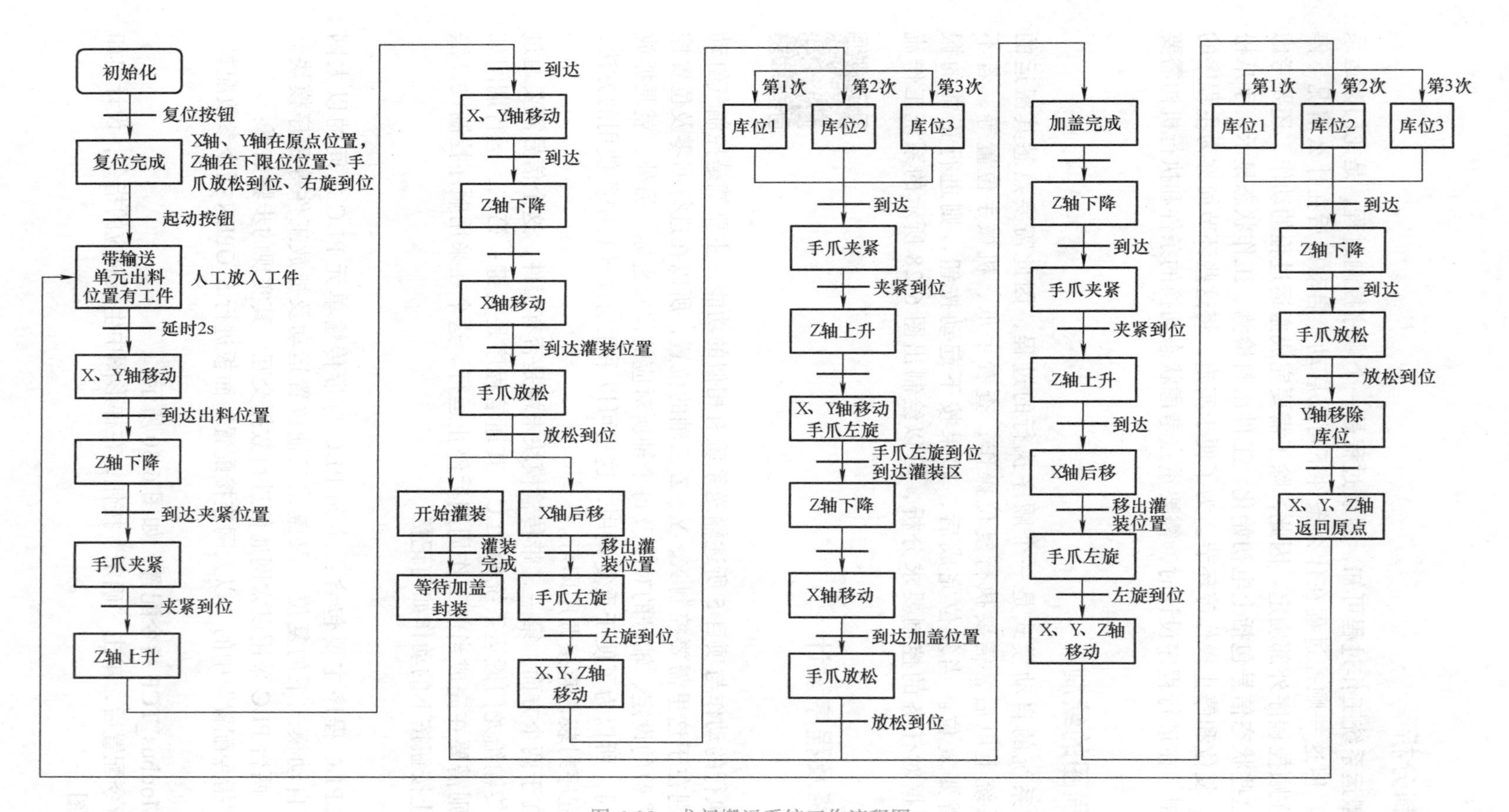

图 6-28 龙门搬运系统工作流程图

注：可以用office软件中的Visio进行流程图的绘制，会大幅提高整体效率。

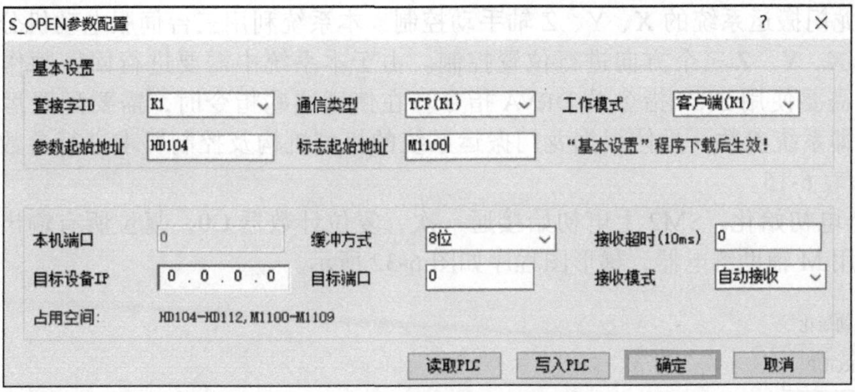

S_OPEN参数配置 ? ×

基本设置

套接字ID K1 通信类型 TCP(K1) 工作模式 客户端(K1)

参数起始地址 HD104 标志起始地址 M1100 "基本设置"程序下载后生效！

本机端口 0 缓冲方式 8位 接收超时(10ms) 0

目标设备IP 0 . 0 . 0 . 0 目标端口 0 接收模式 自动接收

占用空间: HD104-HD112,M1100-M1109

读取PLC 写入PLC 确定 取消

图 6-29 S_OPEN 参数配置

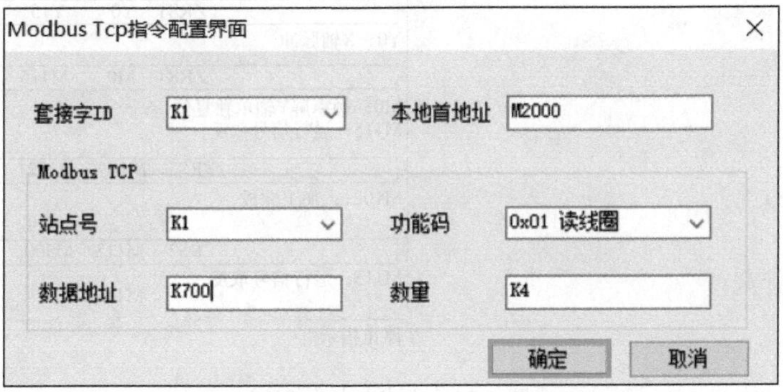

Modbus Tcp指令配置界面 ×

套接字ID K1 本地首地址 M2000

Modbus TCP

站点号 K1 功能码 0x01 读线圈

数据地址 K700 数量 K4

确定 取消

图 6-30 Modbus_TCP 指令配置

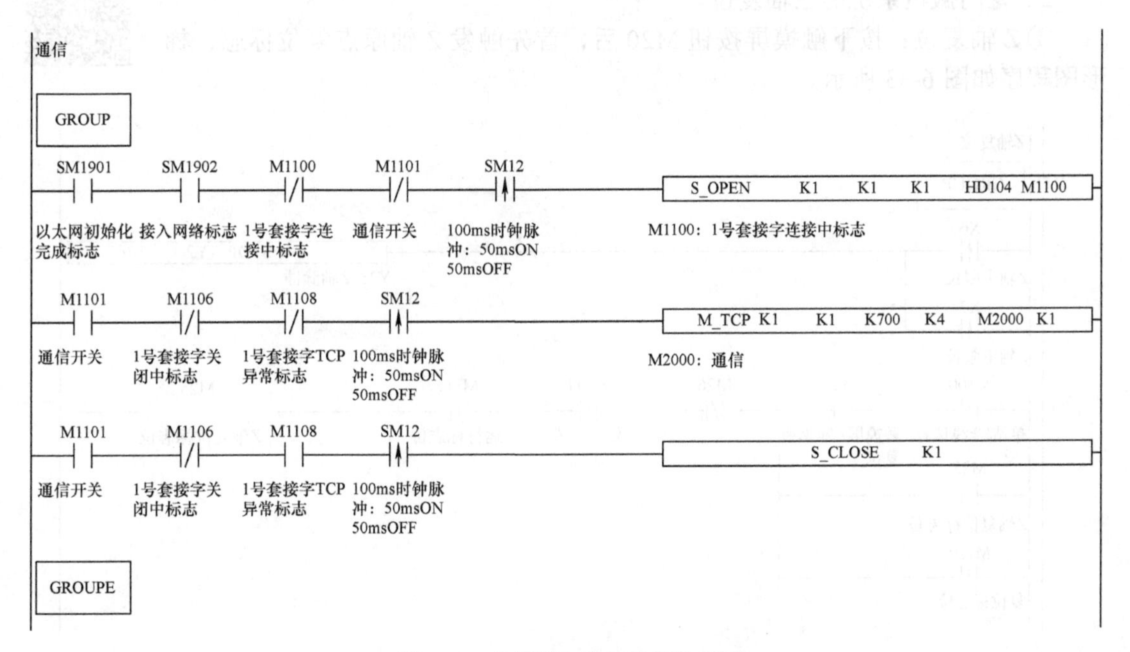

图 6-31 龙门搬运系统通信梯形图

（2）龙门搬运系统的X、Y、Z轴手动控制　本系统利用三台伺服电动机分别对搬运机械手的X、Y、Z三个方向进行位置控制。由于本系统中需要进行回零动作及位置动作，所以需要使用ZRN指令及DRVA指令。在使用这些指令时，需要配置运动时的相关参数，即系统参数。具体根据龙门搬运系统的机械机构及控制要求进行参数配置，见表6-13～表6-15。

1）上电初始化。SM2上电初始接通一次，复位计数器C0，复位所有输出点，复位程序中使用M辅助继电器，梯形图程序如图6-32所示。

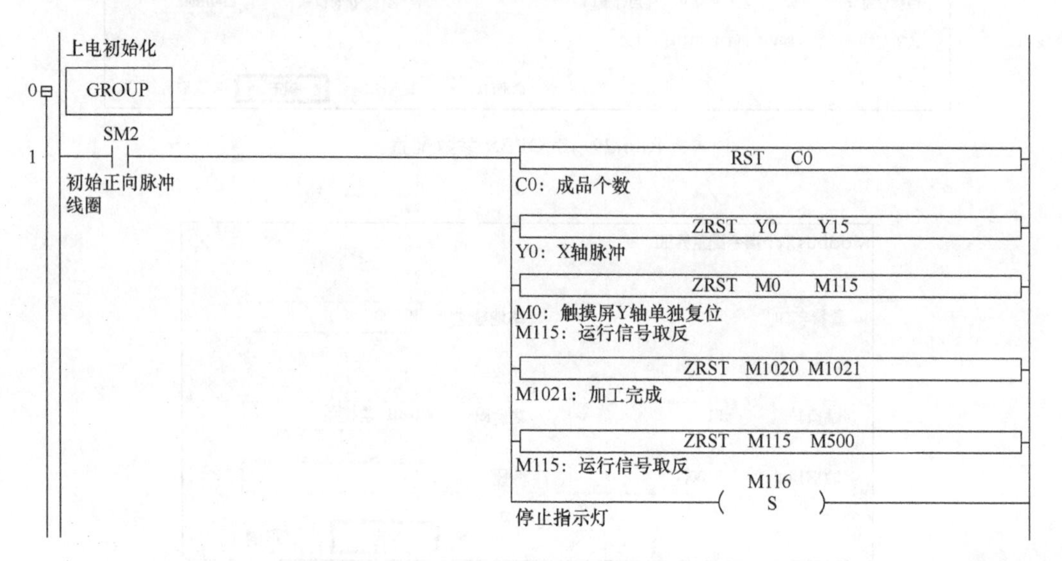

图6-32　上电初始化程序

2）龙门搬运系统的三轴复位。

①Z轴复位：按下触摸屏按钮M20后，首先触发Z轴原点复位标志，梯形图程序如图6-33所示。

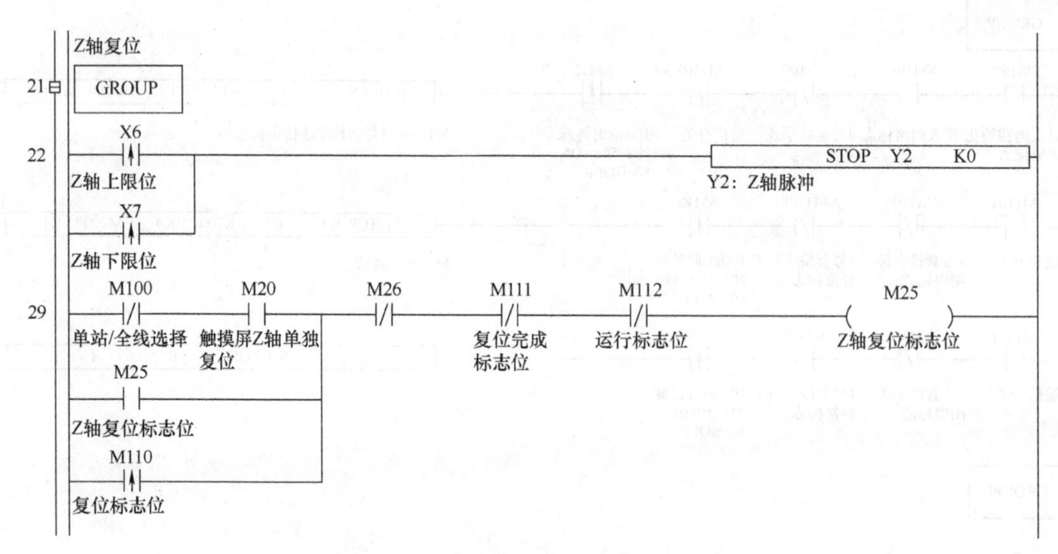

图6-33　Z轴原点复位标志触发程序

Z 轴开始向上提升返回，碰到上限位 X6 停止，再通过相对定位 DRVI 运行到工作起始点，梯形图程序如图 6-34 所示。

45
M25 X6 M26 M27 M28 M112
PLSF K-10000K1 Y2
Z轴复位标志位 Z轴上限位 运行标志位 Y2：Z轴脉冲
SM1040
M26
S
PULSE2正在发出脉冲标志
DRVI K20000 K10000 K100 Y2 Y6
Y2：Z轴脉冲
Y6：Z轴方向
74
M26
M27
S
78
M27 SM1040
M28
PULSE2正在发出脉冲标志
M26
R
M27
R

图 6-34 Z 轴起始点定位程序

PLC 上电后，Y7 输出，电动机抱闸，复位 Z 轴累计脉冲数，梯形图程序如图 6-35 所示。

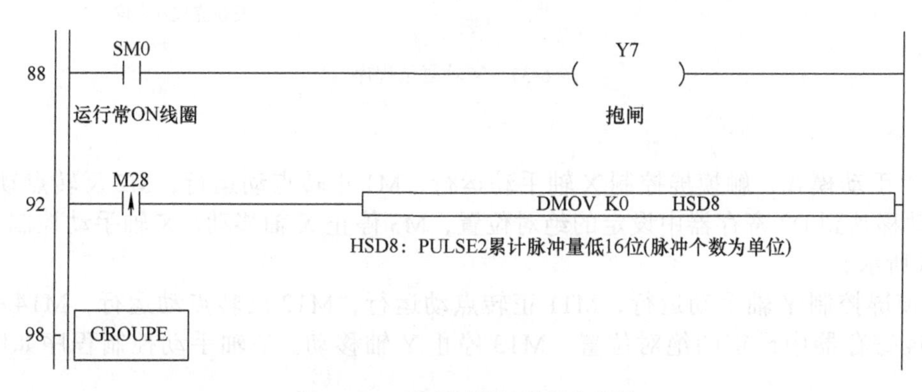

图 6-35 Z 轴累计脉冲数复位程序

② X 轴复位：按下触摸屏按钮 M0 后，触发 X 轴复位指令 ZRN，如图 6-36 所示。

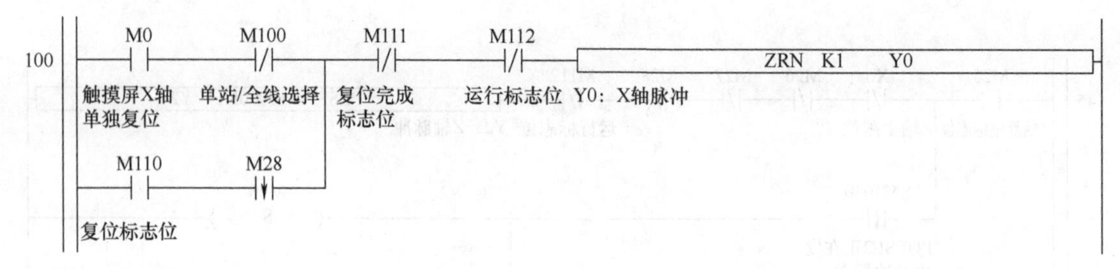

图 6-36 X 轴复位程序

③ Y 轴复位：按下触摸屏按钮 M10 后，触发 Y 轴复位指令 ZRN，如图 6-37 所示。

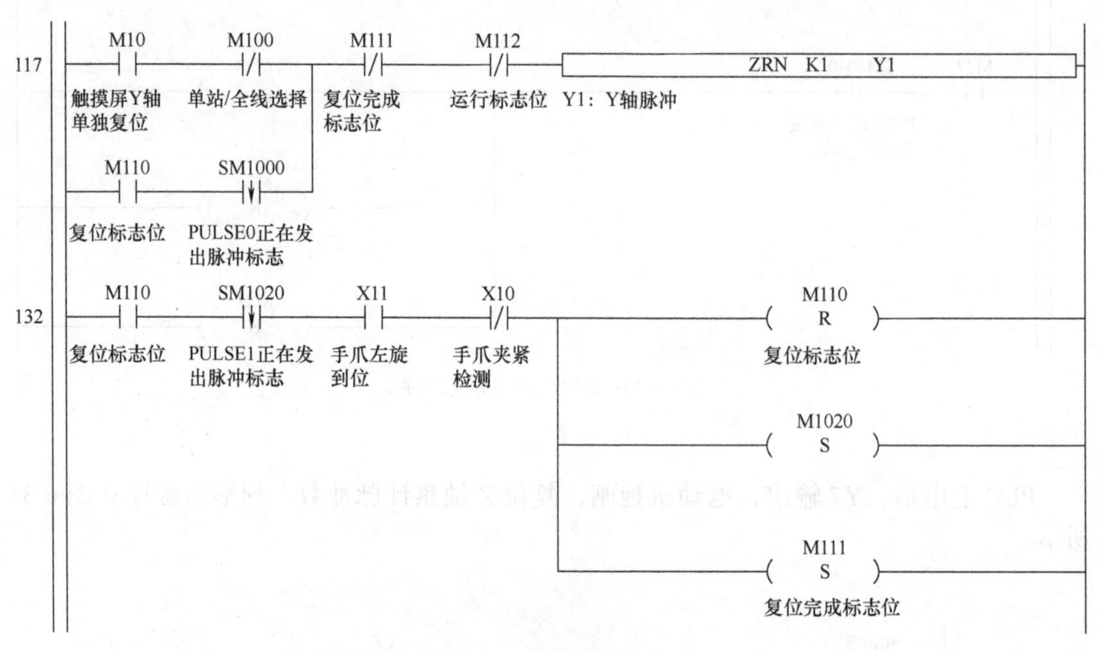

图 6-37 Y 轴复位程序

（3）手动模式　触摸屏控制 X 轴手动运行，M1 正转点动运行，M2 反转点动运行，M4 手动移动到 D2 寄存器中设定的绝对位置，M3 停止 X 轴移动。X 轴手动控制程序如图 6-38 所示。

触摸屏控制 Y 轴手动运行，M11 正转点动运行，M12 反转点动运行，M14 手动移动到 D4 寄存器中设定的绝对位置，M13 停止 Y 轴移动。Y 轴手动控制程序如图 6-39 所示。

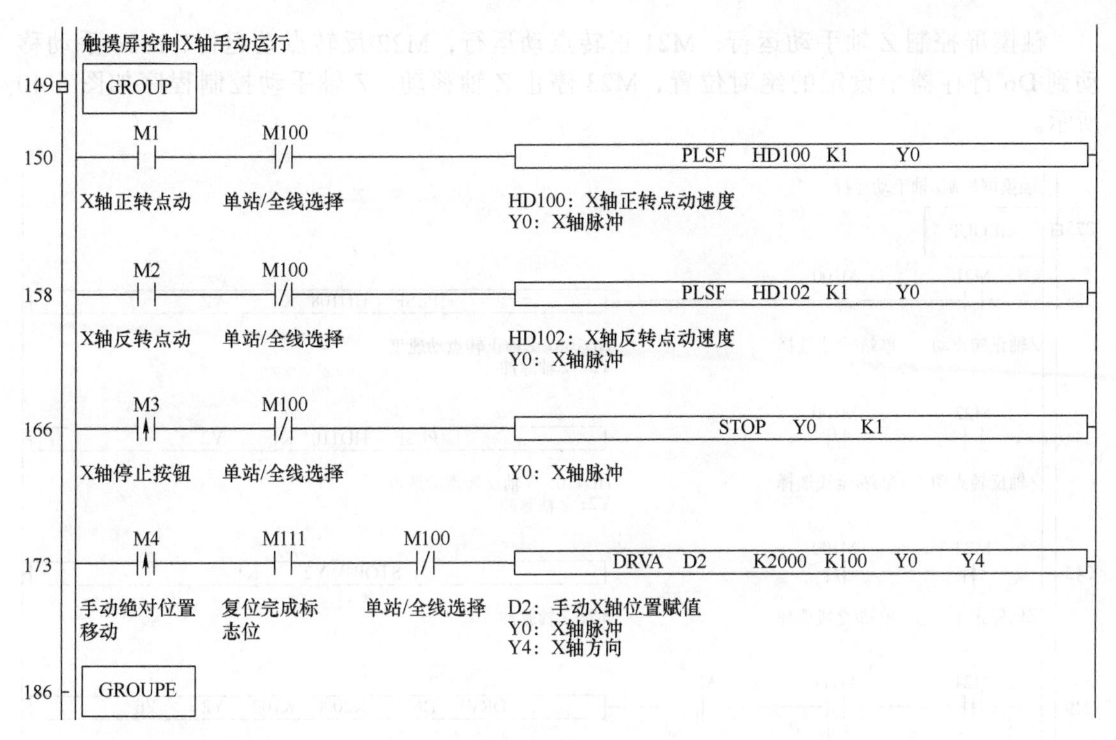

图6-38 X轴手动控制程序

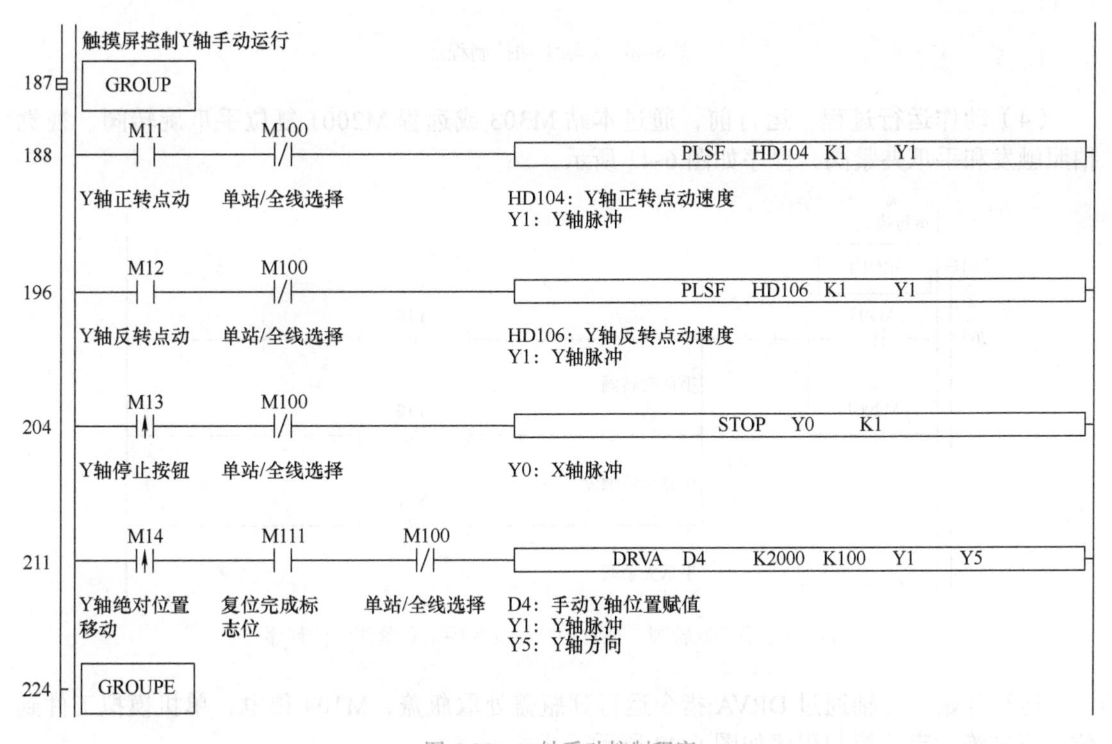

图6-39 Y轴手动控制程序

触摸屏控制 Z 轴手动运行，M21 正转点动运行，M22 反转点动运行，M24 手动移动到 D6 寄存器中设定的绝对位置，M23 停止 Z 轴移动。Z 轴手动控制程序如图 6-40 所示。

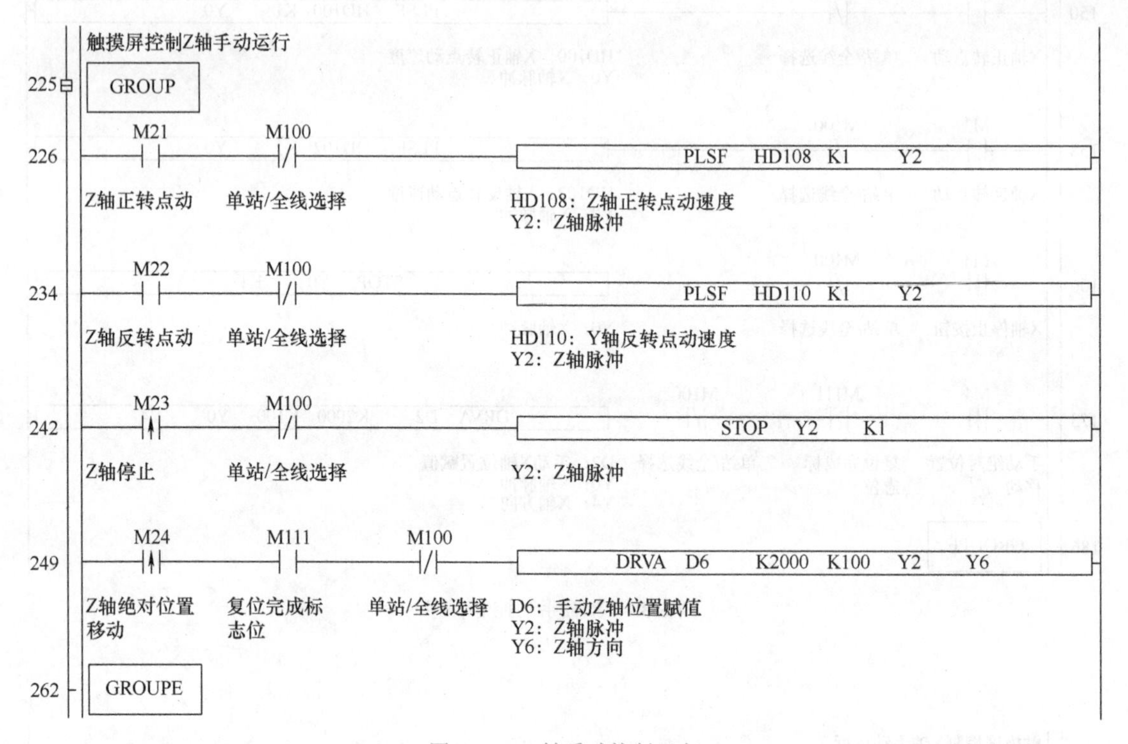

图 6-40 Z 轴手动控制程序

（4）动作运行过程 运行前，通过本站 M303 或远程 M2001 复位手爪旋转阀、视觉拍照触发和手爪夹紧阀，程序如图 6-41 所示。

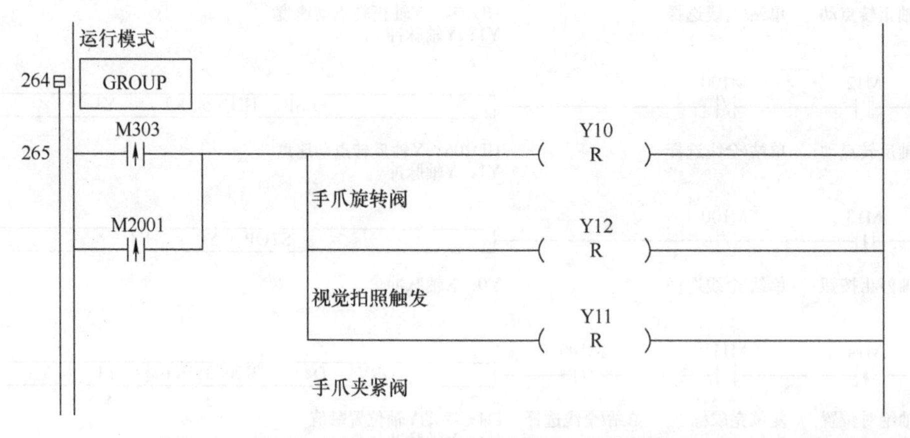

图 6-41 手爪旋转阀、视觉拍照触发和手爪夹紧阀复位程序

运行开始，三轴通过 DRVA 指令运行到瓶盖处取瓶盖，M104 得电，单机模拟工件到位。三轴绝对定位控制程序如图 6-42 所示。

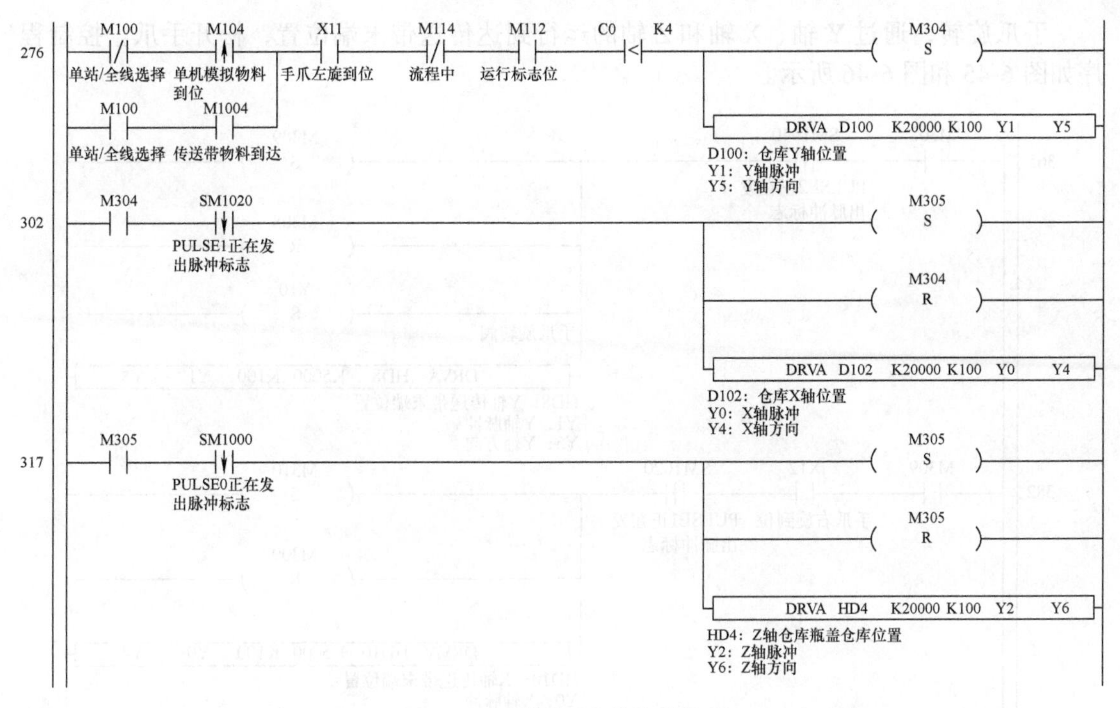

图 6-42 三轴绝对定位控制程序

三轴运行到位后，手爪夹紧，抓住工件。手爪夹紧阀控制程序如图 6-43 所示。

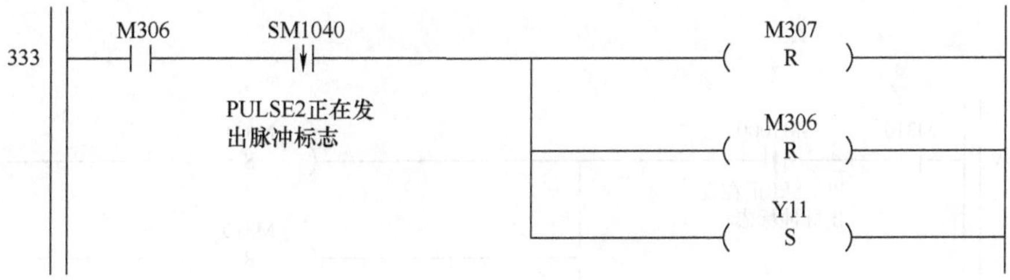

图 6-43 手爪夹紧阀控制程序

抓取后，Z 轴方向按 HD6 设定值提升。控制程序如图 6-44 所示。

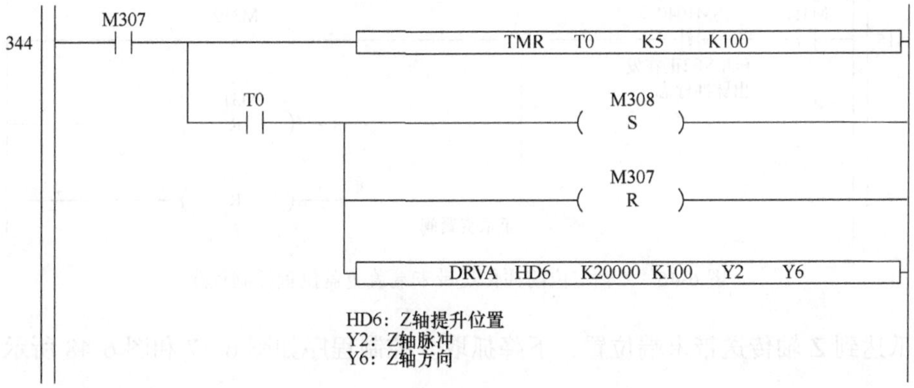

图 6-44 Z 轴提升控制程序

手爪旋转，通过 Y 轴、X 轴和 Z 轴的运行到达传送带末端位置，松开手爪。控制程序如图 6-45 和图 6-46 所示。

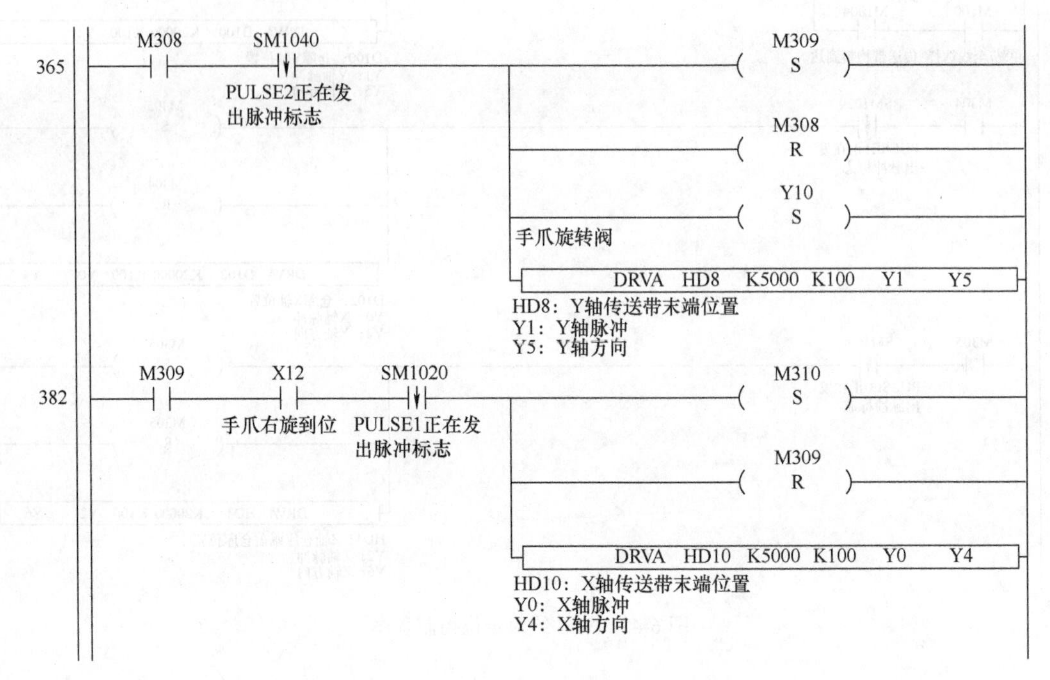

图 6-45 X 轴和 Y 轴定位前往传送带末端位置控制程序

图 6-46 Z 轴定位前往传送带末端盖瓶盖位置控制程序

手爪达到 Z 轴传送带末端位置，下降抓取。控制程序如图 6-47 和图 6-48 所示。

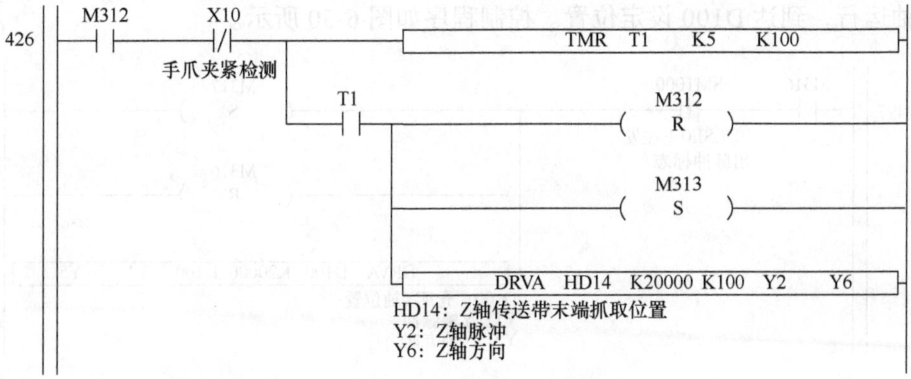

图 6-47 Z 轴定位前往传送带末端抓取瓶体位置控制程序

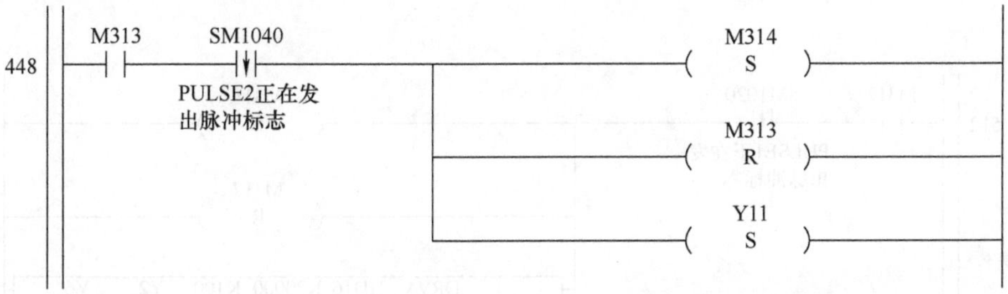

图 6-48 手爪夹紧阀控制程序

进行成品入库操作，Z 轴先提升，X 轴运行，到达 D102 设定位置。控制程序如图 6-49 所示。

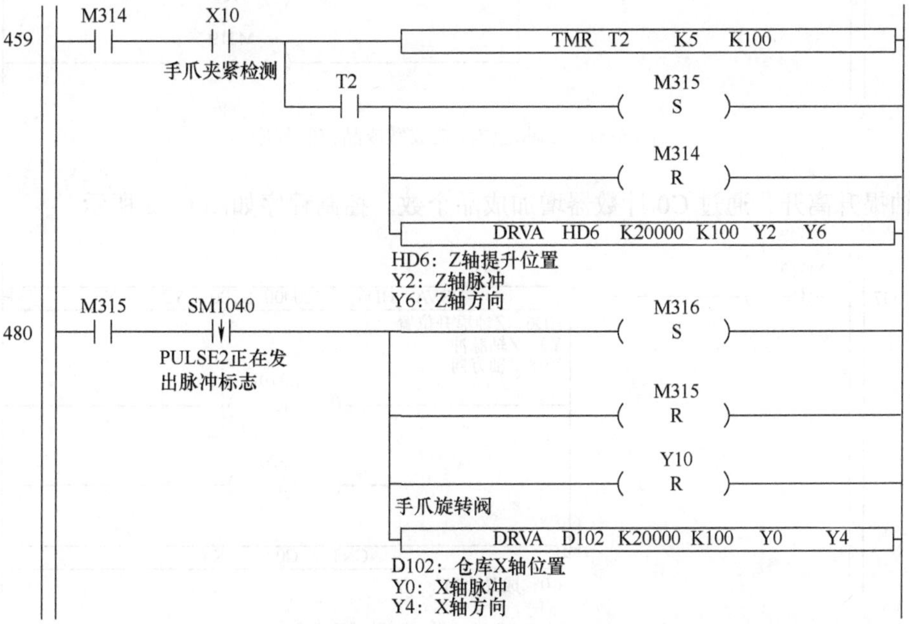

图 6-49 Z 轴提升和 X 轴定位控制程序

Y 轴运行，到达 D100 设定位置。控制程序如图 6-50 所示。

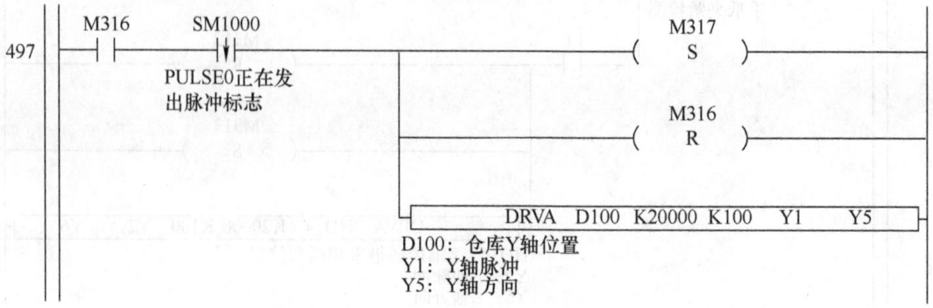

图 6-50 Y 轴定位控制程序

Z 轴动作，把加工完的成品放置到位，松开手爪夹紧电磁阀。控制程序如图 6-51 所示。

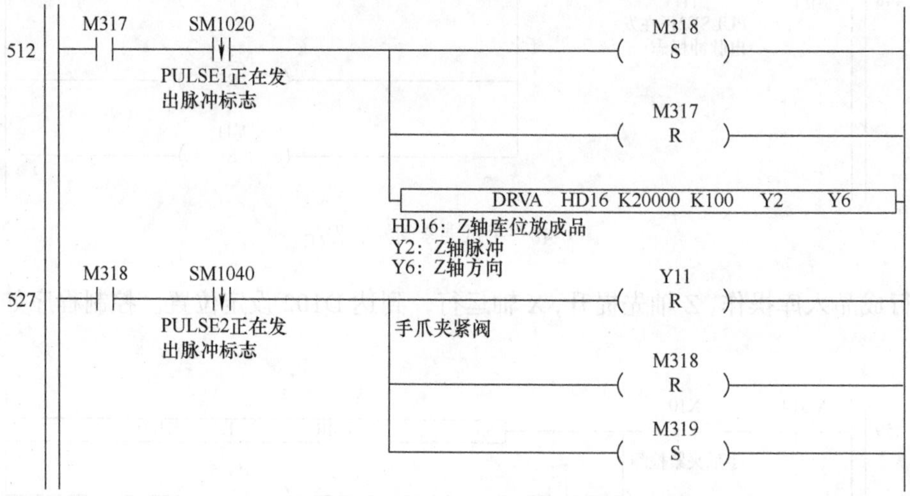

图 6-51 Z 轴定位前往放置成品控制程序

Z 轴提升离开，通过 C0 计数器增加成品个数。控制程序如图 6-52 所示。

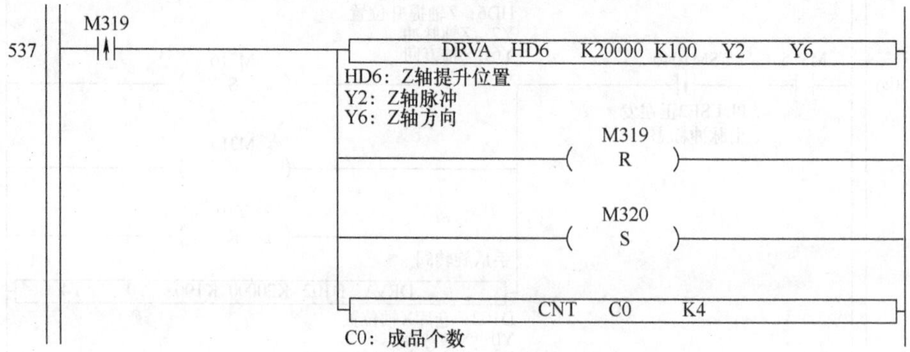

图 6-52 Z 轴提升离开与成品计数控制程序

（5）回初始位置　X 轴、Y 轴和 Z 轴通过 DRVA 指令回到起始点绝对值 0 位。控制程序如图 6-53 所示。

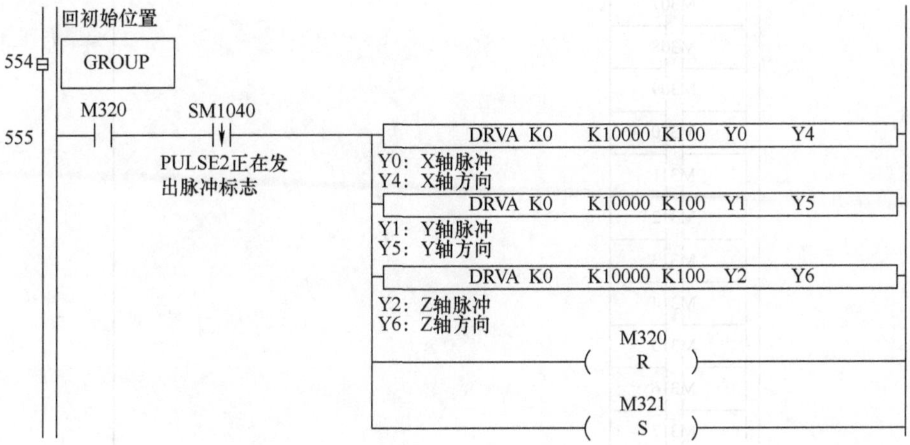

图 6-53　三轴复位到起始点控制程序

三轴返回完成后，若计数器 C0=4，则加工完成，否则继续等待抓取第二个工件。控制程序如图 6-54 所示。

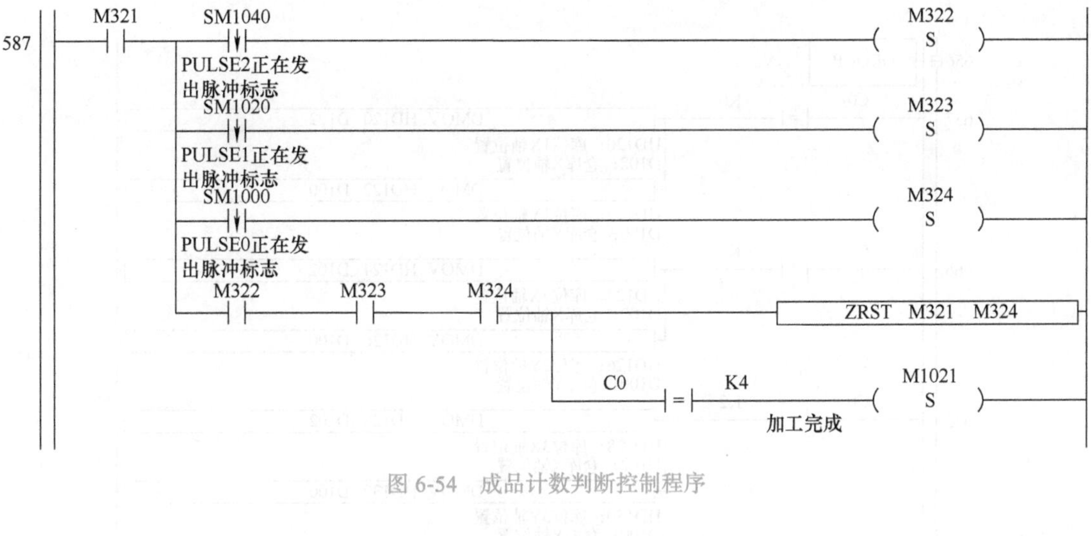

图 6-54　成品计数判断控制程序

任务流程运行中，M114 保持输出。控制程序如图 6-55 所示。

（6）仓库信息　根据 C0 计数器的数值大小，把不同的仓库位置信息数据发送给 X 轴的 D102 和 Y 轴的 D100。让每个工件在不同的仓库位置进行入库。控制程序如图 6-56 所示。

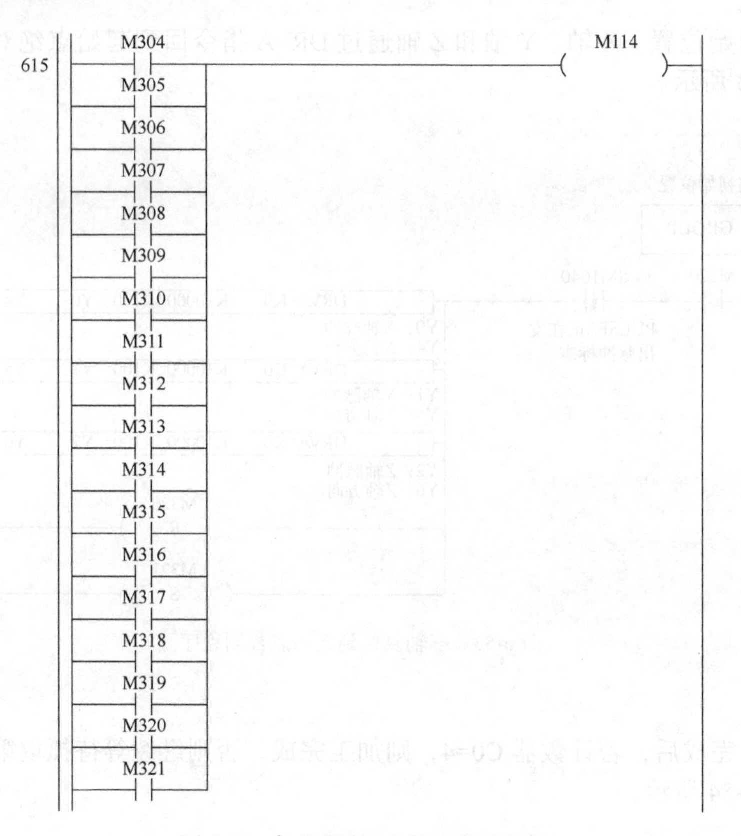

图 6-55 任务流程运行指示控制程序

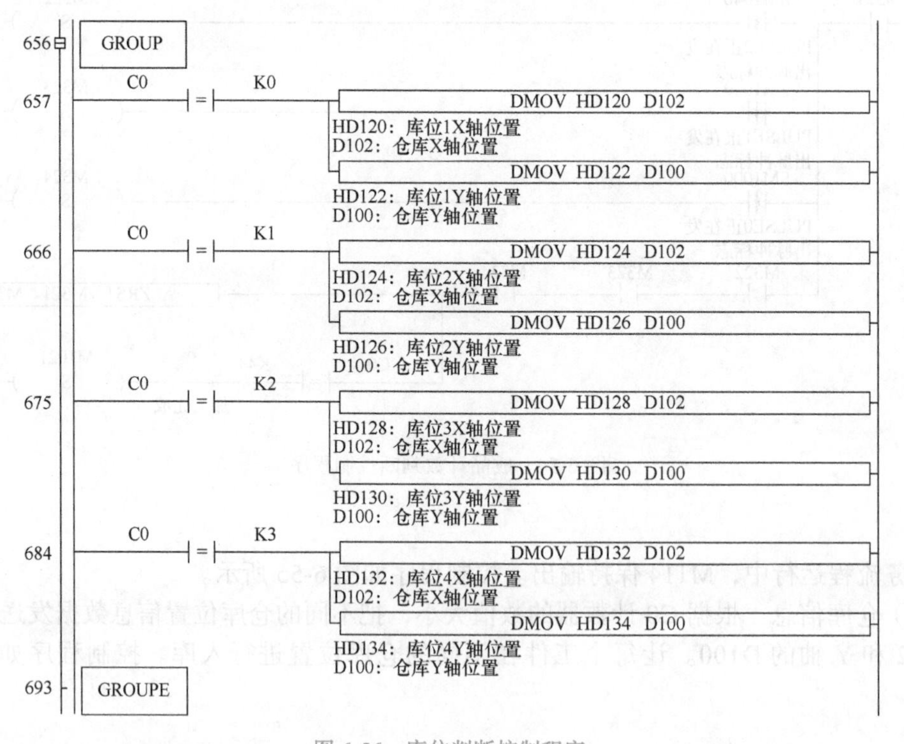

图 6-56 库位判断控制程序

工件入库完成后，通过PLC中的辅助继电器M120～M123记录库存信息。同时，随时把C0计数器的当前值传送给D10，并显示到触摸屏上。控制程序如图6-57所示。

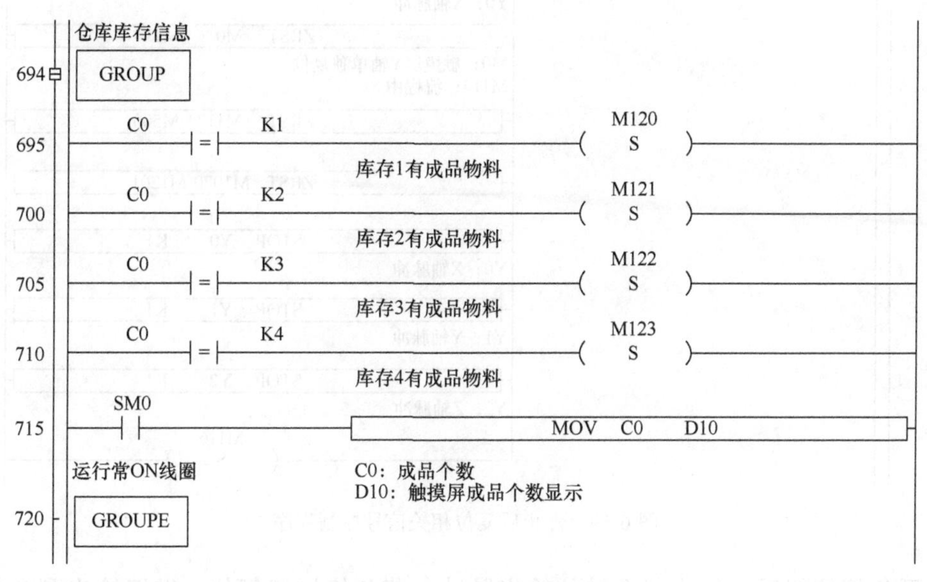

图6-57 库存信息控制程序

（7）按钮指示灯操作 复位、运行和停止按钮的梯形图，M100选择单站和全线两种模式。M103单站复位，M101单站启动，M102单站停止。控制程序如图6-58所示。

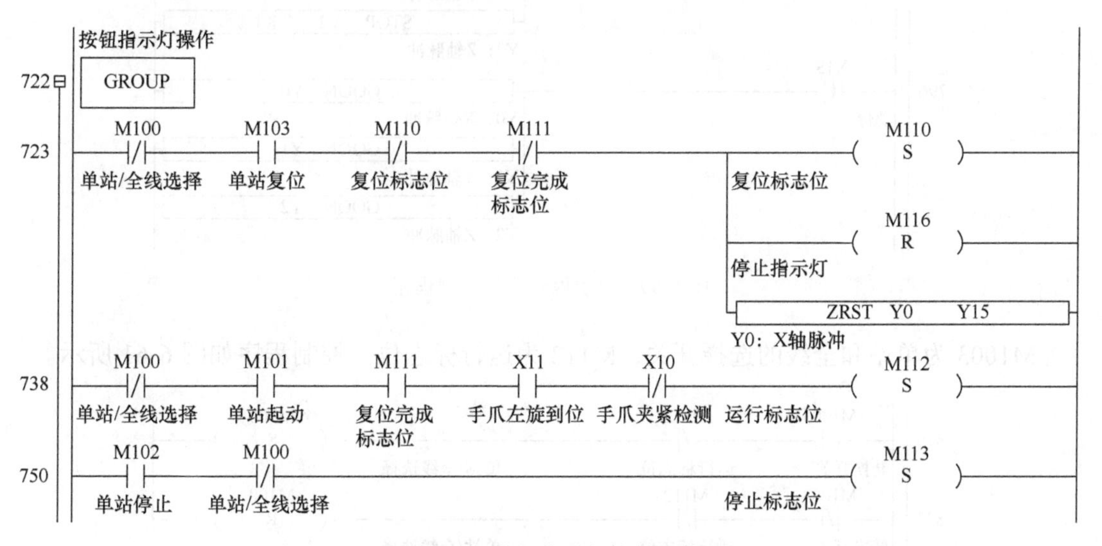

图6-58 按钮指示灯控制程序

按下停止按钮后，复位运行信号，停止三个轴的输出脉冲。控制程序如图6-59所示。

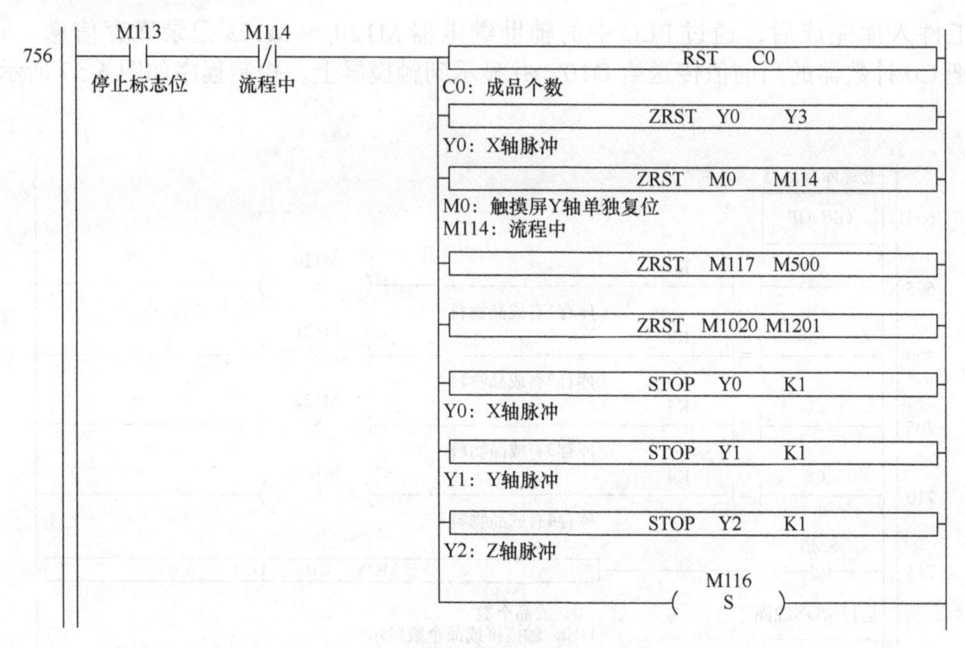

图 6-59 停止后复位相关信号控制程序

按下急停按钮后，停止三个轴的输出脉冲，若急停按钮复位，继续输出剩余的脉冲数，三个轴继续运行。控制程序如图 6-60 所示。

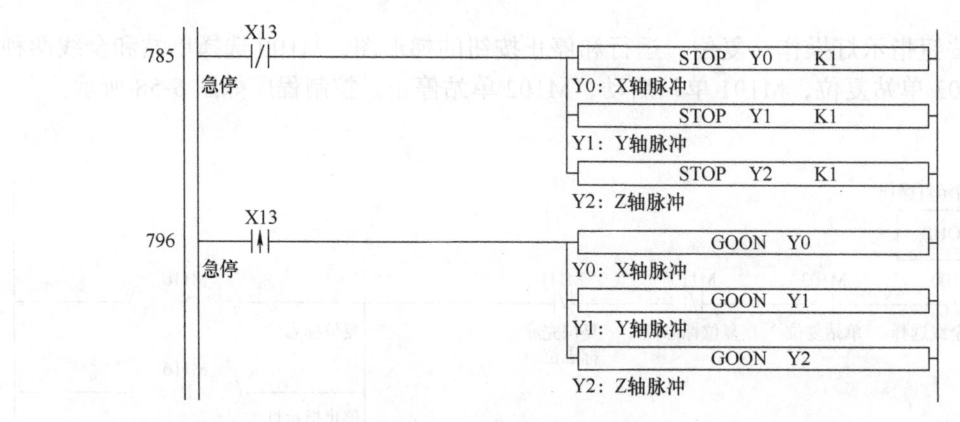

图 6-60 自动模式复位控制程序

M1003 为单站和全线的选择开关，M112 为运行标志位。控制程序如图 6-61 所示。

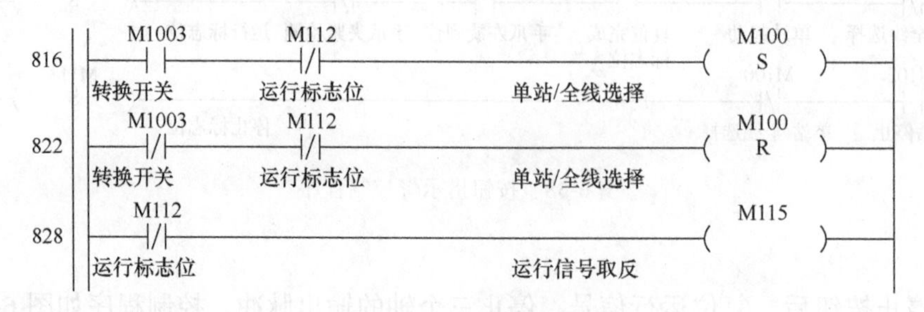

图 6-61 单站和全线模式选择控制程序

M501 为停止信号。控制程序如图 6-62 所示。

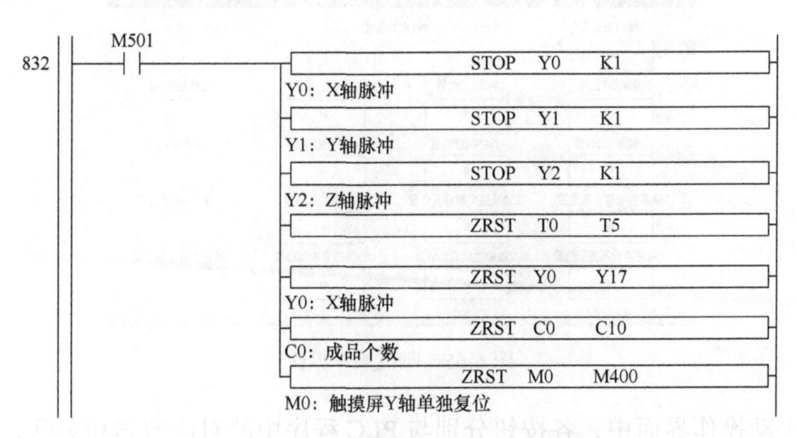

图 6-62　全线停止控制程序

（以上为部分程序，扫码查看完整程序）

3. 触摸屏程序设计

龙门搬运系统的触摸屏界面分为单站手动操作界面、伺服手动操作界面和赋值操作界面，如图 6-63 ～图 6-65 所示。

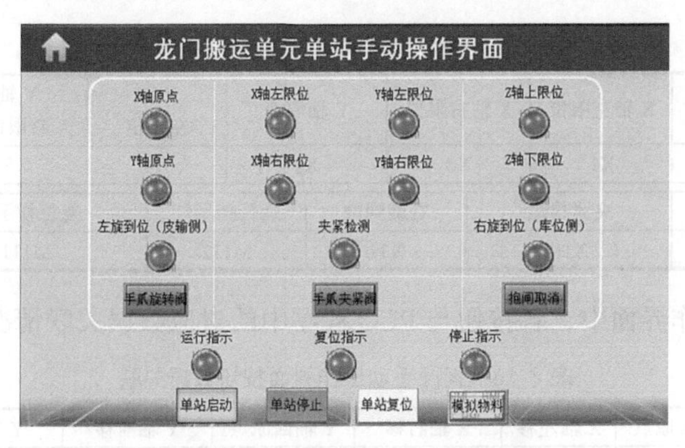

图 6-63　单站手动操作界面

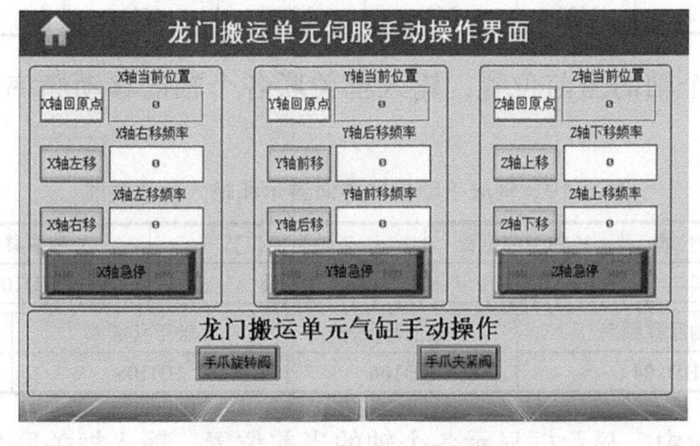

图 6-64　伺服手动操作界面

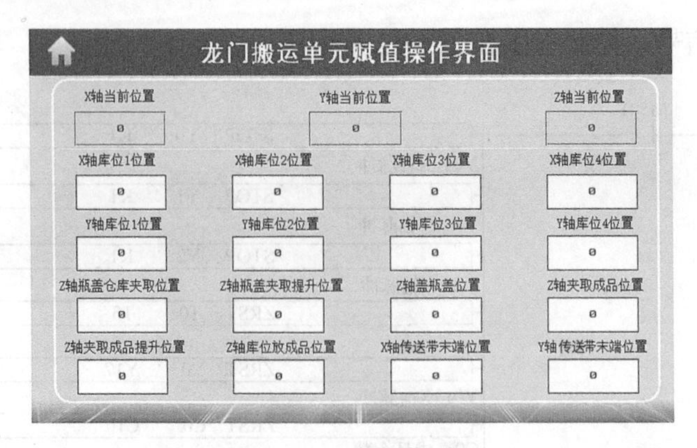

图 6-65 赋值操作界面

在单站手动操作界面中，各按钮分别与 PLC 程序中的对应数据相关联，数据关联情况见表 6-16。

表 6-16 单站手动操作界面按钮数据关联

触摸屏变量	单站启动	单站停止	单站复位	模拟物料	抱闸取消	手爪旋转阀	手爪夹紧阀
PLC 变量	M101	M102	M103	M104	Y7	Y10	Y11

各指示灯显示 PLC 程序中的各个输入信号，数据关联情况见表 6-17。

表 6-17 单站手动操作界面指示灯数据关联

触摸屏变量	X 轴原点	X 轴左限位	X 轴右限位	Y 轴原点	Y 轴 左限位	Y 轴 右限位	Z 轴 上限位	Z 轴 下限位
PLC 变量	X0	X1	X2	X3	X4	X5	X6	X7

触摸屏变量	左旋到位	夹紧检测	右旋到位	运行指示灯	复位指示灯	停止指示灯
PLC 变量	X12	X10	X11	M112	M111	M116

在伺服手动操作界面中，各按钮与 PLC 程序中的对应数据关联情况见表 6-18。

表 6-18 伺服手动操作界面按钮数据关联

触摸屏变量	X 轴回原点	X 轴左移	X 轴右移	Y 轴回原点	Y 轴前移	Y 轴后移	Z 轴回原点
PLC 变量	M0	M2	M1	M10	M12	M11	M20
触摸屏变量	Z 轴上移	Z 轴下移	X 轴急停	Y 轴急停	Z 轴急停	手爪旋转阀	手爪夹紧阀
PLC 变量	M22	M21	M3	M13	M23	Y10	Y11

显示框显示各个轴的当前位置，输入框关联各个轴的移动频率，数据关联情况见表 6-19 所示。

表 6-19 伺服手动操作界面显示和输入数据关联

触摸屏变量	X 轴当前位置	Y 轴当前位置	Z 轴当前位置	X 轴右移频率	X 轴左移频率
PLC 变量	HSD0	HSD4	HSD8	HD100	HD102

触摸屏变量	Y 轴后移频率	Y 轴前移频率	Z 轴下移频率	Z 轴上移频率
PLC 变量	HD104	HD106	HD108	HD110

在赋值操作界面中，显示框显示各个轴的当前位置。输入框关联各个轴的移动频率，

数据关联情况见表 6-20。

表 6-20　赋值操作界面显示和输入数据关联

触摸屏变量	X 轴库位 1 位置	X 轴库位 2 位置	X 轴库位 3 位置	X 轴库位 4 位置	Y 轴库位 1 位置	Y 轴库位 2 位置	Y 轴库位 3 位置	Y 轴库位 4 位置
PLC 变量	HD120	HD124	HD128	HD132	HD122	HD126	HD130	HD134
触摸屏变量	Z 轴瓶盖仓库夹取位置	Z 轴瓶盖夹取提升位置	Z 轴盖瓶盖位置	Z 轴夹取成品位置	Z 轴夹取成品提升位置	Z 轴库位放成品位置	X 轴传送带末端位置	Y 传送带末端位置
PLC 变量	HD4	HD6	HD12	HD14	HD18	HD16	HD10	HD8

四、系统调试

1. 硬件电路检查

再次检查电路连接的正确性及电源、气路是否正常，确认无误后上电。

2. 程序下载

连接 PC 与 PLC，将编译无误后的程序下载，并将其置于 RUN 模式。

3. 伺服驱动器参数设置

伺服参数设置通过液晶面板上的四个按键进行，各按键的功能如图 6-66 所示。

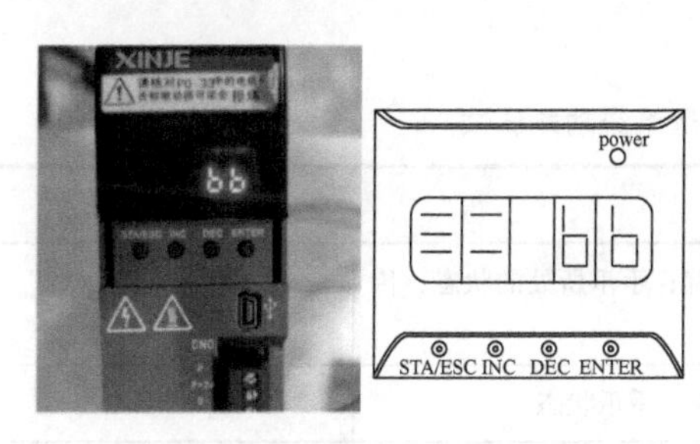

按键名称	操作说明
STA/ESC	短按：状态的切换，状态返回
INC	短按：显示数据的递增 长按：显示数据连续递增
DEC	短按：显示数据的递减 长按：显示数据连续递减
ENTER	短按：移位 长按：设定和查看参数

图 6-66　伺服参数设置按键及功能

伺服系统参数设置可以查阅对应型号的伺服驱动器用户手册，按照位置控制方式及相关控制要求进行设置。X、Y 轴伺服驱动器的参数设置见表 6-21，Z 轴伺服驱动器的参数设置见表 6-22。

表 6-21　X、Y 轴伺服驱动器的参数设置

序号	参数号	设定值	备注
1	F0-00	1	清除报警
2	F0-01	1	恢复出厂设置
3	P0-04	4 ～ 10	灵活调整
4	F0-07		面板惯量识别（识别后会自动调整刚性）
5	P0-00	0	选择普通通用类型伺服系统
6	P0-01	6	选择外部脉冲位置模式

（续）

序号	参数号	设定值	备注
7	P0-03	1	选择使能模式：IO/SON 输入信号
8	P0-09	1	输入脉冲指令方向修改
9	P0-11	7500	每圈指令脉冲数低位（0～9999）
10	P0-12	0	每圈指令脉冲数高位（0～9999）
11	P5-20	n.0010	将信号设定为始终“有效”

表 6-22　Z 轴伺服驱动器的参数设置

序号	参数号	设定值	备注
1	F0-00	1	清除报警
2	F0-01	1	恢复出厂设置
3	P0-00	0	选择普通通用类型伺服系统
4	P0-01	6	选择外部脉冲位置模式
5	P0-03	1	选择使能模式：IO /SON 输入信号
6	P0-04	12	刚性等级设置
7	P0-11	3000	每圈指令脉冲数低位（0～9999）
8	P0-12	0	每圈指令脉冲数高位（0～9999）
9	P5-20	n.0010	将信号设定为始终“有效”

4. 功能调试

按照表 6-23 对龙门搬运系统功能调试。

表 6-23　龙门搬运系统功能调试

当前状态	观测对象	观测内容
准备就绪	X、Y、Z 三轴电动机回零是否正确，手爪所处的状态，传感器对应程序 I/O 点位连接是否正确	
起动按钮按下后	X、Y、Z 三轴电动机有无异常报警，手爪状态	
运行中	检测到工件到位信号，X、Y、Z 三轴电动机的运动轨迹，手爪状态	
复位按钮按下后	X、Y、Z 三轴电动机回原动作，手爪状态	

五、6S 整理

在所有的任务都完成后，按照 6S 职业标准打扫实训场地，如图 6-67 和图 6-68 所示。

整理：要与不要，一留一弃。

整顿：科学布局，取用快捷。

清扫：清除垃圾，美化环境。

清洁：清洁环境，贯彻到底。

素养：形成制度，养成习惯。

安全：安全操作，以人为本。

图 6-67　6S 管理现场标准图示（一）

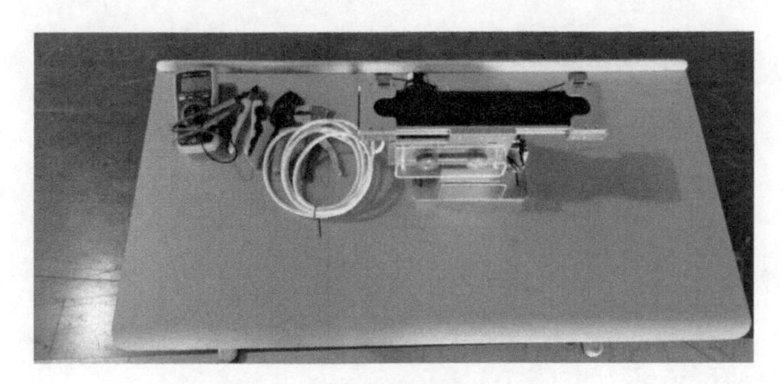

图 6-68　6S 管理现场标准图示（二）

任务检查与评价（评分标准）

评分点		得分
软件（60 分）	按下复位按钮后，伺服电动机可回到原点位置（5 分）	
	按下复位按钮后，各气缸可回到初始位置（5 分）	
	按下停止按钮后，伺服电动机正常停止（5 分）	
	手动模式下，伺服电动机可进行正反转，速度可设置（5 分）	
	手动模式下，示教各点位信息（10 分）	
	自动模式下，行走轨迹合理且无碰撞（15 分）	
	龙门搬运系统程序调试功能正确（15 分）	
6S 素养（20 分）	桌面物品及工具摆放整齐、整洁（10 分）	
	地面清理干净（10 分）	
发展素养（20 分）	表达沟通能力（10 分）	
	团队协作能力（10 分）	

参考文献

[1] 廖常初 . S7–1200 PLC 编程及应用 [M] . 4 版 . 北京：机械工业出版社，2021.
[2] 张同苏 . 自动化生产线安装与调试 [M] . 2 版 . 北京：中国铁道出版社，2017.
[3] 莫莉萍，白颖 . 电机与拖动基础项目化教程 [M] . 北京：电子工业出版社，2018.
[4] 龚仲华，夏怡 . 交流伺服与变频技术及应用 [M] . 4 版 . 北京：人民邮电出版社，2021.